DIE ALEMANNISCHEN LEHNWÖRTER IN DEN MUNDARTEN DER FRANZÖSISCHEN SCHWEIZ

KULTURHISTORISCH-LINGUISTISCHE UNTERSUCHUNG

VON

ERNST TAPPOLET

ZWEITER TEIL

ETYMOLOGISCHES WÖRTERBUCH

STRASSBURG
VERLAG VON KARL J. TRÜBNER
1917

WURDE AUCH ALS PROGRAMM DER
UNIVERSITÄT BASEL AUSGEGEBEN.

Universitäts-Buchdruckerei Friedrich Reinhardt Basel.

UXORI OPTIMAE

Vorwort.

Im Augenblick, wo vieljährige Arbeit zum Abschluss gelangt, wo ein lange gefangen gehaltener Stoff, wo immer wieder in Erwägung gezogene Deutungen endlich der öffentlichen Einsichtnahme und der fachmännischen Kritik ausgeliefert werden müssen, in diesem befreienden Augenblick drängt es mich, der vielseitigen Anregung und aktiven Mitarbeit zu gedenken, die mir von befreundeter Seite in so reichlichem Masse zuteil wurde.

Denn wahrlich! ein Lexikograph ohne Ratgeber ist ein hilfloses Wesen: überall ist er auf 'Sachverständige' angewiesen, um hinter dem Wort die Vorstellung, die es erweckt, richtig zu erfassen. Oft führt er ein unstetes Dasein: aus der Küche geht er in die Nähstube, aus dem Stall in die Remise, aus dem Keller in die 'Trotte', vom Schreiner eilt er zum Metzger, vom Bauplatz wandert er zum Schiessplatz, nichts darf ihn abhalten, sich zu den Jassbrüdern hinzusetzen oder dem edeln Kegelspiel seine Aufmerksamkeit zu schenken, in der Sennhütte oben lässt er sich ein 'Fusterli' vorsetzen, in der Apotheke unten holt er sich einen 'Schneeberger', vom Tierarzt wird er in die Geheimnisse des Hermaphroditismus eingeweiht, beim Juristen sucht er Belehrung über das Widerfallsrecht, kurz, *humani nihil a se alienum putat.*

So bin ich vielen für willige Auskunft zu Dank verpflichtet. Besonders stark angewachsen aber ist meine Dankesschuld gegenüber meinen Fachkollegen A. Bachmann, L. Gauchat und J. Jeanjaquet, die durch Beschaffung des Materials, durch Überprüfung des Manuskriptes, durch Besprechung vieler Einzelprobleme erheblichen Anteil an vorliegender Arbeit gewonnen haben. Rege Mithilfe verschiedenster Art verdanke ich ausserdem Dr. F. Fankhauser und Kollegen J. Jud, sowie den Herren Dr. A. Barth,

M. Fallet, Dr. J. Hubschmied und Dr. G. Wissler. Getreulich ist mir Herr H. Stricker, stud. phil., bei der Korrektur der Druckbogen zur Seite gestanden.

Nicht minder herzlichen Dank als allen Genannten sei der Freiwilligen Akademischen Gesellschaft in Basel für die Unterstützung ausgesprochen, die sie vorliegendem Band in zuvorkommendster Weise angedeihen liess, und durch welche die Veröffentlichung dieses Wörterbuches in schweren Zeitläuften ermöglicht wurde.

Im November 1916.

E. Tappolet.

Einleitung.

Wer nach bestimmtem Plan sich der Untersuchung einzelner Wörter hingibt, steht zum Stoff in einem andern Verhältnis, als wer ein Wörterbuch schreibt und sich dabei angelegen sein lässt, über alle sich ihm darbietenden Erscheinungen Rechenschaft abzulegen.[1] Beide Arten von Forschern sind zwei Bergsteigern vergleichbar, von denen der eine vorzieht, eine bekannte Spitze nach allen bewährten Mitteln der Kunst zu erklettern, während der andere, um seine Kraft zu üben, eine lange Kette zerklüfteter Felsen und steiler Gipfel ohne Auswahl noch Rücksicht zu überwinden trachtet. Immer neu ist für ihn die Aufgabe, neu die Gefahr, neu die Befriedigung.

Ähnlich ergeht es dem Verfasser eines Wörterbuches. An der bunten Fülle eines geographisch umgrenzten Stoffes schärft sich sein Blick für das, was in diesem Gebiet normal, was ungewöhnlich oder rätselhaft zu nennen ist, indem ihm viel eher als dem Wortspezialisten die relative Häufigkeit der Erscheinungen zum Bewusstsein kommt.

In diesem Sinne sollen hier einige Erfahrungen von prinzipieller Bedeutung zur Sprache kommen, zu denen die vorliegende Arbeit Anlass gegeben hat, und die im ersten Band gar nicht berührt oder nicht in ihrer vollen Tragweite dargestellt werden konnten.

Der erste Punkt betrifft die stark variierende Lautform der Lehnwörter.

Dass die fremde Lautung auf dem Wege der Substitution (vgl. § 27) dem einheimischen Lautsystem angepasst wird, ist eine längst bekannte Erscheinung, die hier nur ihre reiche Bestätigung erfahren hat. Mit welch erstaunlicher Konsequenz

[1]) Das ist der weitere Sinn, den wir dem Untertitel 'Etymologisches Wörterbuch' beizulegen wünschen.

sich oft der Fremdkörper den lokalen Launen der Bergdialekte anschmiegt, zeigen besonders Artikel wie Griebe, Gülle, Herbst, Knöpfli u. a. Weniger allgemein als Forschungsprinzip anerkannt ist die Lautentsprechung, deren Wesen § 27 erörtert wurde. Sie scheint mir von erheblich grösserer methodischer Bedeutung zu sein, als gemeinhin angenommen wird. Ein Beispiel: dass *tsalvèr,* aus dem vermeintlich französischen *chalvaire* 'patoisiert', zu 'Schellenwerk' gehört, bezweifelt niemand, dass aber *wãda* mit 'Winde' oder gar *ẽkro* mit 'Anken' identisch sein sollen, erregt Bedenken, die erst die Einsicht in den Entsprechungsvorgang völlig zu verscheuchen vermag: aus normalem *wẽda* wurde *wãda,* weil im Freiburgischen gedecktes *ẽ* und *ã* im dialektischen Wechsel stehen (s. Winde), und aus dem zu erwartenden **ãko* wurde **ẽko* (und mit häufigem *r*-Zusatz *ẽkro*), weil schriftsprachlichem *membre* die Patoisform *mẽbro* entspricht.

Dieses Erklärungsprinzip, von Jaberg nicht mit Unrecht 'lebendiger Lautwandel' genannt,[1]) erwies sich in vorliegender Arbeit als ausserordentlich fruchtbar.[2])

Gelegentlich trat es in Konkurrenz mit der chronologischen Überlegung, welche z. B. sagt: *soiba* 'Scheibe' (Val d'Illiez) muss so alt sein wie der Lautwandel *i* zu *oi.* Mit nichten, denn *soiba* kann ebenso gut mit dem modernen Entsprechungsgefühl, allg. *pipa: poipa,* also *siba: soiba,* erklärt werden. Vgl. die Artikel: Melchtere, leer, link, Rahmen[1]. Solche Fälle zeigen die Unzuverlässigkeit jener beliebten Schlussfolgerung.

Einen zweiten methodischen Fingerzeig sehe ich auf semasiologischem Gebiet. Lange Zeit hatten gewisse Identifizierungen etwas Befremdendes für mich: kommen wirklich *ritè* 'laufen' von alem. *rītə* 'fahren', *riba* 'ausgleiten' von reiben und *se*

---

[1]) Maurice Grammont widmet der Erscheinung ein besonderes Kapitel, das er anschaulich *Le peuple phonéticien* betitelt (Damprichard 133 ff). Vgl. u. a. Gauchat, *Régression linguistique*; Haeberli, *Entwicklung von kl, gl* etc. S. 6 ff.

[2]) Besondere Förderung haben dadurch die Formprobleme erfahren bei den Artikeln: dampfen, Geissel, Grüsch, jammern, Laden, Laune, Lorbohne, Rahne, Schild u. a.

tsiga 'sich verstecken' von zeigen? Ausgedehntere Beobachtungen haben mich darüber völlig beruhigt. Es kommen tatsächlich bei Lehnwörtern häufig derartige 'Entgleisungen' vor, ohne dass die Zusammengehörigkeit ernstlich in Zweifel gezogen werden kann. Man vergleiche z. B. die begriffliche Distanz bei

traga 1. tragen, 2. schleppen, 3. erklimmen. (Ableit.).
grèblè 1. Kartoffeln rösten, 2. sie zerschneiden.
faire firob 1. Schluss machen, 2. lustig sein.
grabo 1. Schlucht, 2. Abhang, 3. steiniges Land. [1])

Aus solchen und andern 'Entartungen' geht, wie mir scheint, hervor, dass die aufnehmende Sprache (in unserm Fall das welsche Patois) den Sinn des fremden Wortes ungenau erfasst[2]), so dass häufiger als sonst Verschiebungen eintreten. Solche Verschiebungen, wie sie schon § 53 erörtert wurden, setzen, wie mir scheint, eine globale Wortbedeutung voraus, welche weit mehr Teilvorstellungen umfasst, als in der abgebenden Sprache vorhanden sind. So bezeichnet *riba* jedes Dahinfahren über eine Fläche, somit auch das Gleiten auf dem Eise; *traga* jede mühsame Vorwärtsbewegung, somit auch das Schleppen und das Emporsteigen; *ritè* jede rasche Vorwärtsbewegung, somit auch das Laufen; *tsiga* jede mit dem Zeigerdienst verbundene Verrichtung, somit auch das heimliche Davoneilen; *rufè* jede heftige Bewegung, somit auch die des stark lodernden Feuers im Ofen; und so scheint auch *grèblè* alles das zu bezeichnen, was man tut, um geröstete Kartoffeln zu erhalten, somit auch das Zerschneiden.

Überall sehen wir, wie die Bedeutung, durch keine Erinnerungsbilder zurückgehalten, kühn und ungehemmt ihre eigenen Wege geht und nicht selten ins Gegenteil umschlägt, vgl. *se tsiga* 'sich verstecken', *chinquer* 'verkaufen'! — Dass Lehnwörter von dieser 'Tendenz' besonders leicht erfasst werden, liegt auf der Hand; ob sie in ähnlichem Umfang auch einhei-

---

[1]) Andere Fälle sind: braten, figgen, Gasse, Kraft, kramen, Laune, raufen, rupfen, schmarotzen, sticheln, suchen, Wamme u. a.; aus der Bautechnik: Mauerlatte, Raf; mit Subjektswechsel: sterben-töten, säugen-saugen.

[2]) In ähnlichem Sinne äussert sich J. Brüch, S. 104.

misches Sprachgut ergreift, bleibt durch Vergleiche auf grösserer Basis zu untersuchen.

Es ist vielleicht nicht Zufall, dass bei diesen Fällen von Entgleisung die Verba besonders stark, die Substantiva sehr schwach vertreten sind. Denn wo die Wortvorstellung mit einem in der Regel sich gleich bleibenden Objekt fest verwachsen ist, wie z. B. bei Ber, Gatter, Geiss, Hälsig, Kehrhaken, Kratten, Melchtere, Strube, etc. etc., da ist naturgemäss die Gefahr einer begrifflichen Entwurzelung des Wortes viel geringer. Das Objekt übt eine hemmende Kraft aus, es hält sozusagen das Wort im Zaum. Nicht so bei Verben wie z. B. reiben, rupfen, schenken, die, wenn auch konkreten Inhalts, nicht an einen bestimmten Gegenstand gebunden sind.

Was oft das semasiologische Problem noch komplizierter gestaltet, ist eine andere Art von Entgleisung. Sie besteht darin, dass das Lehnwort in die Begriffssphäre eines einheimischen Wortes hineingerät. Ein Beispiel: *tüta* heisst 1. blasen, 2. mit den Hörnern stossen. Wie soll man sich die von tuten völlig abweichende Bedeutung 2 anders erklären als durch Einfluss von *corner*, das im welschen Gebiet beide Bedeutungen in sich vereinigt[1]? *tüta* ist begrifflich in das Geleise von *corner* eingelaufen.[2])

Aus dem Gesagten geht hervor, dass es bei Lehnwörtern durchaus berechtigt ist, Zusammenhänge auch da zu vermuten, wo die Bedeutungen stark auseinander liegen. Dies gilt ohne Weiteres auch für ältere Sprachperioden, wo wir so oft nur verschobene und entlegene Wortbedeutungen kennen. Nehmen wir an, wir fänden in einem ältern Text *riba* 'ausgleiten' oder *tüta* 'mit den Hörnern stossen', wer würde einen Zusammenhang mit 'reiben' oder mit 'tuten' zu behaupten wagen? Es ist im Reich des Begrifflichen mehr möglich, als wir oft anzunehmen geneigt sind. Um so grössere Vorsicht ist bei formalen Problemen geboten.

---

1) Genau so wie schwd. *hornen* (*Id.* 2, 1625).

2) In einem analogen Verhältnis scheinen zu stehen: Wisch und *torchon*, schicken und *arranger*, vielleicht auch zeigen und *glisser*, sowie *šiba* v. (Scheibe) und *coup*.

Neue Erklärungsmöglichkeiten erschliessen ferner drei Erscheinungen der Wortbildung, zu denen vorliegende Untersuchung mehrere Beispiele liefert. Sie sind sehr verschiedener Natur. Die erste ist allbekannt; sie besteht darin, dass eine beliebige Wortverbindung der fremden Sprache bei der Entlehnung zu einem Wort zusammenwächst, so *une vigaitse* aus 'wie geht es?' oder *toute la mitenandre* aus 'Alles mit einander' [1]). Die zweite beruht auf der ziemlich häufigen Weglassung des zweiten Bestandteiles eines deutschen Kompositums nach dem Typus *lègr* für Lägerfass [2]). In dritter Linie sei der weniger bekannte Vorgang der halben Übersetzung erwähnt: Typus *višpyõ* aus Wissblei, in welchem Artikel die Erscheinung näher erörtert wurde [3]).

Nicht ganz ohne Bedeutung für die wortgeschichtliche Forschung ist ferner die Tatsache, dass zwei ähnlich lautende Wörter gleicher Bedeutung, das eine dem deutschen, das andere dem franz. Gebiet angehörend, auf welschem Boden wellenmässig zusammenstossen und oft schwer zu entwirrende Mischformen erzeugen. Solche Zusammenstösse von Wortwellen sind weniger selten, als man glauben könnte (5 mal bei rund 900 Stämmen), nämlich:

Brühe gegen afr. *breu*	Kuchen gegen südfrz. *koka*
Kachel gegen südfrz. *kokela*	lugen gegen südfrz. *lucar* [4])
Keib gegen südfrz. *kabra*	

Von den vielen, meist unerweislichen Vermutungen, die

---

1) Vgl. die Artikel: Bubi komm' greifen, Teufel, hab's; häufig zur Bezeichnung von Personen: ja, ja, tu jetzt; vielleicht auch du du (vgl. *toto* s. Anhang), pressiere nicht, vgl. Taugenichts, kann nichts.

2) Andere Fälle sind: Guggisberg, Vergissmeinnicht, gelb; wahrscheinlich bei: Sandsieb, Sperrscheit, Stampfnagel; vermutlich auch: *mal* aus Mehlbappe, franz. *schnouff* aus Schnupftabak, frz. *kirsch* aus Kirschwasser, *šiəs* aus Scheissdreck, *tsug* aus Zugriemen, vgl. auch Schleifriemen. Bei Ortsnamen vgl. § 36, 3.

3) Andere Fälle sind: Bleiwiss, Palmsonntag, Fliesspapier, Gänsefuss, sich verrechnen. Wie fast jeder einzelne Fall vom andern verschieden ist, zeigt jeweilen der Kommentar, s. bes. Wissblei. Vgl. Teil I, S. 4.

4) Unsicher ist der Fall Rute gegen frankoprov. *ryuta*. — Häufiger natürlich begegnen sich stammgleiche Wortpaare: Branntwein gegen *brandevin*, Chuneli gegen afr. *connil*, Geige gegen frz. *gigue*, Milz gegen ostfrz. *mis*, Sauerkraut gegen *choucroute*, Scheibe gegen *cible*.

man über die Gründe zur Einbürgerung eines Lehnwortes haben kann (vgl. § 24-26), seien hier zwei hervorgehoben, die eine beschlägt das lautliche, die andere das begriffliche Gebiet. Häufig hat ohne Zweifel das schallnachahmende Moment des deutschen Wortes mitgespielt, so wohl bei schlarpen und schlurpen, schnaufen und schnupfen, schwingen und spritzen. Und nicht minder musste das deutsche Wort da Anklang finden, wo für eine landläufige Vorstellung ein direkter Ausdruck fehlte. Das ist der Fall bei schenken und sich verrechnen, bei Feierabend, bei heimatlos, bei Zwick[1] und bei Zwetsche (im Gegensatz zu *prune*).

Besondere Aufmerksamkeit wurde der Frage nach dem Alter der Entlehnung gewidmet. Von den fünf wichtigsten Kriterien, die hiefür zu Gebote stehen: Belege, Lautform, Bedeutung (vgl. schicken, Bache), Wortbildung (vgl. Magen, Walmen, Wasen; Trag) und Verbreitung sind vornehmlich die beiden ersten von Interesse. Naturgemäss sind direkte Belege aus älterer Zeit die zuverlässigsten Zeugen. Numerisch ergibt sich, dass von den 763 für alem. Einfluss ernstlich in Betracht fallenden Lehnwörtern[1]) 153 aus älterer Zeit (1200—1800) bezeugt sind[2]). Die drei ältesten datierbaren Belege stammen, wie zu erwarten, aus Grenzgebieten: Frevelî (1217) aus Sitten, Weibel (1265) und Schaffner (1315) aus dem Berner Jura, bezeichnenderweise ein Rechtsausdruck und zwei Beamtennamen. Auch später spielen politisch-rechtliche sowie kriegstechnische Termini eine bedeutende Rolle[3]). Aus dem 14. Jahrh. sind (ausser *gouille*) nur Frevel, Ohmgeld,

---

[1]) Von den 964 Artikeln des Wörterbuches ziehe ich vorsichtshalber ab: 60 unsichere Fälle [ ], vgl. S. 201, 135 nur aus einem Dorf bezeugt, 6 nur modern volksfrz., zusammen 201, bleiben 763. — Von den 135 einmaligen Belegen stammt, wie zu erwarten, die grosse Mehrzahl (99) aus Grenzdörfern (bes. Charmoille, Mettemberg, Plateau de Vauffelin, Prêles; aber auch Sugiez, Cressier und Miège). Auf den BJura allein entfallen 88 von obigen 99 Grenzwörtern und 20 von 36 Wörtern im Innern. Über die starke Verdeutschung im BJura s. Teil I S. 7 u. 14.

[2]) Von diesen 153 sind mehr als die Hälfte (85) nur aus ältern Texten bekannt. Alt und modern zugleich sind 68.

[3]) Vgl. § 14-16 mit den Ergänzungen II 208 s. Militärwesen, Verwaltung.

Badestube, Morgengabe und Herbst bezeugt. In den folgenden Jahrhunderten nehmen die Lehnwörter je nach den Gebieten zu[1]. Vgl. dazu § 3. Über die heutige Verteilung der Lehnwörter vgl. Teil I, 7-9. — Von besonderem Interesse scheinen mir früh entlehnte Wörter wie Herbst (14. Jahrh.), schmarotzen, wandeln, Stümper (17. Jahrh.), weil hier ein Sachimport ausgeschlossen ist, derartige reine Begriffswörter weisen bestimmter als andere auf alem. Ansiedelung im welschen Gebiet.

Ohne dass Belege vorliegen, dürfen aus sachlichen Gründen der ältern Periode zugewiesen werden: Schäfer, Schweiz(er) und Täufer; ferner Zündpulver und Schwebeli; ebenso Schellenwerk. — Nur relatives Alter können Wörter beanspruchen, die heute als veraltet gelten, so ist Gabel älter als *fourche,* Tschopen älter als *caraco,* Zundel älter als *amadou,* wandeln älter als *déménager* u. a.

Methodisch von grösserer Bedeutung sind die lautlichen Kriterien. Aus den welschen Formen für Frisching, Hälsig und Fusterli (vgl. Töpfli, Branntwein, Einschlag, Einfahrt; Stein) ergibt sich, dass sie vor der alem. Verkürzung von mhd. *-inc* zu *-ig* und mhd. *în* zu *i* entlehnt wurden[2]. — Hie und da erklären sich die Patoiswörter nur oder besser durch das Mittelhochdeutsche, so formal bei Mangold, Himbeere und Herbst; formal und begrifflich bei Warbe. Bei Ohmgeld konnten drei ältere Worttypen unterschieden werden. Die Patoisentsprechungen von Griebe weisen auf ein altgerm. **groube*. *epẽbet* aus Spannbett muss auf Grund der franz. Lautgeschichte schon im Mittelalter entlehnt worden sein. Vielleicht geht auch *baϑura* auf das früh entlehnte Badestube zurück. Jedenfalls ist in diesen beiden Fällen ein moderner Entsprechungsvorgang undenkbar.

---

[1]) Im 15. Jahrh. sind es 45 (fast nur F), im 16. Jahrh. 19 (meist N, auch B), im 17. Jahrh. 38 (meist N), im 18. Jahrh. 34 (meist N und B). Dass im 15. Jahrh. Freiburg, im 17. Jahrh. Neuenburg so stark, die Waadt fast gar nicht vertreten ist, liegt zum grössten Teil an den Zufälligkeiten der Materialbeschaffung für die ältere Zeit (s. Literaturangaben).

[2]) Das Alter dieses Wandels bleibt historisch und geographisch zu untersuchen. Von praktischer Bedeutung ist obiges Kriterium nur bei Hälsig, da Frisching und Fusterli ohnehin früh bezeugt sind.

Nicht selten scheint sich in unseren welschen Mundarten deutsches Sprachgut erhalten zu haben, das auf alem. Gebiet vorderhand nicht zu belegen ist: so Warbe, Risstrog, Trag und verlosen; nur formal Warm (vgl. Mus[2]); nur begrifflich Kranz, Schiffli, Strafe; Brugg[1]).

Dasselbe gilt für die Lautverhältnisse. So deuten mehrere freiburgische Patoisformen darauf hin, dass die Entrundung in Deutsch-Freiburg früher einen weiteren Umfang hatte als heute[2]).

Was endlich die in § 42 aufgestellte Genustheorie anbelangt, so hat sie sich bei erneuter Prüfung, wie mir scheint, gut bewährt. Die wenigen unbotmässigen Fälle betreffen meist Grenzwörter, bei denen der Einfluss französisch radebrechender Deutscher naturgemäss grösser ist[3]).

Zum Schluss sei darauf aufmerksam gemacht, dass seit dem Erscheinen des ersten Bandes im Jahre 1913 die damaligen zirka 600 Lehnwörter bei weiterem Forschen auf 964 angewachsen sind. Dieser erhebliche Zuwachs sowohl wie viele neue Belege zum alten Grundstock, verbunden mit wiederholtem Befragen der Patoisants, führten mancherorts zu besserer Erkenntnis des Sachverhaltes, die dem zweiten Bande zugute gekommen ist. (Vgl. S. 200.)

Noch bleibt viéles dunkel, vieles unvollständig. Jede Reise ins welsche oder ins alemannische Gebiet bringt neues Material und beeinflusst die Redaktion. Ein Ende ist nicht abzusehen. Lebende Sprachen sind unerschöpflich. Es ist nur zu wahr, was Littré sagte: *Les travaux lexicographiques n'ont pas de fin.*

---

[1]) Weitere Vermutungen im Anhang.

[2]) Nämlich *i* für *ü*, brünzeln, Büchse, Füsterli, Rübe, Zündpulver, vgl. brühen; *e* für *ö* in Chrös, Frösche, Knöpfli, Stöcke, Stöckli.

[3]) Es sind dies Karpfe (Sugiez), Lebkuchen (Plagne), Stollen (Charm. Mett.), Kunst (Charm.) etc. In den drei letzten Fällen schwankt zudem das Genus. Unklar sind ferner zwei deutsche Neutra Zündpulver und Waschhaus sowie Gnippe. — Die Theorie wird u. a. gestützt durch folg. Satz: *...car la Staatsgedanke n'y est pas fortement affirmée* (Gazette de Laus. 1915, 22. Sept.); Fem. wegen *idée, conception.* In manchen Fällen ist die Vitalität des Wortes so schwach, dass das Genus nicht oder nur unsicher erhältlich war.

Abkürzungen.

Vgl. hiezu die Karte der Schweiz mit Erläuterungen (im ersten Band). Die Zahl nach *Bibl. ling.* gibt die Nummer an in der *Bibliographie linguistique de la Suisse romande.* — Mit *s.* wird auf die Literaturangaben (I 100; II 206) verwiesen.

B = Kanton Bern, meist BJura
B Aj. = Bez. Ajoie (Elsgau)
B Charm. = Charmoille (I 106)
B Del. = Bez. Delémont (I 106)
B Dev. = Develier
B Diesse = Montagne de Diesse (I 106)
B Doubs = Clos du Doubs; verschieden von dép. Doubs
B Epauv. = Epauvillers
B Erguel = Bas-Erguel (I 106)
B Fr.-M. = Franches-Montagnes
B Mall. = Malleray
B Mett. = Mettemberg
B Pl. de Vauff s. I 106
B Prév. = Prévôté (I 106)
B Terbi = Val Terbi (I 106)
B Vad. = Vadais (i. Bez. Del.)
B Vauff. = Vauffelin (unweit Biel)
Barr. = Barrilier (*Bibl. ling.* 1337)
Belfort s. Vautherin
Belmont s. Horning
Bez. = Bezirk
Brandst. = Brandstetter (I 100)
Bri. = Bridel, *Glossaire*
Chât. = Châtenois, s. Vautherin
Const.-Dés. s. Constantin et Désormaux
Cont. = *Conteur Vaudois*
Dampr. s. Grammont
dép. = département
Dum. = Dumur (*Bibl. ling.* 1294)
Els. Wb. s. Martin und Lienhart (I 101)
Et. Wb. = *Rom. etymol. Wörterbuch*
F = Kanton Freiburg
F Charm. = Charmey
F Est. = Estavayer
F Gruy. = Gruyère (Bez.)
F Sug. = Sugiez
F Vev. = Veveyse (I 106)
Fr.-C. = Franche-Comté
G = Kanton Genf
Grand'Combe s. Boillot
Guill. = Guillebert (*Bibl. ling.* 1584)
Id. s. *Idiotikon*
jur. = jurassisch (BJura)
M.-L. = Meyer-Lübke
Ma. = Mundart
Mi. = Mistral, *Trésor*
Mill. = Millioud, *Mots d'archives* (Ms.)
mitg. = mitgeteilt
Montbél. s. Contejean (I 100)
N = Kanton Neuenburg
N Brév. = Brévine
N Land. = Le Landeron
N Lign. = Lignières
N Mont. = Montagne
N Ruz = Val de Ruz
Pl. = Plateau
S.-V. = Sachs-Villatte
Sav. = Savoyen
schwd. = schweizerdeutsch
schwfrz. = schweizerfranzösich
spor. = sporadisch
Teil I = *Alem. Lehnwörter*, Band I.
üb. = überall
V = Kanton Wallis (Valais)
V Ann. = Val d'Anniviers (Eifischtal)
V Champ. = Champéry
V Entr. = Val d'Entremont
V Evol. = Evolène
V Ill. = Val d'Illiez
V Mart. = Martigny
V Sierre = Bez. Siders
Vauth. s. Vautherin
Vd = Kanton Waadt (Vaud)
Vd Alp. = Alpes Vaudoises (I 106)
Vd Aub. = L'Auberson
Vd Blon. = Blonay
Vd Joux = Vallée de Joux
Vd Orm. = Ormonts
Vd P. d'Enh. = Pays d'Enhaut
Vd Penth. = Penthalaz
Vd Plaine = Rhoneebene (I 106)
Vd Ross. = Rossinière
Vd Roug. = Rougemont
Vd Vall. = Vallorbe
Vd Vaug. = Vaugondry
Vd Vev. = Veveyse (I 106)
Zi(m). s. Zimmerli (I 101)

§ verweist auf die Paragraphen des ersten Bandes.
Stichwörter werden durch S p e r r d r u c k als solche gekennzeichnet.

Transkription.

Vgl. die Bemerkungen Teil I, S. 98.

Vokale.

a	unbestimmte Qualität.	*œ*	unbestimmte Qualität.
å	zwischen *a* und *o*, engl. *all*.	*œ́*	frz. *feu*, dtsch. *bös*.
ä	stark offenes *e*, süddt. *Bär*.	*œ̀*	frz. *heure*, dtsch. *Hölle*.
e	unbestimmte Qualität.	*u*	frz. *coucou*, dtsch. *Spur*.
é	frz. *été*, dtsch. *Heer*.	*ù*	dtsch. *Sturz*.
è	frz. *père*, dtsch. *wählen*.	*ü*	frz. *perdu*, dtsch. *hüten*.
ə	frz. *brebis*, schwd. *batsə*, *buəb*.	*ǜ*	dtsch. *stürzen*.
i	frz. *ici*, dtsch. *lieb*.	*ã*	frz. *enfant*.
ì	dtsch *Sitz*, schwd. *hüslì*.	*ẽ*	frz. *lapin* (= ε̃ Teil I).
o	unbestimmte Qualität.	*ĩ*	Patois *bĩ* 'bien' (B).
ó	frz. *château*, dtsch. *holen*.	*õ*	frz. *bonbon*.
ò	frz. *bord*, dtsch. *Loch*.	*ũ*	Patois *pũ* 'pont' (B V).

Die Quantität der Vokale wurde bei Patoisformen in der Regel nicht bezeichnet. Bei deutschen Formen *(hûs)*, selten bei französischen *(erbâ)* gibt der Zirkumflex die Länge des Vokals an.

Konsonanten.

b d g stimmhaft bei französ., stimmlose Lenis bei dtsch. Formen.
p t k stimmlos bei französ., stimmlose Fortis bei dtsch. Formen.

w	frz. bilabio-velar: *oui*, *fouet*, *roi*. dtsch. nur bilabial: *weiss*.	*z*	frz. *zéro*, *maison*.
		ž	frz. *jardin*, *langage*.
v	frz. *vivant*.	*y*	frz. *les yeux*, *bien*, dtsch. *jetzt*.
δ	stimmhaft, engl. *father*.	*ɥ*	frz. *nuit*.
ϑ	stimmlos, engl. *bath*.	*χ*	dtsch. *ich*.
s	frz. stimmlos *cesser*. dtsch. stimmlose Lenis, *Eisen*.	*x*	dtsch. *ach*, schwd. *hakxə*.
		ñ	frz. *gagner*.
ss	dtsch. stimmlose Fortis, *heiss*.	*η*	dtsch. *singen*.
š	frz. *chat*, dtsch. *Asche*.	*λ*	mouilliertes *l*, ital. *figlio*.

Betonung.

Die bei Patoisformen ohnehin oft stark labile Betonung wurde in der Regel unbezeichnet gelassen, da sie in den meisten Fällen ohne weiteres aus der grammatischen Wortart ersichtlich ist. Dabei gelten für die vorliegende Arbeit folgende Regeln:

1. Alle Verba sind im Infinitiv und im Partizip auf der l e t z t e n Silbe betont *(tsiga̩, grazè̩)*.
2. Alle suffixlosen Nomina, die im Mask. auf *-o, -u, -e, -ə (gra̩bo)*, im Fem. auf *-a, -ə*, Plur *-e (tsi̩ga)* auslauten, sind auf der z w e i t l e t z t e n, die übrigen auf der letzten Silbe betont.

Wo diese Regeln nicht ausreichen, wurde der Akzent mit einem vertikalen Strich unter dem Vokal, a̩ (völlig identisch damit ạ) bezeichnet.

A

Aarberg — *albrek* m. (N Noiraigue) = Deutscher.

Zunächst denkt man an eine Verallgemeinerung des deutschen Vornamens Albrecht, etwa wie 'John Bull', 'der deutsche Michel' u. a. Doch die Benennung scheint einen realeren Hintergrund zu haben. Nach freundlicher Mitteilung Jeanjaquet's wäre 'Albrecht' laut Matile, *Histoire de Valangin*, S. 154[1] eine in franz. Urkunden vorkommende Form für Aarberg, Stadt und frühere Grafschaft im Kanton Bern. Darnach hätten die Neuenburger zuerst den Berner, später den Deutschen überhaupt benannt. Matile berichtet l. c.: *les Neuchâtelois ont donné jusqu'à ce jour le sobriquet d'Albrechts aux Allemands de l'ancienne seigneurie d'Arberg, et par extension aux habitants du Seeland en général.* Bei dieser Umgestaltung ist vermutlich von einer schwd. Aussprache *Arbərig* oder *Arbrig* auszugehen (vgl. *Schimberig, Fluebrig* etc. *Id.* 4, 1554), auch kann der Name 'Albrecht' mitgewirkt haben. Zum Abfall des *t* in *albrek* § 36, 1 *β*.

Abc — *abétsé* m. (B Terbi, Mett. V Centre) = 1. Alphabet. 2. Fibel.

Die Form verrät Einfluss der deutschen Aussprache. Andere Schulwörter im § 17. Zur Doppelentlehnung in B und V vgl. Zwetsche, wo weitere Beispiele.

Abend s. Feierabend, guten Abend.

aber nichts — *aber nichs* (N 1832) = keine Rede davon! fehlgeschossen! Ein Rebbergbesitzer, der seinen Rebberg gern verkauft hätte, berichtet über die Verhandlungen mit einem Käufer: *cela semblait un moment aller tout de go* (ganz vortrefflich); *mais abernichs, cela est allé à-vau-l'eau* (Guill. 161).

Wie nix, nix was, nix von dem dient der Ausdruck zur Steigerung des Affekts, hier desjenigen der Enttäuschung. Typisches Luxuslehnwort (§ 25). Ausgesprochen wurde vermutlich *aberniks*, vgl. nix.

Abschied — *abscheid* (F 1475-77, Büchi 24, 34, 54, 59, 68, 75, 77) = Beschluss einer Behörde; Protokoll darüber.

In der älteren Form *Abscheid* ging dieser Ausdruck der schweiz.-deutschen Amtssprache (*Id.* 8, 199 ff.) in die an deutschen und lateinischen Lehnwörtern überreichen französischen Amtssprache Freiburgs über.

Abzug — *abzug* m. (N, nur in der älteren Kanzleisprache; Aussprache unbekannt) = Emigrationsgebühr, auch 'Nachsteuer' etc. genannt, frz. *droit d'aubaine, traite foraine, droit de retraite;* lat. *detractus personalis;* eine Gebühr, die vom Vermögen dem Staat oder der Gemeinde zu entrichten war im Falle des Wegzugs aus der Heimat. Diese Rechtssitte geht in der Schweiz ins 13. Jahrhundert zurück und wurde auf helvetischem Gebiet 1798 abgeschafft. Näheres bei Kaspar Hauser, *Über den Abzug in der Schweiz,* Jahrbuch für schweiz. Geschichte 34 (1909) 3—162; vgl. *Id.* 6, 308. ...*comme ce n'est la coutume de ce comté de payer l'abzug ou retraicte* (N, Manuel du Cons. d'Etat, 3. Juni 1578). ...*la ville de Neufchâtel et ses habitants ont ...été exempts de payer le droit d'aubaine ou d'abzug par les termes de leur franchise* (N, nach einer Urkunde von 1617, Boyve, *Annales* 3, 422). ...*requête que le sieur B. Greder, greffier de St-Imier, a fait présenter, au sujet d'un Abzug que le sieur Tribolet, procureur de Valangin, lui demanda pour la somme de 1300 écus petits... il* (Greder) *a supplié d'avoir égard pour ne le pas obliger à payer l'abzug du total de ladite somme* (N, Manuel du Conseil d'Etat, 21. Februar 1682). Der Ausdruck wird auch in Bezug auf Naturalien gebraucht. *Le sieur Boive... ayant représenté que le sieur Bailif de Nidau lui demande l'abzug des fruits et autres denrées qu'il distrait d'un bien qu'il possède dans son Baillage. Et ayant supplié qu'on lui donna des Lettres adressantes au dit Baillif pour le porter à lui laisser emmener lesdits fruits sans Abzug.* (N, Manuel du Conseil d'Etat, 30. Sept. 1684.)

Im Mangel eines franz. Ausdrucks kann die Entlehnung ihren Grund nicht haben. Es scheint vielmehr, dass der Abzug im neuenburgischen Gebiet als eine von den deutschen Nachbarn geübte Rechtsinstitution bekannt war. In der Grafschaft Valangin scheint sie Eingang gefunden zu haben, während sich die Stadt Neuenburg zu Anfang des 17. Jahrhunderts noch ablehnend verhielt. Der 'Abzug' wurde allgemein als eine Kompensation für die Schwächung an Wehr- und Steuerkraft aufgefasst, die der Staat durch Wegzug erlitt. Ob je zwischen Neuenburg und einem eidgenössischen Ort ein Abzugsvertrag bestand, ist mir nicht bekannt, bei Hauser (l. c.) wird kein solcher erwähnt.

Achtung — *arkətüg* (Vd, Aussprache nicht verbürgt). In einer viel versprechenden Einladung zum Jahresbankett der *Union chorale* in Lausanne heisst es: ...*lay ara de to e utra tsuz awwè; ma arquetoungue* (sic), *kumẽ dyõ lèz almã, s'ažətra d'étre tyè ȧo pikolõ, si nõ ga!* ...'il s'agira d'être là à l'heure, si non gare!' *(Cont. Vd.* 97, 51.)

Zur Lautsubstitution *rk* für *x* vgl. § 33, 7. Dabei lässt sich wohl nicht entscheiden, ob *r* einer wirklichen Aussprache entspricht oder nur ein graphischer Notbehelf ist für das durchaus unfranzösische *x*. Für letztere Auffassung spricht die Bemerkung in einem französischen Operntext zu Don Juan: *espagnol Juan, prononcez Rouane* (nach Mitteilung von Herrn Dr. Hubschmid).

Albrecht s. Aarberg.

allweg — *alvek* m. (franz. Schweiz, Morf, *Arch. f. d. Stud. n. Sprachen*, 123, 488) = Deutscher.

Der Deutschsprechende wurde nach der bekannten schwd. Beteuerungspartikel *alweg* 'sicherlich' benannt; vgl. Almosen.

Almosen — *almuəs (almœs)* m. (B Aj.) = **1.** Spottname des Deutschen. An der Grenze ruft man den Elsässern nach: *almuəs! patakuəs!* (?) *tap tõ tyü, t'èré di muəs*, 'du wirst Mus zu essen bekommen'. **2.** deutsche Sprache, *džazè almuəs* 'deutsch reden'. — Ableit. *almuəsè* v. (B Aj.) deutsch reden.

Die Form *almuəs* (*almœs* bleibt unklar) stimmt zu auffallend mit der alem. Dialektform *almuəsə (Id.* 1, 192, auch 'Almuesen-Tafeln'. *Id.* 4, 600; *Els. Wb.* 1, 33, vgl. schwd *almuosen)*, als dass an einer Ideenverknüpfung mit 'Almosen' zu zweifeln wäre Man kann sich den Vorgang etwa so vorstellen: ein deutsch redender Bettler zieht von Haus zu Haus, auf deutsch um ein Almosen bittend. Im welschen Dorf heisst es bald: *c'est celui qui dit 'almuəs'* oder *l'as-tu vu, ce pauvre 'almuəs'?* oder auch *il en vient trop souvent, de ces sacrés 'almuəs'!* So wird tatsächlich der Bettler *on pordei* (V, Bridel) genannt wegen seiner Bittformel *pour Dieu*. Zur Benennung einer fremden Person nach einem häufig gebrauchten Ausdruck, vgl. allweg, jaja, tu jetzt etc. § 21, ferner *oui-oui* 'Franzosen' in Neapel und auf Südseeinseln, *goddam* 'Engländer' etc. (Nyrop, *Gramm. hist.* 4, § 289, auch § 286); im Deutschen *naplü* (aus *il n'y a plus*), *parlewuh, wulewuh* 'Franzose' (K. Bergmann, *Wie der Feldgraue spricht*, 1916, S. 24, 33). Das so zum Spottnamen für Bettler deutscher Herkunft gewordene *almuəs* wird nun leicht im Affekt, der keine Unterscheidungen kennt, zum allgemeinen Schimpfwort, auch für einen nicht-bettelnden Deutschen, um so mehr als es im Anlaut mit *allemand* übereinstimmt.

Amtmann — *amman* m. (F 1475, 1478, Büchi 19, 88) = Beamter, Landamman; *avec lamman de Ure* (Büchi 88).

Aus der schwd. Form *amman* (*Id.* 4, 246 ff.).

[**anfahren** — *ãfarè* v. (B Aj. Mett.) = **1.** die Pflugschar in den Boden einsetzen zum Beginn des Pflügens (enrayer). **2.** einen Baumstamm auf dem Blockwagen einer mechanischen Säge bereit legen zum Beginn des Sägens.

So sehr Bedeutung und Verbreitung des Wortes auf das schwd. *afarə* 'ein Fuhrwerk in Gang bringen' (*Id.* 1, 894, vgl. *fahren* = pflügen) hinweisen, so spricht doch der konsequente Anlaut *ã-* durchaus dagegen: es wäre *afarè* zu erwarten (vgl. anstellen u. Zimmerli 1, 34). *ã* deutet unzweifelhaft auf frz. *enferrer*, dessen Bedeutungen 'mit (eiserner) Waffe durchbohren', 'eiserne Keile einschlagen' etc. trefflich zum Einbohren der Pflugschar passen. Zum *a* für *e* vgl. *farür* 'ferrure'. Bed. 2 scheint durch

Uebertragung vom Pflug auf die Säge entstanden zu sein. Die gemeinsamen Momente sind das Antreiben einer mechanischen Tätigkeit und die Entstehung von Furchen. — Die übrigen Gebiete der franz. Schweiz zeigen *enferrer* in andern Bedeutungen.] .

anhenken — *ahẽkè* v. (B Romont) = anhängen; *a fò ahẽkè sətü tšér* (...diesen Wagen; Zimmerli 1, 34).

Entspricht schwd. *âhäŋkχə (Id.* 2, 1458).

Anken — *ẽkro* m. (F, Bridel unter *inkra*) = Butter.

Ohne Zweifel aus schwd. *aŋkχə* m. (*Id.* 1, 341). *ẽ* erklärt sich durch die Entsprechung *mẽbru* membre, *χẽdra* cendre, etc. (F Dompierre). Zum *r* Zusatz § 37, 3. Mask. wegen des sonst allg. *beurre*. Die Nebenform *inkra* bei Bridel ist verdächtig.

anstellen — *aštellè* v. (B Plagne, Romont, Zi. 1, 34) = anstellen (z. B. Dienstboten).

Aus schwd. *âštèllə*.

A p f e l s. Rosenapfel, Sauerapfel.

Apfelmus — *éfləmü*, auch *fləmü*, *flümü*, m. (F, Wissler 63, N? Quinche 311), *ẽfləmü* (F *Journal d'Est.* 1900, 41) = Apfelmus.

Auszugehen ist von der schwd. Form *èpfəlmùəs*. Zur Entrundung § 28. Zur Schwächung der Affrikata § 34, 1. Auch der Schwund des *s* steht nicht vereinzelt (§ 36, 1), wohl aber befremdet der Ersatz von *us* durch *ü*, vgl. immerhin § 29, 7. — Zur deglutinierten Form *flümü* vgl. *kova* f. (V) neben *ekova* f. Besen (lat. SCOPA), *pine* f. neben *épine (Atlas* Karte 476). Zur 'Vokalsteigerung' im Vorton (*ə* zu *ü*) vgl. *prümi* premier (Vd), auch *drümi* neben *drumi*, *drəmi* (vgl. Gauchat, *Dompierre* § 88). Zur Nasalierung im Anlaut vgl. *ẽgəno* aus E i d g e n o s s e, in beiden Fällen folgt ein nasaler Konsonant. — Dasselbe deutsche Wort ist ins Wallonische gedrungen, *appelmœs* (Ulrix 43).

arbeiten — *arbeita*, *arbetå* (F bes. Gruy. Vd Rossinière) *èrbeitå* (Vd Blonay) = **1.** eifrig arbeiten, sich anstrengen. **2.** sich beeilen, *i fo bẽ arbétå po li alå d'un ara* (F) ...'um in einer Stunde hin zu kommen'.

Vom berndtsch. *arbeitə*. Zum Wechsel von *ei* und *e* s. die Ausführungen bei z e i g e n. Zum Wandel von *ar*+Kons. in *èr*+Kons. in Blonay vgl. *èrdzẽ*, *tsèrbõ*, *tsèrdõ*, *tsèrdzi*. Die nicht schwd. Bed. 2 zeigt eine ähnliche Verschiebung wie *ritè*, laufen (s. r e i t e n und § 53). Das Wort dient zur Verstärkung von *travailler* im Sinn der Luxuslehnwörter (§ 25). Umgekehrt *trawalyə* v. im Berndeutschen (Habkern, *Zeitschr. f. deutsche Ma.* 1907, 306). — Ebenfalls intensive Bedeutung liegt im it. *arrabattarsi* 'sich abmühen', das Caix u. a. von ahd. *arapeiton* herleiten, vgl. jetzt Bertoni, *L'elemento germanico* S. 75.

Arichti — *ariš* m. (B Courrendlin) = Öffnung in der Stubenwand, wo von der Küche aus die Speisen zum 'Anrichten' in die Stube befördert werden können (schwfrz. 'passe-plat').

Ohne Zweifel aus schwd. *arixti(lòx) (Id.* 6, 412; 3, 1037). Lautlich wäre *arik* zu erwarten, vgl. *albrèk; š* für *æ* steht völlig isoliert. Direkter elsäs. Einfluss nach § 28 β ist ausgeschlossen. Mask. wegen *passe-plat.* — Sachlich gehört das Wort zu § 7.

aus s. use.

B

Babi — *babi, båbi* f. (Vd G F), *babe* (B f.; N m.) = 1. einfältige Weibsperson, auch vom Mann (F N). 2. selbstgemachte Spielpuppe. 3. alte Ziege (Vd).

Das *Id.* (4, 916) belegt die Bedeutungen 1 und 2 reichlich. Die Bed. 'alte Ziege' lehnt sich eher an die im *Id.* verzeichnete 'altes Weib' an als an die nur ganz vereinzelt belegte Übertragung auf die Kröte. — Zum Wechsel von *i* und *e* vgl. § 29, 4.

Babi komm — *babikom* f. (F Sugiez) = einfältige Weibsperson, *grôša babikom.*

Vermutlich Substantivierung eines unverstandenen foppenden Zurufes *xùm, babi, xùm!*

Bache — *bak* f. (B üb.), *bèk* (B Südgrenze; dép. Doubs, Grand'-Combe), *bék* (N Landeron *Atlas) bèka* (N Béroche Urtel 56) = 1. Mutterschwein. 2. grosse Wurfkugel (auch Nuss), deren die Knaben sich zum 'Spicken' bedienen. 3. liederliches Frauenzimmer. — Ableit. *bakat* f.; *bakè* v. 'spicken'.

Bedeutung, Form und Verbreitung weisen auf Bache, 'wildes Mutterschwein' (altgerm. *bakko,* Schinken, Speckseite, so noch schwd., *Id.* 4, 93, 6; auch *Schwäb. Wb.*). Die hier vorliegende Hauptbedeutung ist mir weder elsässisch noch westschweiz. bekannt, das *Id.* belegt sie nur für Glarus in der Form *bäch,* die, wenn mehr westlich nachzuweisen, die Formen *bek, beka* erklären könnte. Es hat den Anschein als sei unser *bak* der letzte Überrest aus einer Zeit, wo *bache* = Mutterschwein in alemannischen Ma. weiter verbreitet war. Heute wird auch *bak* in B von *truie* allmählich verdrängt. Die reich belegte Bed. 2 ist vermutlich eine spasshafte Übertragung des Wortes auf eine besonders 'dicke' Spickkugel. Vielleicht aber rührt die Bezeichnung auch her vom Bild eines Schweines, das solche Glaskugeln gelegentlich in sich tragen. — Analoge Entlehnung zeigt frz. *laie* aus fränk. *leha,* vgl. Kluge, *Sitzgsber. d. Heidelb. Akad. der Wiss., phil.-hist. Klasse,* 1915, Abh. 12, S. 7.

Bäcker — *pèkr* m. (B Charm.) = Spottname für den Bäcker.

Andere Handwerkernamen § 11.

Backhaus — *pakuz* f. (B Aj. Del.) = Waschhaus, in der Regel abseits stehendes Gebäude, das meist zugleich zum Backen, gelegentlich auch zum Brennen von Branntwein dient. Vgl. Rossat, *Schweiz. Archiv f. Volkskunde* 17, 51[310]. Oft ist es Eigentum der Gemeinde.

Es ist das schwd. *baxhûs* n., auch *ofə-hûs* genannt (*Id.* 2, 1719). Fem. in Anlehnung an *épouse,* etc. § 44. Über Ursache und Alter der Entlehnung habe ich ausser dem in § 4 Gesagtem nichts in Erfahrung bringen können. Jedenfalls ist *pakuz* das ältere Wort gegenüber dem auch gebrauchten *buanderie.*

Bader — *badèr* m. (B Charm.) *le badeiyre de Corenolz* (B 1594) = Besorger eines öffentlichen (Schwitz)-Bades. Noch heute heisst ein alter Turm bei Pruntrut: *la Tour au Badaire.* — Ableit. *baderesse, baderelle* f. (B 1594) = Badmeisterin.

Dass die unbetonte Endsilbe von *Bader* zur Vollsilbe wurde, rührt vermutlich vom deutschen Schriftbild (z. B. als Aufschrift an der Badestube) her, denn sonst wäre entweder *badr* nach *šnidr, šumakr, pèkr, etc.* oder *badè* nach *tišmakè* etc. s. § 36, 1 zu erwarten. — Zur Sitte vgl. Badestube.

Badestube — *bastuba, baštuba* f. (V d V G F), *baštob* (B Aj.); aus älterer Zeit: *bastube* (F 1369, 1371, 1470, N 1431, 1529), *badstube* (N 1631, 1676, etc.) = 1. Schröpfkopf (nur F Vd). 2. Schwitzstube (étuve), nur für die ältere Zeit belegt (F, G, B). Das älteste Satzbeispiel gibt Godefroy: *li borgeis hont ordoney que nyon mesel* (kein Aussätziger) *non hayt* (aille?) *in taverna, in masel* (Metzgerei), *ne in bastuba, ne per cherreire* (Strasse) *mas que par la charreyri* (Fahrstrasse) *ou li chers vont atot lo carquavel* (mit der Klapper) (F 1371. *Rec. diplom. Frib.* 4, 80). Dass *bastuba* hier 'auberge' bedeute, wie Godefroy vermutet, liegt kein Grund vor anzunehmen. Bonnard u. Salmon geben richtig 'étuve' an. Sachlich interessant ist: *aux bastubes et estuves* (Unterschied?) *n'y a aulcuns meubles sinon la chaudiere attachee* (N 1529). 3. Haus von schlechtem Ruf (B Aj.) vgl. *baštobè.* 4. Bruthitze (V Hérémence), *on ne peut pas être assis au soleil par une bastoube pareille* (volksfranz.). Das Wallis scheint das Wort wenig und nur in übertragener Bedeutung zu kennen, vielleicht weil die mehr städtische Einrichtung der Badestube dort weniger bekannt war; vgl. *baϑùra.*

Ableit. *bastuba* v. (Vd F) = 1. schröpfen. 2. sich mit Farben das Gesicht unkenntlich machen, als Fasnachtsscherz, *yèré to bastuba,* 'er war ganz mit Farben beschmiert' (F, vermutlich in Erinnerung an die vom Schröpfen rot und blau gewordene Haut). 3. exemplarisch bestrafen, *l'è-z-au bastuba ẽ reya* (F), 'er hat seine wohlverdienten Prügel bekommen'; wohl aus Bed. 1 abzuleiten nach dem Moment der Schmerzempfindung. Dazu das Verbalsubst. *bastyba* f. (F) Strafe. || *baštobè* v. (B Aj.) = 1. ein Schwitzbad einnehmen (veraltet); denselben Sinn hat *bastubeir* v. (F 1371) in der von Godefroy unvollständig zitierten Stelle. 2. huren (faire l'amour). || *bastubare* m. (Vd F) = 1. Inhaber einer Badestube (F 1371, Godefroy gibt irrtümlicherweise *bastubeor*). 2. Spottname für den Arzt (auch Apotheker oder Krankenwärter) ... *õ-n-è dobədzi de sera lè rẽ po lao grava* (um sie zu verhindern) *de no-z-ẽvoyi dai bastubare fédéro tata nutrè fènè kã lə sõ malade (Cont. Vd.* 1882 nº 34). 3. Übername, z. B. *Cunrat le Bastubarre* (F). || *baštobu* m. (B Aj.) = 'baiseur'. || Vielleicht auch *baϑùra* f. (V Anniviers) = Bruthitze, *fe una baϑùra*, 'es ist drückend heiss'.

Diese ganze früh und stark belegte Wortsippe deutet darauf hin, dass die wohl nach deutscher Art eingerichtete oder von Deutschen betriebene Schwitzbadestube im Gebiet der franz. Schweiz schon im Mittelalter Eingang gefunden hatte. Das Schwitzbad war eine altgermanische Einrichtung (Heyne, *Deutsche Hausaltertümer*, 3, 51 ff.). Bekanntlich betrieb der 'Bader' oft Nebenbeschäftigungen, er war Schröpfer, Chirurg, auch Zahnarzt und Barbier. Die Bedeutungsentwicklung der Sippe *bastuba* zeigt, dass das Schröpfen in F und Vd besonders stark in den Vordergrund getreten war. Mit der Zeit kamen manche Badestuben, besonders solche mit weiblicher Bedienung (vgl. Badestuberin), in Verruf. Aus Freiburg wird uns berichtet, die Regierung habe selbst 1413 ein 'öffentliches Haus' neben den *étuves du Gotteron* eingerichtet. (*Etrennes frib.* 1896, 114). Ähnliches liest man bei Heyne, 1, 197 u. Anm. 234 und in *Basel im 14. Jahrhundert,* 1856, passim. Daher die obszöne Bedeutung im Berner Jura. — Lautlich fällt auf, dass das so früh entlehnte Wort, von *baϑùra* abgesehen, nirgends die Patoisentwicklung von *st* mitgemacht hat. Es liegt dies wohl zum Teil am ununterbrochenen Kontakt mit deutsch sprechenden 'Badern', zum Teil am amtlichen Charakter des Wortes, vgl. die ans deutsche Schriftbild sich anlehnenden älteren Graphien *badstube* und *bastube*. Gesprochen wurde vermutlich zu jeder Zeit *bastuba*. Zum Wechsel von *u* und *o* vgl. § 29, 6 (schwd. *badštùbə*). — *baϑùra* lässt sich unter Ansetzung einer volkstümlichen Entwicklung **baϑuba* durch Umbiegung der vermeintlichen Endung erklären, wohl unter Einfluss von *tsalur* (V) = afr. *chalure*, vgl. auch *froidure*.

Badestuberin — *bastuberry* f. (F 1413, *Etrennes frib.* 1896, 114) = Besorgerin einer *bastuba*.

Vermutlich von einem schwd. *badštùbərì*.

[**Ballast** — *balast* m. (Vd F) = 1. grober Kies (F). 2. Zeug, das einem gehört, *l'a ramasa sõ balast e lo veitə-lé via*, von einem Arbeiter, der sich plötzlich davon machte (Vd).

Die Entlehnung aus alemannischem Gebiet bleibt unsicher, da *balast* im gemeindeutschen Sinn auch französisch vorkommt (Sachs-V.). Zudem sind beide Bedeutungen alemannisch nicht belegbar.]

Ballen — *bal* f. (B Aj. Del.) = 1. Butterballen. 2. Schneeball.

Eher aus schwd. *ballə* f. (*Id.* 4, 1148), das begrifflich genau übereinstimmt, als aus franz. *balle*, das, obwohl deutschen Ursprungs, nie in obigem Sinne verwendet wird.

ballen — *balè* v. (B Aj. Del.) = 1. zu einem Ball formen (Butter, Schnee) *ã n sərè balè l bœr sẽ s'ãgrèši*, 'sans se salir de graisse'. Redensart etwa im Sinn von 'wer Pech angreift, besudelt sich'. 2. Schneeballen werfen.

Entsprechende Bemerkung, wie bei Ballen; *balè* 'tanzen', 'baumeln' etc. stammt von franz. *baller*, dem aber obige Bed. fremd sind.

Ballstecken — *balstèk(ə) balštek*, m. (Vd F spor.), *palištak*, *palstek*, *pastek* (F) = Prellscheit beim Ballspiel (planchette); auch für das ganze Spiel gebraucht.

Aus schwd. *balštäkxə* m. (*Id.* nur F 1720 belegt, mitg.), auch *brällə* f. genannt (*Id.* 5, 579). Zum Wechsel von *b* und *p* § 32, 2; zu dem von *st* und *št* § 33, 6; zu dem von *e* und *a* § 29, 3. Zum Vokaleinschub § 37, 1. Zum Schwund des *l* vgl. Melchtere.

[**Bannwart** — *bãvè*, *bẽvè* m. (B Aj. Fr.-M. Vad.), *banwert* (B 1530), *des banvers* (B 1572), *banvard* (B 1615); *bangarde* (B Peter; Wissler 100) = 1. Feldhüter, auch Förster (messier, 'brevard'). 2. Wegverbot in Form eines Pfahles mit Kreuz oder Strohwisch (bouchon, brandon). 3. Blattlauskäfer (coccinella; bête à bon Dieu), Kinder pflegen mit dem Tierchen auf der Hand zu singen: *bãvè, bãvè, vè dir a bõ düə d fèr bé!* (fliegt er weg, so wird das Wetter gut).

Die Entlehnung von *bãvè* scheint nicht modern alemannisch zu sein, da die mod. Ma. der Schweiz und des Elsass fast nur *pammərt, pammər, paŋərt* kennen; *bãvè* zusammen mit den älteren Formen geht also entweder direkt auf älteres *bannwart* (so ahd., mhd., allerdings auch *bawart* in Habkern [B, *Z. f. dtsch. Ma.* 1907, 55]) zurück, oder aber, was wahrscheinlicher ist, es stammt aus Ostfrankreich, wo das Wort in Bed. 1 seit dem Mittelalter stark verbreitet ist, besonders in Lothringen (Godefroy 2 mal, *Atlas* K. 625 *bãwa, bãwè* 10 mal), aber auch in der Fr.-Comté (vgl. Thomas, *Rom.* 38, 365). Die Bedeutung 'Wegverbot' verzeichnen sowohl Roussey, *Glossaire de Bournois*, als das *Els. Wb.* (2, 43). Zur Übertragung selbst vgl. *gendarme*, 'Steinhaufen auf Bergspitzen'. — Der Bedeutung 3 liegt wohl die humoristische Vorstellung zugrunde, bewusster Käfer sei dazu eingesetzt, um über die Blattläuse polizeiliche Aufsicht zu führen, wie der Bannwart über die Diebe. — Die Nebenform *bẽvè* zeigt Anpassung an das jurassische Lautgesetz *an + Kons.* > *ẽ*: *tšẽtè* 'chanter', *mẽdžiə* 'manger' — Die Form *bangarde* mit Einfluss von *garder* (oder von elsäss. *bangert*?) ist ebenfalls ostfranz. belegt (*Rom.* l. c.).]

Basler s. *bâlois* Anhang.

Bassgeige — *basgig* f. (B Romont, Zi. 35), s. Geige.

Batzen — *bats, -ə, -e, -o* m. f. (Vd V B F; Payerne 1565, Vd 1620, Rousseau *Annales* 3, 36; Montbél. 1565, Littré, Sachs-V. s. *batz*), *batš* (N Mont. B Vauff. Malleray), *betš* (N Noir. Land. B Diesse); *bache* (volksfrz. allg., Vd 1566, Voltaire Brief 1755, Rousseau *Annales* 3, 36); fem. nur B (ausser Diesse), Vd Alp. Joux, G. =

1. Batzen, ehem. schweiz. Kupfermünze, 14—15 cts. Näheres *Id.* 4, 1964 und Coraggioni, *Münzgeschichte der Schweiz,* Genf 1896. In Payerne seit 1565 eingeführt *(Mém. doc. Suisse rom.* 13, 324). *Dans le temps des batz,* 'in früherer Zeit'; *ne pas valoir un bats* (vgl. schwd. 'keinen Batzen wert sein'), *avai prao (de) bats* 'vermöglich sein' (Vd V), vgl. it. *aver bezzi* (Diez Wb. 357). *Au dernier Bache,* Name einer Wirtschaft in Marin (N); *è dékriə le bats* von einem Betrunkenen, 'qu'on entend chanter, crier' (B Charm.), vermutlich 'der Lärm macht' wie ein Ausrufer, der die amtliche Münz-Verrufung *(décri, décrier)* bekannt gibt. 2. Kind bei der Geburt, und zwar *õ bats* zur Bezeichnnng eines Knaben, *õ dəmi-bats, õna dəmi-bats* eines Mädchens (Vd N), *n'e k'õ dəmi-bats* ist eine häufige Wendung (vgl. schwd. *i ha tswoi nùmməli,* 'ich habe zwei Mädchen', nach freundlicher Mitteilung von Herrn Reg.-Rat C. Chr. Burckhardt-Schazmann †). Die Bezeichnung rührt her von Patengeschenken (s. Gauchat, *Bull. du Gloss.,* 9, 5). Auch verallgemeinernd von einer minderwertigen Person *y èt õ bats* (V). 3. Brotlaibchen von länglicher Form mit Öffnung in der Mitte, kostete früher einen Batzen (V Bagnes) vgl. *halbbatsəlaibli* (Baselst.). 4. Gesäss (Vd Jorat), vermutlich wegen der Teilung in zwei Hälften, vielleicht aber auch übertragen aus der allerdings nur eng lokal belegten Bedeutung 3.

Die Formen mit *e* gehen auf die bern. Nebenform *bätsə* zurück (*Id.* l. c.), die mit *tš* und *š* beruhen auf Lautentsprechung §§ 27; 34, 3. — Zur Entlehnung von Münznamen § 12, 2. — Keine der abgeleiteten Bedeutungen 2—4 scheint in der deutschen Schweiz vorzukommen. — Batzen drang auch s. Z. ins Rätische (Ulrix 10) und ins Tessinische (Salvioni[1] 96). — Die *Id.* 4, 1968 angeblich savoy. Form *batche* kennt kein Wörterbuch, sie ist auch wegen des *tš* statt *ts* verdächtig. Mask. wegen *sou,* Fem. nach *vatsə,* § 44.

Bauer — *pur, bur* m. (F) = Bauer im Kartenspiel (Jass).

Aus schwd. *pur, bur* m. (*Id.* 4, 1513 ff. Bed. 4).

Bauherr — *bouher* m. (N 1643, 1667) = Vorsteher des Baudepartements in der Stadt Neuenburg; *rolle des... fournitures que moy A. Perrot ayt faictes pendentz ma charge de bouher* (N 1640 comptes de Bouherie H. nº 1). — ABLEIT. *bouherie* f. (N) Amt des *bouher; comptes de la bouherie* (N 1667 H. nº 2).

Dasselbe Amt hiess in vielen schwd. Städten *bûherr* (*Id.* 2, 1537).

Beere — *bèra* f. (Vd Alp.) = 1. Heidelbeere (Ormonts), *kõfitür a le bère.* 2. rote Johannisbeere (Etivaz). — ABLEIT. *bèrai* m. = Johannisbeerstrauch.

Aus der schwd. Dem.-Form *bèri* n., zum Fem. § 44 Schluss. Sporadische Einschränkung auf Heidelbeere kennt auch das *Id.* 4, 1461.

bei Gott — *piko(t?)* (B) = Kraftausdruck.

Aus alem. *bi gòt (Id.* 2, 519). Vgl. dazu Herrgott.

Benz — a) *bènts* m. (N F Sugiez, B Diesse) = 1. Widder. 2. in der Wendung *por sẽ, adyœ bènts,* 'da ist nichts zu machen' (F). 3. Dummkopf, *gro bènts* (N).

b) *bẽtš* m. (V Miège) = Schaf, das mit dem Grossvieh zusammen weidet.

Die Bedeutungen 'Widder' und 'Schaf' sind *Id.* 4, 1409 für B etc. belegt. Zur Ursache der Entlehnung vgl. Verf. *Haustiernamen* 97. Das Wort hat gelegentlich (F) humoristischen Beigeschmack, daher wohl die Redensart *adieu bènts,* vom Fortspringen des Tieres bei Annäherung. — Die aleman. Aussprache *bènts* (nicht *bẽts,* wie Verf. l. c.) ist auch fern von der Deutschgrenze allgemein, vgl. § 39. Vgl. das folg.

Benzli — *bẽtšəli* m. (V Miège) = junges Schaf mit dem Vieh weidend.

Aus schwd. *bäntsli (Id.* 4, 1409).

Ber — *ber* m. (B Vauff., Diesse, Mett. N 1761, Pat. Neuch. 224, Wissl. 87, Vd Vully) *bèr, bär* (N), *béyə, biə* (B Aj.), *béə* (B Del.) = Netz. **a.** Heugarn (B N), auch dessen Inhalt *sayiə ĩ béyə d'éyərb,* 'so viel Gras mähen, als ein *ber* fasst' (Aj.) ...*jettant un Behr de foin depuis le galetas en bas, qui est presque tombé sur une personne* (Neuveville 1761). **b.** Fangkorb zum Fischen. — Ableit. *bèré* m., *berla* m. (Aj.), kl. Netz. ‖ *bera, -å* m. (Vd F), *bère* m. (F Gruy.), Garn zum Transport von Heu als Futter für Pferde.

Aus reichlich belegtem alem. *ber, berə* (*Id.* 4, 1453; *Els. Wb.* 2, 78; *Bull. du Gloss.* 11, 45[3]), das seinerseits aus lat. *pera* 'Ranzen' entlehnt ist. Zur dorfmässigen Anpassung an die Lautgesetze vgl. die Entsprechungen von *fer, ver, hiver* etc. auf Tab. V in Zi. 1. — *bèré* (B) geht auf **bèrel, bèrla* auf **bèrelet* zurück, während *bère* (F) offenbar nach 'filet', *bera* nach *fəlą* 'Heugarn' gebildet ist. Ob in letzterer Form *-ard* oder -ATUM steckt, lässt sich formal nicht entscheiden, vgl. z. B. *fulå* foulard, *dyœlå* gueulard neben *tsätå* chanté, *ẽkurå* curé (alle in Blonay). Sowohl die lautgesetzliche Behandlung in B als die suffixale Erweiterung (*-el* tritt sehr selten an Lehnwörter) sprechen für frühe Entlehnung. Sachlich identisch mit *ber* a. ist Bogen. An französischen Synonymen fehlt es nicht *(herbier, oiseau, fleurier; verveux).*

Bergmännlein — *bèrgmènlé* m. (B Plagne) = männliches Wesen, das in den Bergen haust (gnome).

Aus schwd. *bèrgmänlì* n. (*Id.* 4, 272). Zur Endung § 29, 4. — Wort und Volksglaube leben nur noch in der Erinnerung.

Bernerwägeli — *bèrnərwägəlì* m. (Vd Vallorbe volksfrz.) = Art Landauer, vierräderiger Bauernwagen mit mehreren Sitzplätzen, der zum Transport leichterer Lasten verwendet wird, in der deutschen

Westschweiz als 'Bernerwägeli' wohl bekannt, im Berndeutschen selbst 'Rîtwägeli' genannt (Friedli 1, 342).

Zur Form vgl. § 39. — Zur Sache § 12, 3.

Bett, s. Deckbett, Spannbett.

betteln — *pètlè* v. (B Aj., Pleigne, Terbi, Vauff.), *patlè* (B Plagne), *petla* (N Ruz); *pételer*, *betteler* (F N, volksfranz. Wissler 63, Quinche 311); *pètelai* (Montbél.) = betteln, schmarotzen (F), scheint gegenüber *mendier* besonders das zudringliche, immer wiederkehrende Betteln zu bezeichnen: *è pètœl ède*, 'er bettelt immer wieder' (Terbi), in unwilligem Ton *t'è bĩto fini d pètlè?* 'bist du bald fertig mit betteln'? (Pleigne); auch transitiv *pètlè sè mér*. — ABLEIT. *pètlu* m., *-uz* f. (B), *pételeur* (Quinche 311); *pètliə* m., *-iər* f. (B Aj.) = Bettler; *pètloter* (N volksfrz.).

Aus alem. *bätlə* v. Zum Anlaut § 32; zum *a* § 29, 3. — Das franz. *bettander* 'betteln' (Sachs-Villatte) ist vermutlich eine Kreuzung von schweiz. *betteler* mit *quémander*, eher als mit dem selteneren *truander*, wie Pfeiffer 66 meint. — Vgl. Bettler.

[**Bettler** — *s'ätòrna pètélé* v. (Vd Leysin) = abgewiesen werden.

Die nächstliegende Erklärung dieser syntaktisch merkwürdigen Fügung scheint mir 's'en tourner (comme un) mendiant'. Zum Vokaleinschub § 37, 1. Die Endung *-é* allerdings stimmt nicht zu den Formen von Schinder in derselben Gegend, doch ist zu bedenken, dass *bètlər* eine andere Konsonantenhäufung aufweist. — Sicher ist 'Bettler' als *pètlé* 'Lumpensammler' in voges. und als *pétler* etc. in rätische Ma. gedrungen (Belmont; Ulrix 145) und steckt vielleicht in dem schon altfrz. *bélître*.]

bezahlen — *petsala* v. (Vd Gros, *Cont. Vd.* 1892, 25, 27), *bətsala* (Vd Leysin) = zahlen, bes. von einer Busse, die man wider Willen zahlt. — ABLEIT. *pətsåla* f. (Vd Blonay, auch volksfrz. *bətsal*) = Geld (humoristisch); *pétsalé* m. (Vd Blonay) Heller.

Aus schwd. *ptsalə* v. das u. a. für Bern und Freiburg neben *tsalə* bezeugt ist (*Id.* mitg.; vgl. wallis. *bitsalu* 'bezahlen'. Wipf *Visperterm.* § 103 *petsâle* Salquenen). Zum Vokaleinschub § 37, 1. *pətsåla* ist Verbalsubstantiv, vgl. frz. *paye*, it. *paga* und § 50. — Dasselbe Wort ist ins Rum. gedrungen (Borcia 79) und das entsprechende it. *pagare* in franz. Ma. als *pagå* (G, Savoyen) und in deutsche als *pagə* v. (V), als *pagatə* v. (it. *pagato;* B Haslital) vgl. *Id.* 4, 1052. Bemerkenswert ist, dass auch *pagå* in G den Nebensinn 'ungern bezahlen' hat.

Bigger — *pikr* (F N B Aj.) = 1. Rösslein (bidet, F). 2. abgemagerter Gaul (F N B).

Doppelentlehnung aus schwd. *bĭggər*, vom *Id.* 4, 1080 in beiden Schattierungen belegt.

Birne s. Eier-, Chleimis-, Kannen-, Krauch-, Wasser-, Zuckerbirne.

Bis — *bis* m. (B üb.) = 1. Lockruf, Kose- und Kinderwort für Katze; *bis, bis vī! vai t l be bis?* 'vois-tu le beau minet?' 2. Blütenkätzchen (chaton). 3. Rotzklumpen an der Nase. — ABLEIT. *bisõ* m., *bisna* m., *bisla* m. Kätzchen; *bisriə* f., das *bis*-Rufen.

Wenn auch das Wort sehr wohl spontan aus dem Lockruf *ps ps* entstanden sein kann (vgl. *bis*, Schallwort, M.-L. *Et. Wb.*), so spricht doch die strenge Beschränkung des Wortes auf den Berner Jura für Entlehnung aus westschwd. *bis* (das *Id.* 4,1738 verzeichnet nur *biseli* und in einem Beispiel *bisi*). Auch das schwd. *bus, bis* etc. wird in Bed. 2 gebraucht. — Die derbe Bed. 3. ist aus 2. abgeleitet. — Vgl. Katze.

Bischlag — ...*estre deduyte la cala de un bischlag* (F 1475 Büchi 60) = Münze (l. c. handelt es sich um eine Preisherabsetzung).

Bischlag bezeichnet eine schlechte Münze (Lexer 1, 284; Grimm 1, 1391), in der Schweiz speziell einen minderwertigen franz. Gulden (Segesser, *Rechtsgeschichte* 4, 288; Anshelm, *Berner Chronik*[2] 1, 119; *Abschiede* III 1, 258; *Geschichtsfreund* 8, 147, 267; Mitteilung von A. Bachmann).

Bischweiler — *pišvil* m. (N Mont.) = Tabak aus Bischweiler, Städtchen im Unterelsass an der Moder mit bedeutendem Tabakhandel; *no vadã* (vendions) ...*dü tuba rõ, dü pischvile* (sic) *pwo le fẽne gordže* (tabac en pains, *Patois Neuch.* 45).

Aus der alem. Form *bišwilər* entlehnt. — Zur Sache vgl. § 13, 4.

Bitzeli — *pitsəlè* m. (Vd Penthalaz) = Stückchen.

Aus dem alem. *bitsəli*. Vgl. Bröckli, Schnifi.

bläuen s. bleuen.

Bleiwiss — **a**) *plüvis, plivis* m. (B Aj. Terbi) = 1. Bleistift (veraltet). 2. Federhalter (Vermes).

Aus dem alem. *pliwiss plüwiss* n. (*Els. Wb.* 2, 868). Mask. wegen *crayon*.

b) *pyõbis* m. (B Aj.) = Bleistift.

Aus *blīwis* mit Uebersetzung des ersten Teiles (*plomb*) und Einfluss von *plomber, plombage*, vgl. Wissblei zu *višpyõ*. — Ins Rätische ist *rispli* 'Reissblei', gedrungen (Ulrix).

Bletz — *blèts* m. f. (N, Vd V F), *byèts* m. (F Vd Wissler 108), *plèts* f. (B Aj. Vad.), *bδètsə* f. (Vd P. d'Enh.) = 1. Lappen zum Flicken, Stopfen etc. aus Stoff, Leder, Papier etc. (*tacon, tampon*); speziell Papierscheibchen zum Überkleben der Löcher in Schützenscheiben (Vd) vgl. schwd. *Verchlebbletzli* (*Id.* 5, 279). 2. Fersenstück am Strumpf (V). 3. Berührungsstelle der Brote im Ofen (V). 4. Art Kuchen (B Aj.).

Aus allgemein alem. *bläts* m., vom *Id.* 5, 264 ff. in allen Bed., ausser 3, reichlich belegt. Bed. 3 erscheint als Spezialfall der Bed. 'Fleck, Stelle' (Sp. 273). — Im Geschlecht wird das Wort bald an *bacon* m. bald an *pièce* f. angelehnt worden sein; ausserdem kann in Vd. (nicht in B) der Typus *vatsə* f. eingewirkt haben, s. § 44. — Die 'lautgesetzlichen' Formen *byèts, bδètsə*

(§ 35, 2) beweisen nichts für hohes Alter der Entlehnung, da sie durch Lautentsprechung (§ 27) entstanden sein können; andererseits ist frühe Entlehnung trotz *bl-*, *pl-* nicht ausgeschlossen, da der fortwährende Grenzverkehr die alem. Lautform hat erhalten können.

bletzen — *blètsi* v. (N V) = flicken. — ABLEIT. *rəplètsè* v. (N B Aj.), *rbyètsi* (F), *rebδètsi* (Vd P. d'Enh.) id.; *rplètsu* m. (B) Schuhflicker; *rplètsür* f., *-èdj* m., *-əri* f. (B) Flickerei.

Aus alem. *blätsə* v. (*Id.* 5, 285). In den Formen vgl. Bletz. Das Präfix *re-* drückt hier weniger die Wiederholung als die Rückkehr in einen normalen Zustand (vgl. *refaire, remettre en état*) aus; dabei kann auch die Hin- und Herbewegung beim Nähen von Einfluss gewesen sein (vgl. *repasser* glätten, *récurer* fegen).

[**bleuen** — *bloyi*, *blœyi*, *bleyi* etc. v. (Savoyen, Lyonnais, Forez, Dauphiné s. Gerig § 164[1]) = Hanf, Flachs pochen (tiller, teilweise auch Atlas-Antwort auf 'broyer le lin').

Das Wort berührt uns nur indirekt, da es in der französ. Schweiz nirgends belegt ist. Behrens (*Beiträge* 26) und mit ihm Meyer-Lübke (*Et. Wb.* 1174) sehen darin das deutsche Wort *bläuen*, ahd. *bliuwan*, mhd. *bliuwen* 'schlagen', schwd. speziell 'Hanf, Flachs... weich quetschen' und zwar mit Holzschlegeln oder in einer Reibemühle (*Id.* 5, 250). Gegen diese Herleitung erhebt W. Gerig in seiner reichhaltigen Studie über Hanf- und Flachsbearbeitung (*Wörter und Sachen*, Beiheft 1) nicht unberechtigte Bedenken, die jedoch der Berichtigung bedürfen.

1. Die Bedeutungsdifferenz: franz. *bloyi* heisse nur 'schleizen', worunter Gerig nach eigener Definition (§ 161) das von Hand betriebene Knicken der Stengel und das Abziehen der Bartfasern versteht, während schwd. *blœyə* im Gegenteil nur das mit Hülfe eines Werkzeugs (Bleuel etc.) betriebene Zerquetschen bezeichne. Letzteres mag für die heutigen Ma. zutreffen, aber ursprünglich ist *bläuen* ein allgemeines Wort für 'schlagen', 'klopfen' (mit oder ohne Schlegel), gerade wie *pochen*, und kann somit ebensogut wie dieses zur Bezeichnung des Schleizens gebraucht worden sein. Andererseits ist bei franz. *bloyi* die spezifische Bedeutung 'Schleizen' nicht überall erwiesen, für mehrere Atlasformen (besonders die ohne das Zeichen +) kennen wir nur die allgemeine von *broyer*, deren Unbrauchbarkeit für genaue Abgrenzung Gerig ja mit Recht hervorhebt (§ 161). Erscheint dadurch die semasiologische Scheidewand, die Gerig errichtet hat, von geringerer Bedeutung, so kann man sich ferner fragen, ob nicht früher das schwd. *blœyə* in der deutschen und franz. Schweiz ein allgemeiner Ausdruck für 'Hanf brechen' im Gegensatz zu 'rösten', 'hecheln' etc. war, der sich dann erst später, entsprechend den lokalen Gepflogenheiten, gespalten hätte: in der deutschen Schweiz zu 'auf mechanischem Wege zerquetschen', in der franz. Schweiz zu 'schleizen'. In dieser Verengung wäre *bloyi* weiter ins frankoprov. Gebiet gedrungen, wo es sich heute anscheinend allein erhalten hat, weil eben in der franz. Schweiz das ältere Schleizverfahren vor dem mechanischen Zerquetschen zurückgewichen ist, wie Gerig § 179 an Hand einer Karte andeutet. Damit liesse sich das so seltsame Fehlen des Wortes in unseren Ma. einigermassen erklären.

2. Die Verbreitung eines alem. Wortes im frankoprov. Gebiet steht nicht so vereinzelt, wie Gerig anzunehmen scheint. Bube, Brusttuch,

tragen, ringen z. B. sind ins Savoyische und vielleicht noch weiter gedrungen.

3. Um die mutmassliche Entwicklung eines altalem. *blüwen* anzugeben, haben wir keine sicheren Anhaltspunkte. Warum sollten die südlichen Formen *blüa, blüya,* vielleicht auch sav. *bliyi* (?), nicht auf *blüwen* zurückgehen? Alle übrigen Formen passen zu schwd. *blœyə*; *blèyi* wird vom benachbarten *brèyi* 'broyer' beeinflusst sein.

4. Warum 'dürfen' die Sippen *bloyi, blèyi* und *eibloua, deibloua, desbloua* (Mi.) nicht getrennt werden, da doch die eine nur vom Hanf und Flachs, die andere nur von Schalenfrüchten mit konsequentem Privativ-Präfix gebraucht wird?

Wir haben also wohl doch bei der weiteren Forschung die Möglichkeit eines historischen Zusammenhanges zwischen frz. *bloyi* und schwd. *blœyə* im Auge zu behalten.]

blind — *blĩd* **m.** f. (B Aj. Mett.), *blẽd* m. (N F) = fingierter Mitspieler im Kartenspiel (Näheres *Id.* 5, 111), *par lo blĩd*, 'prendre le mort, le talon'. — Ableit. *blẽdå* v. (F Estav.) = den 'Blinden' nehmen. —

Schwd. 'blinden' scheint diese Bedeutung nicht zu haben, somit ist *blẽdå* von *blẽd* abzuleiten. — Mask. wegen *le mort* im gleichen Sinn. Fem. vielleicht wegen *série* (*de cartes*) od. dgl.

blochen — *bloquer* v. (N nur volksfranz.) = mit der Blockbürste arbeiten (*Id.* 5, 14).

bloss — *blòso, -a* adj. (V Grimentz), *blyoso* (V Barman) = **1.** unbekleidet. **2.** schuldenfrei.

Bed. 2 ist dem *Id.* (5, 155) unbekannt, auch *bloss* 'zinsfrei' ist fraglich (l. c. Bed. 1. d). — Unabhängig von dieser rein lokalen Entlehnung drang bloss in weitem Umfang ins Romanische: afr. aprov. *blos*, nprov. *blous* (Mi.); aital. *biotto* s. Meyer-Lübke, *Et. Wb. blauts.*

[**blotzen** — *bλosi, bλotsi* etc. (Vd N V F) = kneipen, klemmen (pincer, schwd. pfetzen). — Ableit. *bλosə* f., *bλoseta* f., *bλo* m., *bλosè* m., *bλosõ* m. etc.

Die Herleitung dieser überaus lebenskräftigen Sippe aus alem. *blotzen, plotzen*, von Odin (*Phonologie* 105) aufgestellt und von Gignoux (*Z. f. rom. Phil.* 26, 50) und Meyer-Lübke (*Et. Wb., blotze*) aufgenommen, erscheint mehr als zweifelhaft: einmal weil süddeutsch *plotzen* nirgends in der hier in Frage stehenden Bedeutung, auch nicht in der Spezialbed. 'Rebschösslinge (durch kneipende Bewegung) abbrechen', von der Gignoux ausgeht, belegt ist das Wort gehört vielmehr einer wesentlich andern Bedeutungssphäre an, es heisst nach übereinstimmendem Ausweis der Wb. 'stossen', 'schlagen', 'anrühren' (Butter); 'pumpen' (Wasser); 'fallen' (s. Grimm, *Schwäb. Wb., Els. Wb.*). Dazu kommt, dass *blotzen* gerade fürs Schwd. in den heutigen Ma. gar nicht, in der ältern Sprache nur einmal als 'stossen, rühren' aus 1530 belegt ist! — Zum zweiten spricht völlig gegen Entlehnung die Verbreitung der Sippe in süd- und südostfranz. Ma. (Sav., Ain, s. Atlas *ciseaux*; *pincettes à feu*; Dauph. Prov. Limous. s. Mistral *blussi* etc. 'pincer'). — Ein lateinisches Etymon hat schon Chabaneau vorgeschlagen, das Thomas (*Romania* 38, 366) wieder aufgreift und neu verteidigt: neben *vellere* 'zupfen', *vulsus* habe die Variante **bellere*, **bulsus* bestanden, daraus **bulsire*, **blussire*. Diese Ableitung bedarf jedenfalls noch der Erhärtung.]

Bock — *bòk* m. (in allen Kantonen), *bòko* (Vd F), *bò* (V), *bwòk* (F) = **1.** Ziegenbock, ebenso schwd. *Id.* **4**, 1122; auch von Männchen anderer Tiere, ebenso schwd. l. c. 1123; Kuh, die wenig Milch gibt (Vd Alp.), ebenso berndtsch. l. c. 1123. **2.** Schimpfwort für Personen mit folg. Eigenschaften: **a.** sinnlich, liederlich (B Mett.), schwd. 'geil', 1124. **b.** eigensinnig, störrisch, *tiϑa de bòk* (F); verstockt, dumm, *fér sõ bòk* 'bouder' (B), ebenso schwd. 1124. **c.** unbesonnen (V Miège), vgl. schwd. mutwillig 1124. **d.** ekelhaft (V B); hässliches Weib (Vd Alp.), *Id.* nicht belegt. Ferner Scherzwort für Staatsanwalt (Vd), Vorgesetzter (V), ohne schwd. Entsprechung. **3.** Gestell, als Unterlage dienend: zum Holzsägen (schwd. Sagbock), zum Beschlagen der Pferde, zum Schmieren der Räder, zum Brechen des Hanfes, für Steinhauer (cabestan), Maurer, Zimmerleute (Vd F B), meist auch schwd. 1124, vgl. Zusammensetzungen mit Bock 1127; ferner Kutschersitz (F N B), ebenso schwd. 1124. **4.** Transportmittel: zweirädriger Lastwagen (N), vgl. schwd. Esel-Bock 1128; Art Lastschiff (F Sugiez), ebenso schwd. 1125. **5.** Bocksbart (Vd G F N), Haartracht (F), *Id.* nicht belegt. **6.** Kartenspiel (Vd N), ebenso schwd. 1126. **7.** Fehler, Dummheit (gaffe, étourderie), *fer de bòk* (B), ebenso schwd. 1126. **8.** Stichelei (brocard), vgl. schwd. Stoss, Streit 1126. **9.** Wurm in Früchten (F), ohne schwd. Entsprechung. Vgl. bocken, Böckli. — Ableit. *bòkă* m. (Vd V G) = 1. (alter) Ziegenbock. 2. Dummkopf. 3. Teufel; *bòkẽ* m. (Vd) = Ziegenbock.

Wenn auch die eine oder die andere der Nebenbedeutungen (2—9) aus angrenzenden Ma. Frankreichs für *bouc* belegt werden kann, so wird uns doch die auffallende begriffliche Übereinstimmung mit schwd. Ma. an einem namhaften schwd. Einfluss auf den Bedeutungsumfang des Wortes nicht zweifeln lassen. Am offenkundigsten ist dieser Einfluss bei *faire un bok* 'einen Bock schiessen', eine Redensart, deren Herkunft Paul und Kluge als unklar bezeichnen.

Schwieriger ist die Frage, ob *bok* in seiner Hauptbedeutung ein Lehnwort in unserem Sinn sei oder ob es nicht schon früh aus Frankreich eingewandert sei. Die heutige Verteilung der *bouc*- und *bok*-Formen spricht durchaus für die erstere Annahme. Nach Ausweis der *Atlas*-Karte 150 findet sich *bok*, ausser in der Schweiz und im angrenzenden Aostatal, lediglich in einigen lothring. und wallonischen Dörfern, die gegen die deutsche Grenze hin liegen. Das ganze übrige Frankreich, der Süden inbegriffen, sagt mit verschwindenden Ausnahmen *bouc*- (*buk*, *bu*; einmal *bó*). Bestätigt wird uns dieses merkwürdig einheitliche Bild durch die altfranz. Formen *bouc*, *bouz*, *bous* (Dict. gén., Littré) und Ableitungen *bouquine*, *bouquete*, *bouquetel* (Godefroy), also fast nirgends eine *o*-Form auf echtfranz. Gebiet (immerhin aprov.

bocs, catal. *boc*). Es läge demnach hier ein typischer Fall von Doppelentlehnung vor. 1. Frz. *bouc* aus germ. *bukk* (M.-L. *Et. Wb.*). 2. Schweiz.-frz. *bòk* aus alem. *Bock*. Dass importiertes *bouc* auf schweiz. Gebiet unter schwd. Einfluss zu *bòk* umgebogen wurde, ist möglich, aber bei der Einheitlichkeit der Form nicht wahrscheinlich. — *Bock* ist auch ins Rätische gedrungen (M.-L. *Et. Wb.*).

bocken — *bòka* v. (Vd V F N), *bòkè* (B) = **1.** mit den Hörnern stossen (Vd F N B), ebenso schwd. *Id.* 4, 1133. **2.** schmollen; heimlich trotzen (Vd N B; Metz, Graf 8), ebenso schwd. 1134. **3.** coïre (vom Ziegenbock, Vully), ebenso schwd. 1133. **4.** prüfend ansehen (V Bagne), vgl. schwd. 'da stehen wie ein Bock' 1122. **5.** Spielausdruck, vgl. schwd. 1134. **6.** gefrässig, unordentlich essen (V G), vgl. schwd. 'sich wild und unanständig gebärden' 1134, auch *ùmə-bòkxə* 1135. — Ableit. *bòkéro* m. (V) Vielfrass; *bòka* f. 1. Maul (vom Tier, Vd). 2. Grimasse (moue, N) vgl., Bed. 2 u. 6. —

Wiederum lassen sich den Bedeutungen von *bòka* gleiche oder ähnliche im Schwd. gegenüberstellen.

Böckli — *bòklé* m. (B, F) = junger Ziegenbock (*Id.* 4, 1122.

*Bogel s. Bogen[1].

Bogen[1] — *bóg, póg* m. (B Aj. Vad.), *pógl* (B Del.), *plóg* (B Aj.) = Futterbogen, Netz zum Heutransport. — Ableit. *bógè* v. den *bóg* laden und heimtragen; *bógu* m. der es tut; *bógè* f. Inhalt des *bóg*.

Vgl. *Id.* 4, 1063; *Els. Wb.* 2, 20 Bed. 4 'Grasbogen'. — Die gut belegte Form *pógl* stammt wahrscheinlich aus einem deutschen **bogel* für Bogen, vgl. els. *päyəl, briefbögel*, vielleicht auch *bogel* 'Dummkopf' (*Els. Wb.* 2, 19, 20 Bed. 8). *plóg* scheint durch Metathese aus *pógl* entstanden. Zur Sache vgl. bes. *Ber* u. § 10.

Bogen[2] — *bógo, bogu, bugo* m. (F) = Vordach mit Wölbung.

Zur nicht direkt bezeugten Bed. vgl. Bogen = Gewölbebogen, *Id.* 4, 1061. — Dieses Vordach älterer Konstruktion findet sich noch häufig in Charmey, seltener im deutschen Jaun, es gilt als Luxus und kommt ausser Gebrauch.

Bögli — *bœdyəlè* m. (B 1740) = Netz, Schlinge (urspr. zum Vogelfang), nur im übertragenen Sinn; von den mit Reifröcken ausstaffierten Damen heisst es: *etẽ grẽtə, el etĩ di dyèl le beugüelet (beuguïelet*, sic) *pò èkrətšiə lez amə* (étant grandes, elles étaient les filets du diable, pour accrocher les âmes; *Paniers* 333 ff. Schweiz. Arch. f. Volksk. 9, 24, 126.)

Den alem. Ursprung (*bœgli* n. *Id.* 4, 1062 Bed. 2 e γ) des Wortes hatte schon Rossat l. c. Anm. 154 erkannt. — Zur Behandlung des *g* § 32, 5.

Bogenfeile — *bokfil* m. (B Aj., Doubs, Mett. N) = Metallsäge, vermutlich urspr. 'bogen'förmige Feile, vgl. frz. *lime à potence* (S.-V.).

Aus der alem. Form *bogəfilə* f. (fehlt *Id.*, *Els. Wb.*) Mask. Genus unklar.

Boler — *bol(l)er* m. (N Landeron 1706, Neuch. 1739, 1832), *bohler* (B 1785) = bauchiges, ovales Fässchen (vgl. *Id.* 4, 1178); *envoyé en présent à Mr. le Baillif de Cerlier un boller de vin rouge* (N 1739).

Bolz — *bolts* m. (F) = **1.** scherzhafte Bezeichnung des Bewohners der Stadt Freiburg. **2.** Patois der Stadt Freiburg (*le bolze*, Girardin, *Vocalisme* 4).

Aus schwd. 'Bolz' (*Id.* 4, 1228, wo 'die Bolzen in der Stadt' gerade für Freiburg belegt wird).

Bolzen — *bolx* m. (Aussprache unbekannt, B Moutier, De Roche 18[2]) = Pfeil, auch Flurname (Hügel).

Bottich — *butequin, boutequin* m. (N 15., 16., 18. Jahrh., *Musée neuch.* 1905 S. 58, 1906 S. 28, 33, 34, 38, 126, 127, 165, 166), *bœtetyẽ* (B), *bwètkẽ* (B Fr.-Mont.) = hölzernes Gefäss, zum Transport von Fischen (N), von Jauche (B); Formgefäss für kleine Käse (B); *pour chacun buttequin de poisson sallé six deniers* (N 1488).

Aus schwd. *büttixə* f. 'Tragbütte' (*Id.* 4, 1911) mit franz. Suffix *-in*. — Die Form *bwètkẽ* wird über *butkẽ* auf das ebenfalls schwd. *butixə* (vgl. els. *pòtiχ*) zurückgehen. — Derselbe Stamm in veränderter Bed. scheint aus dem Holl. ins Altfranz. und Wallon. (und auf dem Seeweg ins Spanische) gedrungen zu sein, *botequin* 'Boot' aus ndl. *bôtkin* (s. M.-L. *Et. Wb.*, auch Pfeiffer S. 32, 83).

Botz (Erstaunen) s. Donner.

bräglen — *grèblè, grablè* v. (B Aj. Vad. Pleigne, Paniers 402, 684) = **1.** geschnitzelte Kartoffeln in Fett etc. rösten (griller). **2.** Kartoffeln in runde Scheiben schneiden. — Ableit. *grèblu* m. Reibeisen für Kartoffeln, aus Bed. 2.

Offenbar aus schwd. *brägl*ə in gleicher Bed. (*Id.* 5, 514) durch Metathese entstanden. Einen analogen Fall von Metathese, nur in umgekehrter Richtung, bietet piem. *begra* neben *gebra* 'Maikäfer' aus schwd. *Käber* (nach M.-L. *Et. Wb.* 4653). Zum Wechsel von *a* und *è* § 29, 3. — Die nicht schwd. Bed. 2 erklärt sich dadurch, dass der Welsche, dem die genaue Vorstellung von 'bräglen' fehlt, alle zur Herstellung dieses Gerichtes notwendigen Verrichtungen in globo mit *grèblè* bezeichnet.

Brand — *brã* m. (Vd G F N, G 1820) *brẽ* (N Lign.) = **1.** Schwefelschnitte zum Einbrennen von Fässern. **2.** Krankheit am Menschen, heisser Brand (gangrène, B Vauff.); Traubenseuche (oïdium, F Sugiez).

Bed. 1 hat ihre genaue Entsprechung im Schwd. *Id.* 5, 677. Zu Bed. 2 vgl. *Id.* 5, 675 ff, wo mehrere ähnliche Krankheiten aufgeführt werden. — Zur Form *brẽ* vgl. § 31, 1.

branden — *brãta* v. (Vd F N), *brẽta* (Vd N B), *brãda* (G); *branter* (schwz. Sachs-Vill.) = schwefeln.

Der doppelte Wechsel von *ã* und *ẽ* und von *t* und *d* erklärt sich befriedigend durch das entsprechende Nebeneinander im Schwd. von *brandə*, *brändə* und *bräntə* (*Id.* 5, 682, 684). Weniger einfach ist das Bedeutungsproblem, da dem *Id.* die Bed. 'schwefeln' unbekannt ist. Da eine direkte Herleitung der Formen aus *brā̆* ausgeschlossen ist, müssen die schwd. Verben auch im Sinn von 'schwefeln' gebraucht worden sein.

Brandschatz — *(les alliés) ...vouloent tirer a Geneve querir le brandschatz* (F 1478 Büchi 83) = Abgabe, die man entrichtet, um ein Gebäude von der im Krieg üblichen Brandstiftung loszukaufen.

Brandsohle — *bransól, brantsól* f. (B Aj. Del.), *brētsüəl* (Aussprache ?, B Fr.-M.) = Brandsohle (innere dünnere Sohle von geringerem Leder, mit 'trépointe', 'contrefort' wiedergegeben). — Ableit. *bransólè* v. 'renforcer par une seconde semelle'.

Vgl. *Id.* 7, 768. Das *Els. Wb.* 2, 351 erklärt den auch hd. Ausdruck mit 'gebranntem Leder'. — Zur Erhaltung des *n* § 39. Zu *ē* für *ā* vgl. *bēvè* 'Bannwart'.

[**Branntwein** — *brātvē* m. (Vd V F N B), *brēt(ə)vē* (Vd V B), *brātvī* (V B), *brētvī* (B), *bräntuviŋ* (V Chalais), *brādvē* (sporadisch); *boire le brantevin* (N 1740), *un pot à faire le Brand-vin* (B 1749).

Die alem. Ma. sagen *prantəwi* oder *prentəwi*, vgl. schwd. *prants* oder *prents* (*Id.* 5, 762 und *(ge)brannten-win* (*Id.* 5, 624, 765; *Els. Wb.* 2, 829). Wie weit *prantəwi* verbreitet ist, wird das *Id.* später zeigen, jedenfalls ist *prentəwiämpəli* ganz geläufig. — Was nun das Mass der alem. Entlehnung anbelangt, so zeigt die *Atlas*-Karte *eau-de-vie*, die *brandevin* (aus fläm. *brandewyn*) für ost- und nordfranz. Ma. reichlich nachweist, dass die *t*-Formen ausschliesslich der Schweiz angehören. Hierin ist also der alem. Einfluss unleugbar. Er ist auch ohne Zweifel schuld am Schwanken von *ā* und *ē* (jedenfalls in Vd und V, während zu B Bannwart, Brandsohle u. a. zu vergleichen sind). Einzig die konsequent nasalierte Endsilbe verrät mit ziemlicher Sicherheit Einfluss des franz. *brandevin*, da vom Modernalem. her ein **brātvi* zu erwarten wäre. Nur individuell zu lösen ist die Frage, ob das franz. *brandevin* unter alem. Einfluss zu *brātvē* geworden oder ob umgekehrt ein ursprüngliches *brātvi* unter franz. Einfluss zu *brātvē* umgeformt worden sei. Die historischen Belege, die hüben und drüben aus der Mitte des 18. Jahrh. stammen (N 1740, schriftfr. 1751, *Dict. gén.*), lassen keine Entscheidung zu.]

braten -- *brata, bråtå* v. (bes. F Vd P. d'Enh. Quinche 310) = **1.** rösten, spez. Käse, Zieger am lodernden Feuer, Kastanien, Kartoffeln in der Asche, sonst immer 'rôtir'. **2.** sonnverbrannt, *bråtå du sela*. **3.** beschränkt, halb verrückt; *tyizə-te, brata* 'halts Maul, Dummkopf', vgl. hirnverbrannt, *cerveau brûlé* 'überspannt'. — Ableit. *bråtya* m. Holzgabel zum Aufspiessen des zu bratenden Käses.

Typische Teilentlehnung s. § 52. — Die Bed. 2 kann aus der schwd. Verwendung 'dörren, verbrennen' (*Id.* 5, 879) stammen. Für Bed. 3 gibt das *Id.* keinen Anhaltspunkt. — In der Asche gebratene Kartoffeln heissen in voges. Ma. *broté* (Belmont).

Brätsche — *brätš* f. (B Vauff.) = Waschbrett zum Schlagen.

Aus *brätsch-brett* n. (*Id.* 5, 911, vgl. 1012). Fem. wegen *planche*.

brauchen — *brukè* v. (B Del.), *brušè* (B Paniers 23, 252) = tragen, abnützen (nur von Kleidern). — Ableit. *bruku* m. der den Kleidern nicht Sorge trägt.

brukè stammt aus schwd. *brûxə*; *brušè* aus els. *pruχə* (*Els. Wb.* 2,179) s. § 28*β*.

[**Breche** — *braka* f. (Vd F), *brak* (B), *brèk* (B Terbi), *brèha*, *brèka* (V Bez. Sierre) = Hanfbreche. S. das Folg.]

[**brechen** — *braka* v. (Vd, F selten), *brakè* (B), *brèkè* (B Terbi), *breka* (V), *brika*, *brəka* (V spor.), *brèha* (V Sierre) = Hanf brechen. — Ableit. *brako* m. (Vd Alp. F Gruy.) 'Hanfbreche', und viele andere Ableit. in B.

Der Hauptsache nach gehört das Wort sicher zum gallo-rom. Typus *braquer* aus mhd. *brechen*. — M.-L. *Et. Wb.* 1299³ und bes. Gerig, § 186; schwd. *brexə* hätte im Vd und B Formen mit *e*-Laut ergeben, wie dies tatsächlich in den Grenzgebieten, Val Terbi und Bezirk Siders, der Fall ist. Zu *brèha* vgl. die deutschen Walliser Formen *brehù*, *brexù* m. 3 (Zim. 3, 127 ff. Paradigma 'reicher'). Ob das *e* der allgemeinen V-Form *breka* denselben Ursprung hat, oder ob es etwa mit prov. *breka*, *brega* zusammenhängt, vermag ich nicht zu entscheiden.]

Bremenöl — *brèmœl* m. (B Diesse, Romont) = Öl, um die Bremsen von den Zugtieren fernzuhalten.

Aus einem in den Wb. nicht belegten alem. *brèm(ən)œl*; *brèmə* ist allg. alem. für 'Bremse'. — Genus unklar, s. § 46 b.

brennen s. nachgebrannt.

Brennhaus — *bərnuz* f. (F Sugiez) = Brennerei (nur eine in der Gegend von Vuilly-le-Bas).

Aus alem. nicht belegbarem *brènhûs*. Zur Metathese § 38, 3.

[**Brente** — *brĕta*, *brĕda*, *brăta* etc. (ganze franz. Schweiz; auch volksfrz., Wissler 108) = Rückentraggefäss.

Solange der Ursprung des Wortes (ob germ., rom., keltisch?) nicht aufgeklärt ist, kann die Entlehnungsfrage nicht erörtert werden (vgl. *Id.* 5,758, M.-L. *Et Wb.* 1285.)]

Brett — *brett* m. (F Gruy. Aussprache?) = Hackbrett in der Küche.

Mask. wegen *tavi* in gleicher Bed. (F).

Bretzel — *brètšèl* f. (B fast überall), *bərtšal* (B Prêles), *brèštèl* (B Del.; Pariser Argot, Villatte), *brašèl* (B), *brišèl* (B, N 1832); *brètsèl* m. (F, auch Montbél. Lothr., Bauer, Gebäckbez. 17) = Backwerk von verschiedener Form, meist ein ineinander greifender Doppelring wie die deutsche Bierbretzel (craquelin, pâtisserie allemande B), aber auch stab- oder waffelförmig (bricelet).

Obige Formen sind die einzigen von der *Bretzel*-Sippe, die dem Alem. entlehnt sind; *brèštèl* stammt aus dem els. *bretstell* (*Els. Wb.* 2, 207). Zum

Übergang von *ts* in *tš* oder *š* § 34, 2, 3. In *brašel* scheint volksetym. Anlehnung an *bras, bracelet* (s. unten), in *brišel* Einfluss von *bricelet* oder 'falsche' Französisierung nach *brəzi* briser vorzuliegen. Die N B-Formen sind fem. nach § 44; der F-Form wird das einheimische *brəši* sein mask. Geschlecht übermittelt haben.

Ebenso sicher wie dieser alem. Import scheint mir die romanische Herkunft des viel reichlicher belegten eigenen Patoisausdruckes für die Waffel (gaufre) *bresi* (*brəšé, bərsé*) etc. in allen Kantonen) mit dem weniger häufigen Dem. *brəsəlè*. Das Wort ist als Backwerk für die Schweiz früher belegt als für Frankreich: *bresel* (F 1426) *ferts* (fers) *de bressels* (N 1696); mfrz. *bresseau* (Godefroy, 16. Jahrh.). Andere frz., prov., ital., mlat. Formen erörtert A. Thomas (*Rom.* 35, 300; vgl. *Z. f. rom. Phil.* 31, 505), der sie alle, das germ. *Bretzel* inbegriffen, auf das sachlich so einleuchtende *bracchium* bzw. *bracelet* zurückführt, gleicht doch die Bretzel bald zwei über der Brust verschränkten Armen, bald zwei ineinander greifenden Armbändern. Höfler nennt die Bretzeln geradezu 'Bracelet-Gebäcke' (*Schweiz. Archiv für Volkskunde* 6, 28 mit Abbildung, Form eines offenen Ringes). Vgl. *bracelet* 'Kuchen', Bauer, *Gebäckbez.* 17. Sicher ist jedenfalls, dass das schwz.-frz. *brəsi* nicht aus dem Schwd. stammt, wie das *Id.* (5, 1040) behauptet und noch O. Greuter (G. Quinche Diss., Zürich 1914 S. 73[6]) vermutet. Dass das afr. *bracel* in der frz. Schweiz, wo *bras* allg. *bre* lautet, sein *a* einbüsst, ist nicht zu verwundern. Das volksfranz. allgemein verbreitete *bricelet*, französisiert aus *brəsəlè*, verdankt ohne Zweifel sein *i* dem Vergleich von *brəzi* = briser, *brəλi* = briller, *brəda* = brider, *brəkola* = bricoler, *brəzola* = brisoler, *brəgã* = brigand; auch *frəkasi* = fricasser, *bəλõ* = billon etc. Für den einheimischen Charakter des Wortes spricht auch die Beliebtheit der *bresi, bricelets*, die Mme Odin eine *pâtisserie nationale indispensable aux jours de fête* nennt. Wem die sachliche Übereinstimmung zwischen frz. *brəsi*, das ausschliesslich die dünne, im Waffeleisen gebackene Waffel, und dem schwd. *Bretzel*, das vorwiegend eben dieses Gebäck bezeichnet, auffallend erscheint, mag einen Einfluss in der Zubereitung des Backwerks annehmen, der ja nicht notwendigerweise einen Wortimport im Gefolge haben muss.

Bretzeli — *britsəlè* m. (F) = Waffel.

Hier ist *bricelet* unter schwd. Einfluss mit *ts* gesprochen worden. Andererseits ist vermutlich die berndtsch. Form *britsəli* 'Bretzeli' auf Einfluss von *bricelet* zurückzuführen; anders *Id.* 5, 1040.]

bringen — *brĩdyè, prĩdyè* (B Aj. Del.); *brẽgè* (B Fr.-Mont.), *brẽgé, brẽdye* (fr.-comt., lothr.) = zutrinken.

Aus dem schwd. *briŋə, ix brìŋ ders* (*Id.* 5, 691 ff.), dgl. *brindisi* u. M.-L. *Et. Wb.* 1303. — Zu *-dyè* § 32, 5. Zur Trinksitte § 13, 3. — Dazu gehört ohne Zweifel volksfrz. *brinde* f. *porter des brindes* 'Gesundheit trinken' (S.-V.) und vielleicht auch schwzfrz. *bringuer, bringue* f. 'langweilige, widerwärtige Rede', indem das Zutrinken und Bescheidgeben als lästige Wiederholung empfunden worden wäre.

Bröckli — *brokle, brœkli* m. (B Aj. Del.) = kleines Stück (Brot, Kartoffeln).

Luxuslehnwort neben frz. *bòkõ, brique, miette, mənüžõ* u. a. Das *o* für schwd. *brœkxli* (nie **brokxli*) unter Einfluss von *bòkõ* oder schwd. *brokxə*.

Brot — *brot* m. (V Grimentz, Miège) in familiärer Rede: *baλλ mè dè bròt* gib mir Brot.

Brotkorb — *brotcòrb* (N um 1650 Barr.), *brotkerb* (N 1700).

Bruder — *bruədr* m. (B Aj.; Belfort, Vauth.) = Einsiedler, wie sie im Elsass noch vorkommen, in Grünewald z. B.

Im Aostatal werden *brudo* = 'Bruder' und *bruda* 'Schwester' gebraucht (Cerlogne 309, vgl. *Rev. de phil. franç.* 26, 80).

[**Brugg** — *bruk, om də bruk* m. (Vd Alp.) = Art Kartenspiel mit 4 oder 6 Spielenden.

Vermutlich schwd. Ursprungs, aber bezeugt ist mir *brugg* als Kartenspiel nur für Deutsch-Freiburg (Meyriez, Überstorf), wo es aus Franz.-Freiburg importiert sein könnte. Dem *Id.* ist es unbekannt. Die zweite Bezeichnung, besonders in der Schreibweise *l'homme de Brougg*, deutet nach dem aarg. Städtchen 'Brugg', wo man aber heute von einem Spiel dieses Namens nichts weiss.]

Brügi — *brœgè* m. (B Vauffelin) = Ort, wo der Hanf am Feuer getrocknet wird.

Ohne Zweifel aus schwd. *brügi* 'Lager aus Brettern etc., Bühne, Pritsche, Vorplatz' etc., Die hier in Betracht kommende Verwendung kennt das *Id.* 5, 523ff. nicht Auch Gerig, *Hanfkultur,* erwähnt das Wort nicht.

[**Brühe** — *brüə* m. (B Aj. Del. Doubs; Paniers 95; auch Montbél., Belfort), *brœ* (N B Vauff.-Romont, Malleray-Court) = Brühe, Saft (jus, bouillon) in Bez. auf Suppe, Fleisch, Früchte. — Ableit. *brüè* f. (B) Platzregen; *brüəré* m. (B) schlechte Brühe.

In genau derselben Bedeutung sagt der Süden *brè* m. (Vd F N, B Diesse), das (vielleicht zu afr. *brai,* aprov. *brac,* it. *brago* 'Schlamm' gehörig) aus lautlichen Gründen jedenfalls von unserem *brüə-brœ* zu trennen ist. Es liegt zunächst sehr nahe, das besonders in B sehr lebenskräftige *brüə* vom schwd. *brüə, brüeyi* etc. herzuleiten, mit dem es sich lautlich wie begrifflich ja vollständig deckt. Das mask. Geschlecht könnte von *jus, bouillon* herrühren. Stutzig macht die gut belegte Form *brœ*, sowie deren typische geographische Verteilung. Man vergleiche:

	bœuf	œuf	neuf (9)
B allg. Typus	*büe*	*üə*	*nüə*
B Malleray-Court	*bœ*	*œ*	*nüf* (9), *nœ* (adj.)
B Plateau de Vauffelin	*bœ*	*œ*	*nœ*
Neuenburg	*bœ*	*œ*	*nœ*

Es steht demnach nichts im Wege, unser Wort zum germ. Stamm *brod* (brodeln) zu stellen, der im Romanischen u. a. vertreten ist durch it. *brodo,* piem. *breu,* aprov. afrz. *bro* (s. *Dict. Gén. brouet*), afrz. *breu* (Godefr. Bonnard et Salmon). Es ist also im Berner Jura ein von Frankreich eindringendes Wort germanischen Ursprunges mit einem andern deutschen Wort gleicher Bedeutung zufälligerweise lautlich zusammen gefallen. Nicht ausgeschlossen ist immerhin ein indirekter Einfluss, indem die Vitalität des frz. *brüə* durch das alem. *brüə* gesteigert worden sein kann.]

brühen — *briya* v. (Vd P. d'Enh., Blonay); *brir(e)* v. (F bes. Gruyère, auch Vd spor.), dazu *bri, britə* adj.-part.; *brüre* (Vd Vaug.), *brür* (N; Belfort, Montbél.) = **1.** mit siedendem Wasser behandeln (übergiessen oder hineintauchen; échauder), besonders geschlachtete Schweine, Geflügel; Geschirr, Holzgefässe, Wäsche, neue Stoffe; kurz abkochen (blanchir), Gemüse, Früchte vor dem Dörren; *laitya briyayə* aufgewärmte Käsemilch; sich die Haut leicht verbrennen. [**2.** geschäftig da und dort hin laufen; sich beeilen (nur *brir*), *l'è bri po moda* er hat's eilig mit dem Fortgehen.] — ABLEIT. *bruatr* v. (B Aj. Del.) = Bed. 1.

Wahrscheinlich kommen diese drei Verben vom alem. *brüe, brüeiyə* 'brühen' *Id.* 5, 553 ff. Wir stehen hier vor der eigentümlichen Tatsache, dass drei morphologisch und geographisch verschiedene Verben der franz. Schweiz von durchaus gleicher Grundbedeutung einen offenbar gemeinsamen Stamm *bri-, brü-* aufweisen, für den die Ma. Frankreichs keinen ganz sichern Anhaltspunkt bieten, der aber im alem. 'brühen' eine begrifflich sich genau deckende Entsprechung findet. Von anklingenden franz. Wörtern kommt *brouir* 'versengen' (Pflanzenstoffe) aus lautlichen Gründen nicht in Betracht, *bruir*, das die Formen *brir* und *brür* gut erklären würde, vgl. *Atlas*-Karte *bruit*, hat altfranzösich nur die allgemeine Bedeutung 'verbrennen' (*ardre et bruir* ist stehende Verbindung), so dass das charakteristische Moment einer siedenden Flüssigkeit nur bei Herleitung aus 'brühen' eine befriedigende Erklärung findet. Diese Annahme wird wesentlich gestützt durch die Sprachgeographie: alle drei Verben sind mir nur aus Gebieten belegt, die bekanntermassen dem alem. Einfluss stark ausgesetzt sind; V, Vd Westen, G scheinen sie nicht zu kennen, sie drücken den Begriff mit *échauder* aus. In formaler Beziehung steht *briya* den schwd. Formen am nächsten, sei es, dass das Entsprechungsbewusstsein (*pipa* 'richtiger' als *püpa* F) das *ü* in *brüə* zu *i* wandelte, sei es, dass eine entrundete schwd. Form **briə* zu Grunde liegt (vgl. brünzeln, Büchse etc.). Der für ein alem. Lehnwort ungewöhnliche Infinitiv *brire* müsste als Neubildung aus dem Partizip *bri* (oder Praesens?) erklärt werden, etwa nach *frit, frire; ri, rire.* — In *brüatr* liegt in jedem Fall eine in B häufige Weiterbildung mit -ESCERE vor: *kratr* CRESCERE, *rəkoñatr* reconnaître; *tχəvatr, tχüatr* CUPISCERE, *rãpiatr* remplir, *pœratr* pourrir, *èbyatr* 'Gefallen finden an', von afr. *able* etc. — Der Übergang von *brir* zu Bed. 2 bleibt mir rätselhaft, zur Schattierung 'eilen' vgl. *il brûle de partir.*

[**brüllen** — *bruλi* v. (Vd V F), *brüλi* (Vd Alp., Jura; sporadisch in V F N), *brœλi, bœrλi* (N) *brœyi* (B, N Vd Vallorbe), *burλi* (F, Vd Sassel) = brüllen, vom brünstigen Stier, auch von der Kuh (beugler, mugir). — ABLEIT. *bruλo, brüyo* m. (V); *brœyè* m. (B) Gebrüll; etc.

Begrifflich lässt die Übereinstimmung mit dtsch. *brüllen*, schwd. *brüələ* (*Id.* 5, 588 ff) hier wie besonders beim folg. Adjektiv nichts zu wünschen übrig. Lautlich aber machen der Stammvokal, vornehmlich der Wechsel von *u* und *ü* sowie die konsequent auftretende Mouillierung Schwierigkeiten, die dadurch kompliziert werden, dass das Wort in derselben Bedeutung weithin über Frankreich verbreitet ist, und zwar als *brœλi, bœrye,* auch *brœle* etc. (*Atlas*-Karte 1462 beugler), *breuyer* (Anjou, Onillon et Verrier), *breuiller* (Centre, Jaubert). Was ausserdem die etymol. Forschung erschwert, ist die unleugbare begriffliche Berührung dieser Sippe mit *brouiller* und teilweise auch mit *brouir* (M.-L. *Et. Wb.* 1325) und mit *brûler* 'heftiges Verlangen haben nach et.' — Auf *brüllen* machte Bridel schon 1820 aufmerksam, s. Fankhauser § 176, der (§ 90[5]) für die Form *brüλi* diese Entlehnung zu stützen sucht mit dem Hinweis auf *äδo* = Aigle, schwd. Aelen, *pəδõ* = Pillon, schwd. *bèlə*. Doch liegt der Fall bei der Annahme *brüλi* aus *brüələ* anders: dass der Deutschberner das eigenartige *λ* der Alp. Vaud. mit blossem *l* wiedergibt, ist begreiflich; nicht aber, dass der Welsche, wenn er *brüələ* hört, konstant zu *λ* greift; auch ist ein Einfluss des selteneren Adjektivs (s. unten) nicht wahrscheinlich. — Sicher scheint mir, dass die Wortsippe als solche einheimisch ist, wahrscheinlich aber stehen alle *ü*-Formen, die Frankreich nicht zu kennen scheint, unter schweizerdeutschem Einfluss. — Im vollen Umfang ist *brüllen* an der lothr.-voges. Grenze eingedrungen, vgl. *breuler* (Metz, Graf 8) und *bril* = il crie (Belfort *Atlas*-K. 355).]

brüllig — *brüλə* adj. fem. (Vd F) *bruλə, burλə* (F; spor. in Vd V), *brülə* (Vd Osten 6 mal) = an Nymphomanie leidend, von der Kuh.

Genau dieselbe Bedeutung hat bernd. *brüllig, d χuə iš brülig wordə* (*Id.* 5, 589, vermutlich ist das Wort weit über das Simmental hinaus verbreitet, so z. B. Jaun, Stucki § 35). Hier ist Voll-Entlehnung wahrscheinlicher als beim Verb, einmal weil für Vd nicht-mouillierte Formen gut belegt sind, dann weil das dem *l* folgende *i* Mouillierung bewirkt haben kann. Die *u*-Formen sind vom Verb beeinflusst. — Zur Sache vgl. r ü s s i g u. § 9.

Brunnenschmecker — *bronšmekr* m. (B Vauff.), *brunšmekr* B Romont) = Wasserschmecker.

Zum Wechsel von *o* und *u* vgl. § 29, 6.

brünzelen — *brẽtsəlå* v. (F 2 mal) = pissen.

Aus allg. schwd. *brünzlen* (*Id.* 5, 771), das in gewissen deutschfreib. Ma. **brintslə* lauten muss, vgl. *fir.* Feuer, *tir* teuer, *nin* neun, *hisər* Häuser etc. (F kathol. Seebezirk, unterer Sensebezirk, nach Mitt. von R. Merz, Schulinspektor in Meyriez), ferner *brittli* Bräutchen (Guggisberg, *Schwyzerländli* 29), vgl. auch Bachmann 19. Zur Entrundung vgl. B ü c h s e, F r o s c h.

Brusttuch — *brustu* m. (Vd F, Wissler 36; G 1820) *brəstu* (Vd Alp., G.) *broštu* (G), *brostu* (G Vd Chernex, Bridel, auch Sav. Const.-Dés.) = gestricktes, wollenes W a m s mit Ärmeln (molleton, schwd. *lismer, lender*); neuerdings auch Bluse von blauer Leinwand (Vd Chernex).

Ohne allen Zweifel identisch mit schwd. *bruštuəχ* 'Weste, Gilet' (Basel, Aargau, Ostschweiz nach *Id.*, ferner Wallis, Wipf, *Visperterminen* 105, Binn, Salgesch, wo heute *šili*). Die Weste kann auch gestrickt sein und ohne Rock darüber als Wams getragen werden (*Id.*) — Zu den Lautvarianten: Abfall des *χ* § 36, Wechsel von *st* und *št* § 33, 6, Wechsel von *u* und *o* § 29, 6, wegen *uə* zu *u* vgl. *bubo* § 30, 4; die Abschwächung des *u* oder *o* zu *ə* (*brəstu*) ist im Vorton auch bei einheimischen Wörtern häufig, sie wurde durch das *r* begünstigt. — Dasselbe Wort ist auch sonst mehrfach ins Romanische gedrungen; als *perstuech* etc. ins Rätisch-Ladinische und als *brichtu* ins Lothringische (Ulrix 320). — Zur sachlichen Entlehnung vgl. S p e n s e r. Ein Beleg aus Vd (Alp. 1749) deutet auf verhältnismässig frühe Entlehnung.

Bube — *bwébo* m., etwas häufiger als *bwèbo* (Vd überall ausser Alp., F überall, G, N besonders gegen Vd hin, V Sierre, Evol.; spor. auch Vd Alp.; je einmal dép. H^te^ Savoie, Doubs; Aosta), *bouèbe* (volksfranz., S.-Vill.); *bubo* (Vd Alp. überall, V; spor. Vd G N), *boube* (volksfrz. = bouvier Sachs-Vill.); *buəb* (B überall), *bub* (G schon 1820, B Tramelan, Court; ferner dép. 7 Vosges, 2 H^te^-Saône, 2 Belfort, 1 Doubs neben *buəb, bwób*); *bwœb* (N, Vd gegen N hin, B Diesse; ferner 1 Aosta); *bobo* (V Bagnes, auch Entremont); *bouibo?* (Vd nur bei Dumur); die ausserschweiz. Formen nach *Atlas* (Karten 461, 572, 573, 622, 623). Aus älterer Zeit *un enfant ou boube* (B Erguel 1645), ... *le Conseil était composé de 'bub'* (Schimpfwort, etwa 'Lümmel') [qui] ... *faisaient la loi aux bourgeois et mangeaient le bien de la ville.* (B Neuveville 1714, Gross et Schnider, *Hist. de Neuveville* 1914 S. 108) = **1.** Knabe, Bursche; Sohn, *rester vieux bouèbe* Junggeselle bleiben (in allen Kantonen, ausschliessliche Bed. in B, vorwiegende Bed. in N). **2.** junger Knecht, vornehmlich in der Alpwirtschaft, Handbube des Zusennen, junger Viehhirt. (Vd V F, auch G, seltener N, nie B), *aller bouèbe,* 'sich als Viehhüter verdingen lassen'. G scheidet zwischen *bwéb(o)* 'Knabe' und *bub(o)* 'Hirte'. Die Alp. Vd., wo ebenfalls *bwebo* neben bodenständigem *bubo* gebraucht wird, kennen diese Differenzierung nicht. — Vgl. Verf. *Verwandtschaftsnamen* 46. **3.** Gatte; *bweba* f. Gattin (Vd). — Ableit. Von den über 40 Derivaten nennen wir hier nur die allgemeiner verbreiteten. Ihrer Lautform nach stimmen sie genau mit obigen Grundformen überein: *bweba* f. etc. (Vd V F) = 1. Mädchen, 2. junge Magd; *buəbą* m. etc. (B N, V) kleiner Knabe, *bwebeta* f. etc. (Vd V) kleines Mädchen; *bubəƛõ* m. (Vd F), *bubəƛèta* f. (Vd); *buəbras* f., *buəbas* f. (B N), *bwébèr* f. (F), *bwéberèta* f. (F), alle = bubensüchtiges Mädchen (garçonnière); *bwéba* v. (Vd G F) ein Kind gebären; *debubəna* v. (F) einem sein bubenhaftes Wesen abgewöhnen (dégrossir); etc. etc. Vgl. Buebli.

Nach Form und Bedeutung das alem. *buəb* (*Id.* 4, 925 ff.). Kein anderes alem. Lehnwort kommt *Bube* an Vitalität gleich. Es ist in den meisten Mundarten das erste Wort für 'Knabe' oft auch für 'Sohn'. Eine Ausnahme bildet eigentlich nur V mit *matõ.* Jedenfalls hat *bouèbe* überall *garçon, valet* und ganz besonders das heute seltene *fœ* 'fils', stark zurückgedrängt. An mehreren Stellen ist dieses allgemein schweizerische Wort über die Landesgrenze hinaus verschleppt worden: so nach der Franche-Comté, nach Savoyen (Nordgrenze) und nach dem Aostatal. [Auch das rom. Graubünden kennt *buob* (Ulrix). Aus dem Elsässischen drang dasselbe Wort in die voges. Ma. (*Atlas*).] — Diese grosse Verbreitung deutet auf hohes Alter der Entlehnung. Aus den Lautformen lässt sich Sicheres darüber nichts ermitteln. Das einzig Positive bieten *Les Paniers* (B 1740) mit *bouebats* (V. 529). Gelegentlich gilt *bwèbo* für älter als *garçon* (V Miège). — Was mag die Entlehnung veranlasst haben? Wo Doppelbedeutung herrscht, wie in allen südlichen Landesteilen, darf man annehmen, dass die (mir für die Alp. Vd. ausdrücklich bezeugte) Anstellung von Dienstknaben aus der deutschen Schweiz den Wortimport bedingt hat. Vgl. § 9, 29. Nicht so im Berner Jura, wo die Entlehnung, durch die zahlreichere deutsche Ansiedelung gefördert, mehr affektischen Bedürfnissen zu entspringen scheint. Ob schwd. *meitši* etc. wegen des fester eingewurzelten *bèšat* nirgends Eingang gefunden hat? — Bed. 3, die schwd. an nichts anklingt, ist befremdlich.

Schwieriger noch sind die lautlichen Probleme, vgl. § 30, 4. Wie man sieht, zerfällt das Patoisgebiet je nach dem betonten Vokal in vier Grundformen mit ausgeprägter geographischer Verteilung: 1. *buəb* (B), 2. *bubo* (V, Vd Alp.). 3. *bwœb* (N) und 4. das den Südteil dominierende *bwebo* (Vd F G). Woher kommt das verschiedene Verhalten der welschen Patois? An der schwd. Lautform kann es nicht liegen, es ist jeweilen nur *buəb* eingedrungen (vom deutschwallis. *büəb*, *büob* scheinen die V-Formen nicht berührt zu sein). Die Divergenzen sollten aus dem Lautcharakter der aufnehmenden Patois erklärt werden können. Das gelingt restlos für *buəb* in B (§ 30,3) und für *bubo* in V, Vd Alp., wo, wie im ganzen Südteil, m. W. der Laut *uə* nicht vorkommt; das überall häufige *u* war somit der nächste Ersatzlaut. Die N-Form *bwœb* scheint weniger auf Einreihung in das nicht sehr einheitliche N-Lautsystem, als auf annähernd genaue Wiedergabe des schwd. Diphthongen zu beruhen. Auch kann der anlautende Labial von Einfluss gewesen sein. Das Haupträtsel bleibt die Entstehung von *bwebo* in einem Gebiet, wo **bubo* zu erwarten wäre; ebenso *fwetr* (Vd F, s. Futter), *mwežo* (F s. Mus) und *óbərgwét* (F Gruy.) neben *óbərguto* (im angrenzenden Pays d'Enhaut, Vd; s. Obergurt). Die § 30, 4 versuchte Erklärung durch Einreihung in die *we*-Wörter befriedigt insofern nicht, als die meisten der *we*-Wörter im *bubo*-Gebiet gleich lauten. Wahrscheinlicher scheint mir, dass das Wort früher im ganzen Südteil **bubo* lautete (vgl. das spor. Auftreten in Vd G N, ferner durchgängig *brustu* Brusttuch und erst später ohne deutschen Einfluss sich zu *bwebo* entwickelte, wie *buna* 'bonne' neben *bwena*; *puta* 'hässlich' neben *pweta*; *guda*, *guna* 'Schwein' neben *gweda*, *gwena* (s. Verf. *Haustiernamen* 103), *kunè*, *kunələ* neben *kwənè*, *kwènlè* (Vd F) 'Kaninchen' etc.

Buchhus — *bukuz* f. (B Mett. Soyhières), *buhuz* (V Miège) = Waschhaus.

Aus schwd. *bûxhûs* n. (*Id.* 2,1719), das, wie man sieht, an zwei Grenzgebieten eingedrungen ist. Zur Sache vgl. § 6, zum Geschlecht § 44.

Büchse — *biχa* f. (F), *le buchs* (F 1475 Büchi 23) = Gewehr (familiärer Ausdruck), auch Knallbüchse der Kinder.

Aus deutsch-freib. *biks* (*Id.* 4, 1001). Über die Entrundung s. *brünzelen*. Der Ersatz von *ks* durch *χ* steht isoliert.

Büchsenmeister — *Uolrich le buchsenmeister* (F 1475 Büchi 63 etc.).

Buchstabe — Ableit. *buštabè*, *buštabyè* v. (B Del.) = buchstabieren; *buštabu* m., *-uz* f.

Das Verbum setzt die Entlehnung des Subst. * *buštab* aus schwd. *buəxštabə* voraus. Die Reduktion von *xšt* zu *št* steht vereinzelt. Endung *-yè* ist merkwürdig. Andere Schulausdrücke § 17. — Dasselbe Wort im Rätischen (Ulrix 24).

Budeli — *bodəlè* m. (F Gruy.) = kleiner Knabe (familiär).

Offenbar aus schwd. *bùdeli (Id.* 4, 1033 unter *Pudel)* in der Bed. von *budi* 'kleiner dicker Knabe' (l. c. 1034).

Bube s. Spitzbube.

buebelen — *buəblè* v. (B) = den Buben nachhangen.

Aus schwd. *buəbələ* in derselben Bed. (*Id.* 4, 945 Bed. 2).

Buebeli — *bwéblè* m. (F), *bublè* (N), *buəblé*, *biəblé* (B Aj.) = kleiner Knabe.

Aus schwd. *buəbəli*, bzw. aus els. *biəble*. Zum Suffix vgl. § 49.

Bügeleisen — *pœgliz* f. (NB), *peuglisse* (N 1706), *bœgliz* (B Charm.), *pœbliz* (B Malleray), *peublise* (B 1760) = **1.** Bügeleisen, besonders das alte, vom Schneider gebrauchte, im Gegensatz zum Glätteisen. **2.** alte Lokomotive, auch Sekundärbahn, besonders von der Linie La Chaux-de-Fonds — Les Ponts; scherzhaft. — ABLEIT. *pœgliza* v. (N) 1. bügeln, 2. sorgfältig an etwas herumarbeiten.

Vom schwd. *bœgəlisə* n. (*Id.* 1, 542). *bl* für *gl* ist Angleichung an das anlautende b. Zum Genus § 44. Sachlich berühren sich bei diesem Wort die Gebiete der Haushaltung (§ 6) und des Schneiderhandwerkes (§ 11). Zur Verwendung 2 vgl. *Glättiseli*, Schername der Schmalspurbahn Liestal-Waldenburg.

buhlen — *buəlè* v. (B Aj.) = den Hof machen. — ABLEIT. *buəléžõ* f., davon *buəléžnè* v. id.

Vom alem. *buələ* (*Id.* 4, 1187, *Els. Wb.* 2, 37); im gleichen ehrenhaften Sinn.

Bundaxt — *bõdaks* f. (B Aj. Del.), *bõdaš* (B Plagne), *põtaš* (Vd Chenit), *põtatsə* (Vd F) = Stichaxt für Zimmerleute, um Löcher etc. im Holz auszuarbeiten.

Für Entlehnung des Wortes aus dem alem. *pùntaks* (*Id.* 1, 620) im Gegensatz zum franz. *bondax* m. (S.-Vill.) spricht das doppelte Schwanken: im Anlaut *b* und *p*, im Inlaut *d* und *t*. Der Auslaut zeigt Anlehnung an *hache* bzw. mundartl. *atsə*, wodurch auch das fem. Genus wird bestimmt worden sein.

Bundgenosse — *les allies et les pundgnossen* (F 1479, Büchi 89).

Das Wort ist im *Id.* 4, 822 nicht verzeichnet.

Bürgermeister — *le burgermeister de Zurich* (F 1402, 1481, Büchi 99, 100; sehr häufig im *Rec. diplom. de F*).

Daneben begegnet die auch franz. Form *bourgmestre*.

Bürgermeisterei — *a esteiz deposeiz de son office de la burgermeisteri* (F 1406 *Rec. diplom.* 6, 77).

Aus der altschwd. Form *bürgermeisterî* (fehlt *Id.*) vgl. Frevelî, Kanzlî u. a.

b u s s. bis.

[**Butsch** — *putš*, auch *puts* (V Osten), *putšyo* (V Evol.) = Obstwein. — ABLEIT. *putšyè* v. mosten.

Identisch mit schwd. *butš*, *putš* (V) in gleicher Bed. (*Id.* 4, 1935), das der Gaunersprache zugewiesen wird. Ob rom. oder germ. Ursprungs, ist auf Grund obiger Formen nicht zu entscheiden. Bei germ. Herleitung ist *puts* durch Entsprechung entstanden. — Zum Verb vgl. schwd. *verputschen*. Zur Sache § 13, 3.]

Büttenkraut — *pikrut*, *pitkrut* f. (B Aj. Del.; Montbél.) = Art Sauerkraut von grob geschnittenem, in einer Bütte eingemachtem Kohl.

Aus els. **pit-krüt*, das vom *Els. Wb.* nicht direkt bezeugt ist, dessen Existenz aber aus *pitləkrüt* (1, 529) und *pit* = Bütte, auch *surkrutbütt* (2, 120) erschlossen werden darf. Mit 'Bitterkraut', wie ein Korrespondent vermutete, hat das Wort nichts zu tun.

Buttenmus — *putmuəs* m. (B Dev.) = Hagenbuttenmus.

Wohl aus els. *butəmuəs* n. (*Els. Wb.* 1, 728). Das *Id.* kennt nur *buttlemues* in gleicher Bed. (4, 493). Wegen des Genus vgl. M u s.

Butterweck — *putrəvèk* m. (B Aj.; Belfort, Montbél.) = Milchbrötchen.

Aus dem Els. (*Els. Wb.* 2, 808). Bauer 65. Vgl. W e c k.

Butz — *pots* m. (B Aj. Del.) = Kornfäule. — ABLEIT. *potsè* v. an *pots* leiden, *potsu*, *-uz* adj. an *pots* leidend.

Aus alem. *butz* Rostkrankheit des Weizens (*Els. Wb.* 2, 128, *pùts*); Getreidebrand (*Id.* 4, 2005, nur für Basel 1787 belegt.) — Zur Sache vgl. § 10.

Ch

C h e i b s. Keib.

Chiber — *kibr* m. (Vd F N B Erguel), *tyibr* (F) = schlecht verschnittener Hengst, auch von andern Haustiergattungen gebraucht.

Aus schwd. *xībər* (*Id.* 3, 108) in gleicher Bed. Zu *ty-* § 32, 5.

[**Chleimis-Birne** — *pwèr* (poire) *də klaimipiər* f. (B Doubs) = Birnensorte.

Der zweite unverstandene Bestandteil ist zweifellos schwd. *bìre*, im ersten steckt vielleicht *xleimis* Zwischenmahl (*Id.* 3, 646). Die hier vermutete Zusammensetzung finde ich alem. allerdings nirgends).]

Chlucker — *klòkr* f. (B Plagne) *klok* (B Fr. Mont.) = Wurfkugel im bekannten Knabenspiel.

Aus schwd. *xlukxər*, *gluggər* m. (*Id.* 3. 642). Der seltenere *r*-Wegfall beruht auf dem Nebeneinander von *sèvre* und *sève*, § 37,3. Fem. wegen *bille*.

chöchelen — *kóklè* v. (B Aj. Del.) = den Haushaltungsbetrieb zum Spiel nachahmen, von Kindern (jouer au petit ménage). —

ABLEIT. ***kóklèdž*** m. stümperhafte Arbeit, ***kókəlriə*** f. wertloses Getue; ***kóklu*** m. Stümper.

Ohne Zweifel aus schwd. *xœxxələ* (häufiger *xœxxərlə*) 'zum Spiel kochen' (*Id.* 3,127), das leicht zu 'den Haushalt spielmässig betreiben' verallgemeinert werden konnte. *o* statt *œ* wohl unter Einfluss von schwd. *xùxxi* Küche, *xùxxəli* oder *xoxxə*. Zur verächtlichen Übertragung auf andere als Kocharbeit, wie sie die weiteren Ableitungen zeigen, vgl. *Gekoch* 'unordentliches Durcheinander von allerlei Sachen' (*Id.* 3, 126). — Vermutlich steht *kokla* m. (s. Kachel) in seiner Bedeutung 'Haushaltung, als Spiel betrieben' unter Einfluss von *koklè*.

Choli — ***koli***, auch ***kolé*** m. (B Vd) = schwarzes Pferd.

Schwd. *xoli* (*Id.* 3, 208).

Chräze — ***kritsə*** f. (F, Vd Alp. Broye, Grandson, V Illiez, Bagnes) ***krétsə***, ***krètsə*** (V, Vd Westen, Aigle), ***kreitsə*** (Vd Arzier), ***kréts̆*** (N), ***krèts̆*** (B), ***krats̆*** (N Ruz) ‖ ***xrètse*** (V Chalais Vissoye); ***rètsə*** (V Ann., Miège), ***rés̆o*** (V Ayent), ***résə*** (V Hérémence); ältester Beleg ***kritsə*** (F 1810), volksfrz. ***crèche*** (Vd V N) = **1.** Traggestell aus Brettern, 'Überref', vornehmlich zum Käsetransport im Gebirge (Näheres *Id.* 3, 924 c) überall ausser N B. **2.** Rückenkorb (hotte) überall; bezeichnet auch korbartigen Wagen zum Kohlentransport (B Romont). **3.** magere Person von hoher Gestalt. (F.) — ABLEIT. ***kritseta*** f. etc., ***krets̆a*** f. (V), ***crichée*** (N volksfrz.), Inhalt der Krätze.

Wenn auch der germ. Ursprung des Wortes nicht als gesichert gilt (*Id.* 3, 926), so kann über den Lehnwortcharakter in der frz. Schweiz kein Zweifel bestehen. Ein Korrespondent aus Etivaz (Vd.) sagt zudem 'espèce de hotte, employée surtout par les Bernois'. — In Bezug auf den Tonvokal fällt auf, dass die Verteilung von *kritsə* und *kretsə* im wesentlichen übereinstimmt mit den Reflexen von *testa* und *-ellu* (*Atlas ling. de la Suisse romande* und Zimmerli, *Tabellen*, die deutlich das Pays d'Enh. mit *i* von Ormonts mit *e* trennen. Auch *ei* findet sich häufig im Westen von Vd. Da die angrenzenden schwd. Ma. nur *xrètsə*, *xrétsə*, jedenfalls kein **xritse* kennen, so darf man annehmen, dass *xretsə* auf dem Wege der Entsprechung nach dem Muster von *teta*, *tita*, *teita* zu *kritsə*, *kreitsə* geworden ist. Die weite Verbreitung des Wortes (überall ausser G) spricht für frühe Entlehnung. Das schliesst nicht erneuten Import in Grenzgebieten aus, so werden die Formen mit und ohne *x* im Anlaut in den Bezirken Sierre und Hèrens zu erklären sein (vgl. *xrätse* V Binn). Der Wegfall des *x* hat seinen Grund entweder in schlaffer Artikulation der abgebenden Ma. oder aber in einer Vermischung mit dem dort üblichen *rètsə* 'Krippe'. (Über dessen Verhältnis zu *crèchə* s. u. a. Jud, *Z. f. rom. Phil.* 38,691[1]). — *krets̆* in N, B zeigen Anlehnung an den Typus *vatsə* im Südteil, *vets̆* im Norden. Zu *krats̆* vgl. § 29,3. Die V-Formen *résə* etc. zeigen die ortsübliche Reduktion von *ts* zu *s*: *mosə* 'mouche' (s. Muret, *Bull* 11, 69). Mit Luchsinger (*Molkereigerät* 45) einen andern Stamm anzunehmen, scheint mir nicht nötig. — 'Chräze' ist auch ins Rätische gedrungen.

chräzen — ***kritsi*** v. (F), ***krets̆iə*** (B) = auf dem Rücken tragen. — ABLEIT. ***krèts̆iə*** m. (B), ***kretsõ***, ***kritsõ*** (Vd F). 1. Mann, welcher 'chräzt',

2. Teufel; *kritsare* m. (F Gruy.) Hausierer; *krètšèyiə* v. (B Paniers 368); *porter à kritsəmañẽ* (F N B) = Huckepack tragen.

Aus schwd. *xrätsə* (*Id.* 3, 927).

Chrös — *kréšə* m. pl. (F Gruy.) = Gedärme von Kälbern (fraise de veau). — Ableit. *creuselin* m. (N 1700) id.

Aus der entrundeten Form von schwd. *xrœs* n. in gleicher Bed. (*Id.* 3,859). Zur Entrundung s. Frosch. Zum Übergang in *š* § 33, 3. Numerus und Genus wegen *boyaux*. Die Ableit. aus *chröslîn*, vgl. Fusterli.

Chruselbeere — *grižlibé* m., auch *grislibéə*, *grœžəlbéə* f. (B Del. bes. Terbi) = Stachelbeere. — Ableit. *grižlibiər*, *grežlibiər* f. *grœžəlbiə* m. Stachelbeerstrauch.

Aus schwd. *grislibèri* (Basel) bzw. *xrüselbèri* (Solothurn etc. *Id.* 4, 1469). Über *chrusle* im Rätischen s. M.-L. *Et. Wb.*

Chrüsliger — *kriəzla* m. *kriəzlat* f. (B Charm.) = Art säuerlicher, saftiger kleiner Äpfel mit rötlichen Streifen.

Offenbar identisch mit der in der Umgegend von Basel unter dem Namen *xrüsliger*, *xrüsləmər* etc. wohlbekannten Apfelsorte (*Id.* 3, 864), *Rümmechrüsliger* (im Hebelschen Gedicht 'Die Mutter am Christabend'), vgl. H. Christ, *Zur Geschichte des alten Bauerngartens der Basler Landschaft*, Basel, 1916 S. 93. Die Patoisform setzt ein nicht belegtes *kriəsl-* voraus, dem basler. *krisler* (*Id.* ib.) am nächsten steht. Die nach § 36, 1*a* zu erwartende Endung *-è* ist durch das Dem.-Suffix *-a*, *-at* ersetzt worden. Verhältnis zu *grislet* 'grau gesprenkelt' (*Id.* 2, 800) ist unklar.

Chuneli — *kunələ* m. *konələ* (F bes. Gruy. Vd Sassel), *kunəlè*, *konəlè*; *kõnelé*, *kwənəlé* (F spor., überall ausser Gruy.) = Kaninchen (wird neben eindringendem *lapin*, aber ohne demin. Gefühlswert gebraucht).

Da afr. *connil* in der Schweiz noch lebendig ist (*kuni* etc. N, Vd), können die Formen auf *-è*, *-é* ein afr. **connilet* darstellen, während bei *kunələ* sowohl Endung als Betonung auf deutschfreib. *xunəlì* hinweisen, wie schon Gauchat (*Dompierre* 63), annahm. Auch der Wechsel im Stammvokal dürfte auf die speziell freib. Varianten *chunnel* und *chonnel* (*Id.* 3, 326) zurückzuführen sein. — Immerhin steht der Ersatz von schwd. *-li* durch *-lə* isoliert (s. § 49), er hängt wohl mit der mehrfach selbstgehörten Beibehaltung des alem. Akzentes zusammen. Das franz. Suffix *-et* lautet immer *è* oder *é*.

Chunst s. Kunst.

[**Chuz** — *kutsè* m. (Vd F), *kütse* (Vd Blonay, Bridel, F Gruy.), *cuchet* (volksfrz. Wissler 87), *küϑè* (G), *kwətsè* (Vd spor.), *kwètsè* (N Bér. Vd westl. spor.), *kwètšè* (N Travers), *kòtsè* (Vd Aub.), *kətsè*, *kətšè* (F Gruy.) = **1.** Gipfel, Spitze (Berg, Baum, Turm); oberster Teil, Ende (Kopf, Treppe, steiler Weg, Arm, Stück Land); Rand (Glas); **2.** Heuhaufen (nur Vd Côte u. G.). — Gleichen Stammes sind: *kətsə* f. (F V Sierre), oberster Teil (Kopf, Mütze); *kotsõ* m. (Vd Alp.) Gipfel, *kutšrõ* m. (N), *kutsré* m. (F) Gipfel, etc.

Die Etymologie stösst hier auf grosse lautliche, begriffliche und sprachgeographische Schwierigkeiten. Gauchat (*Bull. du Gl.* 1, 69, s. auch Gignoux, *Z. f. rom. Phil.* 26, 43) vermutete schwd. *chutzen*, das in der Tat u. a. 'Gipfel eines Hügels, Anhöhe' bedeutet (B; *Id.* 3, 602, ergänzt durch Friedli, *Guggisberg* 28). Doch bleiben dabei die *ü*-Formen unerklärt. Verf. (*Bull. du Gloss.* 8, 47) dachte an schwd. *gutsch* (*Id.* 2, 563), dessen Nebenform *gütsch* die ü-Schwierigkeit heben würde und dessen Bedeutung 'kleiner rundlicher Hügel', gelegentlich 'Gipfel, Kopf' nicht übel stimmt. Zum Anlaut s. § 32. Das häufige *ts* für schwd. *tš* wäre ungewöhnlich (§ 34, 6). Was aber die Herleitung aus *gutsch* bedenklich erscheinen lässt, ist die offenbar geringe Vitalität des Wortes (es ist meist nur als Lokalname und eher in der Ostschweiz heimisch). Gegen beide schwd. Etyma spricht die augenscheinliche Verwandtschaft unseres Typus sowohl mit dem allgemein frz.-prov. *kotsõ* m. 'Nacken, Hinterhaupt' (Zauner 87) als mit nprov. *encucha* 'mettre en meulon' (*Bull. du Gl.* 8, 47[2]), deren gegenseitiges Verhältnis und Herkunft nichts weniger als aufgeklärt sind. Dasselbe gilt von *chutz* und *gutsch* (s. *Id.*). Überall ein Meer von Möglichkeiten, deren richtige Abschätzung den Rahmen dieses Artikels überschreiten würde; s. auch G i t z.]

D

Dachmahl — *tak(ə)mal* m. (Vd P. d'Enh., auch Progrès 1879, Nr. 33) = Mahl, das der Eigentümer eines neuen Gebäudes den daran beteiligten Werkleuten nach Errichtung des Dachstuhls zu geben pflegt.

Offenbar aus 'Dachmahl', das *Id.* 4, 163 fehlt; sonst schwd. *ufrichti, ufrichtmal* etc.

[**Dachnagel** — *tagnag(o)* m. (Vd Ollon V Bagnes) = beschränkter Mensch.

Vielleicht aus schwd. *taxnagəl; Id.* 4, 690 nur im Sinn von 'Nagel zum Befestigen von Dachschindeln', vgl. jedoch *vernagelt* 'stockdumm' (l. c. 691). Zum Abfall der Endung § 36, 2].

Dampf — *tãfa* f. (F überall) = **1.** heisser Dampf, **2.** starke erstickende Hitze (auch ohne Dampf, z. B. vor einem Gewitter, in überhitztem Raum etc.).

Zum Ersatz von *pf* vgl. *tšõf* (aus *tsumpft*), *kuglof*, *knèflè* etc. § 34, 1. Fem. wegen *vapeur*, *chaleur*. Zum Übergang in Bed. 2 vgl. *baϑùra* s. B a d e s t u b e. — In anderer Richtung verschoben erscheint dasselbe Wort in ital. *tanfo* 'Modergeruch' (Bruckner 19).

dampfen — *tãfå* (F spor.) *tãϑå* v. (F. Gruy. Est.) = keuchen, schnauben; auch stark husten; gern vom erhitzten Pferd gesagt. — Ableit. *tãfə* adj. (Vd Gegend?), *tẽf* (B Aj.) keuchend.

Ein eigenartiges Problem: b e g r i f f l i c h wird man nicht anstehen, in der für beide Formen reichlich bezeugten Patois-Bedeutung eine naheliegende Verschiebung von 'dampfen' im Sinn einer starken Ausdünstung (Pferd) zu erblicken; l a u t l i c h aber befremdet das *ϑ* der zweiten Form, die von der ersten etym. zu trennen der franz. Wortschatz keine Handhabe bietet. Die Annahme einer 'Entsprechung' wird durch den Umstand erschwert, dass der ihr zugrunde liegende Wechsel von *f* und *ϑ* gerade innerhalb der freib. Patois nicht zu belegen ist. Wohl aber besteht er zwischen Vd und F, wie folgende Beispiele zeigen:

	chanson	gentiane	pouss[iere]	douce	ahd. milzi
Waadt (nur spor.)	*tsāfō*	*dzāfāna*	*paofa*	*dœfa*	*məfa*
Freiburg	*tsāϑō*	*dzāϑana*	*püϑa*	*daϑə*	*məϑa*

Bei Annahme einer 'Entsprechung' kann somit *tāϑa* nur entstanden sein, entweder auf freib. Boden, wenn dort etwa früher auch *f*-Formen üblich waren, oder aber auf waadtländ. Boden, wo heute *f*- und *ϑ*-Formen ziemlich bunt durcheinander gehen, wenn das Wort dort viel weiter verbreitet ist (oder war) als unsere Belege aussagen. Zum Schwanken zwischen *f* und *ϑ* vgl. Fankhauser § 140, 141. — Zum Verbaladj. *tāfə* vgl. *etsapo* (F) échappé, volksfrz. *gonfle*, *enfle*, *use* etc. — *tēf* nach § 31, 1.

Deckbett — *une tolz* (= taie ?), *de deckpet* (B 1613) = Bettdecke.

Den heutigen jurass. Ma. ist das Wort unbekannt, wohl aber kennt es das wallon. Dorf Malmédy (*Atlas*-Karte *duvet*).

Decker — *tekr* m. (Vd Vully, Rougemont, B Plagne) = Dachdecker.

Interessanter Fall von unabhängiger Entlehnung desselben Wortes in drei Grenzgebieten.

der Teufel s. Teufel.

Deutsch — *tütš* m. (Vd V F N B Diesse), *tütšè* (Vd Blonay), *tœtš* (N Ruz); *tìtš* m. *tìtšyè* f. (V Lens, Evol.) = **1.** Deutscher, oft etwas verächtlich, **2.** deutsche Sprache; *šəlèrtə tìtš* vom Jargon der Deutschschweizer (Lens), **3.** im Fem.: hochgewachsenes, robustes Mädchen (auch wenn keine Deutsche; Lens). — Ableit. *taitše* v. (V Praz-de-Fort) deutsch reden; *titšola* v., *titšona* v., *tütšmatsi* (Vd) schlecht deutsch reden; dazu *tütšmatsèré* m.; *tütšmanè* (N) deutsch reden; mit *tütšmā* m. (Vd F) Deutscher (Spottvers § 20); ferner *almātätšo* m.? (V Bagnes), *dütšbərlütš* (B) deutsch (Kindersprache).

Allgemein schwd. *tütš*, im dtsch. Wallis *tìtš* (Bohnenberger 136: Binn). Zu *tœtš* § 29, 8. Der *è*-Nachklang in Blonay ist dort üblich (*sòtizè* sottise, *seðè* seize). Das auffällige *ai* in *taitše* (vgl. *almātätšo*) scheint auf eine ausserschweiz. deutsche Dialektaussprache zurückzugehen (Praz-de-Fort und Bagnes sind Touristengebiete). *tütšmatsi* ist Kreuzung mit *talmatsi* (s. Dolmetsch). *tütšmanè* v. ist Verbalableitung von *tütšmā*, worin *tütš* + *almā* sich gekreuzt haben. Ähnlich die beiden letzten etwas launenhaften Bildungen, *bərlütš* erinnert an *bèrndütš*. — Der gleiche Stamm in it. *tedesco*, afr. *tiois* mit *tieschier* v. 'deutsch reden', *il oit les barons tieschant* (Guillaume de Dôle 4650 *Soc. d. anc. textes* 1893).

Dolmetsch — *tòlmatš* m. (B Plagne), *tòrmètš* (V Lens) = **1.** Übersetzer; **2.** Makler beim Viehhandel (courtier), auch Heiratsvermittlerin (nur V).

Zum Verständnis dieser Anleihe sei darauf hingewiesen, dass der Dolmetsch in der vielsprachigen Schweiz auch bei der Landbevölkerung eine nicht unwichtige Rolle spielt. In Lens z. B. mieten alljährlich die Weinhändler aus dem deutschen Oberwallis einen *tormètš*, der zur Beherrschung beider Sprachen eine gewisse Lokalkenntnis besitzen muss. So wird leicht aus dem Dolmetsch ein Zwischenhändler. Dieselbe Verschiebung wie in V ist für schwd. Mundarten bezeugt (*Id.* mitg.). — Zum Wechsel von *a* und *è* aus *ā* § 29, 3. Zum Wandel von *l* zu *r* vor Labialen vgl. *pormõ* = PULMONE u. a. (Fankhauser § 180).

dolmetschen — *talmatši(ə)* v. (F N B Diesse), *talmatsi* (Vd); *tolmatši* (B Plagne); *talmacher* (volksfrz.) = **1.** eine fremde Sprache radebrechen, meist in Bezug auf das Deutsche, auch kurzweg 'deutsch reden'; **2.** die Rolle eines Interpreten versehen (nur B). — ABLEIT. *talmatšma* m. (= *-ment*, N) Kauderwelsch.

Ohne Zweifel von schwd. *tolmätšə* mit Einfluss von *allemand* im ganzen Südteil. Dass *ä* mit *a* wiedergegeben wird, zeigt § 29, 3. Die *ts*-Formen in Vd rühren vom normalen Wechsel, z. B. *kütši* (vorw. F) *kütsi* (vorw. Vd) her. Wie hier *talmatši* oft die Bed. 'deutsch reden' angenommen hat, so wird *dolmetschen* im St. Galler Oberland für 'italienisch reden' gebraucht (*Id.* mitg.). — Vielleicht sind *tagmatsi* v. und *talbənatsi* v. (Vd) 'radebrechen' nur Verballhornungen von *talmatsi*.

Donner — *tõdrpots* (B Aj.) = fluchartiger Ausdruck.

Aus alem. *dunder*+*botz* (*Els. Wb.* 2, 127, 689; auch *Id.* 4, 1996, wo u. a. *donder* belegt wird).

donnern — *tõdrè* v. (B Aj.) = fluchen.

Aus els. *dunderen* 'lärmend schimpfen' (*Els. Wb.* 2, 689).

Donnerwetter — *tõdrvèt, tõtəvärtə* (Vd) = Fluchwort; ...*et quand ils* (die Schüler) *savaient dire: 'tondre vette et tûfle trâgue', ils* (zwei Hilfslehrer deutscher Herkunft) *trouvaient qu'ils savaient tout l'allemand.* (*Journal de Château d'Oex* 1887, 47).

Zum *d*-Einschub vgl. *donnern*, das auch schwd. häufig *tùndərə* lautet. Zum Wegfall von *-er* § 36, 2. In *tõtəvärtə* ist wohl *r* aus der zweiten Silbe in die dritte geraten, doch vgl. § 37, 3β.

Dreck[1] — *trèk* f. (B Del., Vd spor.) = **1.** Kot (boue, merde), gelegentl. Glimpfwort für 'merde'. **2.** Ohrenschmalz (Ormonts). — ABLEIT. *ãtrèkè* v. (B) beschmieren (nach *emmerder* gebildet).

Das Fem. wegen *merde, bourbe* (*boue* nicht üblich in B).

Dreck[2] s. Franzosendreck.

Dreher — *trèyər* m. (B Aj.) = Drechsler.

Aus alem. *dräjer* (*Els. Wb.* 2, 747, auch Basel.).

Dreingeld s. Trinkgeld.

Drossel — *drosœl* f. (Vd Frenières).

Fem. wegen *grive*. Andere Vögel § 10.

drucken — *truka* v. (Vd Jura nach Bridel, Osten nach Dumur, Rossinière) *druka, troka* (F Gruy.), *trokè* (B Aj. Del.); *trukè* (Montbél. Belfort) = **1.** bunt drucken (auf Stoff; teindre); **2.** drucken (Papier; nur B). — ABLEIT. *trukare* m. (Vd) Färber; *trokür* f. (B), 1. bunte Leinwand, 2. Buchdruck, *ẽn fat də drokür* Druckfehler; *drokriə* f. (B) Buchdruck; *droku* m. *drokèr* m. Buchdrucker; vgl. *trukèdž* m. Zeugdruck (Montbél.; Nardin et Mauveaux 1, 225).

Zum Wechsel von *u* und *o* s. § 29, 6. — Die aus Deutschland und England stammende Zeugdruckindustrie drang gegen Ende des 17. Jahrhunderts aus Frankreich und Holland in die Schweiz, wo sie zuerst in Genf, Neuenburg und Zürich, später in Bern, Lenzburg, Zofingen, Aarau etc. Fuss fasste (vgl. T. Geering, *Die Entwicklung des Zeugdrucks*... in *Vierteljahrsschrift für Sozial- und Wirtschaftsgesch.* 1903 S. 397 ff.). Eine örtliche Ansiedelung der Industrie im Verbreitungsgebiet von *truka* (Vd F) ist mir nicht bekannt. Vermutlich wurde das Wort von deutsch-schweiz. Druckerfamilien (vielleicht durch den Rückgang der Industrie brotlos gewordene) ins welsche Gebiet verschleppt (Geering). Für B waren vermutlich Mülhausen und Montbéliard von Einfluss.

Drusen — *truəz* f. (B); auch ostfrz. *trous* (Behrens 269), voges. *truès* m. (Belmont) = **1.** Bodensatz (Wein, Kaffee; Pfeife), so *brãtvẽ d truəz* 'Hefenbranntwein', dafür auch *truəz* allein; **2.** allg. trübe, schlammartige Flüssigkeit. — ABLEIT. *truəzè* m. schlammiger Tümpel; *truəzõ* m. alte, safttriefende Pfeife; *truəznè* v. 1. pantschen, plätschern; reichlichen Saft in der Pfeife bilden (juter); 2. allg. eine schmutzige Arbeit verrichten.

Aus dem alem. *truəsə* Bodensatz (*Els. Wb.* 2, 765; auch schwd. Seiler, Hunziker, Friedli *Grindelwald* 261). Das Wort dürfte mit der Branntweinfabrikation eingewandert sein. Die Verallgemeinerung zu 'trübe Flüssigkeit' scheint sich erst auf rom. Boden vollzogen zu haben. — Die Verbalendung *-nè* wird auf ein **trousonner* (zu *truəzõ*) zurückgehen, § 49 Schluss; oder sollte sich das *n* des mhd. *drusene, drusine* f. erhalten haben? — Das fem. Genus wegen *lie, bourbe* vgl. Dreck. — Auch das Wallon. kennt *Drusen* (Ulrix 32).

Dubel s. Tubel.

dumm — *ĩ dum buəb* (B Bourrignon) = ein dummer Junge.

Dünkel — ... *faire une convention avec lui* (bourgeois de Nidau B) *pour avoir ici* (?) *la quantité de dünkel qu'il sera trouvé bon* ... (B Neuveville 1761) = Wasserröhre.

Aus schwd. *tünkel* (Luzern), sonst *tüchel* etc. (Stalder 1, 323).

E

Edelweiss — *édèlvès, édèlveis* m. (volksfrz. in allen Kantonen; auch S.-Vill. Suppl.), *èndəlveis* f. (V Evol.) *èndèlvis* m. (V Vissoye), *èdəlveš; èlvès, èlvèš, èlvaisa* f. (V) = Edelweiss.

Die schwd. Form *edəlwiss* scheint nur im Eifischtal eingewirkt zu haben; überall sonst im Wallis ist das Wort, vermutlich erst infolge des Touristenverkehrs, in schriftfrz. d. h. hochdeutscher Aussprache eingedrungen, immerhin mit beachtenswerten Ansätzen zur Vervolkstümlichung: *elves* wohl verkürzt aus *edlves* wie it. *spalla* aus SPATLA. Unklar bleibt mir die Epenthese der mit *ènd-* anlautenden Formen. Das Schwanken im Genus ist durch den vokalischen Anlaut bedingt. Von den übrigen Synonyma in V sind mask. *pied de chat, pied de lion*; fem. *rose des alpes, immortelle des montagnes, fleur de guide, fleur de flanelle, cotonnière, belle étoile* etc.

Eidgenosse[1] — *pour depense faicte ou tavillion* (Notar) *par lez Eidgenossen en fesant la paix* (F 1468 Büchi 120).

Eidgenosse[2] — IN MODERNER ZEIT: *ẽgənó* m., *ẽgənóda* f. (Vd überall, bes. im Osten, F überall, V spor.; Savoyen St-Paul; H[te] Saône Plancher-les-Mines, Vauth.), *œ̃geno* (Vd P. d'Enh.), *inguenot* (Vd volksfrz.) [*higueno* (Vd Bri. nur hs.) *iguenô, -otta* (Vd Dumur); *yügna* (B) sonst üb. *ügno*]. — Südfrankreich: *eiguenaud, eigannaud; oguinot* (Dauph.), *eganaud, aganaud* (Marseille), *aganaou, heiganout* (Limousin), *deganaud* (Languedoc), *eganar, heganau; deganau* (südfrz. ohne Angabe der Gegend; meist nach Mistral s. v. *uganaud.* [*uguenaud, duganaou* etc., *iganaud* (Avignon), *igounaud* etc. (Langued., Lim., Gasc., alle Mi.); ganz vereinzelt *unguenot* (H[te] Saône, Lure, Vauth.)] = Protestant französischer Zunge; Ketzer, beliebtes Schimpfwort bes. im Munde freiburgischer Katholiken *ϑọ̌ž ẽgəno nə krayõ a rẽ* (F) 'ces hérétiques ne croient à rien'; aber auch ohne jede verächtliche Nebenbedeutung *lẹ̌ž ẽgəno λèžõ la bibl* (F) '... lisent la bible'. — ABLEIT. *ẽgənot* f. (F) Gesamtheit der Protestanten.

— IN ÄLTERER ZEIT [ausführlicher dargestellt vom Verf. *Zur Etymologie von Huguenot*, im Anzeiger für Schweizergeschichte 47 (1916), 133—153 mit Anhang, wo man zu nachfolg. Formen den Satzzusammenhang mit Quellenangabe findet.]

Periode um 1518—1536: *vivent les Eiguenotz* (G Bonivard, passim), *estoyent appellés Euguenos* (G Michel Roset, passim, Hs. in Genf; *Huguenots* zwei Hs. in Lausanne), *les Ainguenaux sont au dessus* (Lyon, de Saconay), *Eydguenot* (G 1520, erster urkundlicher Beleg), *Ayguinoctica secta* (G 1521), *traitres ayguenot* (Savoyen, Balard 1525—1532), *Henguenots* (Lyon? 1528 Herzog von Savoyen), *alliance Enguenote* (G Jussie, passim), *Les Anguenots m'ont fait sedicieuse* (G Gacy, kath. Klagelied).

Periode um 1550—1603: [*huguenot* (Touraine, um 1550 nach E. Pasquier), *la vilaine race d'Huguenauds* (Périgueux 1553, erster datierter Beleg für 'huguenot'), *les huguenos veullent faire pis* (Cardinal de Lorraine 1560, zweiter datierter Beleg)], ***hens guenaux*** ... signifie ... seditieux (E. Pasquier), ***Lutherani sive*** ... ***Huguenoti*** (Bèze 1560), ***Oguinotta***, ***Oguinottari*** (Dauph. um 1560), ***bon nombre d'Aygnos***, ***vivre en l'Aignossen***, ***nourriz en l'Aignossen de Genève*** etc. (1562, Flugschrift der Guisenpartei), ***la secte des Hugguenotz ou*** ... ***Eygnossen*** (1563 Vinot in N Landeron), ***luteriens auguinaux*** oder ***ang*** —? (Savoyen 1564), ***tuy celo laro d'Ingueno*** 'tous ces larrons de huguenots' (Sav. Chambéry 1603).

= **1.** Name einer bürgerlichen Oppositionspartei in Genf, die gegen den Herzog von Savoyen, sowie gegen Bischof und Adel gerichtet war, etwa 1518—1530. Der Ausdruck stammt vom Gegner, in dessen Mund er gern verächtlichen Beigeschmack annimmt. Es muss aber betont werden, dass die grosse Mehrzahl der Genfer Belege, besonders auch die bei Jeanne de Jussie, das Wort in einem durchaus indifferenten Sinn brauchen. Lediglich der Zusammenhang verleiht dem Wort seine Stimmung. **2.** Bezeichnung eines politischen Aufwieglers (nur in Frankreich, so bei Pasquier und im Flugblatt). **3.** Protestant, Ketzer (schon 1528, in Lyon?); die Form ***huguenot*** hat ausschliesslich diese Bedeutung.

1. Lautliches. A. Typus ***eiguenot***. Aus schwd. ***Eidgenosse***, heute und wohl auch früher ***eiknos***, ***aigginoss*** etc. gesprochen (*Id.* 4, 820). Für die schweiz.-savoyischen Formen ist schon vor 1530 aus dem Genfergebiet belegte Nasalierung des Anlautes charakteristisch. Das vom *Id.* 4, 821 bezeugte ***Eingenoss*** (im Wortspiel mit 'Zweitgenoss', vermutlich wurde das *n* nie gesprochen, vgl. schwd. ***ai bai*** 'ein Bein') kommt solange hier nicht in Betracht, als es nicht als häufige Form im 16. Jahrhundert nachgewiesen werden kann. ***Ingenosse*** 'Einheimischer' (*Id.* 4, 821) steht seiner Bed. wegen ausser Frage. Die Nasalierung erklärt sich hinreichend durch antizipatorische Senkung des Gaumensegels unter Einfluss des nachfolgenden *n* in der für Genf anzunehmenden ursprünglichen Aussprache ***ègəno***. Analoge Beispiele sind ***ẽfləmü***, aus ***efləmü*** (s. Apfelmus), ***pinpinière*** (Vd aus ***pépinière***, frz. ***lanterne*** aus lat. LATERNA, lat. LAMPSANA aus LAPSANA; ***chinquenaude*** aus ***chiquenaude*** (Rabelais), afr. ***Pinchenie*** aus ***Piscenie*** (Heimat der ***Patzinaces***), dial. ***fringuenelle*** neben ***fruguenelle*** (vgl. nfr. ***fragon*** Mäusedorn), dial. ***ransignol*** aus ***rossignol*** etc. Die Beispiele stammen meist aus Balcke, ***Der anorganische Nasallaut*** (Beiheft 39 zur *Zeitschr. f. rom. Phil.*), wo ***inguenot*** fehlt. Vgl. dazu das von Meyer-Lübke vermutete vlat. PENCTINE aus PECTINE, das den Nasal in aprov. ***penche***, nprov. ***pẽntsé*** f. etc. Kamm (*Atlas*-Karte 989), aprov. ***penchenar*** 'kämmen' etc. erklären würde (*Sitzungsber. d. preuss. Akad. d. Wiss., phil.-hist. Klasse* 13 (1916) S. 345[2]), vgl. auch ***unguenot*** aus ***huguenot***. — Übergang in ***œ̃gəno*** ist im Pays d'Enhaut normal. Das früh auftretende savoy. ***ãgəno*** beruht auf dialekt. Wechsel (***momã*** neben ***momẽ***, G und Sav.). — Zum *s*-Wegfall vgl. ***matəlo*** heimatlos etc. § 36, 1 *a*. Dass obige südfranzösische Formen mit ***ei-***, ***e-***, ***de-***, auch mit *a*-Anlaut auf ***eiguenot*** und nicht auf ***huguenot*** zurückgehen, steht ausser Zweifel. Der *d*-Vorschlag in ***deganau*** etc.

erklärt sich aus Verbindungen wie *ce diable d'eiguenot*. Der Übergang zu *aganau* beruht ohne Zweifel auf Vokal-Assimilation, vgl. lat. VERVACTUM zu *VARVACTUM (nach sard. *barbattu* afrz. *garait* etc.), lat. DENARIUM zu it. *danaro*, lat. MIRABILIA zu it. *maraviglia*, it. *celata* Pickelhaube zu frz. *salade* u. a.

Möglicherweise liegt aber auch der Vorgang der 'Entsprechung' zugrunde vgl. das südfrz. Nebeneinander:

aiglo und *aglo* aigle	*eigal* und *agal* canal
aigre und *agre* aigre	*eigalisa* und *agalisa* égaliser
eigado und *agado* crue d'eau	*églantier* und *aglantier*

Die Formen mit *o*-Anlaut erkläre ich mir durch Trübung des *a*, eine Lauttendenz, die der *Atlas* beim Anlaut in vortoniger Stellung für die Gegend Périgord-Limousin-Rouergue, nicht aber für die Dauphiné, reichlich belegt. — Zum Schwanken des zwischentonigen Vokals zwischen *e*, *i*, *a* vgl. lat. JUVENIS zu it. *giovine* und *giovane*, INIMICUS zu aprov. *enemic* und *enamic*, ferner it. *forestiere* und *forastiere*, MONASTERIUM und *MONISTERIUM, dial. *simåtér* 'cimetierre' (dép. Deux Sèvres und Vienne, *Atlas*).

B. Typus *huguenot*. Über den von mir vermuteten Übergang von *ègəno* in *ügəno* s. weiter unten 'Historisches'. Das waadtländ. *igəno* und das südfrz. *iganaud* etc. fasse ich als Lautvarianten von *huguenot*, worauf auch die Graphie *higueno* und das Suffix *-otta* (gegenüber sonstigem *-oda*) hindeuten. Den Übergang von *ü* zu *i* zeigen in der frz. Schweiz: *livro* Euter aus lat. UBER, *nimero* aus 'numéro', *rid* aus 'rude', *ribã* aus *ruban* etc.; in südfrz. Ma.: *rimour* aus 'rumeur', *irous* neben *urous* 'heureux', *libac* neben *luba* 'Schattenseite' aus OPACUM, *ibico* neben *ubico* aus UBIQUE etc. — Das jurass. *yügna* zeigt doppelte Anpassung: zum Anlaut vgl. *yüzè* user (B), im Auslaut Suffixvertauschung, *-et* statt *-ot*. — Das isolierte *unguenot* (wohl *œ̃gno* gesprochen für früheres *ũgnot*) verhält sich zu *huguenot* wie *ẽgno* zu *egno*.

Wenn bei der merkwürdigen Graphie *Euguenos* die Genfer Handschrift *Enguenos* zu lesen verbietet, so dürfte *euguenos* als gelehrte Schreibweise für *uguenos* zu deuten sein, etwa in Anlehnung an Eigennamen wie *Eugène*, *Eustache*, *Eulalie*, auch *Europe*, *Eure* (im Reim mit *nature*, Henriade 8) etc., die alle, teils als veraltet, teils als modern-volksfranz. mit *ü*-Aussprache bezeugt sind. Vgl. noch mfrz. *veue* vue.

2. Historisches. A. Eiguenot. Als zu Beginn des 16. Jahrh. Herzog Karl III. von Savoyen (1504—1553) mit Hilfe seines Vetters, des schwachen Fürstbischofs von Genf, die freie Stadt Genf mit allen Mitteln unter seine Botmässigkeit zu bringen suchte, bildete sich auf Anstiften von Philibert Berthelier seit 1518 in der Genfer Bürgerschaft eine rührige Gegenpartei, der die Unabhängigkeit der Stadt am Herzen lag. Um mehr Rückhalt zu gewinnen, schloss sie Bündnisse mit zwei eidgenössischen Orten, zuerst 1519 mit Freiburg, dann 1526 auch mit Bern. Dadurch verschärfte sich der Gegensatz immer mehr. Die ganze Bevölkerung Genfs war in zwei Lager gespalten, die sich nach dem Ausspruch des Chronisten Bonivard befehdeten, 'wie einst Welfen und Gibellinen'. Spottnamen liefen hin- und herüber. Die Partei der 'Unabhängigen' hiess *les Eiguenots*, eben weil sie mit den 'Eidgenossen' in Freiburg und Bern sich verbündet hatten, nie bezeichnete *Eiguenots* die Eidgenossen selbst, sondern lediglich die antiherzoglich gesinnten Genfer Bürger, nie war der *Eiguenot* ein Schweizer, nie sprach er deutsch. [Man kann diese Tatsache nicht genug betonen angesichts der argen Missverständnisse, zu denen die sog. ***étymologie allemande*** von 'Huguenot' Anlass gegeben, namentlich bei solchen franz. Theologen, die mit der politischen Geschichte Genfs wenig vertraut sind.] Nachdem Berthelier seinen Unabhängigkeitssinn mit seinem Haupte hatte büssen müssen, trat an die Spitze der ***Eiguenots*** Besançon Hugues († 1532), mehrmals Bürgermeister von Genf; ihm gelang es mit Hilfe freiburgischer und bernischer Truppen, die Macht Savoyens 1530 endgiltig zu brechen.

Zwei Jahre später predigen Farel und Fromment in Genf die Reformation, 1534 tritt Freiburg vom Bündnis zurück, 1535 wird die neue Lehre, von Bern begünstigt, eingeführt, und 1541 beginnt in Genf die denkwürdige Herrschaft Calvins.

So hat tatsächlich die bis 1530 aus lauter Katholiken bestehende, rein politische Partei der ***Eiguenots*** den Einzug der Reformation mächtig gefördert, einerseits durch ihren Widerstand gegenüber der bischöflichen Gewalt, andererseits durch ihr Bündnis mit dem eben erst reformiert gewordenen Bern. Aus den Anhängern der politischen Opposition wurden Anhänger der religiösen Opposition. Diese parteihistorische Verschiebung bedingte eine Verschiebung im Sprachgebrauch, die man sich bei allen Erörterungen über 'Huguenot' nicht genug vergegenwärtigen kann: die gegenstandslos gewordene Bezeichnung ***Eiguenot*** füllte sich mit neuem Inhalt, ***Eiguenot*** wird durch die Macht der Verhältnisse gleichbedeutend mit 'reformiert'.

Unter etwas andern Umständen kamen in katholischen Gebieten zur heutigen Bedeutung 'Protestant', die Patoiswörter ***bernois*** m. (V F), ***vaudois*** m. (Vd V F), ***sütš*** m. (B) ohne Zweifel aus ***šwits*** s. Schweiz). — Die von Pasquier erwähnte Bedeutung 'Aufwiegler' erklärt sich aus dem Erzählten ohne Weiteres. Der Wortsippe ***Eiguenot, Einguenot, Eidgenossen*** und, wie ich vermute, auch ***Huguenot,*** haftete, besonders für den französischen Katholiken, etwas Rebellisches an, was am deutlichsten im Klagelied des Katholiken Gacy zum Ausdruck kommt (s. Verf. l. c.).

Für die Frage über den Ursprung von ***Huguenot*** ist, wie mir scheint, von Bedeutung, dass schon früh, 1528, also noch während der rein politischen Wirren in Genf, die Formen ***Eiguenot, Einguenot*** nicht nur nach Savoyen, was nur allzu begreiflich, sondern auch nach Frankreich hinüber drangen (Belege 1528, 1550 etc.) und dort vornehmlich im Süden festen Fuss gefasst haben, denn die Verbreitung dieser Formen in heutigen Ma. der Schweiz sowohl als Südfrankreichs muss doch wohl auf eine Zeit zurückgeführt werden, wo ***huguenot*** noch nicht allein herrschte, also etwa 1520—1540.

Dass die Genfer Wirren ein lautes Echo in Frankreich gefunden haben, darauf deutet die sonst schwer erklärliche Tatsache, dass vielerorts, besonders in Poitou, die Reformierten ***Fribourgs*** genannt wurden (Belege s. Verf. l. c.). — So befremdlich das heute klingen mag, so begreiflich ist es für den Eingeweihten: hatten sich doch die ***Eiguenots*** zuerst nur mit Freiburg verbündet, das damit zum Bischof von Genf in ein Feindschaftsverhältnis trat, sie wurden offenbar damals schon ***Fribourgs*** gescholten, wenn auch Belege dafür fehlen, das spätere Schicksal teilte das Wort mit ***Eiguenots***, es wurde in und ausserhalb Genf zum Spottnamen der Protestanten.

B. Huguenot. Der Ursprung dieses vielumstrittenen Namens ist noch nicht aufgeklärt. In meinem oben zitierten Aufsatz über die ganze Frage, der auch die mir bekannt gewordene Literatur zusammenstellt, versuche ich ***Huguenot*** als Kreuzung aus ***Eiguenot*** + ***Hugues*** (Name des Parteiführers) zu erklären, so etwa wie das oberwalliser Blatt 'Der Briger Anzeiger' im Volksmund boshafterweise zu *Le brigand de Seiler* verdreht wurde, da die durch die Hotelindustrie bekannte Walliser Familie Seiler als an der Zeitung stark beteiligt gilt. Dieses noch vor 1532 in Genf entstandene *huguenot* hätte begrifflich und geographisch genau die gleiche Entwicklung genommen wie *eiguenot* und *fribourg:* zuerst nur politische, dann nur konfessionelle Bezeichnung, und zuerst auf Genf beschränkt, dann mit der von Genf aus geleiteten Reformation in Frankreich Fuss fassend. Über alles Nähere s. Verf. l. c.

Eierbirne — *eirəpiər, eiərbiər* f. (B Aj.) = Birnensorte von ovaler Form.

Aus alem. *eyərbìr* (*Els. Wb.* 2, 79; *Id.* 4, 1484). Fem. wegen *poire*, man sagt auch pleonastisch *pwèr d'eirəpiər*, vgl. Chleimis-Birne.

Einfahrt — *ĩfar* m. (B Del. bes. Terbi), *ifar* (F Sugiez) = ansteigender Damm als Zugang zum Scheunentor (frz. pont de grange).

Dieser 'Damm' wird angebracht, sobald die Tenne der Scheune höher liegt als die Zugangsstrasse. Diese Sitte scheint in der deutschen Schweiz mehr heimisch zu sein; *Id.* 1, 887 und *Els. Wb.* 1, 128 sagen *ifar*. Die Nasalierung, die das folg. Grenzwort *išlag* nicht kennt, kann auf ein älteres alem. *infar* zurückgehen, vgl. *brãtəvĩ;* stammt aber eher vom unbestimmten Artikel *faire ĩ-n-ifar*.

Einschlag — *išlag* m. (B Plagne) = umfriedigtes Grundstück (enclos).

Aus schwd. *išlag* vgl. Stalder, *einschlag* 'Verschlag'.

Eisen s. Bügeleisen, Glätteisen, Legeisen.

Erbse s. Zuckererbse.

Erlenbach — *èrləbak, œrləbak* m. (B Aj. Del.) **1.** junger Ochse von der Fleckviehrasse, **2.** junges Bürschchen mit Neigung zu Selbständigkeit, Gelbschnabel.

Ohne Zweifel vom Ortsnamen *Erlenbach* im bernischen Bezirk Nieder-Simmental, wo Viehzucht und Viehhandel im Grossen betrieben wird. In Saignelégier (B) wird jeweilen im Oktober *lè fwar èz èrləbak* abgehalten. Zum Viehbezug aus deutschen Kantonen § 9.

F

fahl — *falo, -a* adj. (Vd F V), *fal* (B, wo schon 1595, 1598, 1614); *fól* (N überall, B Plagne; N 1669, B 1596). — Ableit. *falè, -èta* etc. adj. und subst. (Vd V, G 1820), *fala, -at* (B); *faletó* adj. (V), *falotey* adj. (B 1613) = von unbestimmter Farbe, blass, aschgrau, grauweiss, hellbraun (fauve), vorw. mit Bezug auf Haustiere, bes. auf Pferd und Kuh; auch als Determinativ einer Farbe *rodzo falo* blassrot; oft als Übername *lo falo, la falèta*, oder als Name von Haustieren, *la fala* (eine Stute).

Obgleich vom *Id.* nur als lokale Nebenform von *falb* (*Id.* 1, 822) gebucht, muss die Form *fahl*, zum mindesten in früherer Zeit, in schwd. Ma. stark volksüblich gewesen sein (Binn (V), sagt z. B. *faltšák* 'blassrot, mit weissen Flecken'). Es begleitete vermutlich den deutschen Viehhändler in die franz. Gebiete. Die meisten auch der älteren Belege beziehen sich auf Pferd und Kuh, was die Auffassung Brüchs (S. 109 ff.) bestätigen würde, wonach die germ. Farbennamen *blank, brun, falw* und *gris* als Bezeichnungen für Pferdefarben ins Lateinische gewandert wären (vgl. schwd. *falch* 'Haustier von fahler Farbe' (*Id.* 1, 797) im Rätischen (Brandstetter 43) und im Veltlin (Salvioni[2] 609[2]). — Die N-Form *fól*, die vom sonst üblichen *fal* nicht getrennt werden kann, deutet auf sehr frühe Entlehnung mit lautgesetzlicher Behandlung von *fal*, vgl. ALA, PALA, die in den nördlichen N-Ma., sowie im Erguel (B) bis zu *ól*, *pól* getrübt wurden. Einwirkung des stammverwandten frz. *fauve* ist umso weniger ausgeschlossen, als es schon afrz. vorzugsweise von Haustieren gebraucht wurde (s. bes. Ott, *Etude sur les couleurs en vieux français* 1899 S. 83).

fahren — *farè* v. (B Movelier, Romont) = pflügen.

Grenzentlehnung, von alem. *farə*, eig. *zu Acker fahren* = pflügen (*Id.* 1, 891; *Els. Wb.* 1, 126).

falb s. fahl.

Fallbaum — *fallbaum* (Aussprache unbek., B Neuveville) = Schlagbaum.

Nach *Id.* 4, 1237 scheint das Wort in dieser Bedeutung den modernen schwd. Ma. nicht mehr geläufig zu sein.

falsch — *falš* m. (F Sugiez) = Heuchler.

Auch schwd. in dieser Bedeutung; bes. *hundsfalsch* (*Id.* 1, 815), doch immer nur adjektivisch.

Farbe — *fèrb* m. (B Aj.) = Schminke.

Das mask. Genus wohl wegen *fard, du blanc, du rouge.* — Zum Sachimport vgl. emil. *zmeko* aus 'Schminke' M.-L. *Et. Wb.* 769[8]. *a* zu *è* nach § 29, 2.

färben — *fèrbè* v. (B Aj. Del.) = schminken.

Diese spezielle Verwendung des Wortes kennen weder das *Id.* noch das *Els. Wb.*; vielleicht auch Abl. vom obigen *fèrb.*

Fass s. Lägerfass.

Feierabend — *firób(o)* m. (N, Vd F B Diesse), *firób* f. (B; Belfort, Montbél.), *firab(o)* m. (F Vd V Sierre); *firobλo* (G), *firóba, fyèróba* (N), *fiərób* f. (B Aj. Del., auch N), *fürób* (B Romont); *tirabo* (V Chalais) = **1.** Ruhezeit nach getaner Tagesarbeit; bes. *faire firób* die Arbeit einstellen, auch kurzweg 'nicht arbeiten' (chômer; in Montbéliard 'streiken'); *avoir firób, être firob* frei haben, *tèhu firabo?* (V Lens) bist du frei?, *sonner la firób* (B), Abendglocke (Betzeit) läuten, *aller (faire) firób* schlafen gehen; **2.** Schluss der Arbeitszeit bei kollektiven Betrieben, *ils n'ont pas de firób* (keinen geregelten Arbeitsschluss), speziell von der Polizeistunde in ganz F, auch in B, das vom Nachtwächter sagt *il commande la firob.* **3.** *à firób* in der Dämmerung (Vd V N); **4.** fertig, verloren *sti ku l'è bõ, firab!* (F) dies Mal ist es genug, Schluss! (dient hier zur Verstärkung der Drohrede); *la vatsə l'è firab* mit der Kuh ist es aus; *li fwa va feirè firabo* (V Lens) das Feuer wird ausgehen; **5.** *faire firób* lustig und fidel sein (Vd).

Ein äusserst lebenskräftiges, stark gefühlsbetontes (§ 18) und daher in seiner Bedeutung auffallend labiles Lehnwort, das, zwar in allen Kantonen üblich, doch vorwiegend in N F und B heimisch geworden ist. In N und B ist vermutlich der Zuzug deutsch sprechender Arbeiter für den Fabrikbetrieb (früher Buntdruckerei, später Uhrenindustrie) von entscheidendem Einfluss gewesen. Dazu kam, dass weder die frz. Schriftsprache noch die welschen Patois zur Bezeichnung dieser ersehnten Ruhezeit einen adaequaten Ausdruck besitzen. — Die Schicksale des Wortes waren lautlich und begrifflich sehr vielgestaltig.

1. Lautform: schwd. *firabig*, *firóbə*, etc. (*Id.* 1, 34, 36), wodurch der Wechsel von *ó* und *a* sich erklärt (s. auch § 28 *a*). Das Elsässische mit seinem *firówə* (*Els. Wb.* 1, 5) hat keinen direkten Einfluss ausgeübt, da auch B nur *b*-Formen aufweist. Der *l*-Zusatz in der G-Form beruht ohne Zweifel auf dem Wechsel von *diable* und *diab'*, *peuple* und *peup'*, so wird *boutique* zu *bouticle* (Nyrop, *Gram. hist.* 1, § 503, 6) vgl. fertig; *füröb* geht auf schwd. *füróbig* (s. *Id.* 1, 36 u. 37) zurück. Aber merkwürdig bleibt das gut belegte *fiərób*, zu dessen Deutung die welschen Lautgewohnheiten (vgl. *rir*, *ekrir*, nie **riər*, B) keinen Anhaltspunkt liefern; vermutlich ist von einem schwd. **fiərobig* auszugehen, wozu eine Bemerkung im *Id.* (1, 1042 s. fort) berechtigt. Das dazu gehörige *fyèroba* setzt eine Art Umkippung des Diphthongen *iə* voraus, wie sie ohnehin für *suryèb* (s. Sauerrübe), *griyèts* (s. Gries) angenommen werden muss; vgl. Bube. Rätselhaft ist mir der Anlaut des selbstgehörten *tirabo.*

2. Bedeutung. Hier ist zu beachten, dass alle frz. Verwendungen des Wortes im alemannischen eine Entsprechung oder einen Anklang finden. Die Bed. 'Polizeistunde' kennt das *Els. Wb.* (1, 5), die von 'Abendglocke' das *Id.*, das auch die Beziehung auf ein nahendes Sterben mehrfach belegt. Bed. 5 'lustig sein' endlich kann mit der schwd. Bed. 'Trunk' in Verbindung gebracht werden, ist aber wahrscheinlich von Bed. 1 abzuleiten.

3. Genus. Das Wort wird meist genuslos gebraucht mit *faire*, *aller*, *sonner* etc., *firób*, daher häufiges Schwanken und Unsicherheit der befragten Sujets, ein festes Genus hat sich eig. nur in F und in B ausgebildet, in F mask. wohl wegen der Endung *-abə*, *-abo*, in B vermutlich wegen *fin*, *retraite*, *fermeture*, *heure de police*, doch vgl. *robe*, *aube*, § 44 Schluss.

feiern — *firə* v. (V Ann.) = an Festtagen nicht arbeiten (chômer).

Aus schwd. *firyé* v. (*Id.* 1, 922, nur für 16.—17. Jahrh. belegt.)

fertig — *fèrtik* adv. (Vd F spor.), *fèrtikl* (Vd) = fertig, Schluss! *õ-n-a fè fèrtik*, familiär.

Stammt vermutlich vom Marktverkehr, wo es beim Abschluss eines Handels von besonderer Bedeutung war. Zu *fèrtikl* vgl. das eben sub Feierabend Gesagte und zurück, Reffli, Scheibe.

[**Fideli** — *fidé* m. pl. (Vd V G N, G 1820; auch volksfranz.) = Fadennudeln.

Das stark belegte Wort, älter als das eindringende frz. *vermicelles*, stammt wie die Sache selbst aus Italien, it. *fidelli* für *filelli*, eig. 'Fädchen' (nicht nur *fidelini*, wie das *Id.* 1, 681 angibt). Von da ist es als *fidéli* in die ganze deutsche Schweiz gedrungen, die es den frz. Patois vermittelt haben kann. Zum Abfall der Endsilbe vgl. *kənəf* Knöpfli § 36, 2. Wahrscheinlicher jedoch scheint mir direkter Import aus norditalienischen Ma. piemont. genues. *fidei*, mail. **fidel* (nach *fradel*; wohl neben *fidelitt*, Banfi). So erklärt sich besser die Konstanz der *li*-losen Form, sowie die beachtenswerte Beschränkung des Wortes auf die südlichen Kantone. — Da die Form *fidé* auch in der deutschen Schweiz vorkommt (Bern sagt *fidé-sùppə*, *ə pfùnd fidé*, Gauchat), ist zu erwägen, ob *fideli* nicht mit *fidé* + Suffix *-li* zu erklären sei.]

figgen — *fika* v. (F Vd Alp.) = **1.** sich heftig kratzen, reiben (Menschen, Tiere); *sè fika* glatt werden (Weg). **2.** sich da und dort im Haus zu schaffen machen; *l'a bi fer e fika* (F) er kann sich lange abmühen. **3.** sich reibend um Jemand herum bewegen, sich an Jemand heranmachen (um etwas zu erreichen); sich herumtreiben (rôder) etwas anzetteln (manigancer, trafiquer). **4.** coire, vgl. *abfiggen* (*Id.* 1, 714). — ABLEIT. *fikotå* v. (F) = *fika* Bed. 2; *fikare*, *fikèri* m. (F) der etwas energisch betreibt; *fika* f. (Vd) das Reibegeräusch, das durch plötzliches Loslassen zweier aneinander gepresster Finger erzeugt wird.

Die Bedeutungskomplexe von *fika* und schwd. *figgen* (*Id.* 1, 713 ff.) mit dem engverwandten *fieggen* (l. c. 715 ff.) decken sich im Wesentlichen nur in der Grundbedeutung 'kräftig reiben', im übrigen gehen sie bei manchen Berührungspunkten im Einzelnen doch ziemlich auseinander und zwar weichen die welschen Patois viel stärker von der zentralen Bedeutung ab. Ein beachtenswerter Gegensatz ist z. B. der, dass schwd. *fieggen* von 'energieloser Arbeit' gebraucht wird, während *fika* im Gegenteil nicht ungern ein energisches zielbewusstes Handeln bezeichnet. — *fika* f. ist Verbalsubst. zu *fika* v. mit sicher nicht entlehnter Bedeutung.

Finsternis — *fintèrnisyon* (sic.) f. (Vd Villeneuve) = Dunkelheit, Nacht.

Das *s* wird wegen Dissimilation mit dem folg. *s* geschwunden sein. Die Endung ist nach *punition, soumission* etc. erweitert worden.

Fischhaus — ...*étant chargé de la clef du Vischhouse* (B Neuveville 1786) = Fischbehälter.

Schwd. *fišhus* n. (nicht *Id.*) Mask. wegen *vivier, réservoir*.

Flasche — *fλaš* f. (V Lens) = Flasche, familiär.

Schwd. *fläššə*, wallis. *flèšša* (Bohnenberger 106). Zum Übergang von *è* in *a* § 29, 3. Fem. wegen *bouteille*.

Flaum — *flüm* m. (F bes. Gruy. Vd Sassel). **1.** Semmelmehl (fleur de farine); **2.** Flaumbett, nur gelegentlich.

Aus schwd. *flum* (*Id.* 1, 1198), das gerade in F in der Bed. 'feinste Sorte Mehl' bezeugt ist. Zum seltsamen *ü* für *u* vgl. § 29, 7; am nächsten steht *rüma.*

Flausen — *flauze* f. pl., *fluz* f. sg. (N) *flauses* (Aussprache unsicher, Vd F) = Dummheiten, Ausflüchte, *dərə dei flauzé* (sic., Vd Dum.) 'dire des fl.'.

Aus schwd. *flausə* (*Id.* 1, 1210) in fast gleicher Bed. Für die Behandlung von alem. *au* in Vd vgl. *rauku* (Rauch) *šnauts* (Schnauz), aber auch *rófa, roufâ* (raufen), *fluz* setzt ein schwd. **flus* voraus, das in falscher Vermundartlichung nach *haus—hus* gebildet worden wäre.

Fleisch — *flaitšə* (f.?) (Vd Ross = Fleisch von geringer Qualität. Zum *t*-Zuschlag § 33, 5.

fleissig — *flisik* adj. (B Plagne) = fleissig.

Schwd. *flissig.* Vgl. § 18. Im Rät. *flissi.* (Meyer-Lübke, *Einführung*² § 47.)

flicken — *ərflika* v. (B Diesse) = flicken.

Schwd. *flikxə* + *re.* Zum Präfix § 48; *ər* für *rə* ist häufig in B. — Ebenso voges. *èrflikè* (Belmont).

fliehen — *fute-te loin de ci ... flie, flie* (B Paniers 635—36), 'weg mit dir ... entfliehe'.

Fliesspapier — *fliəspapiə* m. (B Mett.) = Löschblatt; — *frizpèpiə* (B Charm.) = Seidenpapier.

Der geographischen Lage nach stammt die erste Form aus dem schwd. *fliəsspapir* (*Id.* 4, 1416), die zweite jedoch muss, ihrer Bedeutung und Form nach zu schliessen, aus dem Elsässischen importiert sein, wo das Wort u. a. in der Form *flispapir* in erster Linie das Seidenpapier bezeichnet (*Els. Wb.* 2, 68). Zum Übergang von *l* in *r* § 38, 4. *friəzpèpiə* ist halbe Übersetzung von *fliesspapier*, vgl. *višpyõ* (Wissblei). Die Form *papiə* ist ein Kompromiss aus allg. jurass. *pèpiə* und schwd. *papir* (oder frz. *papier*).

flössen — *flosè* v. (B Aj. Del. Doubs), *flœsè* (B Mett.). — Ableit. *flos* f., *flœsèdž* m. das Flössen; *flosu* m. Flösser.

Geflösst wurde im Berner Jura vorzugsweise auf dem Doubs. Im Übrigen vgl. § 10. — Da das Elsass für 'flössen' *fliəsə* sagt (*Els. Wb.* 1, 172), stammt unser Wort aus der Schweiz. Sein *o* wird von *flotter* herstammen, wenn nicht eine Neubildung von nicht bezeugtem **flos* m. 'Floss' vorliegt; *flos* f. ist Verbalsubst, § 50.

Föhn — *fœn* m. (volksfrz. in der ganzen frz. Schweiz, in den Ma. selten) = warmer Südwestwind.

Aus schwd. *fœn*, lat. FAVONIUS. — Die *Id.* 1, 844 als schwz.-frz. bezeichneten Formen *foé*, *foën* (auch bei Pfeiffer 70) sind dem *Glossaire* gänzlich unbekannt.

fort — *furt* adv. (Vd F N B; Montbél., Grand'Combe) = fort, familiär, bes. zu Tieren *alé furt!* (B) vgl. u s e; dient zur Verstärkung eines Imperativs oder zur Belebung der Rede.

Aus alem. *furt* (*Id.* 1, 1042).

Franzosendreck — *fransistrèk* m. (B Charm.), Schimpfwort für einen Franzosen.

Eine ungewöhnliche Wortverbindung aus els. *frantseš* + *trèk* (*Els. Wb.* 1, 182). Neben *Welsch, Welschgüggel* der einzige verächtliche Ausdruck für den Franzosen. Vgl. § 21. — Zu *s* für *ts* nach Nasal § 34,4.

Freiamt — *lés freiemtres* (N 1750) = gemeine Herrschaft (bailliage libre).

freilich s. ja freilich.

Freischaren — *frišåre* m. (F Gruy.) = **1.** Freischärler; **2.** Plünderer.

Aus schwd. *frišarə* f. pl., in der Schweiz bekannt durch den Sonderbundskrieg (1847).

fressen — *frèsiə, frèsè* v. (B Aj. seltener Del.) = gierig, gefrässig essen, *ravwét-lo vuə frèsiə!* 'schau mal zu, wie der drein haut'! — Ableit. *frèsu* m. Esser, *frès* f. Nahrung (mangeaille), *frèsũ* (sic) m. Speiseresten, davon wohl *frèsnotè* v. mangeoter.

Zum Wechsel in der Endung § 41. *frès* ist frz. Verbalsubst. Es ist für das Bedürfnis nach affektischem Ausdruck bezeichnend, dass *fressen* nicht *essen* entlehnt wurde. — Das Suffix in *frèsũ* entspricht lat. -UMEN, vgl. *ũ* UNUM, *yũde* LUNAE DIES.

Frevel — *fravay* m. (F spor.), *farvay* (F), *fravalla* f. (F Bridel). — Aus älterer Zeit: ... *tottes clammes queles que elle soent soit de depde, de fravall, de convenances* ... (F 1398, Rec. diplom. 5, 123; auch Godef.) hier wohl m., sonst immer **f.**, ... *tenir justice* ... *la semaine une fois de depte et dues fois de fravaille* (F 1387 Rec. diplom. 5, 13, nicht 136 wie Godefr. angibt), *fravallie(s)* (F 1402, 1406, 1410 Godefr.), *fravaillie* (V Conthey 1441 Mill.), *la fravalie* (wo? 1454 Mill.), *frevelle* (B Moutier-Grandval 1461 Mill.), Berner Amtssprache im Verkehr mit der Waadt: *un cas de fravaille* (1537), *touchant les autres fravailles* (1540), *la juridiction en laquelle est commise la fravally* (1550). — Vgl. afrz. *frevelie, freuvelie* (Gegend?, Droit de la cort ... 6 Belege, Godef.)

= **1.** Vergehen gegen das Gesetz, entsprechend dem schwd. Rechtsausdruck *Frevel* (*Id.* 1, 1287), so allg. in den älteren Belegen und noch bei Bridel (concussion, fraude). In den beiden Belegen aus F handelt es sich offenbar um 'Tätlichkeitsvergehen' im Gegensatz zu 'Schulden'. **2.** Holzdiebstahl, (délit forestier) nur in der modernen Sprache, und zwar dial. in F und allg. in der schwfrz. Forstsprache als *le fravail* 'Frevel an nicht aufgerüstetem Holz' im Gegensatz zu *vol de bois* 'Diebstahl an aufgerüstetem Holz' (nach freundl. Mitteilung des eidgen. Forstamtes).

Ableit. *fravayi* v. (F) Holzfrevel begehen; *fravaillier* v. ... *se noise meut, et li colungier* (Pächter) *fravaille, il est a huit sols damande* (B Porr. um 1350, Trouillat 3, 625, vgl. Godefr.) sich eines Tätlichkeitsvergehens schuldig machen; *fravailleur* m. (F volksfrz.); *fravalousement, frevelousement* adv. (F 1406, 1410, 1528 etc. Millioud) in sträflicher, gesetzwidriger Weise (besser als 'd'une manière violente' bei Godefr.).

Kein Zweifel, dass wir es hier mit dem Wort 'Frevel' in schwd. Aussprache *fräfəl* (*Id.* 1, 1287) zu tun haben. Zum Schwanken zwischen *a* und *e* im Stammvokal § 29, 3, vielleicht schwankte aber schon die altschwd. Form, vgl. ahd. *fravili* neben *frevili*. Zur Metathese in *farvay* vgl. § 38, 3. Das konsequent auftretende *v* (ausser bei *frèflè*) beruht wahrscheinlich auf graphischer Herübernahme des deutschen Wortes, was bei einem Ausdruck der Rechtssprache nicht befremdet. Immerhin ist zu beachten, dass in der schwd. Aussprache das mittlere *f* mehr oder weniger geschwächt ist, etwa *fräf̌əl*; vgl. *profundus* zu *prevǒ*. — Was die stark divergierende Endung anbelangt, so stammt sie mutmasslich aus der latinisierten Form FARFALIUS (mehrmals in der Lex Salica, Ducange), daraus das Mask. *farvail;* daneben bestand vielleicht ein **fravalia* als kollektiver Plural zu einem **fraval* n. (nach ANIMAL ANIMALIA), woraus das früher in der Schweiz allg. *fravaille* entstanden wäre. Damit würde sich auch das Schwanken im Genus erklären, das bei Annahme einer mehr schriftsprachmässigen Entlehnung allerdings auch auf das schwankende Genus im Altschwd., *frevel* m. und f., zurückgeführt werden kann. — Zu beachten ist die jurass. Graphie *frevelle*, die wohl eher direkt 'Frevel' wiedergibt als den sonstigen Typus 'fravaille'.

Bleibt ein Einwand zu widerlegen: der Artikel *frefel* bei Godefroy verleitet zur Ansicht, unser Wort sei aus Frankreich in die Amtssprache der franz. Schweiz gedrungen. Eine Prüfung der zehn Stellen nicht-schweiz. Provenienz ergibt aber, dass neun davon aus Froissart stammen, also wohl einem nördlichen Gebiet Frankreichs angehören, in welches das deutsche 'Frevel', unabhängig von unserem alem. Import, gedrungen sein wird und wo es zudem eine merklich verschiedene Bedeutung ('Widerstreit', 'Aufregung' etc.) angenommen hat. Demzufolge wäre der Godefroy'sche Artikel *frefel* zu trennen in 1. *fravail*, 2. *frefel*. — 'Frevel' ist auch ins Rätische gedrungen (Ulrix 39). — Zur Sippe gehören die beiden folgenden Artikel.

Frevelî — *episcopus accipit freveriam* (Sitten 1217), *clame, fraverie, placita et specialiter duella debent tractari in presencia propositi* (Sitten 1218), *freveria* (Sitten 1230), *frewaria* (Sitten 1381), *freweria* (V Grimisuat 1381; alle Belege von Millioud) = Vergehen gegen das Gesetz; nur in der älteren Sprache.

Diese latinisierten Formen (ohne Zweifel auf dem *i* betont) entsprechen wohl dem altschwd. *frevelî, freventî* f. (*Id.* 1, 1287), dessen *l* sich dem *r* der ersten Silbe assimilierte. Dieser Auffassung nach wäre *freveria* das älteste nachweisbar alemannische Lehnwort der franz. Schweiz.

freveln — *frèflè* v. (B Plateau de Vauff.) = Holzfrevel begehen. — Ableit. *frèflu* m. Holzdieb.

Eine von der Sippe *fravail* unabhängige, rein lokale Entlehnung von *fräflə* (*Id.* 1288) mit gleicher Bedeutung.

Frisching — *fréchinga* f. *fresangue*, *frezingha* (Vd 13. Jahrh., Bridel ohne Quelle) = gefülltes und gekochtes Spanferkel, als Lehensabgabe an die Grundherrschaft.

Entspricht formal und besonders begrifflich dem altschwd. *frisching* (*Id.* 1, 1332). Für die Geschichte der schwd. Aussprache ist von Interesse, dass die Patoisformen nicht das heutige *frišig*, sondern ein älteres *frisching* (mhd. *vrischinc*) voraussetzen, vgl. Hälsig u. a. Zu *e* für *i* § 29, 4. Zu dem Übergang von *š* in *s* (*z*) vgl. Scheibe. Die Form *fresangue* ist graphisch (*ue* statt *a*) und lautlich eine Anlehnung an die Schriftsprache (vgl. *langue* für *lēga*). — Das fem. Genus ist mir rätselhaft.

Frosch — *frèš* f. (F) = Frösche!, Ruf der Verkäuferinnen auf dem Fischmarkt zu Freiburg: *la fraîche! à la fraîche!* (Blavignac, *Emprô* 204).

Aus der mit Entrundung gesprochenen deutsch-freib. Pluralform *freš*, vgl. *bes* bös, *reštə* rösten, *letə* löten, *efə* Öfen (alle kath. Seebez. und unterer Sensebez. s. brünzeln). — Der feminine Gebrauch erklärt sich durch Analogie mit dem viel häufigeren, in F üblichen Ruf *la viva!* lebendige Fische! (Blavignac).

[**Frühstück** — *frišti* m. (B Aj.) = gutes Essen, guter Braten.

Trotz formaler Übereinstimmung mit els. *friyštik* (*Els. Wb.* 2, 587) wurde das Wort wahrscheinlich aus Frankreich importiert, wo es, meist in der verbesserten Bedeutung 'Fleischgericht', 'Schmaus', der niederen Volkssprache (Argot, Soldatensprache, Patois) angehört (P. Herzog, *Die Bezeichnungen der täglichen Mahlzeiten...* Diss. Zürich 1916, § 56; Villatte, *Parisismen*). — Das gleiche Wort im Rum. (Borcia 51, vgl. Herzog l. c.)]

Fuchs — *fuks* m. (B Vd V F N), *fokso* (V), *fusk* (B) = **1.** fuchsrotes Pferd (alezan), **2.** Glücksstoss (beim Billard), dazu *foucseur* m. (beide volksfrz.), **3.** Fuchs, familiär, *il a tué un foucs* (nur V Ann. volksfrz.), **4.** Fuchs in der Studentensprache.

Die dem Billardspieler geläufige deutsche Bezeichnung *Fuchs* (vom *Id.* 1, 655 nicht gebucht) erinnert an die Bed. 4 'Gewinn durch List' im Gegensatz zum Gewinn auf normalem Wege. — Zu *fusk*, eine 'forme à rebours', vgl. *lüsk* (luxe), *sèsk* (sexe) etc. Nyrop, *Gram. hist.* 1, § 115. — Auch tess. *foks* (Salvioni[1] 96).

Fuchsschwanz — *fuk(s)švās* m. (B Charm. Mett.) = Lochsäge mit Fuchsschwanzheft (scie à manche d'égoïne).

Zur Vereinfachung des *ts* nach Nasal vgl. § 34, 4. — Mask. Genus unklar.

Fusterli — *le kaquelmouss*, *le festerling*, *le blanc-manger* etc. (N 15. Jh., S. de Chambrier, *Description ... de la Mairie de N.*, 1840, S. 418) = vermutlich 'Gericht, aus Schlagrahm, Zieger etc. bestehend' (nach *Id.* 1, 1124).

Ohne Zweifel identisch mit schwd. *fuštər*, dessen Dem. auch in der Form *füsterli* vom *Id.* (l. c.) belegt wird. Auszugehen ist wohl von einem älteren deutsch-freib. **fisterlîn*; zur Entrundung s. *brünzeln*, zur Endung vgl. Frisching, Hälsig; vgl. auch Branntwein und Einfahrt. — Obige Gerichte wurden bei festlichen Anlässen auf der Tafel der Grafen von N und F aufgetragen.

Futter — *fwétr(ə)* m. (F, Vd im ganzen Osten spor., G), *fuətr* (B Aj. veraltet), *futr* (B Dev.) = **1.** Häcksel, geschnittenes Futter, bes. für Pferde, bestehend aus Heu, Stroh, Spreu, Kleie, Hafer; **2.** Unrat, Unordnung (F); **3.** allg. Futter, familiär (nur B Aj.).

Aus schwd. *fuəter*, verkürzt aus Kurz-Futter (*Id.* 1, 1137). Das Wort wurde ohne Zweifel durch den früher ausserordentlich regen Wagenverkehr eingeschleppt; 'terme de charretier' nannte es mein Gewährsmann in Chernex (Vd). Vermutlich hat der grosse von Deutschbernern besorgte Transitverkehr zwischen Bern und Lausanne zur Verbreitung des Wortes in F und Vd Osten beigetragen. Die frz. Ma. kennen nur die Umschreibungen *foin (paille) coupé(e)*. Sachlich identisch mit *fwétr* ist *Häckerli*, das ebenfalls eingewandert ist. — Der Übergang von *uə* in *wé* wurde bei Bube erörtert. Die Form *futr* steht isoliert.

füttern — *fuətrè* v. (B Aj. Vauff.; Montbél.), *fwetrè* (B Dev.); **1.** das Vieh füttern; **2.** tüchtig essen, *sə fuətrè* 'se gorger'. — Ableit. *rəfuətrè* v.; *èfuətrè*, *èfwetrè* v. (B Del. spor.). 1. füttern. 2. sich gütlich tun; *ẽfwétrå* v. (F) sich besudeln.

Aus schwd. *fuətərə*, auch von einem Vielesser gebraucht. An die Vorstellung von 'unordentlich essen' wird sich die Bed. von *ẽfwétrå* anlehnen. — Formal ist beachtenswert, dass *fwétr* als allg. 'forme romande' sich auch in den Berner Jura verschleppt hat, daher *èfwetrè*, dessen bei Lehnwörtern ungewöhnliches Präfix *a-* vielleicht von frz. *affourrager* neben *fourrager* herrührt. — Dasselbe Wort sind rät. *fieterar* (Bruckner, *Z. f. rom. Phil.* 24, 76) und voges. *fyètrè* (Belmont).

Futzi — *fótsi* m. (Vd Pailly) = cunnus. — Zusammensetzg. *fotsəgrif* m. (Vd Ormont) cunnus.

Aus schwd. *fùtsi* n. (*Id.* 1, 1158). Wegen *fotsəgrif* s. greifen.

G

Gabe — *gób* f. (B überall, N), *gab* (B Aj.; Belfort), *gåb* (B Romont), *góp*, pl. *gópé* (N Ruz); volksfrz. *gaube*, auch *gaupe* (B N); ältester Beleg *gaupe* (N 1756) = jährlicher Anteil am Bürgerholz aus dem Gemeindewald, meist nur Brennholz; im Clos du Doubs erhält der Bürger ausser der *gaube*, die dort aus Nutzholz besteht, noch besonderes Brennholz, *rẽpéyə* genannt; *mèrtyè lè gób* den Holz-Anteil des einzelnen Bürgers bezeichnen; in Montsevelier hat ein Verheirateter ein Anrecht auf drei *gaubes*; *tiriə*, *rətiriə lè* *gób* das Los ziehen bei der Verteilung der nur abschätzungsweise gleichwertigen Holzhaufen.

Aus dem alem. *gób*, *gab* (*Id.* 2, 53), *kop* (*Els. Wb.*, 1, 192, gew. allerdings *kówə*) in genau gleicher Bedeutung. Dass *gób* weitaus vorwiegt, erklärt sich ohne weiteres durch § 28 a. Merkwürdig bleibt *gab* in der Ajoie, vgl. die Vermutung § 28 a. — Dass die Sitte, den Holzertrag der Gemeindewaldung unter die Bürger zu verteilen, auch im *gaube*-losen Gebiet geübt wird, zeigt der Artikel *afoyadzi* bei Mme Odin, dort haben wenigstens die Armen ein Anrecht auf Brennholz. Dieses Recht nennen die Welschen *droit d'affouage* oder *prise* (N). Vielleicht ist die Sitte im deutschen Gebiet allgemeiner und strenger durchgeführt und hat sich infolge der bekannten Einwanderung im B-Jura fester eingelebt als im Südteil, wozu vielleicht die bischöfliche Verwaltung beigetragen hat.

Gabel — *gabλa* f. (V Sierre), *gabla* (V Ann.) = **1.** Heugabel, ganz aus Holz bestehend und selbstverfertigt, im Gegensatz zur modernen 'fourche' mit eisernen Zinken. **2.** Klammer beim Aufhängen der Wäsche (V Lens). **3.** zweizinkige Hacke (fossoir, houe; Miège). — Ableit. *gabλèta* f.; *gabλona* v. mit den Hörnern ausschlagen (vom Rindvieh).

Eine Grenzentlehnung aus wallis. *gablə* (Salgesch), *gapla* (Binn), die westwärts nicht weiter als Lens gedrungen zu sein scheint und deren Ausstrahlungszentrum zweifellos der Marktort Siders war, denn heute sind Sache und Wort veraltet und werden durch *fortsə* ersetzt. Das fem. Geschlecht war durch die Endung der deutschen Form ohne weiteres gegeben. — Die Übertragung 2 kennt auch das *Id.* (2, 58, 4 e), Bed. 3 ist ihm unbekannt. — Von Interesse ist, dass umgekehrt rät.-ital. *forca* in der spez. Bed. 'grosse Gabel zum Abladen' in die deutsche Schweiz (vorw. im Osten) gewandert zu sein scheint, s. *furke*ⁿ (*Id.* 1, 1012 ff.). — Die Bed. von *gabλona* beruht auf dem Vergleich mit dem Senken, Hineinstossen und Emporheben der Gabel bei den meisten Heuarbeiten.

Gagel — *gègèl* f. (B üb.; Fr.-C. Behrens 121), *gagœl* (B Diesse, Romont), *gagèl* (B Mall.) = **1.** kugelförmiges Tierexkrement (Ziege, Schaf, Hase, Kaninchen etc.); **2.** kleines kugelförmiges Ding, wie Pillen, zu klein geratene Baumfrüchte oder Kartoffeln etc.; geringschätzig auch von einem kleinen Kind. Das Wort wird fast nur im Plural gebraucht. — Ableit. *gaglè* m. (N volksfrz.) = 1 und 2; *gèglat* f. (B); *gègé* m. (B). Mus aus getrockneten Kirschen, auch allg. Obstmus.

Wie schon Behrens 121 erkannt hat, ist das Wort identisch mit schwd. *gagel*, seltener *gegel*, m. auch f. (*Id.* 2, 139). Das Els. sagt dafür *gages* (*Els. Wb.* 1, 201). Das *Id.* verzeichnet fast alle obigen Sonderbedeutungen. In der Bed. 'kleines Kind' berührt sich das Wort mit *chegel* (*Id.* 3, 180, 5 a). Die durchaus vorwiegende *è*-Form gegenüber *gagel* gehört zur § 29, 2 erwähnten bekannten jurass. Lautgewohnheit. Zur Endung und zum darauf beruhenden fem. Genus vgl. § 44; zur Akzentverschiebung § 38, 8. — Unklar ist das Verhältnis von *gègèl* zu *gègé* m., das aussieht wie ein altes Mask. auf *-el*: *kuté* (afr. coutel), *mètšé* (afr. martel), so *gègé* (aus *gaguel), in diesem Falle würde die Entlehnung in eine Zeit hinaufreichen, in der das *l* dieser Wörter noch lautete, was bei der grossen Lebenskräftigkeit der ganzen Sippe nicht ausgeschlossen ist. Die in jedem Fall sekundäre Bedeutung spricht nicht dagegen. Vielleicht liegt aber einfach eine kindersprachliche Bildung vor: entweder *gägä* (s. z. B. *gitz-gågägä Id.* 2, 139 sub *geissgagel)*, oder, lautlich befriedigender, Entlehnung aus schwd. *gägi* (l. c. sub gagel) oder *gaggi* (l. c. sub gagg), beide im Sinn von 'Kot'.

gagelen — *gèglè* v. (B), *gagla* v. (B Diesse) = **1.** Exkremente von sich geben (Ziege etc.). **2.** etwas partienweise fallen lassen (Pulver, Mehl etc.) — Ableit. *gèglu* m.; *gègliə* m. der nie fertig wird (traînard); *égèglè* v. verzetteln (éparpiller).

Aus schwd. *gaglə* (*Id.* 2, 139) mit genau denselben Bedeutungen. Wäre das Wort von *gègèl* gebildet worden, so wäre **gègèlè* zu erwarten. — Zur Präfixbildung in *égèglè* vgl. frz. *égrener* mit *grain.*

Gageli — *gagəlè* m. (F Grangier Suppl.) = Bummler (flâneur).

Wahrscheinlich von schwd. *gagəli* m., unruhiger Mensch (*Id.* 2, 137).

Gaggi — *gègé* s. Gagel.

[**Gagi** — *gagi* f. (B Aj. Diesse, Vd N, G 1820) = **1.** Weibsperson, unordentlich, auch sittlich anrüchig (B N), dick und munter (G). **2.** zerlumpte alte Puppe (Vd N).

Vermutlich von einem z. Z. in dieser Bed. unbelegten schwd. **gagi* f. Das *Id.* kennt nur ein *gagi* m., dem wie seiner ganzen Sippe die Vorstellungen von 'schlank' und 'unruhig' innewohnen. Die einzige schwache Berührung mit unserem Wort liefert das *Id.* bei *gagele* f., 'Weibsbild, das sich unanständig gebärdet'.]

gäl s. gelb.

Gang — *gã* m. (B Del. Prévôté), *gãg* (B Aj.) = **1.** Hausflur. **2.** freier Raum im Stall hinter dem Vieh (B Mett.).

Aus alem. *gaŋ* (*Id.* 2, 338; *Els. Wb.* 1, 222) in beiden Verwendungen. Die Form *gãg* verrät deutlich elsässischen Einfluss, els. *kaŋk* (neben *kaŋ*). — Zur Frage des Sachimports ist zu beachten, dass im altjurassischen Haus 'der Hausgang öfter fehlt' (Aj., Hunziker, *Das Schweizerhaus* 4, 121). Einleuchtender ist ein Sachimport bei dem schriftfrz. *gangue* f. Ausdruck des Bergbaus (*Dict. gén.*).

Gans — *gãz* f. (B Aj. Fr.-Mont.); *ganz* (Vd, Aussprache?) = **1.** Gans (B). **2.** Neckname der Bewohner von Demoret und Granges (Vd, Favrat, *Mél.* 269). Vgl. Gans e. — Ableit. *gãza* (3 H^te^ Saône, 1 Vosges, 1 Belfort), *gẽza* (1 Doubs).

Aus alem. *gans.* Zum *z* § 33, 2; das Genus wird vom natürlichen Geschlecht bestimmt. Vermutlich stammt im Berner Jura (man beachte die Beschränkung auf den westl. Teil) sowie in der nördlichen Franche-Comté das Wort 'Gans' aus dem Elsass, wo die Gänse in jedem Dorf herdenweise herumwatscheln. — Bekanntlich war die germanische Gans schon bei den Römern ihrer Daunen wegen beliebt (Brüch 95; vgl. Ulrix 43, M.-L. *Et. Wb. gans* und *ganta*).

Ganse (Gänserich) — *gätsu*, *-o* m. (F üb. Vd Osten ohne Alp.), *dyẽtso* (F Gruy.), *gätšu* (N Côte aux Fées) = **1.** Gänserich; auch Enterich. **2.** Neckname der Bewohner von Franex (F), vgl. Gans.

[ABLEIT. *gätso*, *-tsə* adj. (F spor.), *gẽtso* (V, auch N), *kätso*, *-tsə* (Vd F), *kwẽtš* (B), *coinche* (B 1615) = beidseitig hinkend, von humpelnder, watschelnder Gangart ‖ *gẽtsi* v. (V), *kätsi* (Vd), *kwẽtšiə* (B), *kätseyi* (F), *kwẽtšayi*, *kẽtšwèyi* (B); *kätšayi* (Belfort) etc. = hinken, watscheln, humpeln.]

Lange Zeit glaubte ich dieses stark belegte Wort von 'Gans' ableiten zu sollen (daher noch die Bemerkungen im Teil 1, S. 28[47] und 83), bis ich zu meiner Überraschung von R. Merz erfuhr, dass 'der Gänserich' im deutschfreib. Sensebezirk *dr gansä* heisse, worin ohne Zweifel mhd. *ganze*, ahd. *ganzo* 'Gänserich' weiterlebt. Zur Endung vgl. *büchsä*, *büchsa* 'Büchse' (F See- und Sensebez.). Dass nicht 'Ganser' vorliegt, zeigt *hisər* 'Häuser' (untere Sense). (Die Form ist nach Bachmann sicher identisch mit *ganz* 'Enterich' (*Id.* 2, 387) nur für St. Gallen belegt, vgl. *Schwäb. Wb.* 3, 62.) Bei Herleitung aus dieser Form wird die früher erörterte Frage gegenstandslos, warum sich das Gattungswort 'Gans' auf das Vatertier eingeschränkt habe. Zu *ts* § 33, 4; zu *tš* § 34, 2. *dyẽtso* setzt ein **gẽtso* voraus, das auf Grund des freib. Wechsels von *ä* und *ẽ* durch Entsprechung entstand; ganz analog *tyẽtõ* (F) aus 'canton'.

Über eine event. volkswirtschaftliche Ursache der Entlehnung ist mir seither kein weiterer positiver Aufschluss geworden. Wahrscheinlich haben wir es auch hier, wie bei Geiss, Stier, Katze mit einem Luxuslehnwort zu tun, das, ohne in das Revier des festeingesessenen *oie* einzudringen, die da und dorthin zerstreuten Patoiswörter für 'Gänserich' um einen Ausdruck vermehrt hat. Ausser *bégo* (Vd) und *gatš* (B) kennt die franz. Schweiz nur das wenig volkstümliche *jars*. Wo die Gänsezucht keine namhafte Rolle spielt, wie in V, G und N, fehlt ein Ausdruck für den Gänserich. Das Verbreitungsgebiet des vorwiegend freib. *gätsu* würde sich von der Gänsezentrale Murten aus nicht übel erklären, vgl. das bei Gans über das Elsass Gesagte.

Von den event. 'Ableitungen' wäre es auf den ersten Blick lautlich und begrifflich verlockend, im freib. *gätso* 'watschelnd', eine adjektivisch gebrauchte Übertragung des ebenfalls freib. Substantivs zu erblicken (vgl. span. *ganso* dumm). Gegen diese Auffassung sprechen aber gewichtige Gründe. **1.** Es geht nicht an, die freib. Formen von der übrigen, überall stark belegten, Sippe loszureissen, die durch eine durchwegs gleich nüancierte Vorstellung zusammengehalten wird. **2.** Der für F vermutete Zusammenhang mit *ganse* entbehrt jeglicher Grundlage in V und (lautlich) in B. **3.** Es ist wahrscheinlich, dass die ganze Sippe zu germ. *wenkjan* 'wanken' gehört (vgl. afr. *guenchir* etc.). Schwierigkeiten macht nur der häufige *k*-Anlaut, der vielleicht auf Einfluss eines synonymen Wortes zurückgeführt werden kann (für Vd kämen *käpẽ* und *käbwè* beide 'hinkend', in Betracht.)

gänsebeinig — *kätšəbina* adj. f. (F Gruy.) hinkend. — ABLEIT. *kätsbinå* v. (F Gruy. Vev.), *kätsbənå* (F Broye) = scherzhafter Ausdruck für **1.** humpeln (un peu boîter). **2.** hüpfend und springend vorwärts gehen (sautiller, se démener). **3.** spazieren gehen (se balader).

Wahrscheinlich, wie Gauchat vermutete, aus *gansbainig* (nicht *Id.*) entstanden, zuerst als Adjektiv, dann als Verb gebraucht. Das morphologisch näherliegende Subst. 'Gänsebein' fällt wegen seiner schwd. Lautform *gänsbei* ausser Betracht. Zum Anlaut s. ganze Wendung u. a.; zum *i* für *ei* vgl. *tsiga* s. zeigen. Ohne persönliche Befragung vieler Patoisants ist die wirklich vorwiegende Bedeutungsschattierung des Wortes nicht zu bestimmen. Mein Gewährsmann von Châtel-St-Denis z. B. wollte von Bed. 1 durchaus nichts wissen. Gestützt wird die Ableitung durch Ganse und Gänsefuss, beide in F.

Gänsefuss — *gãtspyóta* m. (F Châtel-St-Denis) = spöttischer Ausdruck für einen Hinkenden, der seinen Defekt durch Übertreibung zur Schau trägt, oder der sich rascher vorwärts bewegen will, als es sein Gebrechen ihm erlaubt.

Wahrscheinlich aus schwd. *gansfuəss* (nicht *Id.*) mit Übersetzung des zweiten Bestandteils, durchaus wie in *višpyõ* aus Wissblei. *pyóta* f. ist allg. als familiärer Ausdruck für Fuss. — Sollte dagegen im ersten Bestandteil *kãtsi* v. hinken (s. Ganse) stecken, so entspreche die Bildung des Wortes genau dem deutschen 'Hinkefuss'.

Ganser — *gãzè* m. (B Aj. Vad.; Belfort, Bournois); *gãza* m. (Belfort, Voges. Horning Grenzdial. 111); vgl. *gãzé* f. 'Gans' (Belfort) = Gänserich.

Aus alem. *ganser, gansert* (*Els. Wb.* 1, 226, auch *Id.* 2, 374). Zur Endung § 36, 1*a*.

ganze Wendung — *gãtsvẽdõ, kãtsəvẽdõ, katsəvẽdõ* m. (F überall), *katsəveidõ* (F Est.), *katsəvẽdõ -vãdõ* (Vd Ross.), *kazavẽdõ* (Vd Villeneuve) = **1.** Sprung in die Höhe (oder auf die Seite) mit damit verbundener Drehung, auch allg. Luftsprung, Kabriole (F). **2.** rechtsumkehrt! (demi-tour) heute seltener (F Vd).

Von Gauchat mit Recht als 'ganze Wendung' gedeutet (*Rev. de dialectol. rom.* 2, 102) und zwar, wie die Endung zeigt, nicht in mundartlicher (*gantsi wendig*), sondern in schriftsprachlicher Aussprache, ganze Wendung! So lautete früher das übliche Kommando für das heutige 'rechtsumkehrt!' (Thurgau, Bachmann). Aus der militärischen Sprache ist es dann mit Bed.-Verschiebung in die familiär-komische Rede gedrungen. Andere militärische Ausdrücke § 15. — Zum Anlaut § 32, 3. Zur Nasalierung § 31. Die häufige und starke Denasalierung hängt ohne Zweifel mit der Kommando-Aussprache zusammen, desgleichen die Schwächung des *ts* in Villeneuve.

[**Gappi** — *gapĩ* m. (B), *gapin* (1740, Paniers 163, 201, 232, 341, Ausg. Rossat) = **1.** leichtfertiger Galan (so an allen Stellen der *Paniers*, entgegen der Rossat'schen Übersetzung 'garnement'). **2.** Galgenstrick, z. B. von einem ungehorsamen Kind (nur mod., Rossat).

Vielleicht aus schwd. *gappi* m. 'Gaukler, Tändler' (*Id.* 2, 388 allerdings nur für Luzern belegt). Die Bedeutungen stehen sich etwa so nahe wie 'tändeln' und 'liebeln'. Zudem dürfen wir bei derartigen Spottwörtern keinen allzu strengen Masstab anlegen. In der Endung wäre das deutsche Suffix mit dem franz. *-in* vertauscht worden, in Anlehnung an franz. Synonyma wie *faquin, libertin, coquin, malin, patelin, saint-lubin* (vgl. Verf. *Bull. du Gloss.* 14 (1915) S. 44. — Ein franz. Stamm in dieser Bed. ist mir nicht bekannt.]

Gasse — *gas* f. (B Aj. Del., schon 1599, 1609 etc.; Belfort), *gos* (Montbél.) = **1.** Gässchen, spez. enger Durchgang zwischen zwei Häusern oder Hecken; auch Raum zwischen zwei Mahden oder zwei *ruə* (s. Verf., *Bull. du Gloss.* 8, 35); als Lokalname *ã lè Gas* Quartier in Charmoille. **2.** Abtritt, weil an der *gas*-Seite des Hauses angebracht; vgl. *vüd-gas* m. Abtrittausräumer (vide-ruelle). — ABLEIT. *gasat* f.

Dasselbe Wort im Rätischen (Ulrix 44). Fem. wegen *rue*. Vgl. Strasse.

Gasser — *gasè* m. (B Charm.) = Anwohner einer *gas*.

Zur Endung vgl. 36, 1 *a*. Hier hat sich die appellative Bedeutung von 'Gasser' erhalten, für die das *Id.* (2, 451) keinen Beleg mehr gibt.

Gast — *gaštr, gašt* m. (B Aj. Del. Pl. de Vauff.; volksfrz.) = **1.** Gast im Wirtshaus; fröhlicher Kumpan. **2.** widerwärtiger Mensch, Schimpfwort, *pœ gaštr, rüd gaštr, sõ gaštr* 'son sale type de mari'.

Aus alem. *gašt*, in beiden Bed. gut belegt (*Id.* 2, 483, *Els. Wb.* 1, 240). Beide heute sich widersprechenden Bed. fliessen aus gemeinsamer Quelle, der älteren Bed. 'Fremdling' (lat. HOSTIS). — Zum r-Zusatz § 37, 3. — Über *Gast* in rät. und lomb. Ma. s. Ulrix 44, Diez *Wb.* 375, Salvioni [2] 609.

Gatter — *gatr* f. (B Aj. Del.); *gattres* 'Gitter in der Kirche' (B 1682) = **1.** Gittertür (Garten, Weide); Gitter im Chor. **2.** Gittersieb, Hürde (claie). **3.** Kommunionsstelle am Chor. — ABLEIT. *gatrat* f. (B) 1. Dem. von *gatr*. 2. Gestell mit Stäbchen für kleine Spuhlen, auf welche das Garn einer grossen Spuhle aufgewickelt wird (nicht *Id.*).

Aus alem. *gatər*, m. (n.) (*Id.* 2, 495, wo Bed. 1 und 2 belegt sind, ebenso *Els. Wb.* 1, 242). Das Fem. in Anlehnung an synon. Ausdrücke, *delèž* f., *bäliəž* f.; *claie, grille*. — Die nicht-alem. Bed. 3 ist eine Verschiebung aus der Bed. 'Chorgitter'. — *Gatter* ist auch ins Rätische gedrungen (Ulrix 44, *Z. f. rom. Phil.* 22, 467). Eine sachliche Parallele bildet wall. *hek* 'Gittertür' (M.-L. *Et. Wb.*)

gatteren — *gatrè* v. (B Aj.) = **1.** vergittern (treillisser). **2.** einen Wollknäuel mit einem Netz von Fäden umgeben, um das Sichauflösen der Wolle zu verhindern.

Wenn nicht von *gatr* abgeleitet, aus alem. *gatərə* 'mit einem Gatter versehen' (*Id.* 2, 498).

Gatze — *gyètso* m. (V Nendaz) = Schöpfkelle mit langem Stiel.

Aus schwd. *gätsi* (oder aus *gatsə* unter Einwirkung des dem. *gätsi*) in genau gleicher Bedeutung (*Id.* 2, 572). Dass das *Id.* auch für *gepse* die von der Hauptbedeutung stark abweichende 'Schöpflöffel' verzeichnet, scheint mir kein genügender Grund, um an obiger lokalen Entlehnung zu zweifeln. — Ob der Stamm des Wortes roman. oder germ. Ursprungs ist, bleibt pendent.

gautschen — *gutšå* v. (F Gruy.), *goutša* (F spor.), [*gōtši* (F Est.)], volksfrz. *gautscher* = **1.** mit Wasser hantieren (zum Waschen, zum Zeitvertreib). **2.** *g. la tiϑa* einem den Kopf waschen, ausschelten.

Ohne Zweifel aus schwd. *gautšə* (*Id.* 2, 560), das mit Bed. 1 übereinstimmt. Zur Monophthongierung vgl. *ai* zu *e*, § 30, 1. In *gōtši* steckt zum grösseren Teil *kōtši* v. besudeln.

gehen s. wie gehts.

Geige — *giga* f. (Vd Osten F Gruy.), *dyiga* (Vd Blonay), *džiga* (Vd Bri. 195), *dyidy, dyīdy* (B Aj. Del.), *gig* (B Vauff.) = **1.** Geige, alte Geige (F). **2.** unangenehmes Musikstück, alte Leier (refrain, bringue) *s'a èdé lè mèm dyīdy* ... das ewige Einerlei (B). **3.** aus der Form geratener Kuchen (B Aj.), ähnlich *Id.* 2, 149 Bed. 3b 'missratener Bogen... am Rebstock'.

Im Gegensatz zum afr. *gigue* f. 'Geige ohne Bünde', das neufrz. als *gigue* 'Art Tanz' fortlebt, weist der Anlaut *gi-*, *dyi* unserer Formen deutlich auf direkte Entlehnung aus alem. *gigə*; nur *džiga* zeigt franz. Einfluss. Zur Verschiebung der velaren Artikulation § 32, 5. — Die mehrfach bezeugte Nasalierung in B stammt wahrscheinlich ebenfalls aus Frankreich, afr. *ginguer* und noch heute in ost- und westfranz., auch in schwz.-frz. Ma. (Godefroy *giguer)* im Sinn von 'folâtrer, sauter, ruer', eine Bedeutung, in der sich sowohl das übermütige Treiben der Tanzenden wie die kräftigen Streiche des Fidelbogens wiedergeben. Den Anlass zur Nasalierung in B kann aber auch der dort bezeugte onomatopoetische Ausruf in einem Tanzlied gegeben haben, *dyī, dyī, dyī, mè dyidy vè mœ k lè tī* (...meine Geige geht besser als deine); auch das teilweis synonyme *bringue* könnte von Einfluss gewesen sein. — Zum Sachimport § 13, 2. — Zur Etymologie vgl. Meringer (*Indogerm. Forsch.* 16, 133 f.)

geigen — *giga, dyiga* v. (Vd F Gruy.), *dyidyè, dyīdyè* (B Aj. Del.), *gigè* (B Vauff.) = **1.** geigen; schlecht spielen auf beliebigem Instrument (râcler); auch vom Geräusch der Säge (B). **2.** mit etwas herumfuchteln, ungeschickte Gesten machen (B). **3.** zögernd etwas unternehmen, sich immer aufs Neue alle erdenkliche Mühe geben (B). **4.** *fer a gigè* einen runterkriegen. — Ableit. *gigare, dyigare* m. (Vd F), *dyidyèr, dyīdyèr* (B Aj. Del.), *gigu* m. (B Vauff.) Geiger, Dorfmusikant (ménétrier).

Aus alem. *gigə*, im übrigen vgl. den vorhergehenden Artikel. — Die Übertragung auf andere Musikinstrumente kennt auch das *Id.* (2, 151 Bed. 2), während die Bed. 2—4 den alem. Ma. unbekannt zu sein scheinen. Bei Bed. 2 und 3 ist von einem ungeschickten Spieler auszugehen. Bed. 4 dürfte von der untergeordneten Stellung des armen Musikanten herrühren, der auf Befehl spielen muss, vgl. frz. *faire chanter q.* 'jem. kirre machen', dtsch. 'nach jemandes Pfeife tanzen müssen'. — Dass das Suffix in *dyidyèr* nicht auch deutschen Ursprungs zu sein braucht (alem. *gigər*, auch mhd. *gîgaere* käme in Betracht), sondern sehr wohl auf lat. -ATOR (frankoprov. *-are*) zurückgehen kann, zeigen die B-Formen *brœlèr* brûleur, *fəzèr* faiseur, *fosèr* fossoyeur, *molèr* rémouleur etc. Im gleichen Fall wie *dyidyèr* ist *mólèr* Färber, s. malen. Vgl. den folgenden Artikel.

Geiger — *gigr* m. (B Vauff.) = Geigenspieler.

Zur Behandlung des Suffixes vgl. *šnidr, pèkr* u. a., anders § 36, 1 *a*.

Geiss[1] (Ziege) — *geis, gais* f. (B Aj. Del. Doubs; Fr.-Comté), *geizr* (B Aj. Del.), *gayis* (B Courrendlin Atlas); ferner *kais* (Giromagny) — *geis(a)* (V Sierre, Hérens), *geks* (V Grône) = **1.** Ziege, in familiärer Rede; mit *chèvre* konkurrierend (V); auch verächtlich 'alte Ziege' (B). **2.** Art Gestell (tréteau, B).

Aus alem. *geis, gais*, in beiden Bed. belegt (*Id.* 2, 454; *Els. Wb.* 1, 236). Andere Tiernamen § 9. Zu *geizr* § 37, 3. *geks* zeigt regelmässigen Parasitlaut. Zur Zerlegung des Diphthongen in *gayis*, vgl. *griyèts* (Gries). — Das Wort hat mehrmals die deutsch-franz. Grenze überschritten, auf einem grossen lothring.-wallon. Gebiet hat es *chèvre* (und *bique*) gänzlich verdrängt (*Atlas* K. 272; M.-L. *Et. Wb. gais*; Graf 12; *Zeitschr. f. rom. Phil.* 35, 646; Belmont; Mackel 115). Halten wir dazu nordfrz. *kabra* und *cabri*, so scheint es, als ob die Ziegenwörter den Wanderungen besonders ausgesetzt seien.

Geiss[2] (Schlitten) — *gaitsə* f. (Vd Alp.), *geitsè* (Vd Blonay), *geitsə* (Vd St-Cergues), *gaitšə* (f.?), *gaitso* m. (Vd P. d'Enh.) = grosser Holzschlitten, von einem Mann gezogen oder geleitet; scherzhaft auch von einem Schiff. — Ableit. *gaitseta* f., *gaitsō* m. kurzer Schlitten [*gœ̃ϑé* m. (Vd P. d'Enh. nur Bridel 176)]; *gaitsi, gaitši* v. *gaitsare* m. 'lugeur'.

Ohne Zweifel aus schwd. *geis* 'Geisschlitten', wenn auch dem *Id.* (2, 460) nur als Kinderschlitten bekannt. Zur Verstärkung zu *ts* § 33, 4; zum Übergang in *tš* vgl. die Patoisvarianten *tsertsi* neben *ekortši*, ferner *martši* (marché, s. m.), *etšila, tšira* (chère), *tšivra* (alle in Ch. d'Oex) neben *martsi etsila, tsira, tsivra* (Vd F). — Zum Fem. von *gaitsə* § 44, vielleicht unter Mitwirkung von *lüdzə*; das vereinzelte *gaitso* m. kann von *traineau, lüdzō* beeinflusst sein. Das Bridel'sche *gunthé* ist in jeder Beziehung so merkwürdig, dass seine Zugehörigkeit zu *gaitsə* stark in Frage steht; vgl. immerhin *tsãϑō* (chanson) zum event. Übergang eines **gēs* (für *geis*) in **gēϑ*, woraus normal **gœ̃s, -é* kann nur -ELLUM sein.

Geisschäsli — *geiskezle* m. (B Terbi) = geformter Käs aus Ziegenmilch (*Id.* 3, 506).

Geissel — *gezœl, geizœl* f. (B Erguel), *gaezel* (B Plagne); *gleiz* (B Orvin, Pl. de Vauff.) = Peitsche. — Ableit. *gaezlè* v. peitschen.

Aus der bernd. Form *geislə* f. (*Id.* 2, 465). Zum Wechsel von *e* und *ei* § 30, 1. Zum ungewöhnlichen Diphthongen in Plagne vgl. *fraᵉ* froid, *etaᵉl* étoile, *draᵉt* droite etc., die im übrigen Gebiet des Erguel in der Tonsilbe *e*, auch *ei*, aufweisen; *geislə* hat somit die für Plagne charakteristische Vokalentwicklung von *ei* zu *aᵉ* mitgemacht. Das dreifach belegte *gleiz* ist durch Metathese aus *geislə* entstanden, wie z. B. ital. *fiaba* aus *FABLA. Zum Vokaleinschub vgl. *kalœb* s. gelb und § 37, 1. Das fem. Genus haben eher die Synonyma *riəm* f. oder *ekordž* f., die beide im Erguel üblich sind, als die

Endung *-elle* (§ 44) veranlasst. — Zur Sache § 12, 3. Dasselbe Wort im Engadin (M.-L. *Et. Wb.)*

Gekröse s. Chrös.

gelb — *kalb* f. (B Pl. de Vauff., St-Imier), *kalœb* (B Malleray) = Mohrrübe (carotte), *de džon kalb, le rudž kalb.*

Ohne Zweifel aus schwd. *gälb* nach § 29, 3 in der Verbindung *gelbe Rübe* (s. § 36, 3). Dass *gelb* neben *gäl* im angrenzenden Gebiet vorkommt, bezeugt das *Id.* (2, 291) für Solothurn. Zur Öffnung bis *a* vgl. *gaubi rüəba* (F Jaun), els. *kal (Els. Wb.* 1, 213). Zu *kalœb* vgl. *geizœl.* — Das Fem. wegen *carotte.*

gelben — *gélè* v. (B) mit gelbem Brei bestreichen. — ABLEIT. *gelõ* m. (N, auch volksfrz.), *gélür* f. (B Plagne) = dicker Brei aus Eiern, Mehl, Milch etc., mit dem man einen Fruchtkuchen belegt.

Aus schwd. *gèlə* v. *(Id.* 2, 294, das allerdings nur die Bed. 'gelb werden' bezeugt, doch hat *gilwə (ib.* 295) die hier erwünschte von 'gelb färben'). Vielleicht hat aber ein Adj. **gél* aus schwd. *gäl* bestanden, von dem *gélè, gélõ* etc. abgeleitet worden wären. — *gélõ* ist gebildet nach *broyon, béton* (BITUMEN), *raklõ, agotõ* (gältige Milch) etc. mit dem lat. Suffix -UMEN.

gelbe Rübe — *gèlriəb* f. (B Aj.), *gèlrüəb* (B Dev., Pleigne, Sornetan), *gälrib* (B Beurnevesin), *gèrlüəb* (B Séprais), *džèlriə* (Aj. Rossat) = Mohrrübe.

Aus alem. *gäl(ə)riəbə, gal(ə)rüəbə (Id.* 6, 84, auch *Els. Wb.* 2, 221). Zur Monophthongierung in *gälrib* vgl. Druse. Die Metathese in *gèrlüeb* kann durch *gèrat* f. 'carotte', veranlasst worden sein. Zum Wegfall des *b* in *džèlriə* vgl. *suryè* (Sauerrübe, § 36, 1); der Anlaut bleibt um so merkwürdiger, als weder die Zwischenstufe **dyèlriəb* zu belegen, noch wie bei *džiga,* Geige, franz. Einfluss nachzuweisen ist; doch vgl. *tšü* 'cul' (B Ocourt, Seleute), *tšüyiə* 'cuiller' (B Ocourt). Zur Sache vgl. Rübe, Sauerrübe.

Geld s. Ohmgeld, Trinkgeld.

Gelte — *geltə* f. (Vd Vully), *dyèlta* (F Vully) = Zuber um ein Fass nachzufüllen.

Aus schwd. *geltə,* von deutsch sprechenden Arbeitern aus Anlass der Weinernte eingeschleppt. — Auch rätisch (Ulrix 45).

Gemüse — *kmiəs, gmiəs, gmiəz* m. f. (B Aj. Del.), vgl. *quemêsse* 'Apfelmus' (Montbél.) = grünes Gemüse, besonders als Gericht, meist im Plural; auch Gericht aus gekochten trockenen Früchten.

Aus der entrundeten alem. Form *kmiəs* n. *(Id.* 4, 496, *Els. Wb.* 1, 728). Die pluralische Verwendung in Anlehnung an das frz. *légumes,* das Schwanken im Genus wird vom Plural herrühren.

Gepse — *dyetso* **m.** (Vd Osten, F Gruy., V Finhaut), *gyetso* (Vd Alp. spor.), *gətso, getsə* (V Plaine, Illiez, auch Vd Aigle), *getso, -u* (spor. in Vd u. F), *ketso* (Vd Bri.); *dyètse* **f.** (V Bagnes, Bull. Gl. 7, 9) = rundliches Holzgefäss, nach Form und Verwendung verschieden: **1.** kreisrunde, flache Milchsatte zum Aufrahmen im Milchkeller (Vd F V Plaine, Luchsinger 23). **2.** ovaler Napf, in welchem Milch etc. aufgetragen wird (V Plaine). **3.** Melkgefäss (V spor.). **4.** Zuber zum Waschen des Essgeschirrs, *dyetso d'èz*, *dyèts a relava* (Vd Alp.).

ABLEIT. *getsè*, *gətsè* m. (Vd V), *dyètsè* (F); *dyètsõ* m. (Vd), *gətsõ* (V); *dyètsotè* m. (Vd) kleineres Milchgefäss, Napf; *getsèta*, *dyè-*, *gə-* (Vd V), Napf, meist oval und mit Öhren.

Wie die Bedeutung zeigt, aus schwd. *gepse*, *gäps*, *gœpsə* etc. f. (*Id.* 2, 393) nicht etwa aus schwd. *gätzi* 'Schöpfkelle'; vgl. Artikel Gatze. Die Lautsubstitution *ts* für *ps* steht vereinzelt, Verwandtes § 36, 5. Zum Anlaut § 32, 5. Die vokalischen Schwankungen in der Tonsilbe dürften auf verschiedener schwd. Vorlage beruhen. Der Auslautvokal ist durch das mask. Genus bestimmt, das vermutlich vom einheimischen *bagnolet* m. in genau gleicher Bedeutung (Bed. 1) veranlasst wurde, vgl. § 46 a. Vereinzeltes feminines Genus nach Wörtern wie *vatsə*, *pertsə*, § 44. — Wie die Belege zeigen, ist dieses Lehnwort vornehmlich in alpwirtschaftlichen Gegenden zu Hause, wo es in seiner Hauptbedeutung 'Aufrahmgefäss' mit *bagnolet* (Vd Alp. V) und *hémine* (V) konkurriert. Von den übrigen Verwendungen des Wortes ist nur die für 'Melkgefäss' im *Id.* nicht verzeichnet. — Zum Sachimport vgl. § 9, p. 31. — Zu *Id.* 2, 573, wo unser *dyetso* mit schwd. *gatsə*, *gätsi* 'Schöpfkelle', franz. *casse* 'Bratpfanne', ital. *cazza* 'Tiegel' in etymologischen Zusammenhang gebracht wird, sei bemerkt, dass die Grundbedeutung unseres Wortes 'hölzernes Milchgefäss ohne Stil', die mit der von schwd. *gepsə* aus lat. GABATA 'Schüssel' vollständig übereinstimmt, mich obige Zusammenhänge durchaus abzulehnen veranlasst.

geraten — *grotè* v. (B Aj. Del. Doubs Romont) = **1.** geraten, gelingen, gedeihen, *si pẽ n'a p grotè* 'dieses Brot ist misslungen', *mè fèvat ẽ bĩ grotè* 'meine Bohnen sind gut gediehen'; *grotè* hat oft, wie hier, die Konstruktion von *réussir* angenommen. **2.** geschehen, *è pòrè bĩ grotè kə...* 'es könnte noch dazu kommen'; ebenso *Id.* 6, 1607 Bed. 1 *β*.

Aus der els.-nordschwz. Form *grótə:* zu *o* aus *a* vgl. § 28 a. — Obschon an Patoisausdrücken für obigen Begriff in B kein Mangel ist (bien venir, profiter, foisonner, bailler, *grənè* etc.), fand *grotè* Aufnahme als ausgesprochenes Affektwort, mit dem bald die Freude über ein Gelingen, bald die Verstimmung über ein Nicht-Gelingen verbunden ist.

Gerber — *dyèrwè* m. (B Aj.), *dyèrwa*, *gèrwè* (B Del.) = Gerber, altes Wort. — ABLEIT. *dyèrwèyiə* v. gerben, *dyèrwèyu* m. Gerber.

Wie das *w* zeigt, aus dem elsäss. *karwər* (*Els. Wb.* 1, 230 s. Bachgerber, 'Gerber' fehlt, s. auch 1, 351). Zum Anlaut § 32, 5. Zur Endung *-wè* § 36, 3 *a*; die Endung *-wa* zeigt Anlehnung an Wörter wie *bâlois*, in denen *-wa* mit *-wè* im Wechsel steht. — Zur Sache § 11. — 'Gerber' ist stark ins lombard.-rätische Gebiet eingedrungen, tess. (Salvioni[1], 95[2], Salvioni[3], 733), komask. (Bruckner 32), rät. (Ulrix 45).

Gerste s. Wickegerste.

Geschmack s. Schmack.

Geselle — *gželə* m. (F Gruy. Cornu), *les ksels* (N Landeron) = Gefährte (nähere Angabe über die Verwendung fehlt).

Aus der schwd. Form *ksèl; ž* für *z* ist normale Anpassung an den Lautcharakter der F-Patois, § 33, 3. Vgl. Handwerksgeselle, Wandergeselle.

Gestell — *štèl* m. (F, schon 1851), *štalè* f. pl. (F Est. le Gibloux) = **1.** Unterlage eines *char-à-bancs, tsär a štèl*, auch kurzweg *štèl* 'Wagen mit Gestell' im Gegensatz zum Leiterwagen. **2.** Wagenleiter (ridelles), meist im Plur.

Ohne Zweifel aus schwd. *kštèl* n. 'Gestell'. Zur Reduktion im Anlaut vgl. *štòrb* aus *kštòrbə*, § 36, 5; zu *a* für *è* § 29, 3. Das Genus von *štel* wird von *pont*, das von *štalè* von *ridelles* bestimmt sein. — Zur Sache s. Gstellwägeli (Friedli *Lützelflüh* 342).

Gicht — *gištr* f. pl. (B Aj. Del.), *giχtr* (B Dev.) = schwach konvulsive Zustände bei kleinen Kindern, *avwè lè gištr* 'avoir les g'.

Wie *š* und *χ* zeigen, aus dem elsäss. *kiχtər* (*Els. Wb.* 1, 197; auch *Id.* 2, 113 in gleicher Bedeutung). Zu *š* für *χ* § 28 *β*. Ob *gitš* (B) 'Mumps' hieher gehört, ist zweifelhaft. Über 'Gicht' im Rumän. s. Borcia 52.

Gichtli — *girtlè* m. (B Malleray) = konvulsive Zustände.

Im Gegensatz zu *gištr* scheint diese Form aus dem schwd. *gixtli* (*Id.* 2, 113 belegt) zu stammen. Zu *r* für *x* § 33, 7.

Girizenmoos — *gritimóz* m. (B Prêles) = Fastnachtsbelustigung, darin bestehend, dass auf einem Wagen alte Jungfern dargestellt werden, die allerlei Hausgeschäfte (Kaffeemahlen, Brotbacken etc.) besorgen. Leute aus Prêles haben um 1850 einen solchen Wagen in Neuveville gesehen.

'Girizenmoos' heisst im Volksglauben der Aufenthaltsort alter Jungfrauen, die zur Strafe für ihre Ehelosigkeit in *giritsə* d. h. 'Kibitze' verwandelt worden sind. Näheres darüber *Id.* 4, 470, wo auch eingehend über die Fastnachtsbelustigung, die sog. 'Girizenmoosfahrt', berichtet wird; vgl. *Schweiz. Arch. f. Volkskunde* 7, 295. — Formal wird *gritimóz* zunächst auf die bernd. Kurzform *gritsimós* zurückgehen, die wohl schon alem. unter Mitwirkung einer der vielen Koseformen von 'Margareta' bezw. 'Marguerite' (vgl. schwd. *gritibents* Festgebäck in Form eines Hampelmannes, *Id.* 4, 1410) ihr *ts* mit *t* vertauschte; vgl. jedoch zurück.

Gitz — *gètš* m. (N Lignières) = Baumwipfel. — Ableit. *ketserè, tyètsərè* etc. m. (F Gruy.) höchste Spitze (Berg, Gegenstand), *gecheron* m. (N um 1650 Barr.) idem, *gètšərnè* m. (N Lign.) idem.

Wohl aus schwd. *gits* m. Wipfel eines Baumes (*Id.* 2, 577, wo das Wort allerdings nicht für Bern belegt wird). Zum Vokal § 29,4, zu *tš* für *ts* § 34, 2. Das freib. *ketserè* und altneuenb. *gecheron* werden auf ein schwd. **gitser* + *-et*, bezw. *-on* zürückgehen; *gitsər* wird nahegelegt durch das belegte *gutzer* m. Gipfel der Tanne (F, *Id.* 3, 584), das sich mit *gits* gekreuzt hätte; *gètšərnè* endlich würde einem *gécheronnet* entsprechen. — Vielleicht verwandt mit Chuz.

Gitzeli — *getsle* m. (B Diesse) = Zicklein.

Aus schwd. *gìtslì* (*Id.* 2, 577).

Gitzi — *gitsi* m. (B Plagne), *getsi* (F Cressier); *gits* (V Miège) = Zicklein.

Aus schwd. *gìtsi*, auch nur *gìts* (*Id.* 2, 577). Bemerkenswert ist die Entlehnung desselben Stammes in gleicher Bedeutung in vier geographisch getrennten Grenzdörfern. — Zum Stammvokal § 29, 4.

gitzlen — *getsla* v. (B Diesse) = Zicklein werfen.

Aus schwd. *gìtslə* (*Id.* 2, 578).

Glaser — *à Jacob, glaser...*, *a aydié au dit glaser* (F 1477 Blav. 109, 110, 111), *Jacob le glaser* (F 1479 Büchi 91).

Da es sich bei den zwei Stellen, wo die Natur der Rechnung überhaupt ersichtlich ist, um Reparaturen an Fenstern handelt, ist der Zweifel des Herausgebers am appellativischen Charakter des Wortes nicht berechtigt (Blav. S. XXI). Er wird gänzlich gehoben durch die weitere Stelle bei Büchi, wo es sich vermutlich um den gleichen 'Glaser' handelt.

Glätteisen — *glatiža* f. (Vd Etivaz) = Bügeleisen für die Wäsche.

Aus schwd. *gletisə* n. (*Id.* 1, 539). Zu *a* für (nicht offenes) *e* § 29, 3; zu *ž* für *s* § 33, 3. Zum fem. Genus § 44. Zur Sache § 6 Haushaltung. — Zum Stamm *glatt* gehört vermutlich das in seiner Endung sehr unklare *glatya* (Vd Ross.) 'Bügeleisen'; schwd. *glätti* f. hat laut *Id.* 2, 654 diese Bed. nicht.

glucksen — *kloksè*, *gloksè* v. (B Charm. Mett.) = glucken, von der Bruthenne.

Aus süddeutsch *glucksen*, das weder das *Id.* noch das *Els. Wb.* verzeichnen, das aber im *Schwäb. Wb.* 3, 715 gebucht ist. Zum Anlaut § 32, 3; zu *o* für *u* § 29, 6. — Vgl. rät. *clutschar* (Brandstetter 49) und voges. *klukə* (Belmont).

Glugger s. Chlucker.

Gnippe — *gənipa* f. (F Vd Plaine, N), *gnip* (N B Erguel, Bois) = **1.** halbmondförmiges Messer mit zwei Griffen zum Hacken von Fleisch (F Vd N B). **2.** Waldsäge (B), weil ähnlich in der Form. [**3.** nachlässig gekleidetes, liederliches Frauenzimmer, Schimpfwort (F N B)].

Aus schwd. *gnip*, *gnìppə* f. 'Hackmesser' (*Id.* 2, 669). Zum Vokaleinschub § 37, 1. Das feminine Genus kann hier durch kein einheimisches Wort erklärt werden, da im fraglichen Gebiet nur *couteau* gebraucht wird. Vermutlich liegt Anlehnung an Feminina wie *pipa*, *vwipa* 'Wespe', *tulipa* vor. — Von einer Übertragung des Wortes auf ein Frauenzimmer weiss das *Id.* nichts, wohl aber braucht die franz. Volkssprache *guenipe* für 'liederliche Frauensperson', so dass in unserem *gənipa* offenbar zwei Wörter verschiedener Herkunft zusammengeflossen sind.

gnippen — *gnipè* v. (B Plagne) = mit der 'Gnippe' zerhacken.

Aus schwd. *gnìppə* (*Id.* 2, 669).

[**Goden** — *guda*, *gwəda*, *gweda* f. (Vd bes. Alp. u. Jura, auch V) = Mutterschwein. — Ableit. *gudeta* f. (Vd).

Die Verbreitung des Wortes, das franz. Ma. in obiger Bed. unbekannt zu sein scheint, deutet auf Entlehnung aus dem alemannischen Stamm *god*, *gud*, der vorliegt in schwd. *godə* n., *godi* n. Schwein (F), *gudərə*, *gudlə* v.

sudeln, plätschern (*Id.* 2, 123; *Els. Wb.* 1, 198); *gwəda* und *gweda* sind lokale Varianten zu *guda*, wie *bwena*, *pweta* zu *buna*, *puta*, die bei Bube näher erörtert werden, vgl. auch § 30, 4. — Vgl. Verf. *Haustiernamen* 103; fehlt bei Sainéan. Das Verhältnis zu afr. *gode* 'Mutterschaf', *godon* 'liederlicher Mensch' nprov., *goda* Dirne etc. bleibt zu untersuchen.]

[***Gone** — *guna* f. (F Vd), *guən(a)* (N); *gona* (Aosta, Atlas) = Mutterschwein.

Vielleicht beruht dieses vorwiegend freiburg. Wort auf Entlehnung eines bis jetzt nicht belegten **gonə*, **guənə* als Verbalsubstantiv zu schwd. *gonə*, *guənə* v. 'sich mit gierigen Blicken ... hinstellen, wo gegessen wird', auch *goni*, *guəni* 'zudringlicher Mensch' (*Id.* 2, 335). Vgl. auch *gune gune* Lockruf für Schweine (B Madiswil). Zu *guən* s. Goden. Gegen schwd. Herkunft spricht das Vorkommen im Aostatal. In andern franz. Ma. scheint das Wort unbekannt. — Schon behandelt vom Verf., *Haustiernamen* 103, vgl. Sainéan 89.]

[***gopsen** — *gopsè* v. (B Charm.) = stibitzen.

Ein **gopsə* ist den alem. Wörterbüchern unbekannt. Lässt sich das Wort nicht nachweisen, so könnte es durch eine Kreuzung von *gober* + **rapsè* (rapsen) erklärt werden; bei dem allgemein verbreiteten *gober* 'hinunterschlucken' wäre das rasche Verschwindenmachen das gemeinsame Moment.]

Gottesname — *ã lè gotsnam* (B Courchapoix); *a la gotsnam* (Vd Dum., F Grangier) = **1.** in Gottes Namen, als Gebetsformel, die beim Beginn einer grössern ländlichen Arbeit (Dreschen, Heuen, Ernten, Pflügen) gesprochen wird (nur B). **2.** liederlich, verkehrt [arbeiten], *tə m'a fe sẽ a la gotsnam* 'tu m'as fait cela à la diable' (Vd).

Mit teilweiser Übersetzung der schwd. Formel *i gòts namə* 'in Gottes Namen' entlehnt. Die *Id.* 2,509 gebuchte Verwendung des Ausdrucks als Gebetsformel vor Arbeitsbeginn wurde mir für Solothurn (Holderbank, Seewen, beide katholisch) und für Bern (Madiswil, protest., Dr. Hubschmid) bezeugt. Nicht direkt belegt ist die pejorative Verwendung 2, doch lässt sie sich leicht begreifen aus Sätzen wie: *der Schutz isch 'i Gottsname' hinde use* (*Id.* 2, 509), in denen unsere Formel die resignierte Stimmung oder das Bedauern über ein Missraten zum Ausdruck bringt. Nicht die schwd. Bedeutung und Verwendung von *i gotsnamə* wurde in die franz. Patois herübergenommen, sondern lediglich der Affektgehalt des deutschen Ausdrucks; vgl. jetzt. Die Entlehnung in B ist unabhängig von der in Vd, F. Dementsprechend wird das femin. Genus in der Bedeutung 1 durch *à la garde de Dieu*, in der Bed. 2 durch *à la diable* veranlasst worden sein, vgl. aber auch § 44 Abschnitt 5. — Vgl. *è lè gotsnam* Name eines Weilers bei Belmont (Vogesen, Horning 401).

Grab — *grab* f. (B Del.) = Schindanger; Grab. — ABLEIT. *ãgrabè* v. (B), *ẽgraba* (N), *ăgraba* (Vd Vully) vergraben.

Die Bedeutung weist auf das Wort *Grab* (*Id.* 2,677), das von den Welschen im verächtlichen Sinn für *voirie* gebraucht wurde. Das fem. Genus wegen *fosse* oder *voirie*. Die verbale Ableitung in Vd und N, wo 'Grab' nicht bezeugt ist, gehört vielleicht zum folg. Graben.

Graben — *grabo*, *grabu*, *grabə* m. (Vd bes. Vully 1851, auch P. d'Enh., F bes. Broye, N), *gròbu* m. (F Lully), *graba* f. (N Cerneux), *grab* f. (B Aj.), *grob* (Giromagny, Vauth.) = **1.** Schlucht, Tobel, natürlicher Graben (nie künstlicher). **2.** steiler, steiniger Abhang. **3.** steiniges, unfruchtbares Land, auch ohne Abhang (F N).

Aus schwd. *grabə* m., *Id.* 2, 678, das nur Bed. 1 belegt. Die reichlich bezeugte Bed. 'steiler Abhang' beruht auf einseitiger Apperzeption der schwd. Vorstellung 'Tobel', während Bed. 3 einen typischen Fall von Verschiebung (§ 53) auf Grund 'unrichtiger' Erfassung des schwd. Wortes darstellt. — Das mask. Genus wohl wegen *ravin, fossé;* das seltenere fem. Genus wegen *pente,* vielleicht in B unter Einfluss von *grab* f. Schindanger. *gròbu* in der Gegend von Estavayer erklärt sich durch die dort übliche Trübung des *a,* so sagt das Lully benachbarte Murist: *prå* pré, *paså* passé, *rozå* rosée, *lårə* voleur, *påla* pelle etc. — Das Wort begegnet auch in voges. Ma., so in Belmont 'fond d'un ravin'.

Graf — *et le graf la obtenu; entre graff Osswalt de Tierstein et ceulx de Bale* (F 1475, 1478, Büchi 25, 83).

grämpeln — *krēplè* v. (B Mett.) = **1.** hausieren. **2.** herumstreichen, faulenzen.

Aus alem. *grämplə* 'Kleinhandel treiben' (*Id.* 2, 737, *Els. Wb.* 1, 273). Bed. 2 scheint sich erst im welschen Gebiet ausgebildet zu haben. — Auch wenn *grämpeln* aus ital. *comprare* stammt, so bleibt *krēplè* ein Lehnwort aus dem Deutschen. — Zur Sache vgl. höckeln, hausieren und § 12, 1. — Vgl. das folg. Wort.

Grämper — *krāpè* m. (N 1832) = Wiederverkäufer, Kleinhändler.

Aus alem. *grämpər* Kleinhändler, bes. Esswarenhändler (*Id.* 2, 737, *Els. Wb.* 1, 273); *ā* statt *ē unter Einfluss der alem. Nebenform *grampə* (*Id.* 2, 736). Zur Endung § 36, 1 *a.*

Grans — *grē* m. (F Grangier, N spor.), *grè* m. (F Sugiez) = **1.** Fischbehälter (vivier du bateau), im vordersten Teil des Schiffes angebracht. **2.** Vorderteil des Schiffes (N). **3.** schnabelförmiger Vorsprung, Halbinsel.

Ohne jeden Zweifel aus schwd. *grans* in den genau gleichen Bed. (*Id.* 2, 782) nach der Vermutung Juds (*Bull. du Gloss.* 11, 46[1]). Lautlich ist wohl vom Plural *gräns* (Dem. *gränsli*) auszugehen, das in Sugiez auf dem Wege der Entsprechung zu *grè* geworden ist; vgl. *vèdr* vendre, *vè* vent, *prè* prend, *ddè* dedans, *balamè* bellement, etc., alle sonst mit *ē* (Sugiez, *Bull. du Gloss.* 6, 55 ff.). Zum Schwund des *s* § 36, 1 *a.*

grasen — *grazè* (B Aj. Vad. Mett. Romont) = mit der Sichel Gras abschneiden, zum unmittelbaren Bedarf. — Ableit. *grazu* m.

Aus alem. *grasə* in gleicher Bedeutung (*Id.* 2, 797; *Els. Wb.* 1, 281) Partielle Entlehnung; von grasen = 'Gras fressen' wissen die Patois nichts. — Wieder in andern Bed. ist das Wort von voges. Ma. aufgenommen worden (Horning *Grenzdialekte* 111; Belmont). — Zur Sache § 10.

Grasriemen — *glazriə* f. (B Aj. Del.), *glazriəm* (B Charm.), *klèzəriə* (B Pommerats) = um die Schwanzwurzel des Pferdes gehender Lederriemen, der am Zuggeschirr befestigt ist.

Ohne Zweifel aus alem. *grasriəmə* m. in gleicher Bedeutung (*Id.* 6, 908; *Els. Wb.* 2, 256). Zum Wechsel von *r* und *l* § 38, 4, hier aus Dissimilation. Der Schwund der Endsilbe *-mə* steht trotz § 36 vereinzelt, er ist um so auffälliger als *riəm* in B üblich ist; vermutlich ist das Suffix *-erie* an seine Stelle getreten; *klèzriə* zeigt normalen Übergang von *a* in *è*. Zum Anlaut § 32, 3.

[**greifen** — *grifè* v. (B Plagne) = die Flachssamen mit dem Riffelkamm abrupfen. — ABLEIT. *grifu* m. Riffelkamm.

Eher aus frz. *griffer* 'mit Klauen ergreifen, packen' als aus alem. *grîfə* greifen, das laut *Id.* in obiger technischer Bed. nicht verwendet wird; man sagt dafür *rupfen* (s. das Wort). Vgl. Gerig, § 97. — Jedenfalls steckt 'greifen' in *fotsəgrif* m. (Vd Orm.) cunnus, vermutlich Substantivierung eines aufgeschnappten Satzes.]

Griebe — *graoba*, *grauba* f. (Vd Dumur, Bri., P. d'Enh., Orm., Côte; F Cressier), *graba* (F, Vd Corsier), *groba* (Vd Lav. Vev., F Gruy. Sugiez), *grœba*, *grœüba* (Bas-V. Vd Plaine, Leysin, G 1820; Sav.), *grub(a)* (Haut-V; auch Vd Bex), *grœb(a)* (N); volksfrz. *greube* Kalk-Tuff (S.-V.) = **1.** steinartiger Bodensatz im Kochgefäss (dépôt, tuf; Vd V G F N), Wasserstein, Weinstein (tartre); Putzstein als Reinigungsmittel für Holzböden, Geschirr etc. (G Vd); Schlacken bei der Salzgewinnung (nur in Bex); auch allg. vertrocknete Unreinigkeit, z. B. Teigreste (V). **2.** ausgeschmelzter Fettwürfel (nur F), auch allg. fettiger Schmutz auf Kleidern, Haaren (N F). **3.** Hautkruste infolge eines Ausschlages (F), schwd. *rife*, *rufe;* auch Augenbutter (Vd). **4.** dünner Mörtelbewurf (V), auch ganz dünne Mauer (cloison) (V).

Über den Stammvokal s. unten. Hier sei nur auf die nahezu völlige Übereinstimmung des Wortes mit den in alem. Ma. bezeugten Bedeutungen von Griebe hingewiesen. Wenn auch das zudem schwer festzustellende Vitalitätsverhältnis der alem. und der welschen Verwendungen ein ganz anderes sein mag, so finden doch alle Bed. (ausser 4) im Alem. eine Entsprechung; die heute vorwiegende Bedeutung 1 erinnert an 'schlackenartige Steine, die .... zurückbleiben, Kalkgrieben' (*Id.* 2, 686 Bed. 2), ebenso an 'tonige und kieselige... Drusen, die einen Baustein unbrauchbar machen' (*Schwäb. Wb.* 3, 829); Bed. 2 ist die alem. Hauptbedeutung, die Übertragung auf den Ausschlag (Bed. 3) ist alem. ebenfalls allgemein (*Id.* id. *Els. Wb.* 1, 267, *Schwäb. Wb.* id., wo auch die Nebenbed. 'Augenbutter' verzeichnet wird). Die einzige alem. Ma. unbekannte Übertragung ist Bed. 4, sie erklärt sich einfach durch einen Vergleich des unebenen Maurer-Bewurfes mit einer Kruste auf der Haut; da dieser Bewurf das Letzte ist, was an einer herzustellenden Mauer vorgenommen wird, kann der Satz *nous avons fait les grube* leicht die Bedeutung annehmen 'wir haben die Mauer fertig erstellt', daher dann *grœübe* für die fertige Mauer selbst, vgl. die von Jeanjaquet notierte Bedeutung 'mur fait à la hâte' (V Liddes). — Ob *grebion* m. 'membrane de la graisse frite' (*Dict. valdôtain* 169) hierher gehört, ist formal und geographisch zweifelhaft.

ABLEIT. *graobõ*, *graubõ* m. pl. (Vd Cont., Ost West spor., F Cressier), *groubõ* (Vd Blonay, Montreux, F Dompierre), *grobõ* (Vd Ost F spor.,

V Anniviers; Lyon, Fr.-Comté Montbél. Bournois); *græbõ* (Vd Ste-Croix, Plaine V Plaine, Illiez, G; Sav.); *grœübõ* (V Martigny, Entremont, Finhaut), *grubõ* (Haut-V, F Gruy.; Sav.); *grabõ* (N, F Gruy.; Belfort), *grèbõ* (F Lully, Sugiez, B Mett.); *greubons*, *grabons* (volksfranz.); *grəbõ* (Grand'Combe) = **1.** Speckgrieben (cretons, regrignes, schriftfrz. rillons), gilt als Leckerbissen, oft zu Backwerk verwendet, daher 'beignet' (Lyon). **2.** Hautkruste (nur Vd bes. Cont.).

Über den Stammvokal s. unten; über die Bedeutungen s. das bei *graoba* Gesagte. Hier ein Wort zur Endung *-õ*, die bei Wörtern, welche 'Überbleibsel' oder 'Bröckelchen' bedeuten, ungemein häufig ist: *rapyõ, rakλõ, burlõ, rupyõ, aršũ; bretsõ, matõ, kaλõ, flotsõ, meλõ, petsõ* etc. (*Bull. du Gloss.* 13, 58 und 60) vgl. frz. *creton;* jurass. *krœšõ* (Grüsch); es lag deshalb sowohl sachlich als morphologisch sehr nahe, ein *graobõ* zu bilden, und ist nicht verwunderlich, dass die Ableitung das Simplex an Vitalität überragt. Ob -ONEM oder -UMEN zu Grunde liegt, kann nur an Hand der jeweiligen Bed. entschieden werden.

WEITERE ABLEIT. *grobi* m. (F Vd Ost), *grœübi* (Vd Leysin), *græbé* m. (Vd Orm.); [*greubi* Vionnaz, nach M.-L. *Et. Wb.* 3875 ist ein Druckfehler für *greubõ*] = **1.** Hautkruste, Geschwür, Flechten. **2.** Fehler; auch Schulden, bes. in der Redensart *dei grobi no-z-ẽn-ẽ ti* (Vd) jeder hat seine Fehler. **3.** Faulenzer, *viλə græbé* 'vieil emplâtre' (Vd Orm.). **4.** *étr ä grœübi* 'être enrhumé' (Vd Leysin, *Bull. du Gl.* 12, 15, wo *ägrœübi* irrtümlicherweise als Partizip aufgefasst wird).

Der Stammvokal wird unten erörtert. Legt die Endung zunächst das schwd. *grœübi* f. als Etymon nahe (vgl. § 29, 4), so zeigt die geographische Verteilung von *i* und *e*, dass es sich um das Suffix -ELLUM handelt, das in der Tat in F und Vd Ost zu *i*, in Ormonts gerade zu *e* wird, *izé* 'oiseau'. Dass das Wort seinem Ursprung entfremdet ist, darauf deutet auch seine Verwendung: es bezeichnet nicht mehr die Speckgrieben, sondern lediglich die Hautgrieben. — Beachtenswert ist die wohl zufällige Übereinstimmung der Bed. 2 mit ostschwd. *grübə ha* Schulden haben (*Id.* 2, 686 Bed. 1).

grubiλə f. pl. (V) Teigresten, *græbunó* f. (V) Gesamtheit der Grieben in einem Gefäss (schwd. *gräubete*); *ẽgroubå* v. (Vd Blonay), *s'ẽgræba* v. (Vd Villeneuve) = **1.** Weinstein ansetzen. **2.** Schnupfen bekommen.

Bed. 2 rührt offenbar davon her, dass sich beim Schnupfen in und an der Nase gern eine Kruste (*graoba*) bildet, dazu stimmt zürch. *grübə* 'trockener Nasenschleim' (*Id.* 2, 686). Derselben Vorstellung liegen zu Grunde, wie Urtel (*Bull. du Gloss.* 12, 14) richtig erkannt hat: *ãrofnè* (B, aus alem. *rùfə* 'Kruste' s. Rufe) 'verschnupft', und *ẽdzevra* (V, eig. engivré) 'mit Husten behaftet'.

ẽgrobalå adj. (F) von einem Hautausschlag befallen; gehört zu *grobi.* — *dégrauba, degrouba, degrœüba, -i, degròba, -i* v. (Vd), *dégruba* (Haut-V) den Bodensatz, den Schmutz entfernen.

Den Zusammenhang dieser lautlich, morphologisch und begrifflich sehr mannigfaltigen Wortsippe mit deutsch *Griebe* hat Meyer-Lübke (*Et. Wb.* 3878) richtig erkannt. Wo die Behandlung des Stammvokals Bedenken erregen kann, weisen folgende Momente durchaus auf deutsche Herkunft:

1. die völlige Übereinstimmung der Konsonanten, von denen das intervokalische *b* ein rom.-lat. Etymon nahezu ausschliesst.
2. die bis ins Einzelne gehende Übereinstimmung der Bedeutungen (s. die Bemerk. zu den einzelnen Formen).
3. die für ein alem. Lehnwort typische geographische Verbreitung: vorwiegend in F, Vd Ost, N; ferner in Frankreich: Savoyen, Lyon, Fr.-Comté; vgl. Bube.

Dem übrigen gallo-rom. Gebiet scheint der Stamm unbekannt, mit Ausnahme des einmal belegten frz. *grobe* f. 'harter Bodensatz im Kochtopf' (*ceste herbe fait aisement tomber les grobes des pots pour dures... qu'elles soient*... Du Pinet, Plinius-Übersetzung, Mitte 16. Jahrh. Godefroy) und des nfr. *greube* 'Kalk-Tuff' (Sachs-V., nicht bei Littré), die vermutlich beide aus dem frankoprov. Gebiet stammen (Du Pinet schrieb in Lyon). Dass die Entlehnung alt ist, darauf deutet auch die Behandlung des Stammvokals.

Der Stammvokal bildet hier das Hauptproblem. Die mir bekannt gewordenen schwd. Formen lauten: ostschwz. *grübə*, nordwestschwz. *griəbə*, *grüəbə*, mittelschwz. *grœübə* f. (Entlebuch, Aargau, Bern), *grœübì* n. (B Ersigen), *grœìbì* n. (Urserental, Bern, Deutsch-Freib.), *gröbə* (Deutsch-Freib.), *gróübənì* (F Jaun), Oberwallis *greibe* (Visperterminen). Vergleichen wir zunächst diese Formen mit denen unserer Patois, so springen die starken Divergenzen gerade in Grenzgebieten in die Augen: im Oberwallis stehen sich *gruba* und *greibe*, im Freiburgischen *graba*, *grœibi* und *gróübəni* so schroff gegenüber, dass an direkte Entlehnung nicht zu denken ist. Die einzige franz. Formengruppe, welche schwd. Lautung wiederzuspiegeln scheint, ist *grœba*, *grœüba*, deren geographische Verteilung aber höchstens für zwei Teilgebiete eine direkte Berührung anzunehmen erlaubt: für Neuenburg (nur bei *grœba*, nicht bei *grabõ*, das vielleicht aus F importiert wurde) und für die Rhoneebene (*grœba*, *grœbõ* und *grœbé* etc.), indem der Verkehr zwischen Gsteig und Aigle über den Pillon-Pass früher ein sehr reger war.

Einen wichtigen Schritt weiter in der Erklärung der übrigen Patois-Formen führt uns ein Vergleich mit den einheimischen Lautserien, den folgende Tabelle veranschaulicht:

	Gegend	greube	greubons	heure	neuve
œ-Gebiete	1. Rhoneebene Bas-Valais	*grœba* *grœüba*	*grœbõ* *grœübõ*	*œra* *œüra*	*nœüva*
	2. Vd Jura, G, N	*grœba*	*grœbõ* *grabõ*(N)	*œra*	*nœva* *nüva* (G)
ao-Gebiet	Vd Ost, Alp. ohne Rhoneebene	*graoba* *grauba*	*graobõ* *groubõ*	*aora*	*naova*
a-Gebiet	Freiburg	*graba*	*grabõ*	*ara*	*nava*
u-Gebiet	Haut-Valais	*gruba*	*grubõ*	*aora* *oura*	*naova* *nuva*

Aus dieser Zusammenstellung erhellt zweierlei: einmal, dass die Verteilung der Formen von *greube* und *greubons* im Wesentlichen übereinstimmt, d. h. die Ableitung folgt im Stammvokal getreulich dem Grundwort; sodann — was für uns wichtiger — die beiden Wörter weisen in der Hauptsache die gleiche Vokalentwicklung auf wie einheimische Wörter mit betontem, freien *o* (ob vulgärlat. offen oder geschlossen, spielt in Vd F G keine Rolle). Einzelne Unstimmigkeiten, wie sie bei solchen Vergleichen überall vorkommen, können diesen Zusammenhang nicht in Frage stellen.

Ein solches auffallendes Zusammengehen in fünf verschiedenen Dialektgebieten ist entweder das Ergebnis historischer Entwicklung aus gemeinsamer Grundform (in unserm Fall **groba)* oder es ist das Ergebnis sukzessiver 'Entsprechungen' im Sinne von § 27.

Da vom germanistischen Standpunkt aus die Annahme eines *groba* zunächst fern liegt, versuchen wir auf dem Wege der Entsprechung zum Ziel zu gelangen. Angenommen berner. *grœübə* drang über Aigle ins Unterwallis als *grœüba*, so entstand in der Grenzzone zwischen *nœüva* und *nuva* als Entsprechungsprodukt die Form *gruba*. In entsprechender Weise lassen sich die Formen in Vd und G erklären. Anders steht es in Gebieten, die alem. Einfluss stark ausgesetzt sind, wie besonders Freiburg. Nach der Entsprechungstheorie müsste freib. *graba* von der Waadt aus eingedrungen sein (oder — was noch unwahrscheinlicher — von Neuenburg her). Ihr zufolge dürften überhaupt für die ganze Wortsippe nur zwei Eingangstore, Rhoneebene und Neuenburg, angenommen werden. Das will mir mit Rücksicht auf die vielen Lehnwörter gerade in F und im Pays d'Enhaut nicht recht einleuchten.

Bleibt als letztes Erklärungsmittel die Annahme einer älteren Lautstufe **groba* (oder schon zu **grouba* fortgeschritten), die in mfrz. *grobe* und im beharrlichen *grobi* (F) mit *ẽgrobală, degrobi* (Vd) eine gewisse Stütze findet. Belegt ist eine solche Form nicht, weder in neuern noch in ältern alem. Dialekten; es kann aber ohne besondere Schwierigkeit ein germ. Substantiv **groube* angenommen werden, das als Ausgangspunkt zu **groba* genügen würde. Es gibt nämlich ein zum Stamm *griebe* gehörendes germ. *giraubjan* 'rösten'; vgl. ahd. *giroupit*, *groubit*, FRIGET; ferner *raupjan* rösten (Graff, *Althochd. Sprachschatz* 2, 359), worauf mich W. Bruckner freundlichst aufmerksam macht. Dieses Verbum — in mhd. Form **grouben* — findet sich im ältern Bairisch mit Umlaut als *gräuben* 'in der Pfanne schmelzen' (Schmeller 1, 983). **grouben* steht im Ablautsverhältnis zu *griebe*, wie *glauben* (got. *galaubjan*) zu *lieb*. Da labiale Konsonanten oft den Umlaut verhindern (vgl. Wilmanns, *Deutsche Grammatik* 1², 267), hat das Fortbestehen der unumgelauteten Form **grouben* und damit auch des davon abgeleiteten Substantivs **groube* (statt *grœübe)* im älteren Alemannisch nichts Befremdliches. Dass in den modern-alem. Formen überall der Umlaut eingetreten zu sein scheint, mag u. a. an der kollektiven Ableitung *grœübì* n. eig. 'Gesamtheit der Grieben' liegen, die bei diesem Begriff besonders nahe lag.

Einzelne Formen. Wie genau gelegentlich die Übereinstimmung mit dem Typus HORA ist, zeigt *groba* in Sugiez, das entgegen dem normalfreib. *ara*, *aora* sagt: *ọ̀vra; nòwa* neuve, *kòdo* coude, *bò* bœuf, *lò* loup etc. — *grèbõ* in B ist normal unter Annahme einer Verschleppung des freib.-neuenb. *grabõ*. — Rätselhaft bleiben *grubõ* und *grèbõ* in F, sowie *gruba* in Bex. — *grobõ* für *graobõ* in Vd F, für *grubõ* in V zeigt Spuren einer vortonigen Entwicklung, vgl. *prova*, *pλora*. — Zur Sache § 7 Schluss; vgl. 'Schmalz' in oberital. Ma. (M.-L. *Et. Wb.* 7697).

Gries — *grièts*, *griyèts*, auch *gryèts* m. (Vd fast überall, bes. Alp., F Gruy.), *griyés*, *griés* (F bes. Broye, N bes. Mont. Vd Sassel), *griəs*, *kriəs*, *kriəz* (B überall ausser Fr.-Mont., N, F spor.; Belfort, Montbél.); *gréts* (Vd Orm.), *griəts* (F Montbovon), *gris* (B Plagne) = **1.** Gries, Grütze, grobgeschrotetes Mehl (semoule; gruau); *supa*, *papè ao grièts* (Vd), *mal a griəs* (B) Griesbrei. **2.** als Übername *Grietz* (Vd). — Ableit. *kriəzè* v. (B) Gries mahlen; aus alem. *griesə* v. (*Id.* 2, 802).

Lautliches. Aus alem. *griəs* m. auch n. (*Id.* 2, 801, *Els. Wb.* 1, 281). Die schwd. Ma. scheinen nur die Form *griəs* zu kennen. Zum Wechsel von *gr-* und *kr-* § 32, 3, vgl. auch els. *kriès*, *krias* etc., zum Ersatz von *s* durch *ts* § 33, 4. — Schwieriger ist die Behandlung des schwd. Diphthongen zu erklären: *griəs* im Nordteil (nur ganz gelegentlich auch in F) ist normal, im Südteil wäre nach *rimo* **gris*, **grits* zu erwarten, § 30, 2; statt dessen trat Zerdehnung des Diphthongen in *iè* ein (vgl. *grièšbak*), das entweder sich mit Gleitlaut zu *griyèts*, *griyés* erweiterte oder aber, seltener, sich mit Akzentverschiebung zu *gryèts* verkürzte; zu letzterer Behandlung vgl. *suryèb* (Sauerrübe) und mehrere Ortsnamen § 38, 8, ferner *fyèroba* (Feierabend), vgl. vog. *fyètrè* (füttern), auch *bwébo* (Bube). *gris* in Plagne statt *griəs* (Romont) hängt wohl mit dem Schwanken in B zwischen *-ir* und *-iər* zusammen: *prayir* prière, *lardžir* légère, *pir* pierre, *firt* fière, alle in Plagne neben Formen mit *iə* in andern jurassischen Ma. Die Form *gréts* ist eine rein lokale Entgleisung. — Das mask. Genus wegen *grü* 'Grütze'

Sachliches. Das franz. 'semoule' wurde von *grièts* stark zurückgedrängt, offenbar infolge der nach deutscher Art zubereiteten Gries-Gerichte (Griesbrei, Griessuppe, Griespflutte, Griesknöpfli); andere Mehlspeisen § 7, S. 25. — Dasselbe Wort in den Vogesen *gériēs* f. (Belmont 400).

Griesbach — *grièšbak* Genus? (Vd) Tabaksorte, nur in *on paquiet dè Grièchebaque* (*Cont. Vd.* 1897, 42).

Griesbach hiess ein Tabakfabrikant, wahrscheinlich elsässischer Herkunft, der zu Beginn des 19. Jahrh. gelebt hat. Er hat aus Richmond-Stengel eine heute verschollene Tabaksorte in Handel gebracht, die nach der Aufschrift der Päckchen 'Griesbacher' genannt wurde. Sie war besonders in Frankreich und im Jura verbreitet. [Diese Angaben verdanke ich den Bemühungen von Pfr. Dr. E. Müller in Langnau.] — Zum Abfall der Endung § 36, 2.

Griffel — *grif* f.? (N Landeron) = Schieferstift des Schülers.

Wohl aus *grifəl* mit Schwund der unbetonten Silbe § 36, 2; genau stimmt dazu allerdings nur das unsichere *tagnag* Dachnagel. — Andere Schulausdrücke § 17.

[**grinsen** — nur Ableit. *grīs* f. (B Aj.) = **1.** Grimasse, Mundverzerrung (moue). **2.** weinerliche Art. **3.** weinerliche Frauensperson; *grīsat* f. Dem. nur in Bed. 3; *grīsè* m. (B Aj.; Montbél.) = *grīs* in Bed. 1. u. 2. *è fè dè grīsè k potšă pavu* 'er schneidet Grimassen, dass es einem Angst wird'. **3.** Kerl von verdriesslichem, widerwärtigem Aussehen (nur B).

Vermutlich wurde das in dieser Gegend übliche Verbum *grīsiə* 'grincer', 'pleurer' in seinem Bedeutungsinhalt erweitert durch Anlehnung an das deutsche *grinsen* (*Els. Wb.* 1, 278 *krentsə*, im *Id.* fehlt das Wort). Möglich ist aber auch, dass *grīsiə* von sich aus dazu kam, den ganzen Vorgang des Weinens vom Mundverziehen bis zum hörbaren Schluchzen auszudrücken. Dass *grincer* in dieser Gegend auch 'weinen' bedeutet, weist auf Verwandtschaft mit *grinsen* hin, dessen ursprüngliche Bed. 'weinen, schluchzen' sein soll (Paul), vgl. das stammverwandte schwd. *grīnə* 'sanft weinen'.]

Grippli — *griplè* m. (B Prêles) = schlechter Kerl, Schimpfwort.

Wahrscheinlich aus alem. **gripli* n., Dem. zu *gripp* m. Schelm (*Id.* 2, 788); ist auch das Subst. nur für St. Gallen belegt, so ist das Verbum *grippen* stehlen über die ganze deutsche Schweiz hin verbreitet. Zur Endung § 29, 4.

gripsen — *gripsè, grīpsè* v. (B Aj.) = heimlich entwenden, stibitzen (chiper) bes. von Katzen und Raubtieren. — ABLEIT. *ègripsè* v. (B Epauv.) id.; *gripsu, ègripsu* m. (B) Dieb, Schelm.

Aus alem. *gripsə* v. in gleicher Bed. (*Id.* 2, 792; *Els. Wb.* 1, 280; *Schwäb. Wb.* 3, 842). *ègripsè* zeigt Einfluss von *ègripè* 'agripper' packen, entwenden (Montbél. *aigrippai*). Der Nasal in *grīpsè* wird von *grīpè* 'klettern' herrühren, das bindende Begriffselement wäre 'anpacken', das eine Mal zum Wegreissen, das andere Mal, um sich beim Klettern festzuhalten, vgl. die Herleitung von *grimper* aus *gripper*, fränk. *grīpan*.

Grisler, grislet s. Chrüsliger.

Grislibeere s. Chruselbeere.

Gritimos s. Girizenmos.

grob — *gròbo, -a* adj. (Vd Osten Alp. F V Osten Leytron-Sierre) = **1.** grob mit Bezug auf Materielles (Stoff, Faden, Werg; Viehfutter, Mehl, Roggenbrot, Fleisch; Erde; Sieb; Holz), ferner von der Arbeit *ferə ti le grobu-z-ovradzu* (F), von der Stimme 'tief'; *fer la groba pota* 'faire la moue' (eig. grosse lèvre). **2.** grob vom Benehmen, unhöflich, plump; und vom Charakter roh, brutal; in diesem Sinn wird meist 'grossier' gebraucht. **3.** oberflächlich, *fer a la groba* 'f. à la diable' (Vd V) z. B. beim Flicken, vgl. *a la gotsnam.* — ABLEIT. *grobamẽ* adv.; *grobe, grobeta* adj. (F) grob; *grobetą* f. (F) Grobheit, Rohheit; *grobẽ* (F) Grobian (s. folg. Wort); *grobèyè* v. (V Ann.) grob werden; *degrœba* v. (G) 'dégrossir'.

Aus *grob,* das in allen angeführten Verwendungen vom *Id.* (2, 688) belegt wird. In welchem Zusammenhang das Wort zuerst Aufnahme gefunden haben mag, kann nur an Hand der heutigen Vitalität vermutet werden, sie weist auf Verfertigung von Stoffen oder auf landwirtschaftliche Arbeiten (Futter, Erde), jedenfalls nicht auf das Benehmen. — Im grossen Gegensatz zur Sippe Griebe zeigt das Wort nirgends eine sichere Spur von lautlicher Anpassung, was trotz der starken Verbreitung in Vd V auf junges Alter der Entlehnung deutet. Bei *degrœba* wird *grœba* 'Schmutz' (vgl. *degrouba* décrasser) eingewirkt haben; *grobẽ* ist in seiner Endung nach Wörtern wie *lambin, gredin, malin* etc. gebildet. — Adjekt. Lehnwörter von einiger Verbreitung sind selten, vgl. fahl, tschägg, leer, bloss, zäh u. a. 'grob' ist von allen das bedeutendste. 'Grob' auch im Rätischen (Ulrix 49).

Grobian — *grobyã, -ãda* adj. (V Vollèges) = der mit den Tieren roh umgeht. — Ableit. *grobyãda* v. misshandeln.

Offenbar aus deutsch *Grobian,* zu dem Form und Bedeutung stimmen. Auffallend ist nur das isolierte Vorkommen im lehnwörterarmen Val de Bagnes. Fem. und Verb nach Adjektiven wie *gourmand.* Das im *Id.* fehlende Wort ist in der Schweiz allgemein üblich.

Grossmutter — *grosmuətr* (B Mett.) in familiärer Rede.

Grube — *grœbo, grœübo* m. (Vd Bez. Aigle V Leytron-Conthey) = Feuerstelle in der Sennhütte.

Es ist ohne Zweifel das schwd. *gruəb, fürgruəb* f. in gleicher Bed. (*Id.* 2, 693), zum Mask. gestempelt wegen *foyer* Feuergrube, unterstützt von *feu,* mit dem es leicht vertauscht werden kann. Schwierigkeiten macht der Umlaut. In der gleichen Gegend wurde schwd. *buəb* zu *bubo,* warum nicht **grubo?* Die oberwallis. Form *firgrüəbə* f. (Salgesch, selbst gehört), vgl. **grüob* (erschlossen aus *büob, pflüog* etc. Wipf, *Visperterminen* § 57) würde unter der Annahme von eingewanderten Sennen die V-Formen zur Not erklären, nicht aber die zu weit abliegenden Vd-Formen. Dass schwd. *gruəb* unter Einfluss von *grüəblì* n., *grüblə* v., *grüəblə* (*Id.* 2, 697) zu einem **grüəb* umgelautet worden wäre, ist für alem. Lautgewohnheiten nicht eben wahrscheinlich. Es liegt daher näher als Lautersatz zu schwd. *grùob, grùəb* (vgl. § 29, 6) eine welsche Grundform **grobo* anzunehmen, die, wie **groba* 'Griebe' nach dem Typus HORA behandelt, im obigen Patois-Gebiet zu *grœbo, grœübo* werden musste. — Zur Sache § 9 Schluss.

grübeln — **1.** *grœblè* v. (B Romont Zi.), *grœbèlè* (B. Aj. Guélat) = ausgraben, auswühlen. — Ableit. *grœbnè* v. (B Charm., Guélat) id.

Aus alem. *grùblə* (*Id.* 2, 691). Zum Übergang in *œ* § 29, 8. Die Form *grœbèlè* kann durch Einfluss eines nicht belegten **grœbèl* aus *grübəl* Hacke (*Id.* ib.) erklärt werden. In *grœbnè* sehe ich Ersatz des alem. Verbalsuffixes *-lə* durch das jurass. *-nè,* § 49 Schluss.

— **2.** *grüblé* v. (N volksfrz.) = einer Sache nachspüren, sich im Geiste abmühen, *ils auront tout grublé l'affaire* (von Prozessführenden).

grunzen — *grõsnè, grũsnè,* auch *grõsnie* v. (B Aj. Del. Fr.-Mont.) = **1.** grunzen. **2.** brummen, murrend klagen. — Ableit. *grõsnu* m.

Wohl aus *gruntsə,* das alem. in beiden Verwendungen vorkommt (*Els. Wb.* 1, 279 unter *grünzen; Id.* 2, 786 nur Bed. 2). Wegen der Suffix-Erweiterung § 49 S. 91. Zum Lautersatz *s* für *ts* § 34, 4, doch vgl. alem. *grumsə* 'weinerlich oder murrend klagen' (*Id.* 2, 740, *Els. Wb.* 1, 274 auch 'grunzen') und schwäb. *grunsər* 'wer nie zufrieden ist' (*Schwäb. Wb.* 3,883). Ob *grunzen* oder *grumsen* oder beide zusammen zu Grunde liegen, müsste eine Untersuchung über die Vitalität der beiden Wörter in den angrenzenden alem. Ma. entscheiden.

Grüsch — Ableit. *krœšõ* m. (B üb.), *krœsũ* (B Fr.-M.; dép. Doubs Damprichard, St-Hippolyte) [*kurtsə* f. (Vd V F), *kortsə, kwərtsə, krütsə*

(Vd), *krusə* (V Sierre), *kruts* (V), *kœrtš* (N B Diesse), ferner *krüϑə* (G; Hte Savoie), *krütsə* (Aosta)] = Kleie.

Es sind offenkundig zwei Typen zu unterscheiden: *kurtsə* im Süden, *krœšõ* im Norden. Dass die germanische Herkunft des südlichen Typus auf schwachen Füssen steht, hat J. Jud in seinem scharfsinnigen Aufsatz über *son* 'Kleie' überzeugend nachgewiesen (*Arch. f. d. Stud. d. neuern Sprachen* 126, 137 ff.). Hier kann es sich lediglich um den viel einheitlicheren nördlichen Typus handeln. Dass *krœšõ* nicht ohne weiteres zum südlichen Typus (mit *on*-Suffix) gerechnet werden kann, zeigt folg. Vergleichung:

	ruche	bûche	embûche	(suie)
im Süden	*rütsə* etc.	*bütsə* etc.	*ēbütsə* spor.	*sütsə* etc.
im Norden	*rœtš* allg.	*bœtš* spor.	*ābœtš* spor.	*sœtš* allg.

Daraus erhellt, dass nur ein **krœtšõ* (vgl. *kœrtš* im N-Gebiet) der Zuweisung zum CRUSCA-Typus genügen würde. Einfluss der Schriftsprache, wie bei den jurass. Formen von *cruche, embûche, coqueluche* etc., ist hier ausgeschlossen, da eine franz. Entsprechung fehlt. Am einfachsten löst sich das Rätsel bei Herleitung aus westschwd. *χrüš* 'Kleie' (*Id.* 2, 817; aber els. *kriš Els. Wb.* 1, 284), eine Annahme, die auch die Beschränkung des Typus auf den B Jura mit nur angrenzenden franz. Gebieten nahe legt. Anlaut und Stammvokal stimmen durchaus mit § 33,7 und 29,8. Zur Endung vgl. *truəzõ* (Druse), *graobõ* (Griebe).

Bleibt der *s*-Laut von *krœsũ* zu erklären, der auch bei Ablehnung von 'Grüsch' zu denken gibt. Ich halte ihn für das Produkt einer 'Entsprechung', die auf dialekt. Wechsel zwischen *š*- und *s*-Formen beruht. Man vergleiche:

	abeille	fille	engraisser	descendre	voisin
allg. jurass.	*èšat*	*bèšat*	*āgrèši*	*dešādr*	*vežĩ*
Franches-Mont.	*èsåt*	*bèsåt*	*āgrèsi*	*desādr*	*vezĩ*
Damprichard		*bésòt*	*õgrési*	*desõdr*	*vezĩ*

Nicht ausgeschlossen, aber unwahrscheinlich, ist, dass ein heute ausgestorbenes jurass. **krœtš* bestanden hat, das unter alem. Einfluss zu **krœš* (bezw. *krœšõ*) geworden wäre.

gucken — *kùka, kóka* v. (V Sierre, Evol.; Illiez); *güga* (F üb.) = **1.** neugierig, oft verstohlen zuschauen (badauder; V F). **2.** sich die Zeit vertreiben, *alà güga õ* (au) *kabarè*. — ABLEIT. *agoga* v. (V Vionnaz) zuschauen, *kùkašyœ* v. (V) verstohlen zuschauen, *kukašyu* m., *-uža* f. der gerne zuschaut (V), *gügåye* f. (F) Rundgang (z. B. im Wald, im Stall); *gügeri* m., *-ida* f. neugierige Person (badaud); *gugã* m. (F), *gogã, -ãna* (Sav.) 'fainéant'.

Ohne allen Zweifel aus schwd. *kùkkə* (*Id.* 2, 182 *guggen*) in derselben Bed. 1 mit den gleichen Nebenvorstellungen des Neugierigen und des Heimlichen. Das Wort ist noch weiter verbreitet, als nach den Angaben des *Id.* zu schliessen wäre; ausser im Berndeutschen findet es sich auch im Wallis (Wipf, *Visperterminen* § 154), in Freiburg (Jaun), in Luzern etc.

immer als *kùkkə,* wozu die V-Formen durchaus stimmen; zum Stammvokal § 29,6. Schwierigkeiten macht nur, wie bei *lüga* (s. lugen), die allgemein bezeugte *ü*-Form in F: abgesehen vom § 29, 7 gegebenen, nicht recht befriedigenden Erklärungsversuch, könnte hier das *ü* auf eine schwd. Form **güggen* zurückgehen, die in mhd. *gücken* neben *gucken* tatsächlich vorliegt, und die ausserdem durch das familiärere *güggelen* (fehlt *Id.*) nahe gelegt wird. — In der Bed. 2, die den schwd. Ma. unbekannt ist, trat die Vorstellung des Schauens zurück zugunsten derjenigen der Neugierde; zu dieser Gedankenrichtung gehört wohl die freib. und savoyardische Bedeutung 'Faulenzer'. — Zur Sache vgl. § 23. — Über *gucken* im Puschlav (Salvioni[2] 611) und im Rät. (Brandstetter 70). — Vgl. *guggeisis.*

Guckscheibe — *kokšib* f. (B Prêles, Vauff. N), *une vieille coquecibe* (N volksfr.) = Butzenscheibe.

Eher identisch mit schwd. *guggšibə* f. kleines Guckfenster (*Id.* 8,53) als das im *Id.* nicht aufgeführte *xuxxišibə.* — Zum *s* in *sib* s. Scheibe.

Gude s. Goden.

guenen s. gonen.

gueten — *guətè* v. (B Romont Zi.) = sich bessern, *sòli a guətè* 'damit ist es besser geworden'.

Aus schwd. *guètə* in gleicher Bed. (*Id.* 2, 555).

Gugelhopf — *gluglu(f)* m. (B Aj. Vad.), *gugluf* (B Mett.; Belfort, Montbél.), *kuglof, guglopf* (N volksfr.); vgl. *couglof, kougelhopf* (Sachs.-Vill.) = Gugelhopf. (Näheres über Form und Zubereitung *Id.* 2, 1492; *Els. Wb.* 1, 362).

Aus alem. *kùgəlhòpf, kùgəlhùpf,* els. *kuglùpf* m. (St. Amarin). Ob das Wort elsäss. oder schwd. Herkunft ist, lässt sich formal nicht entscheiden, els. wie schwd. kommen *-hòpf* und *-hùpf* vor. Die in B vorwiegende Form *glugluf* mit regressiver Assimilation ist mir alem. nicht belegt. Zum gelegentlichen Wegfall des *f* § 36, 1 *a*. Genus wegen *gâteau.* — In der Gegend von Belfort gilt der *gugluf* als ein Backwerk elsässischer Herkunft (Vautherin), sicher mit Recht. Vermutlich reichte dieser elsäss. Einfluss direkt oder indirekt bis Montbéliard, so dass es zum mindesten fraglich erscheint, ob *gouguelof* dort auf die württembergische Herrschaft (§ 11) zurückgeht, wie Bauer, *Gebäckbezeichnungen* 51, ohne weitere Prüfung behauptet.

Guggeisis — *gükès, krukès* m. (Aussprache?, F Grangier, suppl. sub *guckeiss, croukeis*) = Versteckspiel.

Ohne Zweifel aus schwd. *guggeisis machen* Versteckens spielen (*Id.* 2, 180). Zu *ü* für *u* s. gucken. Zum Wegfall des unbetonten *-is* § 36, 3. *croukeis* bleibt unklar.

Guggeli s. Kucheli.

Guggisberg — *kokišpèr(g), kokišəbèr(g)* m. f. (Vd überall spor., G N), *kokyəspèrg* (Vd Vaug.), *kukišperg* (Vd Rougemont, Vallorbe); *kokiš* m. (Vd Bière) = grosse Pfeife mit Porzellankopf, angeblich in Guggisberg (Kanton Bern) verfertigt, auch *pipə* oder *jarret de Guggisberg*, *pipa de kutsèru* (Spottname der Guggisberger), *pipe bernoise*, *pipe fribourgeoise* (Vd Leysin, weil Guggisberg hart an Deutsch-Freiburg grenzt), *pipe d'allemand* genannt.

Die berndeutsche Aussprache des Ortsnamens ist *kùkišpärg*, auch *kùkərspärg* (Friedli 3, 135, vgl. Guggishorn, Guggisbach), daher wohl das Schwanken zwischen *š* und *s*. Zu *o* neben *u* § 29, 6. Wegfall des *g* § 36, 1 *β*. Zur Verkürzung § 36, 3. Zu *ky* für *k* § 32, 5. Das Fem. wegen *pipe*, das Mask. vielleicht wegen der familiären Bezeichnungen für die Pfeife *le sèche-moque, le brûle-gueule, le jarret*. — Die Pfeifenfabrikation erwähnt zwar Friedli in seiner trefflichen Monographie direkt nicht, wohl aber spricht er von der 'echten, alten Guggisbergerpfeife' (S. 484) und gibt davon mehrfache Abbildungen (am besten S. 518, auch 287 und 435). Das 'Guggisbergerli' der Berner Bauern erwähnt das *Id.* (4, 1558). — Deutscher Einfluss in Bezug auf das Rauchen § 13, 4.

[**Gülle** — *goλe, goye* f. (Vd V G F N B Diesse; *gollye* Lausanne 1368 Godefroy), *guλə, guy* (Vd Jura N Côte aux Fées), *goδə* (Vd Leysin, V Vionnaz), *godə* (Vd P. d'Enh., V Conthey), *gyœδə* (V Ill.), *gwóde* (V Liddes) etc. volksfrz. *goille, gouille* = **1.** Pfütze, Lache, Tümpel (mare, flaque d'eau); Strassenkot; sumpfiger Ort. **2.** scherzhaft für Meer, See, *la grãta goλə* (Vd). **3.** Wetzsteinkasten (weil immer Wasser drin ist) (Vd Wissler 86). **4.** Wasser, das man den Gefolterten zu trinken gab (lat. Verordnung, Lausanne 1368, *Mém. et doc. ... de la Suisse rom.* 7, 379). **5.** *Gouille(s)* häufiger Flurname.

ABLEIT. *goλeta* f. (Vd V F), *goλè* m. (Vd), *goλõ* m. (Vd V F), alles Dem. in Bed. 1; *gœλi, goli, goλé* etc. m. (V, Suffix -ARIU), *guλirə* f. (V Hérém.) grössere 'gouille', Teich; *goλi* v. (Vd V) nass machen, *goλotsi* v. (Vd), *goλasi* (V) plätschern.

Alle diese Formen stimmen in Bezug auf das *λ* dorfmässig überein mit der Entwicklung von *feuille, fille, paille, bouteille* etc.; desgleichen stimmen überein die vier Varianten des Tonvokals: *o, u, œ* und *wo*, mit der geographischen Verteilung der Formen *foλə* (Vd V F), *fuy* (Dép. Jura und Doubs längs der Grenze von Vd u. N), *fuλə* (Vd Vallorbe), *fœδə* (V Ill., vgl. Fankhauser § 116 a) und *fwodə* (V Orsières nahe bei Liddes). Dass in *gyœδə* der Anlaut eine normale Folge des Übergangs in *œ* ist, zeigt ebenfalls Fankhauser, § 147 a. Wir sind somit vollauf berechtigt, für unser Wort eine Grundform *GOLYA, *GOKLA anzusetzen.

Auf diese Grundform weisen auch die französischen und italienischen Dialektformen unseres Wortes. Sie umfassen folgendes Gebiet: Savoyen (beide Dép.) und Aostatal, hier allein, im frankoprov. Kernland, ist das Wort stark belegt (*Atlas*-Karte mare B 1621). Weniger häufig erscheint es in den Dép. Hautes-Alpes, Isère, Ardèche, Ain, Puy-de-Dôme, Allier, Corrèze, ferner Jura, Vosges und in den Gegenden: Centre (Jaubert), Morvan Nivernais, Berry, Bourbonnais, Périgord; ganz vereinzelt nur als Ortsname *Les Gouillons* im Dép. Eure et Loire. Der älteste franz. Beleg stammt aus dem Lyoner *Yzopet (goilles: renoilles* 'Pfützen', 13. Jahrh. Fr.-Comté). Nach Jaubert heisst das *abreuvoir* von Bourges *Goille* im 15. Jahrh. Endlich im Piemont (Sant'Albino *goy, goya* 'pozza') und im Bergamask. *(goi* 'tonfano'). (Vgl. *Atlas* mare, purin, limon, lavoir, boueux; Meyer-Lübke, *Z. f. rom. Phil.* 19, 279, *Et. Wb.* 3912; Jud, *Rom.* 41, 292[1], Jud mitg. Das Verbreitungsgebiet liesse sich durch Herbeiziehung der Orts- und Flurnamen sicher noch genauer bestimmen.)

Die Bedeutung deckt sich in den franz. und ital. Ma. fast durchweg mit der Hauptbedeutung des schwz. *gouille.* 'Jauche' (purin) bedeutet das Wort im Aostatal (2 mal) und in Savoyen (1 mal).

Als Etymon wurden vorgeschlagen fränk. *GULYA von Meyer-Lübke (*Z. f. rom. Phil.* 19, 279) und lat. *GUTTULA 'Tröpfchen' von E. Muret (mündlich). Beide Etyma sind für ganz Frankreich mit Piemont lautlich unanfechtbar, zum zweiten vgl. lat. VETULA, SITULA frz. *vieille, seille,* auch piem. *veja, sia,* vgl. *ginoi* 'ginocchio' etc. [Gegen GUTTULA sprechen altbergam. *oregia* AURICULA, *vegia* VETULA heute *oredža, vedža* (Lorck, *Altberg. Sprachdenkm.* 28). Für *gulja* spricht *foi* FOLIUM.] Wenn auch tatsächlich die meisten Wasserlachen 'tropfenweise' gebildet werden (direkt durch den Regen oder indirekt durch die Dachtraufe), so verdient doch begrifflich dasjenige Etymon entschieden den Vorzug, dessen ursprüngliche Bedeutung (mhd. *gülle* 'Lache, Pfütze') sich mit der frz.-ital. Wortsippe vollständig deckt, umsomehr als diese ursprüngliche Bed. sich in weitem Umfang bis in die heutigen Ma. lebendig erhalten hat. (*Id.* 2, 222: 1. Lache vgl. Schneegülle, Fröschgülle. 2. Jauche; *Schwäb. Wb.* 3, 913: 1. Mistjauche, 2. Pfütze.) Mag auch die Bed. 'Jauche' in schwd. und elsäss. Ma. heute vorwiegen, so weist das *Id.* die Bed. 'Lache' mit ältern und neueren Belegen für den grössern Teil der deutschen Schweiz nach. Der Bedeutungsübergang von 'Lache' zu 'Jauche' ist eine sachlich leicht verständliche Spezialisierung, indem, besonders bei primitiveren landwirtschaftlichen Betrieben, die aus dem Stall fliessende oder vom Misthaufen sich absondernde Jauche sich in einer Vertiefung des Bodens ansammelte d. h. eine mit Regenwasser vermischte 'Lache' bildete, dem auf guten Dünger jederzeit bedachten Bauern war diese 'Jauche-Lache' (später Jauchegrube, -Kasten) sehr willkommen, es war für ihn die Lache par excellence; auf diese 'Verengung' folgte eine leichte 'Verschiebung'; *gülle* hiess bald nicht nur die Ansammlungsstelle, sondern die Flüssigkeit selbst. Diese beiden semasiologischen Vorgänge scheinen mir vom landwirtschaftlichen Interessenkreis aus gesehen so natürlich, dass sie sich sehr wohl an verschiedenen Orten unabhängig von einander konnten abgespielt haben, mit andern Worten: das geographisch abgelegene Gebiet *goλə* = 'purin' braucht nicht mit schwd. *gülle* = 'Jauche' im Zusammenhang zu stehen. [Näher schon liegt die Vermutung eines Zusammenhangs bei schwd. *die gross gülle* (B *Id.* ib.) verglichen mit *la grãta goλə* (Vd), beide den Ozean bezeichnend.] Genau den gleichen Entwicklungsgang zeigen *lache* und *marais,* die beide in der Schweiz auch 'Jauche' bedeuten *(Id.* 3, 1004 und M.-L. *Et. Wb.* 5360, *muarè* N).

Was endlich die geographische Verteilung der romanischen wie der germanischen Wortsippe anbelangt, so spricht sie, wie mir scheint, für die Annahme einer germ. Entlehnung, allerdings eher aus dem Alem. als aus dem Fränkischen. Denn die eigentliche Heimat von *gouille* ist nach den Belegen zu schliessen das franko-provenzalische Sprachgebiet, von da aus hat sich vermutlich das Wort gleichsam strahlenförmig ausgedehnt: nach der Franche-Comté, nach Burgund, Auvergne, Dauphiné, Piemont. Und je mehr wir uns vom fr.-prov. Kernland entfernen, so hat es den Anschein, desto spärlicher fliessen die Belege. In die voges. Ma. kann es aus dem Elsass, in die bergam. durch tessinische Vermittlung gedrungen sein. Eine Einwanderung aus dem Rom. ins Deutsche scheint ausgeschlossen, das Wort erscheint zu fest eingewurzelt auf germ. Boden, 'ein echt alemannisches Wort' nannte es das *Id.*, nach Kluge *(Et. Wb.* 182) war es früher auch im mittel- und niederdeutschen Sprachgebiet verbreitet und drang in umlautloser Form ins Finnische *(kulju)*.

Schwieriger ist die Zeit der Entlehnung zu bestimmen. Das Wort muss vor dem Übergang von **gulja* zu *gülle* ins Romanische gewandert sein, d. h. spätestens Ende des 9. Jahrhunderts, vielleicht auch erheblich früher; denn die ältesten Spuren des Umlautes von *u* gehen ins 10. Jahrhundert zurück (Braune, *Althochd. Gram.* § 32[4]; Frank, *Altfränk. Gram.* § 22, mitg. von Bachmann). Dieses hohe Alter erhöht die Ungewissheit über die alem. Herkunft des Wortes, daher die Einklammerung des ganzen Artikels.

Beachtenswert ist die begriffliche Verwandtschaft mit andern germ. Lehnwörtern: it. *tonfano* und frz. *tympe* aus *tümpel*; frz. *mare* aus ahd. *marî* (nach Braune, *Zeitschr. f. rom. Phil.* 21,214; auch *Dict. gén.*), vgl. auch Moos. Diese mehrfache Anleihe, die teils topographischer, teils landwirtschaftlicher Natur ist, setzt, wie mir scheint, mehr als andere Lehnwörter, das Vorhandensein einer german. Landbevölkerung auf romanischem Boden voraus.]

Gulden — *guld*, *góld* m. (Vd B) = Münze im Werte von 15 Batzen. (Näheres s. *Id.* 2, 227 ff.)

Andere Münznamen § 12, 2. 'Gulden' im Unterengadin (Ulrix 50).

Gurt s. Obergurt.

gus — *kus* m. (B) = Schweinchen, Kinderwort.

Wahrscheinlich doch Entlehnung aus schwd. weit verbreitetem *gus gus* Lockruf an Schweine. (*Id.* 2, 472.)

guten Abend — *kotənob* (Vd Penthalaz) = scherzhafte Begrüssung (in früherer Zeit).

Aus schwd. *gùətənóbə*. Zu *óbə* für *abig* § 28 *a*; schwd. *ùə* ist hier anders behandelt als in *bùəb*, wohl infolge der vortonigen Stellung. Zum Anlaut § 32, 3.

[**guten Tag** — *tĕgotag* m. (V Salvan) = deutsch (ohne Angabe über Verwendung).

Vielleicht aus *guətətag* mit Silbenmetathese *(*təguətag)* entstellt und ähnlich wie ja ja, ja freili, Almosen etc. zur Bezeichnung des Deutschen verwendet.]

Gutsch s. Chuz.

Gutter — *gòtrœ* m. (B Pl. de Vauff., Mett.), *gotirœ* m. (B Doubs) = Medizinfläschchen. — Ableit. *gòtrla* m. (B Vauff.) Dem.

Die merkwürdige Endung scheint auf schwd. *gùttərə* f. *(Id.* 2, 532) zurückzugehen, vielleicht in Anlehnung an das Instrumentalsuffix *-oir* in *epwəryœ* 'épuroir', *ešèrtœ* 'essertoir' Hippe (B Diesse). Das mask. Genus wegen *flacon*. Der nach § 37, 1 ungewöhnliche *i*-Einschub in *gotirœ* dürfte von *gotir* f. (B) gouttière herrühren, das gemeinsame Moment ist das Herabtröpfeln einer Flüssigkeit.

H

Zum Anlaut dieser Wörter vgl. § 33, 9.

Haberkuchen — *abrəku(ə?)* (Genus?, N Valangin, *Pat. Neuch.* 177[1]), *abrəkœ* (N Locle, id. 45) = Art Lebkuchen (biscôme).

Der zweite Bestandteil des Wortes ist unzweifelhaft identisch mit schwd. *χùəχə*, zu dem das *Id.* (3, 136 sub Lebkuchen) eine hier wohl in Betracht kommende Lautvariante *χùə* verzeichnet, vgl. *ēbərkuə* s. Ingwerkuchen. Der Lautersatz *œ* für *ùə* ist ungewöhnlich, vielleicht Einfluss von *χüəχli*. — Der erste Bestandteil könnte *Haber* oder *Hab* 'Sauerteig' (*Id.* 2, 864, vgl. *hab-chüechli* 3, 135) sein, in letzterem Falle wäre das *r* etwa nach *ēbərkuə* eingeschoben worden. Sachlich aber spricht gegen die Herleitung aus *Habkuchen* der Umstand, dass die zum Aufbewahren bestimmten Lebkuchen nie mit Hefe (höchstens mit einem Triebsalz, um den Honig zu sparen) gebacken werden, und dass tatsächlich mit den *Habchüechli* des *Id.* keine Lebkuchen gemeint sind. Was *Haberkuchen* anbelangt, das den alem. Wörterbüchern durchwegs fehlt, das ich aber in St. Amarin (Elsass) gehört habe, so ist zwar die Verwendung von Hafermehl bei Lebkuchen unwahrscheinlich, sehr wohl aber kann die gelb-braune Farbe des Hafers (bzw. des Hafermehls) die Bezeichnung veranlasst haben. — In Locle kann die Form mit *ēbərkuə* identisch sein, vgl. *vadü*, sonst *vēdü* 'vendu', nicht aber in Valangin. (Mitg. v. Gauchat.)

Habermark — *abrəmar* (Genus?, Vd Vully 1851) = Bocksbart (tragopogon), alem. 'Habermark'.

Aus schwd. *habərmarχ* (*Id.* 4, 393). Zum Abfall des Endkonsonanten § 36, 1 β. Vielleicht wurde die Entlehnung durch den Umstand veranlasst, dass die Pflanze gern von Kindern gegessen wird, vgl. den Volksreim: *Habermark, macht d'Buebe stark* (*Id.* ib.). Als 'Haberspeise' ist das Wort nur dem *Schwäb. Wb.* (3, 1000) bekannt.

Habermehl — *abrəmẹ̀l, abərmẹ̀l* f. (Vd F N, B Erguel Aj.), *abrəmè* m. (Vd), *brəmẹ̀l* f. (F Broye, Glâne), *abrəmèla* f. (N Côte aux Fées), *abrəmòl* (B Vauff.); häufig aus älterer Zeit: *abermëel* (N Barr. Mitte 17. Jh.), *habermäl* (B 1630), *abremel* (N 1743) = Hafergrütze (gruau d'avoine).

Aus alem. *habərmäl* n. in gleicher Bed. (*Id.* 4, 219, *Els. Wb.* fehlt). Das stark belegte *brəmẹ̀l* zeigt Deglutination des zum Artikel geschlagenen *a*, § 38, 2. In *abrəmòl* sehe ich eine Anlehnung an das allgemein jurass. *mal* 'Brei', das normalerweise in Plagne zu *mòl* wurde (s. Artikel Mehl). Das von Natur genusschwache Wort — eine Folge des vokal. Anlautes — wurde vorwiegend als Fem. behandelt, wesentlich wohl wegen der mit franz. Wörtern auf *-elle* zusammenfallenden Endung (§ 44). Wo das *l* verstummte, vgl. *etèrnè* éternel, *tünè* 'tunnel' (Vd), wurde das Wort naturgemäss zum Mask. in Anlehnung an Wörter auf *-et* (daher die Schreibung *abremet*, Vd).

[**Habersack** — *abrəsą* m. (Vd Alp. V G F N B überall spor.), *abrəša* (Vd Alp. F spor.), *èbərsak* (B Plagne), *brəsą* f. (V Bagnes); *avrəsa* (spor.) = Tornister (des Soldaten, des Schülers, des Hirten).

Vermutlich hat das aus Frankreich eingedrungene *havresac* in den alem. Einfluss ausgesetzten Gebieten sein *b* erhalten (schwd. *habərsakx*, *Id.* 7, 622). — Im Val de Bagnes wurde *abrəsa*, sei es wegen des Anlautes, sei es wegen des Auslautes zum Fem. gestempelt und infolge von Artikel-Deglutination zu *brəsą* verkürzt (*Bull.Gl.* 7, 4). — Über 'Habersack' in tess., komask., puschlav. und rät. Dialekten (Bruckner 32; Salvioni[2] 610; *Id.* 7, 623).]

hab's — *haps!* (B Charm.) = Ausruf bei raschem Wegnehmen, besonders in der Redensart: *èl é ètštè sóli ã lè fwar də haps* 'er hat das gestohlen'.

Wahrscheinlich aus der deutschen Verbindung 'ich hab es' herübergenommen, die allerdings alem. kein *b* aufweist, schwd. *i ha's*. *Id.* und *Els. Wb.* geben keinerlei Auskunft. Das *Schwäb. Wb.* kennt *hapsen* 'stehlen', vgl. auch das elsäss. Dorf 'Habsheim'.

Hackbrett — *albrèk* m. (V Lens) = Hackbrett, Musikinstrument (tympanon).

Ohne Zweifel eine ungenaue Wiedergabe des in der deutschen Schweiz weit verbreiteten *hakxprett* in gleicher Bed. (*Id.* 5, 901). Die Leute von Lens kennen das Instrument aus ihrer Berührung mit dem deutschen Kantonsteil. — Vgl. rät. *happet* (Ulrix).

hacken — *akè* v. (B Aj. Dev. Mett.) = mit der Hacke arbeiten (piocher).

Aus alem. *hakxə* (*Id.* 2, 1112, *Els. Wb.* 1, 316). Vgl. *hakè* in voges. und lothr. Ma. (*Z. f. rom. Phil.* 36, 257).

Häckerling — *häkərlè* m. (F Sugiez), *ekərle* (F Cressier) = geschnittenes Kurzfutter, oft mit Rüben, Kleie, Salz untermischt, beliebtes Pferdefutter; auch 'Häcksel' genannt.

Aus schwd. *häkxərli* (*Id.* 2, 1114) oder *häkχərlìg* (B Zweisimmen). Genus wohl wegen der Endung. — Derselbe Begriff ist entlehnt in *Futter*. In Holderbank (Solothurn) wird *häkxərlə* in Bezug auf Heu, *xurtsfuətər* in Bezug auf Hafer gebraucht.

H a f e n s. Milchhafen.

H a f e r s. Haber-.

Haken — *hók* m. (N, *hoques et musquets* 1623, *hôque* Barr. Mitte 17. Jahrh.), *hak* (N, Mitte 17. Jahrh.) = Hakenbüchse (mousquet à croc).

Aus alem. *hokə*, *hakə* (*Id.* 2, 1089), Bed. 'schwerfälliges Schiessgewehr mit Haken am Schaft zum Aufstützen'. Zur Form *hokə* § 28*a*. — Vermutlich steckt das gleiche Wort in afrz. *ahoc* (Tobler, *Altfrz. Wb.*). — Vgl. K e h r h a k e n.

Hakenbüchse — *hackenbuchs(en)* m. (F 1475), *por ung hagkenbuchs* (1479, Büchi 65, 66, 91).

Zur Sache vgl. H a k e n, B ü c h s e, B ü c h s e n m e i s t e r; auch § 15. — Das mask. Genus wegen *mousquet*.

Hälsig — *èlsīdyə*, auch *èlzīdyə* m. (f.) (B Aj. Vad.), *alzīdyə* (B Aj.), *èlsī*, *èlzī* (B Doubs) = Strick zum Binden (Vieh, Holz etc.).

Es ist das alem. *hälsig (Id.* 2, 1210). Die Form mit *a* zeigt wohl elsäss. Einfluss, vgl. *halsik (Els. Wb.* 1, 328). Da die heutigen alem. Ma. kein **hälsing* mehr kennen, muss das Wort in früherer Zeit entlehnt worden sein, vgl. mhd. *helsinc,* schwd. *hälsling* (1676 *Id.* l. c.). Zum Schwanken zwischen *s* und *z* § 33, 2. Zur Entsprechung *dy* für *g* § 32, 5. Zum Wegfall des *g* § 36, 1*a*. — Zum schwankenden Genus vgl. § 47.

Handwerksgesell — *entwertsksel* m. (Aussprache ?, N 1684). Zur Sache § 4. Zur Vereinfachung von *rkxsks* § 36, 5.

Hanswurst — *hansvòršt* m. (B Plagne).
Zur Beibehaltung der schwd. Lautung § 39.

[**Harke** — *èrka* f. (Vd Joux), *hèrk* (B Aj. Mett.) = **1.** Rechen, für Gartenarbeit, beim Dreschen; sonst immer *râteau.* **2.** Werkzeug des Köhlers (Aj.) — Ableit. *èrka* v. (Vd Joux).

Doch wohl identisch mit norddeutsch 'Harke' f. (Paul, Kluge). Da das Wort den alem. Ma. gänzlich unbekannt ist, kann es nur durch franz. Vermittlung in die schwz. Ma. gedrungen sein; vgl. afr. *harke* f. râteau (?); dial. *hark* f. (Vosges 2 mal), *arkot, arkœt* f. râteau (3 H^te^ Marne, 1 Côte d'Or, 1 Aube, *Atlas*-K. 1132). — Ob *èrknè* v. 'chicaner' (B Aj.) dazu gehört, ist zweifelhaft. — Herleitung aus 'hacke' oder 'hacken' (vgl. *Id.* 2, 1090 Bed. 6) mit *r*-Einschub, wie etwa *salarda* salade (Vd), kommt bei der Konstanz der *r*-Formen nicht ernstlich in Betracht.]

Harnischer — *larballestier, larnischer* etc. (F 1476, Büchi 74) = Harnischmacher (*Id.* 2, 1613).

H a u f e n s. Motthaufen.

Haus — *uz, huz* f. (B Charm.) Gebäude, verächtlich, *ẽn vey uz* 'vieille masure'.

Alem. *hûs.* Vgl. B a c k h a u s, B r e n n h a u s, B u c h h u s, F i s c h h a u s, S c h e i s s h a u s, W a s c h h a u s.

heimatlos — *emat(ə)lóz* adj. m., *-lóza* f. (Vd V G F N), *imatəlózə* (Vd Broye), *imatlóš* (F), *ẽmatlóz* (Vd Noville), *eimatlo(s)* (B); *matəlo(z), matəlos* (Vd, F), *matəlož* (Vd P. d'Enh.); volksfrz. und amtlich *heimatlose* = **1.** historische Bezeichnung für eine P e r s o n o h n e H e i m a t s c h e i n, seit Beginn des 19. Jahrh. Das Wort figuriert als offizieller Ausdruck in vielen kantonalen Verfügungen der franz. Schweiz, so z. B. bestimmt die Walliser Diète von 1830: 'tout individu sans patrie, connu sous le nom d'*heimathlose* ... sera assigné à la commune' ... Dem Elend der 'Heimatlosen', die ein Kanton dem andern aufzuhalsen bestrebt war, machte das Bundesgesetz vom 3. Dez. 1850 ein Ende. Vgl. auch *Cont. Vaud.* 1894, 25. **2.** L a n d s t r e i c h e r, Zigeuner oder Einheimische, die als Kesselflicker, Korbflechter, Verkäufer (von Töpferwaren, Vögeln, Zunder, Weihwasserwedeln etc.) im Land herumzogen. Bekannt war *le char* *des heimatloses.* — ABLEIT. *ématəlózè, matəluzé* f. (Vd Blonay) von 'Heimatlosen' aus Weiden geflochtener Korb; 'Loi fédérale sur l'*heimatlosat*', lautet der Titel des Bundesgesetzes von 1850.

Das Aufkommen des deutschen Ausdrucks liegt vermutlich eben so sehr am Fehlen einer adäquaten offiziell-franz. Bezeichnung (*sans patrie* wird mehr prädikativ gebraucht), als an dem Umstand, dass die deutsche Schweiz in viel höherem Grade unter den 'Heimatlosen' zu leiden hatte und dass daher bei interkantonalen Konkordaten, die Heimatlosen betreffend, die deutschsprechenden Kantone oder Kantonsteile den Ausschlag gaben.

Zu den zahlreichen Lautvarianten sei bemerkt: Anlaut: *ei* zu *e* (meist *é*) § 30, 1; *ei* zu *i* vgl. *tsiga* = zeigen; zu *ē* wegen folg. *m* § 31, 5. Die stark verbreiteten deglutinierten Formen erklären sich am besten aus Verbindungen mit *de* (im Patois meist *dè*) z. B. *l'è ō bugr d'e]matlóz*, worin *e* als zur Präposition gehörig betrachtet wurde. Auslaut: zu den *s*-Lauten § 33, 2 und 3; zum Schwund des *s* 36, 1α; *u* für *o* in Blonay steht isoliert. — Nichts mit *heimatlos* hat *loštro* (F) 'Landstreicher' zu tun, das offenbar aus franz. Ma. eingedrungen ist, wo es als *lostre* mehrfach belegt ist (Verrier et Onillon; *Atlas* Karte 833 mendiant, Karte 971 paresseux).

Heimbürge — *ambourg* m. (B 1344 Trouillat 3, 824 Neuvev. 1761), *ãbòr* (B Plagne), *ēbò* (B Vermes), *ēbwe* (B Pommerats) = Gemeindebeamter (Waibel, Verwalter, Kassier) vgl. Daucourt, *Dict. historique* 7, 77.

Das deutsche Wort 'Heimbürge' ist in gleicher oder verwandter Bed. bezeugt von Grimm, *Dtsch. Wb.*, Lexer 1, 1216, *Schwäb. Wb.* 3, 1365. Das *Els. Wb.* kennt es nicht, das *Id.* nur als Geschlechtsname (*Heinburge* 4, 1588). Die Patoisformen weisen auf *heimburg*, das von Grimm als altels. bezeichnet wird, vgl. mhd. *heimburgambet* (Lexer). Zum Auslaut vgl. jour: *džòr* in Plagne, *džò* in Vermes, *džwę* in Cerlatez (unweit von Pommerats). Im Anlaut wäre allgemein *ēbur* zu erwarten (§ 31, 2); *ãbur*, das nur im Erguel auftritt, ist das Produkt dial. oder schriftsprachl. Entsprechung: nordjurass. *grēdž, pyēt, mēdž* (manche) lauten im Erguel *grãdž, pyãt, mãdž*. — Andere Ausdrücke der Verwaltung § 3.

Heimweh — *eimvé* m. (üb.), *le heimweh* (1761 Tissot, Avis au peuple 2).

Das Wort ist selten in den Ma., es scheint auf literarischem Weg bekannt geworden zu sein. Es ist auch in der deutschen Schweiz nicht vor 1650 belegt, s. Kluge *Et. Wb.*

Herbst — *èrbâ* m. (B Aj. Del. Fr.-M., N Landeron; Montbél., Belfort), *arbè* (B Court-Malleray), *arbé* (Plagne-Romont), *ärbå* (B Saicourt); ältere Belege: *erbast* (B 1350 Trouillat 3, 623), *au mois darbaux* (B 1528, Stouff 77 2 mal), *la foire d'herbaux* (B 1595), *au plaid d'herbaux* (B 1609), *quant se* (sonst *s'en*), *vyent d'herbaul* (B Pommerats 1572), *herbaux* (B 1589, 1613), *les arbaulx et ... les caresmaulx* 'im Herbst und im Frühling besäte Felder' (B Pommerats 1572), *d'Erbé ou en la riere saison* (B Erguel 1657) = Herbst. — ABLEIT. *èrbatõ* m., *èrbatat* f. Pflaumenart, *èrbatiə* Pflaumenbaum.

Aus mhd. *herbest,* modern alem. nur *hèrpšt.* Neue Belege, worunter besonders das wichtige *erbast,* sowie eingehendere Beschäftigung mit Entlehnungsproblemen lassen meine früheren Bedenken gegen deutsche Herkunft als nicht begründet erscheinen. Dass einzellautlich keinerlei Schwierigkeit besteht, zeigt folg. Tabelle:

	HERBEST	EST	CRESCERE	SPISSU	*CRISTU[1]	PRAESTO
allg. jurass.	*èrbâ*	*a*	*krâtr*	*epâ*	*krâ*	*prâ*
Plagne	*arbé*	*è*	*krètr*	*epè*		
Court	*arbè*	*è*	*krètr*	*epè*	*krò*	*prò*
Malleray			*kretr*	*epè*		

Zu Court, das meist mit Malleray geht, ist zu bemerken, dass hier drei verschiedene Resultate aus gedecktem vlat. *e* zusammentreffen:

1. Typus *epè*, 2. Typus *prò*, 3. Typus *fas* < FISSA (vgl. *detras* détresse, *latr* lettre, *dat* dette), deren gegenseitiges Verhältnis noch der Aufklärung bedarf.

Zur Akzentverschiebung s. jetzt § 38, 8; ferner afr. *escrevisse* < *krebiz,* afr. *falise* < *falisa* 'Fels', afr. *harenc* < *haring,* afr. *bedel* < mhd. *bitel* u. a., vgl. Mackel 9. Unserem Wort steht lautlich am nächsten aital. *engiosto* < mhd. *hengest* 'Hengst'; vgl. tosk. *chifello* < *kipfel,* comask. *chitél* < *kittel* (Bruckner 32—33). — Zum *a* des Anlautes vgl. *arbèdž* (B) herbage. — Das in den Ableitungen auftretende *t* erklärt sich nur bei Herleitung aus *herbest* in völlig befriedigender Weise. — Die einzige Formengruppe, die nicht zu *herbest* stimmen will, ist *arbaux, herbaux* etc., die entweder aus afr. *herbal* (s. *Bull.*) entlehnt oder durch Entsprechung aus *èrbâ* nach dem Muster frz. *chevaux,* jurass. *tšvâ* entstanden ist.

Das Alter der Entlehnung lässt sich auf Grund der Lautform nicht mit Sicherheit bestimmen; wenn auch das Wort wahrscheinlich zu einer Zeit entlehnt wurde, wo *herbest* noch zweisilbig gesprochen wurde, so zeigt comask. *buristo* < *wurst* (ohne Vorstufe **wurest; Literaturblatt f. germ. u. rom. Phil.* 1914, 338), dass ein Vokaleinschub nicht ausgeschlossen ist. Wie Beleg *erbast* bezeugt, ist die Entlehnung spätestens ins 14. Jahrh. zu setzen; *èrbâ* gehört zu den wenigen alem. Lehnwörtern in B, deren Entlehnung nachweislich ins Mittelalter hinaufreicht.

Über *èrbâ* haben gehandelt: Verf. (*Bull. du Gloss.* 3, 55—57), Herzog (*Z. f. rom. Phil.* 30, 369[2]), Stipp, *Die Benennungen des Jahres* ... Diss., Bonn 1912 S. 45 (schlägt aus unverständlichen Gründen ein *herbst* + ITTU vor) und Streng (*Rev. de dialect. rom.* 6, 206).

Dass überhaupt bei einem so allgemeinen Begriff die frz. Wörter 'automne' und ostfrz. 'dernier temps' durch einen deutschen Ausdruck verdrängt werden konnten, lässt schon für das ausgehende Mittelalter auf eine starke deutsche Ansiedelung im Berner Jura schliessen.

[**Herdebuch** — *èrdəbok* m. (Vd, mehr volksfrz.) — Stammregister der Tiere edler Abstammung, *ōna bala dzalyə dao èrdəbok* 'eine schöne prämierte Kuh'. Diese Stammregister wurden früher von der 'Société d'agriculture de la Suisse romande', jetzt vom 'Département de l'Agriculture et Commerce' geführt.

---

[1]) Sekundäres Mask. zu CRISTA Kamm, häufig in ostfrz. Dialekten, volksfrz. *crêt.*

Das Wort kann französischer (*herd-book* Sachs.-V.), englischer (*herd-book* Grieb-Schröer) oder schriftdeutscher Herkunft sein, jedenfalls ist es alem. Ma. unbekannt und scheint buchmässig eingedrungen zu sein.]

Herr — *est ordonne her Pauly pour lour chapellain, herr Peter* (F 1475, 1479, Büchi 18, 90), *le chevaul de her Zehender* (F 1468, Büchi 119).

Andere deutsche Titel sind Graf, Junker, Meister.

Herrgott — *ergot* (B Jura du dimanche 1899, 216) Kraftausdruck, zusammen mit *picot, tarteiffle.* — Ableit. *èrgotè* v. (B Charm.) fluchen.

[**heulen** — *üla* v. (Vd Alp.) = heulen.

Vermutlich ist hier das sonst allgemein übliche *ürla (urla)* unter Einfluss von schwd. *hülə* in *üla* verwandelt worden.]

Himbeere — *èmér, ẽmèr* f. (B Del. Aj. Doubs), *amér, ãmèr* (B Erguel), *amœr* (B Malleray) = Himbeere.

Keine der *Id.* 4, 1467 und *Els. Wb.* 2, 77 verzeichneten alem. Formen genügt als Grundlage; am nächsten kommt els. *himərə* (Kreis Altkirch, einzige Form ohne *b*). Es ist anzunehmen, dass mhd. *himper*, zu schwd. *himpéri* verdeutlicht, zu **himméri* geworden ist, vgl. mhd. *wambe* Wamme, *umbe* um, *krump* krumm. Daraus wären zunächst *èmér* und *ẽmèr* entstanden, aus *ẽmèr* durch Entsprechung *ãmèr* (vgl. Heimbürge) und mit entnasaliertem Anlaut *amér*. — Auf die event. Verwandtschaft mit dem bis ins Gebiet der Auvergne und der Provence reichenden südlichen Typus *ãpa, apwa* etc. kann hier nicht eingetreten werden.

Hobelbank — *obləbã, obəlbã, obəlbẽ* m. (B Aj. Del. N Landeron) = Hobelbank.

Aus schwd. *hòbəlbaŋkx*, nicht aus dem Elsass, das fast nur *hôwlə* 'Hobel' kennt (*Els. Wb.* 1,298). *bẽ* in Anlehnung an *bẽ də mnüziə* 'banc de menuisier', wie der übrige B Jura sagt. — Zur Sache § 11 S. 36.

hobeln — *oblè* v. (B Aj. Del.) = hobeln. — Ableit. *oblu* m. 1. Hobel. 2. der hobelt.

Aus schwd. *hòblə*. — Die Bed. 1 von *oblu* deutet auf das Suffix -ATORIU, das in B mit -ATORE zusammengefallen ist, vgl. *kulu* couloir, *miru* miroir. Das Suffix *-oir* ist häufig bei Werkzeugnamen: *rasoir, hachoir* Hackmesser, *ébauchoir, assommoir.*

Hobelspähne — *obləšpèn* pl. (Genus ?; B Charm. Dev.) = Abfall beim Hobeln.

höcklen — *oklè* v. (B Aj. Del. Doubs; Montbél.) = Kleinhandel treiben, schachern, trödeln, austauschen, immer geringschätzig von einem gelegentlichen und kleinlichen Handel. — Ableit. *oklu* m., *-uz* f., Kleinhändler etc., *oklèdž* m., *okəlriə* f., Kleinhandel (alle B); *hocquelleur et rainconneur, vivre d'ocquellerie* (N Verrières 1460) verächtlicher Ausdruck bei wucherartigem Geschäftsbetrieb.

Es ist das schwd. *hœkxlə* (*Id.* 2, 1126), das aber in unserer Bed. nur aus dem 18. Jahrhundert einmal belegt ist; vgl. *Höckler* Krämer im *Schwb.*

Wb. 3, 1730. Das *Els. Wb.* kennt *höcklen* nur in der Bed. 'Haufen machen'. Unsere zahlreichen Belege weisen auf (frühere?) starke Verbreitung in alem. Ma. Das Wort gehört zu *hocken* sitzen und bezeichnete ursprünglich den Kleinverkäufer, der auf dem Markt seinen Sitz hat (Paul unter *Hocke*). Durch Einfluss von *hocken* erklärt sich vielleicht auch das *o*, das mit auffälliger Konsequenz in den Patoiswörtern auftritt. — *hoqueleur* in Les Verrières stammt vermutlich aus der Franche-Comté. — Zum Begriff vgl. 'Krämer' in tess. Ma. (Salvioni[1] 95).

Hodler — *hodler* m. (Aussprache? B Neuveville 1500) = Militärfuhrmann.

Aus schwd. *hòdlər* Fuhrmann (*Id.* 2, 991).

Holzschuhmacher — *la femme dou holczschummacher de sur le pont* (F 1489, Blav. 156).

hopplen — *oplè* v. (B Charm. Plagne) = humpeln (Mensch); in der Bewegung anstossen, holpern (Wagen).

Aus alem. *hòplə* in gleicher Bed. (*Id.* 2, 1485, *Els. Wb.* 1, 361). — Über Wagenverkehr § 12, 3.

hops — *opsa! opsasa! upsasa!* (B Charm.) Ausruf bei hüpfender Bewegung.

Die Übereinstimmung mit den alem. Formen (*Id.* 2, 1494, *Els. Wb.* 1, 363) deutet auf Entlehnung.

hopsen — *opsè, hopsè* v. (B Charm.) = hüpfen.

Aus alem. *hòpsə* (*Id.* 2, 1494, *Els. Wb.* 1, 363). —

hott — *ota, hota,* auch *ata* (Vd V G F N), *ot, hot, at* (B N; Montbél.) = Treibruf an Zugtiere zum Rechtsgehen.

Aus alem. *hott* (*Id.* 2, 1771 *Els. Wb.* 1, 388). Die deutsche Aspiration wurde mancherorts beibehalten zur Verstärkung des Rufes. Beachtenswert ist der *a* Zusatz im Südteil, wohl in Anlehnung an häufiges *a draᵉta* 'à droite' (neben normalem *draᵉtə*)! Die Formen *ata, at* sind auffällig. — *ota* hat das franz. Konkurrenzwort *hue* in seine Bed. 'Vorwärts' zurückgedrängt. — Zur Sache § 12,3.

Hubel — *obəl* m. (B Diesse) = kleiner Hügel (mamelon).

Aus schwd. *hùbəl* (*Id.* 2, 948). — Vgl. voges. *hublé* m. Hügel (Belmont).

Hudi — *hódè* m. (B Romont) = Vagabund.

Aus schwd. *hùdi* Lump (*Id.* 2, 1001). Zu *o* aus *u* § 29, 6.

hupen — *œpè, hœpè* v. (B Aj.) = einem aus der Ferne zurufen.

Aus der alem. Nebenform *hüpə* (B, Zürich nach *Id.* 2, 1486; ähnlich *Els. Wb.* 1, 362 *hüpə* 'mit *hup* anrufen'). Über *ü* zu *œ* § 29, 8.

hüst — *ušta, usta, üšta* (Vd V G F N), *üšt, yüšt, išt, yišt,* auch *wišt, išté* (B N, auch Vd) = Treibruf an Zugtiere zum Linksgehen.

Aus alem. *hüšt, hišt, wišt* (*Id.* 2, 1766 *Els. Wb.* 1, 387). Der *a*-Zusatz im Südteil nach *ota* s. h o t t. Die Hauptformen mit *u*-Anlaut gehen wohl auf ein bis jetzt nur für Schaffhausen nachgewiesenes *hušt* zurück, das auch Paul verzeichnet. Im Gegensatz zu h o t t fehlt hier die Aspiration ganz, an ihre Stelle traten andere formverstärkende Konsonanten wie *y* und *w*, von denen nur der letztere alem. belegt ist. Zu *st* für *št* § 33, 6.

hüsteren — *yüštənè* v. (B Charm.) = sich alle erdenkliche Mühe geben ohne viel Erfolg, sich abarbeiten. — ABLEIT. *yüštənu* m., *yüštəna* m., dèr sich abschindet.

Ohne Zweifel aus schwd. *hüštərə*, das mit seinem Simplex *hüštə* u. a. obigen Sinn hat (*Id.* 2, 1766). Der Anlaut ist von *yüšt* (s. hüst) beeinflusst. Das alem. Suffix-*ərə* wurde mit dem jurass. Suffix-*ənè* vertauscht (s. § 49 S. 51).

[**Hutte** — *lòta* f. (Vd F G), = Rückentragkorb.

Gignoux leitet das Wort vom schwd. *hùttə* ab, was zwar nicht widerlegt werden kann, aber was nichts weniger als gesichert ist. Er scheint übersehen zu haben, dass das Wort mit zahlreichen Derivaten schon altfranz. belegt ist, und konnte nicht wissen, dass es in ganz Südfrankreich weitherum verbreitet ist (*Atlas* Karte B 1598 'hotte', fehlt bei Mistral). Wahrscheinlich ist das Wort erst aus Frankreich in die franz. Schweiz eingewandert, wo es Artikel-Verwachsung erfahren hat (Verf. *Bull. du Gl.* 2, 8).]

I

Ingwerkuchen — *ẽbrkuə* m. (B Diesse) = Lebkuchen.

Aus schwd. *ìmbər-xuə*, dessen einzelne Bestandteile gut belegt sind (*Id.* 1, 236 und *leb-xuə* 3, 136, vgl. *Els. Wb.* 1, 40). Zur Nasalierung § 31, 2; zum Auslaut s. Haberkuchen. — Ein obrigkeitliches Lebkuchenrezept von 1583 schrieb Ingwer als Bestandteil vor (*Id.* 3, 137).

J

ja — *yo, yo, vèrli yo,* (schwd. *wärli* 'wahrlich')
lez almã s'a to de fo, les Allemands, c'est tous des fous
le romẽ s'a le pü gro. les Romands, c'est les plus gros.
(B *Jura du dimanche* 1898, 205), vgl. § 21, Anm. 75.

Zu diesem Spottvers vgl. jaja. Zu *yo* für *ya* § 28*a*.

ja freilich — *yafraili* m. (Vd Penth.) = Deutscher.

Das Schwd. kennt nur *frilix* und *frili* (*Id.* 1, 1268). Die diphthongierte Form verrät hochdtsch. Einfluss, vgl. Deutsch, Edelweiss.

ja ja — *yaya* m. (Vd F), *yayarda* f. (F), *yèyé* (F Sugiez), *yoyo*, *yèyè* (B nur als Name) = **1.** Deutscher. **2.** allg. Schimpfwort, einfältiger, ungeschickter Kerl. **3.** *faire yaya* flattieren (N); von Kindern gebraucht beim Liebkosen von Menschen und Tieren; ursprünglich wohl in der Bedeutung 'durch fortwährendes ja-Sagen seine Ergebenheit bekunden'.

Zu *yaya* 'Deutscher' vgl. *oui-oui* 'Franzose' (§ 21 Anm. 75; Sainéan, *Z. f. rom. Phil.*, Beih. 10, 93) und *yes-yes* m. (F Gruy.) 'Engländer'; anders schwd. *tšiŋk* 'Italiener' (wegen *cinque* im Mora-Spiel), Weiteres unter Almosen. Zur Doppelung vgl. *jojockel* 'der zu allem ja sagt' (*Els. Wb.* 1, 405).

ja nein — *yonei* (B Charm.) = 'nigaud sournois'.

Aus schwd. Wendungen wie *yo und nei sågə*, als Ausdruck wirklicher oder fingierter Unschlüssigkeit, die den Anschein einer gewissen Beschränktheit haben kann. Ähnliches *Id.* 3, 1.

ja wohl — *yovol* (B Charm., Paniers 583) = Ausdruck der Verwunderung, der Enttäuschung, der Entrüstung (tiens, tiens!, c'est comme ça?, ah ça!).

Jacke — *yak* m. (Vd Ross., Bri., Dum.) = anliegendes Oberkleid der Frau. — Ableit. *yaketa* f.

Aus schwd. *yagġ* m. (nur Glarus belegt) oder *yaggə* (*Id.* 3, 25). Ein Fall von Rückentlehnung, indem *Jacke* aus afr. *jaque* (nfr. *jaquette*) Männerkleid stammt. Das mask. Genus wegen *corset, habit* etc. — Andere Kleidungsstücke § 8.

jagen — *yaga* v. (Vd Alp. Blonay) = **1.** mühsam tragen. **2.** jagen (seltener). — Ableit. = *yagayə* f. 'corvée pénible'.

Aus schwd. *yagə* in Bed. 2. Das Gemeinsame in beiden Bed. ist das Moment der Ermüdung, der Abhetzung. *jagen* heisst gern 'zur Arbeit antreiben'. Deutlich kommt die Anstrengung zum Ausdruck in dem Satz: *i han es glœüf und əs gyag gha, dass i gants müəd wordə bi* (*Id.* 3, 15). Der Welsche ging noch einen Schritt weiter, ohne sich um die ihm nicht gegenwärtige Grundbedeutung von *jagen* zu kümmern: er bezog sein allg. *yaga* 'sich abmühen' auf die Handlung des Tragens (vgl. *traga*), ein Vorgehen, das sich der Deutsche bei *jagen* sicherlich nicht erlaubt; andere Fälle von Verschiebung § 53.

Jammer s. Katzenjammer.

jammern — *yómrè* v. (B Dev.), *yómlè*, *yomərlè* (B Aj.), *džomè* (?) (B Pleigne) = **1.** lamentieren. **2.** Sehnsucht äussern (nur Pleigne). — Ableit. *yómru* m.

Aus alem. *yómərə, yumərə* (*Id.* 3, 41, *Els. Wb.* 1, 407), in beiden Bedeutungen belegt. Zum *o* für *a* § 28 *a*. Zu *yómlè* vgl. *jammlen*, zu *yomərlè*, *jämerlen* (beide *Id.*). Die Form von Pleigne ist durch ihren Anlaut wie auch durch ihren verkürzten Auslaut verdächtig, oder sollte sich bei der in einem Grenzdorf naheliegenden Vergleichung zwischen Deutsch und Welsch ein Entsprechungsgefühl im Anlaut herausgebildet haben, etwa nach Jakob frz. *Jacques*, Jänner frz. *janvier*, Jacke frz. *jaquette* Joppe *jupe* etc. (im Patois jeweilen *dž-*)? Ein ähnlicher Fall bei Geige.

Jass — *yas* m. (überall, volksfrz.), *yaš* (F) = beliebtes Kartenspiel der deutschen Schweiz, holländischen Ursprungs. Näheres *Id.* 3, 69. Im Welschland scheint es gegen Ende des 19. Jahrh. heimisch geworden zu sein. — Ableit. *yasu* m. (B) Jassspieler.

Andere Spiele § 13, 2; vgl. Bauer, putzen, schieben.

jassen — *yasi* v. (F) = Jass spielen.

jasten — *yaista* v. (F Gruy., Bornet) = sich ohne Grund aufregen. — ABLEIT. *yaisteri* m., *-ida* f.

Ohne Zweifel aus schwd. *yäštə* 'in fieberhafter Aufregung sein' (*Id.* 3, 78); *ai* steht sicher nur graphisch für *è*.

jauchzen — *yutsi, yutši* v. (Vd F N, ältester Beleg 1810), *yütsi* (Vd Bière, Villeneuve), *yütši* (F Romont), *yütše* (V Salvan), *yœtšiə* (B Del.), *yutska* (F Gruy.), *yuksè* (B Dev.), volksfrz. *youtser* = Freudenrufe ausstossen; jodeln. — ABLEIT. *yutseyi, yütseyi, yutšeyi* v. (Vd F); *yuts(ə)* f. (m.) Jodler (als Klang); *yutsare* m., *yutseri* m. (Vd F), *yœtšu* m. (B) der jodelt.

Aus schwd. *yuxtsə, yuxtskə* (*Id.* 3, 10), *yutsə* (F Jaun). Zur konsonant. Reduktion § 38, 5; zu *tš* für *ts* § 34, 2; zum *ü* § 29,7; *yuksè* verrät durch seine Konsonanz Einfluss des elsäss. *yüksə* (*Els. Wb.* 1, 402); *yutska* zeigt Grenzlautung, die sonst in F unbekannt ist. — Ob *yutsə* ein Postverbale zu *yutsi* ist oder direkt auf schwd. *yuxts* (*Id.* l. c.) zurückgeht, ist nicht zu entscheiden. In letzterem Fall hätte die Endung das fem. Genus hervorgerufen, § 44.

Jesus — *džœzəs* (B Aj.), *o jeses! ma belle femme* (B 1615), *žœzəz* (B Bois), *yesesse* (B Paniers v. 47, 67) = Ausruf der Verwunderung oder der Bestürzung, besonders beliebt in der Verbindung *džœzəs mèrya* Jesus Maria.

Aus der alem. sehr beliebten Form *yesəs* (*Id.* 3, 71, *Els. Wb.* 1, 412), während sonst *džézü* gebraucht wird. Der Anlaut der drei ersten Formen erklärt sich durch Einfluss der franz. Form. Das ältere *yesesse* zeigt unvermischte Entlehnung.

jetzt — *yèts* adv. (Vd F; Montbél.) = **1.** dient zur Verstärkung, meist von 'nicht mehr', in Verbindung mit negiertem *pouvoir: il ne peut pas yèts, tant il est fatigué* (F Grangier), *i pu pa me yèts* (F), *nə pao plyəka yèts* (Vd), selten in affirmativen Sätzen *i porõ pru yèts* (F) '(die Leichenträger) werden Kraft genug haben'. **2.** zur Aufmunterung bei beginnender oder begonnener Arbeit: *alõ yèts!* auch nur *yèts!*; als Spielausdruck im gleichen Sinn (Montbél.). **3.** als Übername *lo viλə Yèts* (Vd).

Aus der alem. Form *yèts* (*Els. Wb.* 1, 414 nie *jetzt*). Wenn auch die Hauptverwendung des Wortes etwas Eigentümliches an sich hat, so kann über die Herleitung aus dem Deutschen kein Zweifel bestehen. Auszugehen ist wohl, wie Jeanjaquet vermutet, von einer Arbeitsleistung (Heben einer Last, Stossen eines Wagens etc.), die nur durch gleichzeitige Anstrengung mehrerer Personen zustande kommt, und die von einem Kommandoruf: Jetzt! Los! etc. begleitet zu sein pflegt. Durch dieses Erlebnis hätte sich an das Wort die Vorstellung einer 'Anstrengung' geheftet, so dass der Satz '*je ne puis plus yèts*' wohl ursprünglich bedeutete: 'ich kann nicht mehr "jetzt" machen', dann allgemein 'ich kann nicht mehr'. Oder aber das Wort diente ganz allgemein zur Bekräftigung, wie etwa els. *dies isch jetz e viechmässiger Kerl* (*Els. Wb.* 1, 414) und das vornehmlich in negativen Sätzen: schwd. *yèts xani nümme witər, yèts iš ûs mit mər.* — Vgl. tu jetzt.

jodeln — *yudla, yodla* v. (Vd F N B), *yodler, yondler* (allg., volksfrz. Sachs.-V.) = jodeln. — ABLEIT. *yudlare* m., *yodleur, yodelée, yodel* m.

Das eig. Patoiswort für 'jodeln' ist *yutsi* (s. jauchzen); *jodler* gehört mehr der Umgangssprache der Gebildeten an. — Das Jodeln gilt bei den Welschen als eine spezifisch deutsche Kunstfertigkeit, *il yodlait aussi bien qu'un Allemand* sagt ein waadtl. Korrespondent. Man beachte auch die mehrfache alem. Anleihe bei diesem Begriff, s. jauchzen, johlen und vielleicht jucken.

Jogg — *yok, yuk* f. (B Charm.) = närrisches Frauenzimmer. — ABLEIT. *yukat* f.

Aus *yògg* m. närrischer Mensch (*Id.* 3, 25). Die Beschränkung auf das Fem. bleibt rätselhaft. In *yuk* vielleicht Einfluss von *yukè* (s. jucken).

Joggi s. Joggeli.

Joggeli — **1.** *yokle, yokla* m., *-et, -at* f. (B Charm. Dev. Diesse), *yòklè* (N). **2.** *yoke* (B Charm.) = närrischer Mensch.

Das häufigere *yokle* aus alem. *yòggəli* (*Id.* 3, 25), *yòggəle* (*Els. Wb.* 1, 405); das seltenere *yoke* offenbar aus schwd. *yòggi* (ib.). Die appellative Bed. ist schon alem. — In Aigle erschien um 1890 ein Witzblatt mit dem Titel *Le Yokeli* (*Bibliogr. linguistique de la Suisse romande* 1, N⁰ 1023).

johlen — *yula* v. (Vd, auch N), *yóla* (V Vd Blonay), *yüla* (Vd Villeneuve), *yolè* (B Terbi); volksfrz. *iouler* (Sachs.-V.) = jauchzen, jodeln, lärmen. — ABLEIT. *yulagə* f., *yulare* m.

Aus schwd. *yólə* (*Id.* 3, 40). Zur Verdunkelung in *u* vgl. Jogg. Zum seltsamen *ü* vgl. § 29,7, vielleicht hat *ü(r)la* 'hurler' eingewirkt. — Zur Sache vgl. jauchzen und jodeln.

Juchz s. jauchzen.

[**Juck** — *yuka* f. (Vd Pays d'Enh.) = Schlucken (hoquet).

Vielleicht aus schwd. *yukx* m. (*Id.* 3, 36), das sich in seiner Bedeutung 'Stoss', 'Ruck', 'plötzliche Anwandlung' unserem Wort stark nähert. Das Fem. wäre auffällig; denn eine postverbale Bildung kann nicht angenommen werden, solange das Verbum **yuka* für obige Gegend nicht sicher nachgewiesen ist, vgl. jucken. — Ob *lu yokè* 'le hoquet', das der *Atlas* im Dép. Jura (P. 918) verzeichnet, hierher gehört, ist mehr als zweifelhaft.]

jucken — *yukè* v. (B Fr.-M. Doubs), *yuka* (B Prêles; Damprichard) = **1.** hüpfen, springen, tanzen. **2.** ein Kind in die Höhe heben und zur Belustigung wieder fallen lassen (Bois, Prêles). **3.** einem etwas zuwerfen (nur Prêles). — [*yuka* (Vd Sassel) jodeln.]

Aus schwd. *yukxə* (*Id.* 3,37), dessen Bedeutungsumfang so ziemlich mit Bed. 1 übereinstimmt. Die sehr lokalen Bed. 2 u. 3 haben keinerlei alem. Entsprechung. Es liegt ein Fall von Verschiebung vor (§ 53). Das gemeinsame Moment ist die aufschnellende Bewegung, hier des werfenden

Arms, dort der springenden Beine. — Die Verbreitung ist ungewöhnlich. Das Auftreten in der Franche-Comté und die Angabe 'très vieux' in Prêles deuten auf frühe Entlehnung. Die deutsche Herkunft hat schon Grammont, *Damprichard* erkannt. — Das waadtl. *yuka* kann nur hierher gezählt werden unter der Annahme einer starken Bedeutungsverschiebung von 'hüpfen' (so *Id.* 3, 37) zu 'Freudenrufe von sich geben', 'jodeln', die vielleicht durch den dreimaligen J-Anlaut von 'jauchzen', 'johlen', 'jodeln' begünstigt wurde.

Jude — *yud, yudr* m. (B Aj. Terbi Diesse; Montbél.) = Jude im verächtlichen Sinn (sonst *juif*). — Ableit. *yudərle* m., *yudras* f.

Wahrscheinlich direkter alem. Import, besonders aus dem Elsass, dessen jüdische Händler häufig im B Jura zu sehen sind. Wahrscheinlich, denn Entlehnung aus frz. *youte, youtre* (*youtrerie* etc. Villatte *Parisis.*) ist nicht ausgeschlossen. Zum *r* Zusatz § 37, 3, vgl. Herzog, *Hist. Sprachlehre des Neufrz.* 287, der bei *youtre* u. a. an *reître, bélitre* erinnert; *yudərle* ist vermutlich unabhängig von alem. *yüdli*, els. *yitlər, yüdlər* aus *yudr* + alem. Suffix *-li* entstanden; *yudras* ist *yudr* + *-esse*.

Jungfrau — *lè fét de yũfr* (B) Fastnachtsbrauch, wonach der Bursch von seinem Mädchen eine kleine Statuette (oder Puppe) aus Glas, Tonerde etc. erhielt, die er den ganzen Tag im Knopfloch trug. Abends wurde getanzt. Die Sitte bestand noch um 1850 (Rossat).

Aus alem. *yumpfr*. Zur konson. Reduktion § 36, 5. — Dasselbe Wort im Bergell (Salvioni[2] 609[1]).

Junker — *juncker*, auch *joukre* (N häufig i. 17. Jahrh.) = Titel junger Herren von Adel, *juncker Merveilleux* etc. — Vgl. Herr.

Neben *yuŋkxər* gibt das *Id.* 3, 49 *yuxər* (allerdings nur für Graubünden) an, was obigem *joukre* entsprechen würde, falls nicht *jonkre* zu lesen ist.

K

Kabis — *kabis* Genus? (B Vermes) = weisser Kopfkohl (*Id.* 3, 98), nur in der Wendung *tšó po kabis* 'chou pour chou'.

Kachel — *kakèl*, auch *kokèl* f. (B Aj. Del. Fr.-M.; dép. Doubs Bournois), *kakəl, kókəl* (B Prév. Sonceboz, Diesse, N Ruz), *kaküèl* (N), *koküel* (N? Bridel), [*kokela* (V G), *kokyèla* (V Lens)]; aus älterer Zeit: *caquelle* (B 1613) Ofenkachel, *caqualle de fournaux* (N 1643), *kakela* (N Barr. 17. Jh.) = **1.** Ofenkachel (frz. carreau, brique vernissée, volksfrz. catelle) (B N). **2.** irdenes Gefäss zum Kochen, zum Essen; Milchschüssel (terrine, écuelle). **3.** Schädel, scherzhaft (B).

Ableit. *kak(ə)lõ, kóklõ* m. (B üb. N Vd F V), *kéklõ* (N Travers), volksfrz. *caquelon* = **1.** Kochgeschirr aus Tonerde, bes. aus 'terre de Bonfol' (B), auch aus Metall, vornehmlich für Eierspeisen gebraucht (poêlon). **2.** Übername der Bewohner des B Jura || *kakəyõ* m. (F), *kakəδõ* (Vd Ross.), *kokèlèta* f. (V), *kaklet* f. (B Diesse), *kokla* m. (B), 1. Geschirr als Spielzeug 'ménage d'enfant', 2. Spielzeug überhaupt, *kokəlri* f. (N) Geschirr, *koklüə* Genus? (N, Suffix?) 'caquelon'. ‖ *kaklar* m. (N B Diesse), *caquelar* (N 1621), *koklèr* (B Plagne) Hausierer mit irdenem Geschirr (schwd. *Chacheler*). Vgl. *caquelier* m. (Montbél. 1573).

Wir haben etymologisch zwischen nördlichen *a*-Formen, Typus *kakèl*, und südlichen *o*-Formen, Typus *kokela*, zu scheiden.

A. Die *a*-Formen sind ohne Zweifel importiert aus schwd. *xaxxələ* f. (*Id.* 3, 118; elsäss. meist *khaχl Els. Wb.* 1, 419). Zur teilweisen Akzentverschiebung § 38, 8. Für alem. Herkunft sprechen sprachliche und sachliche Gründe: **1.** Die schon früh bezeugte und heute noch vorwiegende Bedeutung 'Ofenkachel', die ähnlich lautenden franz. Wörtern gänzlich abgeht. **2.** Die Nebenformen *kakəl*, deren Endung nur durch die alem. Form erklärt wird, da das frz. Suffix *-elle* in B unverändert zu bleiben pflegt, vgl. *sèrvèl* cervelle, *rõdèl* hirondelle. **3.** Der Umstand, dass die Kacheln (in letzter Linie orientalischen Ursprungs) seit alter Zeit bei Germanen zum Bau von Öfen verwendet wurden (Hoops, *Reallexikon;* R. Meringer, *Der Kachelofen* in *Wörter und Sachen* 3, 156ff.) **4.** Die Tatsache, dass Bonfol (B), dessen Geschirrfabrikation weitherum in bestem Rufe stand, hart an der elsässischen Grenze liegt. Deutsche Herkunft ist auch dann anzunehmen, wenn, wie wahrscheinlich, ahd. *kachala* ein Lehnwort ist aus lat. *CACCALU, vgl. südit. *caccalo* für belegtes CACCABUS Tiegel (Kluge, M.-L. *Et. Wb.*, Meringer l. c. 182; anders Schuchardt, *Rom. Etym.* 2, 19). An einen direkten Zusammenhang mit CACCABUS, das u. a. in der afr. Ableitung *chachevel* 'Schädel' (3 mal bei Godefroy) weiterlebt, ist nicht zu denken. Eher könnte ein solcher bestehen mit frz. *caquerolle* 'Kupferkasserole' (17. Jh. Furetière), dial. *câquerotte* 'alte Schüssel' (Anjou), vgl. auch *caquet* 'Nuss', *caquin* 'Ei', *cacrotte* 'Eierschale', 'Muschel'; 'Schädel' (Jaubert) u. a. (s. Schuchardt, *Rom. Et.* 2, 26, 192); doch solange nicht ein **caquelle* als allgemein ostfranzösisch nachgewiesen wird, bleibt ein Zusammenhang unwahrscheinlich.

B. Anders die *o*-Formen, die offenkundig zum südfranz. reichlich belegten Typus *kokèla* f. 'Kasserolle' gehören (aus lat. CUCUMA, 'Kochtopf' M.-L. *Et. Wb.* 2361, 2362). *kokèla* ist besonders frankoprov. (4 Ain, 4 Isère, 2 Savoie, 2 Rhône etc.) und gaskognisch (als *kukèlo*, *kokèlo*, *Atlas*-Karte cocotte). Wo *o*-Formen neben *a*-Formen stehen, hat der südliche Typus, vielleicht unter Mitwirkung von volksfrz. *coquemar* hoher Wasserkessel, den nördlichen beeinflusst.

Einzelnes. *kaküel* zeigt Einfluss von *écuelle*. *kéklõ* für *kaklõ* ist auffällig, doch vgl. regelm. *pésé* = passer (N Côte aux Fées). Das Suffix in *kaklar* etc. geht ohne Zweifel auf lat -ATOR zurück, doch vgl. geigen.

Kacheli — *kakəli* m. (N Cressier) Topf.

Aus schwd. *xaxxəli* (*Id.* 3, 118).

Kachelmus — *kaquelmouss* m. (15 Jh., noch 1810, Chambrier, Mairie 418), *quâquelmou* (N 18. Jh. Bed.?, Nicolet) = Milchspeise, mit Eiern und Zucker in flacher Schüssel gebraten; galt als herrschaftliches Gericht (s. Fusterli).

Aus schwd. *xaxxəlmuəs* (*Id.* 4, 492). Zum Auslaut des wahrscheinlich hierher gehörigen *kakəlmu* § 36, 1a.

Käfer — *kèfr* m. (B Vermes, F Cressier), *tyèv* f. (B Terbi Mett.), *tšèv* f. (B Courrendlin *Atlas*), *kaf* m. (B Romont) = **1.** Maikäfer (B). **2.** andere Arten Käfer (blatte, 'cafard' Schattenkäfer?) (Vermes). **3.** sonderbarer Mensch, *õ drólu de kèfr* (F).

Aus schwd. *xäfər* m. (*Id.* 3, 160). An der Zusammengehörigkeit obiger vier Formen ist um so weniger zu zweifeln, als das schwd. Simplex weitherum, besonders im Berndeutschen, ausschliesslich den 'Maikäfer' bezeichnet (*Id.* l. c.). Auch die Übertragung auf einen Menschen (Bed. 3) ist im *Id.* mannigfaltig belegt. Zum Anlaut § 32, 5; die Weiterentwicklung *tš* ist im unteren Val Terbi Regel: *tšètr* 'quatre'; zum *a* in *kaf* § 29, 3; zum *v* für *f* s. das bei Frevel Gesagte. Der Abfall des *r* hängt mit dem Nebeneinander von *pauvre-pauv, sèvre-sève* etc. zusammen s. § 37, 3. Das mask. Genus wohl wegen *cafard*, das fem. wegen *tšèv* cave f., *bèv* bave f. Ein merkwürdiges Zusammentreffen will es, dass das Wort mehrfach in der gleichen Bedeutung 'Maikäfer' ins Romanische gedrungen ist; so in einer offenbar stammverwandten flämischen Form als *kivr* neben *kif* im Dép. Nord (P. 297 *Atlas*); dann in der schwd. Form *käber*, als *gebra* im Piemont (M.-L. *Et. Wb.* 4653); ähnlich in voges. Ma. (Horning, *Grenzdial.* 106). Ob wirklich frz. *cafard* mit 'Käfer' zusammenhängt, wie *M.-L.* l. c. andeutet, bleibt zu untersuchen.

Kaib s. Keib.

Kalender — *kalẽdr* m. (B), *kalẽdra* f. (Vd Vully) = Kalender.

Ebenso voges. *kalãdr* (Belmont). Zur Sache § 17.

Kamel — *kamelo* m. (F Gruy. Vev.) = Kamel.

Andere Lehnwörter lat. Ursprungs in F s. bei Patron.

Kaminfeger — *kamifègr* m. (F Gruy.) = Essenkehrer.

Aus schwd. *xämifägr* m. (*Id.* 1, 687).

Kaninchen s. Chuneli.

[**kann nichts** — *kanü* m. (Vd Penthalaz) = Weber, in geringschätzigem Sinn.

Vielleicht aus der schwd. Wendung *er xa-nüt* abstrahiert, vgl. *e nütchöner* (*Id.* 3, 325). Der Ausdruck kann oder konnte wohl jeden ungeschickten Arbeiter bezeichnen. Zum *t*-Abfall § 36, 1a. Doch vgl. *kanü* 'langbeinig' von *canne* 'Bein'.]

Kannenbirne — *kanpir* f.? (N), *kannepires* (N 1832), *kanbér* f. (B Romont) = Birnensorte.

Aus schwd. *xannəbir* (*Id.* 4, 1489). Zum Wechsel von *i* und *e* § 29, 4. Zur Sache § 7.

Kännli, — *kènle* m. (N Ruz, B Diesse) *quainelet d'estain* (N 1696 Favre) = kleines Gefäss, z. B. für das Taufwasser (N).

Aus schwd. *kxänlì* (nicht *Id.*).

Kappe — *kap* f. (B üb. N), *kapa* (Vd F N) = Zipfelkappe, auch allg. Mütze (für beide Geschlechter). — Ableit. *kapeta* f. (Vd F), *kapè* m, (Vd F B), *kapotsə* f. (V Bagnes, Praz-de-F.) capuchon.

Da schriftfrz. *cape* den Mantel mit Kapuze, gelegentlich auch die Kapuze allein, nie aber eine Mütze bezeichnet, so darf hier, für die Bedeutung wenigstens mit Sicherheit, Entlehnung aus alem. *xappə, khapp(ə)* (*Id.* 3, 384, *Els. Wb.* 1, 453) angenommen werden, worunter schwd. (neben 'Mantel', 'Kapuze') vornehmlich eine Mütze irgend welcher Art, speziell auch eine Zipfelmütze verstanden wird. *-otsə* in V ist eher rom. Suffix.

Karpfe — *karfo* m. (F Sugiez) = Karpfe. — ABLEIT. *karfèr* f. Netz zum Karpfenfang.

Aus schwz. *kxarpf* meist m. (*Id.* 3, 477). Zur Reduktion der Affrikata § 34,1. Da 'carpe' den Patois nur als Fem. bekannt ist, muss in diesem vereinzelten Fall das mask. Genus vom schwd. Wort herstammen, was in einem Grenzdorf leichter verständlich ist.

[**Kartoffel** — *kartofla* f. (Vd V N überall spor.), ferner *catofle* f. (Lyon Puitspelu), *katroflə* (1 Ain); *katiflé* (Sav. Meillerie), *katruλə* (Ain, Jura, Saône et L., je 1 mal); vgl. *kartuš* (wall. P. 187; alle aus *Atlas*) = Kartoffel. — ABLEIT. *kartuflirə* f. (V Mage) Kartoffelfeld.

Die Dinge liegen hier nicht eben einfach. Gegen die naheliegende Erklärung der schweiz. Form aus dem Deutschen (so bei Puitspelu) sprechen folg. Momente:

1. Das schriftd. *Kartoffel* ist in der deutschen Schweiz nirgends volkstümlich; die schwd. Ma. sagen durchwegs *erd-* oder *herdöpfel.* Verbreitung auf schriftlichem Weg (Marktverordnung, Zeitungsinserat u. ä.) ist für die frz. Schweiz, vom Grenzverkehr abgesehen, höchst unwahrscheinlich. — 2. In Frankreich ist eine k-Form um 1½ Jahrhunderte früher belegt als das deutsche *Kartoffel,* das erst im 18. Jahrh. das frühere *tartuffel* ablöst (Kluge): es ist dies *cartoufle,* das bei Olivier de Serres, *Le théâtre d'Agriculture* (1600) zweimal vorkommt zur Bezeichnung einer trüffelähnlichen Frucht (*fruict semblable à truffes*), unter der sicher die Kartoffel gemeint ist (s. Littré sub *truffe* und Spitzer, *Wörter und Sachen* 4, 148[1]). 3. Es geht geographisch kaum an, das südschwz. *kartofla* von den beiden lyonesischen *-oflə*-Formen zu trennen. Da nun aber offenbar diese lyon. Formen, wie vermutlich auch alle übrigen frz. *k*-Formen, auf *cartoufle* zurückgehen (bezw. mit ihm zusammenhängen), so gewinnt die Annahme einer Einschleppung aus Lyon an Wahrscheinlichkeit.

Eingeschleppt — und nicht spontan auf Schweizergebiet aus **tartofla* entstanden — nennen wir die Form, weil ihr der Nährboden, ein **tartofla,* fehlt, aus dem allein ein *kartofla* durch Dissimilation hätte hervorgehen können (vgl. Kluge), denn dank der Anordnung des *Atlas* können wir mehr oder weniger deutlich beobachten, dass:

katiflé auftritt in der Umgebung von *tartifl* (Savoyen),
katroflə auftritt in der Umgebung von *tatrœfle* (Ain),
katruχ auftritt in der Umgebung von *tartoχ* (Saône et Loire).

Angesichts dieser Formenpaare, die für Polygenesis der Dissimilation in verschiedenen frz. Ma. sprechen, scheint es mir höchst unwahrscheinlich, dass, wie Spitzer glaubt (l. c. 158), das frz. *cartoufle* von 1600 aus dem Deutschen stammen soll, wo wir *Kartoffel* erst viel später vorfinden. Wenn überhaupt ein historischer Zusammenhang zwischen den beiden Formen besteht, so ist viel eher *Kartoffel* als ein franz. Lehnwort anzusehen. — Über *kartèfl* Deutscher s. Teufel. — Sicher deutschen Ursprungs ist rum. *cartof(la)* (Borcia 44)].

Käse — *häs* m. (V Miège); vgl. *quaisse* (Montbél.) = Käse, in familiärer Rede.

Aus der Walliser Form *xès* (Wipf 93), *xéš* (Bohnenberger 170). Zum ungewöhnlichen Anlaut vgl. Schuhmacher, auch kotzen.

Käsli — *kèzlé*, *geiskèzle* m. (B Terbi) = kleiner, zu Hause gemachter Käse (schwd. *xäslì* n.).

Kasperle — *kaspərle* m. (B Charm.) = Art Gespenst.

Wohl aus els. *khaspərle* Name für den Teufel (*Els. Wb.* 1, 476). Das *Id.* kennt keine derartige Verwendung des Wortes.

Kasten — *kašt(ə)* m. (F Sugiez, B Plagne) = **1.** Hafertrog für Pferde (F). **2.** Behälter zum Transport der Jauche.

Aus alem. *xaštə* mit ungefähr denselben Verwendungen (*Id.* 3, 535; *Els. Wb.* 1, 476). — Vgl. *mailecoste* Mehlkasten (Montbél.).

Katze[1] — *kats* m. (B Aj. Del.) = Katze, wird nur beim Fortjagen gebraucht: *vètã, pə kats* 'va-t'en, vilain chat', im Gegensatz zum Lockruf *bis.*

Typischer Fall eines an sich neutralen Lehnwortes in antipathischer Verwendung, vgl. Fleisch u. a. Mask. wegen *chat.*

Katze[2] — *kats(o)* m. (Vd Lavaux F Gruy. V Salvan) = **1.** Katzenjammer (Vd F). — [**2.** Deutscher (V)].

Aus schwd. *ə xats ha* im gleichen Sinn (*Id.* 3, 591 nur Basel und Zürich; doch auch Luzern, Thurg.; Bern als studentischer Ausdruck). Obige Patois-Belege deuten auf noch weitere Verbreitung. Das Mask. wegen *mal aux cheveux.* — Gegen die Vermutung des *Id.*, 'Katze' sei aus 'Katzenjammer' verkürzt, wozu es auch in den Patois nicht an Parallelen fehlt (§ 36, 3), ist zu sagen, dass *xats* auch den Rausch bezeichnet (so Wallis, B Seeland, fehlt im *Id.*), und dass somit das Wort mancherorts den ganzen Intoxikationszustand, Rausch + Katzenjammer als Einheit fassend, ausdrückt, so etwa wie frz. *collation* als Klosterausdruck sowohl die allabendliche Versammlung (ursprüngliche Bed.), als auch den sich daran anschliessenden Imbiss (spätere Bed.) bezeichnet. Über die mutmassliche romanische Herkunft des Begriffsinhaltes von 'Katze' s. Schuchardt, *Zeitschr. f. rom. Phil.* 35, 737. — Vielleicht gehört *katso* Deutscher doch hierher, die Bd.-Entwicklung wäre: Rausch — betrunken — ein Betrunkener — betrunkener Deutscher — Deutscher. Zur ersten Stufe vgl. catal. *gat* 1. Katze, 2. Trunkenheit, 3. betrunken (Vogel; Schuchardt l. c.).

Katzenjammer — *katsyam* m. (V Grône F Gruy.) = mal aux cheveux.

Aus schwd. *xatsəyammər* m. (fehlt *Id.*). Zum Auslaut § 36, 3. Vgl. Katze[2]. Über den Ursprung s. Kluge (*Et. Wb.*; *Zeitschr. f. deutsche Wortforschung* 5, 262).

Kegel[1] — *a faire pudra* (Pulver), *lutra* (Lunte?), *salpeter et faire keygel a Orba* (F 1475, Büchi 63) = vermutlich, Eisenstück im Schloss der Armbrust. (nach *Id.* 3, 180 Bed. 4 d).

Aus schwd. *xeigel.* — Zur Sache § 15.

Kegel² s. Gagel.

kehren — Ableit. *keru* m. (B Courfaivre) = Kehrhaken (s. folg. Wort).

Aus schwd. *xerə* + Suffix *-oir*, vgl. *oblu* s. Hobel.

Kehrhaken — *kérok* m. (B Terbi, Mett.) = Stange mit eisernem Haken zum Umdrehen von Holzstämmen (tourne-bois).

Aus schwd. *xérhóggə* in gleicher Bed. (*Id.* 2, 1093). Die *ó*-Form z. B. in Roggenburg (B Lützeltal), sonst § 28 *a*. Mask. wegen *tourne-bois, crochet.*

Keib¹ — *kaib, khaib* f. (B Del.) [*kèb* f. (B Aj., Vad.; Grand'Combe, Fr.-C.), *kaba* f. (Vd F N), *kab* (N B Diesse)] = **1.** altes, ausgedientes Haustier (Kuh, seltener Pferd, Ziege), oft abgemagert; oft fett, weil zum Schlachten gemästet. **2.** minderwertige Person. — [Ableit. *kèbat* f. (B); *kèbè* etc. (B Vd; Grand'Combe) = töten.] *kèbriə* f. (Chât. 232) Ort, wo man Tiere verscharrt.

Die *ai*-Formen deuten auf schwd. *xaib* m. 'Aas', das u. a. auch die hier in Betracht kommenden Bedeut. aufweist (*Id.* 3, 101 'erkranktes, abgemagertes Tier'). Die enge Beziehung zum toten Tier zeigen die Ableitungen, sowie die Bed.-Angabe bei Boillot, *Grand'Combe, kèb* 'vache destinée à la boucherie'. Das Wort wäre feminin geworden in Anlehnung an *vache* und an die vielen andern Ausdrücke für 'alte Kuh' (s. Verf., *Haustiernamen* 118). — Wegen *ai* zu *è* § 30, 1. — Vermutlich aber haben wir es bei *kèb-kaba* mit dem weitverbreiteten provenzalischen Lehnwort *kabra* 'Ziege', auch 'alte Ziege' (Vd V F N; ferner in Nordfrankreich, *Atlas,* chèvre 272) zu tun, das in der Franche-Comté tatsächlich *kèbr* und *kèb* 'Ziege' lautet.

Keib² — Ableit. *keipè* v. (B Aj.) = fluchen.

Eigentlich 'häufig *xaib* (*xaip*) sagen', ein in der deutschen Schweiz allgemein beliebtes Schimpfwort. Zur Bildung vgl. *èrgotè* v. 'fluchen' (s. Herr Gott).

[**Kern** — Ableit. *gœrné* m. (B Mett.) = Lendenstück (aloyau).

Vielleicht aus els. *khèrnə* + Suffix -ELLU (?). Das *Id.* (3,466) gibt eine ähnliche Verwendung an 'Brustdrüse, Bruststück eines Rindes'. — Schwd. *xèrnə* hätte *k* im Anlaut ergeben § 33,7. Die Abschwächung zu *g* wäre durch die folg. stimmhaften Konsonanten veranlasst, s. Kolben (vgl. it. *gabbia* etc.). Anders Gauchat, der das Wort zu *grumeau* stellt, mitg.]

Kessler — *ou kestler pour faire ung coverclo* m. (F 1483 Blav. 132) = Kesselmacher.

Aus schwd. *xesslər,* das vermutlich lokal zu **xestlər* geworden war, vgl. *mištlə* für 'mischlen' *Id.* 4, 504. — Andere Handwerksnamen § 11.

Kipfe — *kipf, kepf* f. (B Terbi, Mett.) = in die Höhe ragende Stützen an den vier Ecken eines Holzschlittens zum Festhalten des Holzes.

Aus schwd. *xipfə* Runge, Stammleiste am Wagen (*Id.* 3, 408). Zum Wechsel von *i* und *e* § 29, 4.

[**Kirschwasser** — *kirš* m. (allgemein) = Kirschbranntwein.

Franz. Import als *kirsch,* schon 1775 (*Dict. gén.*). Die alem. Formen lauten meist *xriəsi, xirsi* etc. (*Id.* 3, 478).]

Klämmerli — *kremərle* m. (B Prêles) = Klammer zum Aufhängen der Wäsche.

Aus schwd. *xlämmerli* n. (*Id.* 3, 644).

Klein-klein — *glẽglẽ* m. (Vd G., dép. H^te^ Sav., Saône et Loire, Jura, Doubs) *glĩglĩ* (B Aj. Fr.-Mont.; dép. Doubs Bournois, Damprichard, Grand'Combe), *gliŋgliŋ* (B Diesse), *glãiglãi* (B Vauff.), *glẽgẽ, gẽgẽ, gẽgelẽ, geglẽ* (Vd), *gẽglè* (N volksfrz.), vgl. *gẽgẽ* (dép. Yonne) = kleiner Finger, Kinderwort.

Zur Etym. vgl. *Schweiz. Archiv f. Volkskunde* 3, 157; auch 2, 61; Zauner, *Rom. Forsch.* 14, 453; Behrens, *Beiträge* 213. Am mehrfach vermuteten Zusammenhang mit *klein* ist kaum zu zweifeln. Auch lässt die bis jetzt bekannte Verbreitung des Wortes in ostfranz. Ma. auf alem. Einfluss schliessen. Nur darf man nicht vom modern-alem. *xli, xlai* etc. ausgehen, sondern muss den mhd. Typus *klîn* als Grundlage annehmen, vgl. Hälsig, Branntwein, Füsterli. Unter dieser Voraussetzung ist die Nasalierung, nördlich *ĩ*, südlich *ẽ*, normal, vgl. § 31, 2, 3. Zur Erweichung im Anlaut vgl. Knöpfli, Kratten, Krebs, (Kolben). Die abweichenden Vd-Formen verraten Einfluss von *kẽ* in gleicher Bed. aus lat. QUINTUS (Gauchat, *Bull. du Gl.* 7, 58), vgl. *kẽkẽ* (Behrens 213). Zur Form in Vauff. vgl. *vãi* vin (Vauff.).

Kloben — *klṓb* m. (B. Charm.) = hölzerne Klappe zum Einfangen der Vögel.

Aus schwd. *xlobə* oder südels. *klṓpə* (sonst meist *klowə*, *Els. Wb.* 489; *Id.* 3, 617) in gleicher Bed. Unabhängig von dieser rein lokalen Entlehnung ist derselbe Stamm in franz. und nordital. Ma. gedrungen (s. *globa*, M.-L. *Et. Wb.* 3790).

Knebel — *knẽbl* m. (B Vermes) = Stück Holz zum Prügeln (*Id.* 3, 713).

knebeln — *knẽblè* v. (B Vermes) = mittelst eines Knebels ein Seil (oder Kette) fest anziehen (beim Holztransport).

Aus schwd. *xneblə* v. (*Id.* 3, 716, wo beim Simplex gerade die Bed. zusammenbinden' fehlt). — Derselbe Stamm im afr. *enkenbeler* nach Mackel u. M.-L. *Et. Wb.*

Kneif, Kneip s. Gnippe.

Knicker — *knikər* m. f. (B Prêles) = Geizhals.

(*Els. Wb.* 1, 503, fehlt *Id.*)

[**Knödel** — *knœ* m. (N) = Kuchen.

Meyer-Lübke leitet das Wort von *knœdəl* ab, was weder lautlich noch begrifflich befriedigt, denn schwd. lautet die einzig in Betracht kommende Form *xnœdli* (*Id.* 3, 735), die weder die Einsilbigkeit des Wortes, noch die Mouillierung des *n* erklärt. Wichtiger noch ist die begriffliche Schwierigkeit: das schwd. Wort bezeichnet überhaupt nur ganz lokal eine Speise (nach *Id.* nur Graubünden) und zwar die Fleischklösse, nie aber einen Kuchen. Aus all diesen Gründen ist 'Knödel' abzulehnen zu Gunsten von CUNEOLU [wo M.-L. die Form wieder verzeichnet], wie schon Horning (*Zeitschr. f. rom. Phil.* 18, 216) und Gauchat (*Bull.* 2, 35) erkannt haben. — Das von M.-L. l. c. verzeichnete sav. *keñua* findet sich weder bei Constantin et Désormaux, noch bei Brachet.]

Knolli — *knolé* m. (B Charm.) = dicker, untersetzter Mensch, auch von einem Pferd.

Aus schwd. *xnolli* m. (*Id.* 3, 741) in gleicher Bed.

knollig — *knolé* m. (B. Charm.) = knorriges Holz, Brennholz.

Wahrscheinlich aus alem. *xnollìg* mit Abfall des Endkonsonanten § 36, 1*a*, aus der Verbindung *bois knolé* substantiviert. Nicht ausgeschlossen ist die Bildung **knol* + *é*, eig. *du bois 'knollé'*.

Knöpfli — *knepfle* m. pl. (B üb.), *knèflè, knoeflè, knœpflè* (N), *gənèfyè, -fʎè, -flè* f. pl. *gənèfʎu* m. (Vd), *gəniχe* f. pl. (F Broie), *gnèfl, gənèf* (F), *kənèflè* f. pl. (V Bagnes, Evol.), *kìnìfle* (V Chalais), *tyìniflə* (V Grimentz); *knœpflé* m. (B Del., F Sugiez), *gənifʎə* (Vd Aub.), *gnifa* f. (N Trav.), *knœmpflè* (B Mett.). Ältere Belege: *je mangeai deux bignets* (beignets) *gras et pateux nommés vulgairement en ce pays* (wo?) *des 'knöpfli'* (B 1802), *knöpflets* (N 1832); *guenaîfële* f., *gnèpfe, mehl-, griess-, lever-gnèpfe* (Belfort) = **1.** Knödel, Klösschen aus Mehl, Kartoffeln etc. **2.** energieloser Mensch (N Trav.); alem. nicht belegt.

Aus schwd. *xnœpflì*, mit Entrundung *knèpflì* (*Id.* 3, 750) und aus els. *knèpfl(ə)* (*Els. Wb.* 1, 507, auch *knèpl*, daher *cneppe* in Metz, Graf 10). Wie der Beleg von 1802 und gelegentliche Bemerkungen der 'correspondants' zeigen, handelt es sich um ein aus deutschen Landen importiertes Gericht; andere Mehlspeisen § 7. Abgesehen von Verschiedenheiten der alem. Vorlage rührt der ungewöhnliche Reichtum an Lautvarianten her vom Zusammentreffen zweier unfranzösischer Konsonantenverbindungen, nämlich **1. kn**, das bald mit Sprossvokal und bald ohne, bald mit Assimilation des *k* an *n* und bald ohne gesprochen wurde; **2. pfl**, das bald mit Reduktion zu *fl* und bald ohne, bald mit Mouillierung des *l* und bald ohne wiedergegeben wurde. Gelegentlich ist auch *l* im Auslaut in volksfrz. Art verstummt (vgl. *trèf* für 'trèfle'), *gnifa* ist aus *gnif(l)* + *a* zu erklären. — Wie die Laute, so schwankt auch das Genus: mask. meist im Nordteil wegen Anlehnung von alem. *-li* an frz. *-let*, § 44; fem. im Südteil, wohl weil der Auslaut von *xnœpflì* an die Plur.-Endung *-e* der fem. Substantiva erinnerte. — *gənèfʎu* m. zeigt Angleichung an Wörter wie *trèfle, souffle, girofle*.

In der Behandlung des mittleren Vokals fallen zwei Dinge auf: **1.** Dass in Vd und V lauter Formen mit *e*, nie solche mit *œ*, begegnen. Beim beschränkten Umfang der Entrundungsgebiete kann dies nicht allein an der alem. Vorlage liegen, sondern an der Abneigung der zentralen Vd-Mundarten gegen *œ*-Laute; *e* diente als Substitut für *œ*. **2.** Dass in drei von einander stark getrennten Gebieten ein *i* auftaucht, in F, in der Gegend zwischen Ste-Croix und Val de Travers und im Bezirk Sierre. Wäre die Erscheinung auf F beschränkt, so dürfte man an einen Entsprechungsvorgang denken: Vd *fənetra, teta* gegen F *fəniϑra, tiϑa*. Ein nicht belegtes schwd. **knìpflì* würde die merkwürdige Verteilung auch nicht erklären. — Dass *fl* in F zu *χ* wird, beruht auf normaler Anpassung, vgl. *ēχʎ* (il) enfle (F). Beim selbstgehörten *knœmpflè* dürften etwa Wörter wie schwd. *mümpfəlì, hampflə* 'was den Mund, die Hand voll macht' eingewirkt haben.

Kohl — *kél* m. (f) (B Aj. Del.) volksfrz. *une belle kèl* = Wirsing (chou frisé).

Aus der entrundeten Form *khél* für allg. alem. *χœl* m. (*Id.* 3, 212, *Els. Wb.* 1, 431). Das Mask. wegen *chou,* das seltenere Fem. wohl wegen *tête de chou.*

Kohle s. Choli.

Kolben — *golb* m. (B Charm., Malleray, Diesse; N 1681) = **1.** Kurbelstange bei einer mechanischen Säge (arbre à bielles); **2.** kleines Zahnrad im Mühle- oder Sägebetrieb (pignon). — Bei N Bed. unsicher.

Aus alem. *χolbə* m. ebenfalls mit Beziehung auf mechanisch getriebene Räder (*Id.* 3, 226 Bed. 3 a). Zur Erweichung im Anlaut vgl. Korb.

kölnisch s. Kolsch.

Kolsch — *klœš* m. (B Plagne) = farbig gewürfelter Stoff (zu Bettbezügen etc.).

Aus schwd. *χœltš* m. (*Id.* 3, 246), schon mhd. *kölsch* aus *kölnisch,* weil Köln im Mittelalter als Handelszentrum eine hervorragende Rolle spielte. — Zur Metathese § 38, 3.

[**konisch** — *koniš* adj: (B Lamboing) = mit Bezug auf ein Zahnrad im Mühlwerk, *gólb koniš* s. Kolben.

Die Endung weist auf Entlehnung oder Einfluss des deutschen *konisch.*]

[**Korb** — *korba, gorba* f. (V üb. ausser Plaine) = Waschkorb.

Rückentlehnung aus deutschem *Korb* (< lat. CORBIS) anzunehmen, ist unnötig angesichts des ital., piemont. aprov. *corba.*]

Körber — *kœrbər* m. (B Diesse), *χorbər* (B Romont) = Korbmacher, Korbhändler.

Aus schwd. *χœrbər* oder *χorbər* (*Id.* 3, 455).

kotzen — *kotsè* v. (B Del., *-i* Vd), *hotsi* (F Cress.) = erbrechen, derber als *(re)vomir.* — ABLEIT. *(ə)rkotsè* v. (B üb. ausser Prév.-Erguel), *rgotsè* (B Bois; Belfort), *rgueutser* (N volksfrz.) id. häufig in *rkotsè trip è budĩ* (boyaux) Alles und jedes erbrechen. ‖ *rkotsa* m., *(r)kotsra* m., *rkotsũ* m., *rkotsür* f., *rkotsèdž* m., *kotsriə* f. was man erbricht.

Aus alem. *χotsə,* derb für 'erbrechen'. Zum Präfix vgl. *revomir* (B allg.). Die N-Form zeigt in ihrem Stammvokal Einfluss des in N üblichen *rgœsi* v. erbrechen. — Zum Anlaut von *hotsi* vgl. *häs* aus *χäs,* vielleicht haben auch schwd. *hotslə* rütteln, *hotsə* 'sich schaukelnd auf und niederbewegen' (*Id.* 2, 1836) eingewirkt. — Das nasalierte *ü* aus lat. -UMEN.

Kraft — *kraf* f. (B Aj. Vad. Doubs Erguel, N 1861; Belfort), *kraft* (F Sugiez N) = **1.** Kraft, Energie; *e n'a rẽ d kraf* er hat keine Kraft (B Diesse), heute von *force* verdrängt, *khei Kraft* (F) adv. im Sinne von 'ich kann nicht mehr'. **2.** m. Unverfrorenheit (toupet; N).

Zur Einbürgerung des Wortes § 25. Zum Wegfall des *t,* § 36, 1 *β.*

Kragen — *krag* (N 17. Jh., F) *avoir desrobé trois cragues* (N 1642), *ma chemisete et mon crague* (B Erguel 1654) = **1.** Kragen. **2.** Speiseröhre.

Schwd. *χragə* m., Mask. wegen *col.* Auch rät. *kragla* (Ulrix 73).

Krägli — *krèglé* m. (B Aj.) = collerette. (Schwd. *xrägli.*)

Krahn — *kran* m. (B Lamboing) = Vorrichtung zum Emporheben eines Mühlsteines; schwd. *xranə* m. (*Id.* 3, 826 Bed. 1 a).

Kram — *króm* f. (m.) (B Aj. Del.) = Geschenk, das man vom Markt heimbringt.

Aus schwd. *xróm*, els. *króm* m. in gleicher Bed. (*Id.* 3, 810 Bed. 3, *Els. Wb.* 1, 517 Bed. 2). Erklärt sich das seltene mask. Genus leicht durch *cadeau, présent,* so bleibt das durchaus allgemeine fem. Genus auffällig. Franz. Wörter auf *-ôme* sind meist mask. Sollte ein Verbalsubst. zu *krómè* vorliegen?

kramen — *krómè* v. (B üb. ausser Fr.-M., B 1750) = **1.** etwas zum Geschenk einkaufen. **2.** menstruieren. — ABLEIT. *kromu* m. Käufer.

Aus schwd. *xrómə*, els. *krómə* (*Id.* 3, 812, *Els. Wb.* 1, 517). Zur Bed. 2 § 51[45]; auch schwd. werden *chram* und *chramen* auf unsaubere Produkte bezogen. — Derselbe Stamm im Rät. (Brandstetter 48) und im Tessin (Salv.[3] 733).

krank[1] — *kraŋk* adj. (F Dompierre) = tot (scherzhaft).

Entweder scherzhafter Euphemismus oder Ergebnis einer Bedeutungsverschiebung: 'krank — totkrank — tot', nach § 53; vgl. dtsch. *kaput,* das die Vorstellungen 'völlige Erschöpfung' und 'Tod' in sich vereinigt.

[**krank**[2] — *krãko* adj. (V Vernamiège) = krumm- und langbeinig, missgestaltet in bezug auf die Beine (contrefait). — ABLEIT. *krãkχəlu* adj. *-kχela* f. id.

Vielleicht von *krank,* aber unabhängig vom obigen entlehnt. Die Bedeutung wäre entweder bloss eine spezielle Verwendung des Wortes im ältern noch allgemeineren Sinn von 'gebrechlich, hinfällig' (Kluge *Et. Wb.* vgl. noch heute schwd. *chränken* 'körperlich schwächen' *Id.* 3, 835) oder aber sie schliesst direkt an das etymologisch verwandte schwd. Subst. *chrank* m. 'Strassenkrümmung' an, vgl. engl. *cranc* Krümmung (*Id.* l. c.) Eine ähnliche, wenn auch graduell verschiedene, Verschiebung des Bedeutungsinhaltes zeigt schwd. *malader* (aus *malade*) 'matt', 'unpässlich' (*Id.* 4, 166).]

Kranz — *estant aplicqué a la torture avec le crantz de poil au cerveau* (heute 'Stirne') *et la pierre; torture simple ... puis avec le c r a n t z et la pierre* (B *Procès de sorcellerie* 1609, 1613) = Art Folterwerkzeug, das am Kopf angebracht wurde.

Offenbar das deutsche 'Kranz', das ich in dtsch. Wb. vergeblich in obiger (aus dem Zusammenhang erschlossener) Bed. suchte.

Kränzli — *krẽsle* m. (B Aj.) = kleiner Blumenkranz.

Aus alem. *krèntsli.* Zum *s* für *ts* § 34, 4. — Unabhängig davon nfr. *crancelin* 'kranzartige Figur in der Heraldik'.

[**Krapfen** — ABLEIT. *krapé* m. (B N 1861), *krepi* m. (Vd östl. F) = Backwerk, Art *beignet.*

Greuter, *G. Quinche, Le temps d'autrefois,* 73 Anm. lehnt Zusammenhang mit frz. *crêpe* 'Backwerk' wegen des *a* ab und hält aus demselben

Grund die Herleitung aus *krapfen* für wahrscheinlich. Warum er neben gut belegtem schwd. *xrâpf* (*Id.* 3, 842) eine schon mhd. Entlehnung annimmt, ist nicht ersichtlich. Gegen jede alem. Herkunft spricht aber entschieden das *p*, das nirgends als Entsprechung von *pf* erscheint, s. § 34, 1. Deutsche Formen mit *p* begegnen erst in Mitteldeutschland (md. *krâpe* Kluge). Nehmen wir für N Einwanderung aus der Franche-Comté oder aus dem B Jura an, in welchen beiden Gebieten *e* vor *s* + Kons. zu *a* wird, so hindert nichts mehr, die schwz. Formen zur grossen frz. Sippe *crêpe* (aus CRISPUS + ELLU) zu stellen, vgl. bes. Bauer 36 ff.]

Kratten — *krato, grato* m. (F Vd bes. Alp.; Jorat Broie), *krat* (m. N B Erguel, f. B), *krèt(o)* (m. Vd Blon. P. d'Enh. F Sugiez, f. B Mall.), *krats* m. (N) volksfr. *crate* = **1.** kleiner, tiefer, bauchiger Korb mit Ösen, meist beim Pflücken von Kirschen oder Beeren gebraucht, auch zum Sammeln von Kartoffeln, Steinen etc.; Saumkorb zum Tragen von Speisen. — **2.** Maulkorb für Kalb, Pferd, Maultier. — **3.** Bauch, scherzhaft. — ABLEIT. *kratat* f. (B), *kratè* f. (B) ein Korb voll; *ẽkrata* v. (Vd P. d'Enh.) einen Maulkorb anlegen.

Aus alem. *xrattə* m. *Id.* 3, 869, wo alle Verwendungen (ausser 3) verzeichnet werden, teilw. unter den Komposita. Zum Übergang von *k* in *g* vgl. klein, Knöpfli u. a. Von den merkwürdigen *è*-Formen erklärt sich nur *krèt* in B durch die dortige Lauttendenz. Die Verteilung der übrigen drei Belege (unter Annahme der Verschleppung bis Blonay) deutet auf deutschen Einfluss, etwa von *xrättə* (Plural von *xrattə*) oder *xrättlì*, *xrättələ* v. etc. Ähnlich sind wir geneigt, das seltene *krats* durch Einwirken eines **krèts* oder **krats* (für tatsächliches *krètš, kratš* (N) s. Chräze) zu erklären, vgl. z. B. schwd. *uməxrätələ* und *uməxrätsə*, beide in Form von 'ein Kind auf dem Rücken herumtragen' (*Id.* 3, 876). Doch vgl. *plätsõ* neben gew. *plätõ* (Vd). — Beachtenswert ist die scharfe geographische Trennung nach dem Genus: im ganzen Südteil mit N und B Erguel mask. nach *panier, corbillon*, in B fem. nach *corbeille*, vielleicht unter Mitwirkung der vielen Subst. auf *-ette*, Patois *-at* (s. oben *kratat*). Wörter wie *latte, rate, patte* lauten *lèt, rèt, pèt*. — Dasselbe Wort drang in wall. und nordpik. Ma. als *kret;* vgl. ahd. *kretto* neben *kratto* (nach Behrens 65).

Krätze s. Chräze.

Kratzer — *krats* m. (Vd F spor.) = Branntwein von schlechter Qualität.

Aus schwd. *xratsər* m. (*Id.* 3, 931). Das Wort wird auch alem. vom Branntwein gebraucht, nicht nur vom Wein, wie das *Id.* bucht, vgl. *chratzerli* Branntwein (ib.). — Zum Wegfall der Endung § 36, 2.

Kräuselbeere s. Chruselbeere.

Kraut s. Büttenkraut, Sauerkraut.

Krebs[1] — *krepš* m. (Vd Roug.). — ABLEIT. *krepssli* m. (F Blav. 87).

Hier sicher lokale Entlehnung aus schwd. *xreps* m. Mask. wegen *tsābero* m.

[**Krebs**[2] — *grèbœs* (B üb.), *grabœs(a)* f. (N B Péry Aj.), *grabés* (B Plagne), *grabwœs* (B Prêles) = Krebs.

Einer direkten Herleitung aus alem. *xräps* steht lautlich nichts im Wege (zum *a* im Stamm § 29, 3; wegen Akzent und Vokaleinschub vgl. Herbst), wohl aber geographisch, denn die ganze nördliche Franche-Comté (dép. Doubs und Hte Saône, terr. de Belfort) sagen ebenfalls *grèbœs* (und *grabœs*). Es ist also zum mindesten zweifelhaft, ob überhaupt schwd. Ma. an dem bedeutend mehr franz. als schwz. *grèbœs*-Gebiet beteiligt sind, um so mehr als die N-Belege für die an Frankreich angrenzenden Kantonsteile häufiger sind. Halten wir dazu, auf der Atlas-Karte *écrevisse* nach Norden gehend, ein kleineres voges. *grabus*-Gebiet hart an der Landesgrenze und ein beträchtliches ostwall. *grèvès*-Gebiet, so ist anzunehmen, dass diese drei, heute durch das eindringende frz. *écrevisse* getrennte Gebiete, einst eine grosse zusammenhängende Zone bildeten, die sich längs der deutsch-franz. Grenze hinzog, und an deren Zustandekommen vorwiegend elsäss., deutsch-lothr. und rheinländische Ma. Anteil hatten. In welchem historischen Verhältnis diese Grenzzone zum gemeinfranz. *écrevisse* zu stehen scheint, habe ich aus Anlass der *e*-Prothese angedeutet (*Festschrift zum Neuphilogentag* in Zürich 1910 S. 173). Ist wirklich *grèbœs* mit seinem *b* nur eine spätere Auffrischung, wie ich glaube, so haben wir es erst recht nicht mit einem alem. Lehnwort in unserem lokalen Sinn zu tun. — Zum Übergang von *-œs* in *-ès* finde ich sonst in Plagne keine Beispiele.]

Kreide — *krid* f. (B bes. Del.; Champoz, Romont), *ékride* f. pl. (V Savièse) = Kreide. — Ableit. *kridè* v., *ăkridè* v. (B) mit Kreide bezeichnen.

Aus schwd. *xridə* f. Die Verbreitung in B schliesst elsäss. Einfluss fast ganz aus. Ob das Wort als Schul- oder als Zimmermannsausdruck oder aus andern Veranlassungen eingewandert ist, wird kaum zu ermitteln sein. — Zur seltsamen Agglutinationsform § 38, 1. Das Fem. wegen *la craie*. — *kridè* v. kann auch von einem schwd. **xridə* v. herstammen, das aber das *Id.* als Simplex nicht verzeichnet. — 'Kreide' kennt auch das Rätische (Ulrix).

krempeln s. grämpeln.

Kreuzer — *krüts*, auch *krütš* m. (allg.), *χrìts* (V Miège), volksfrz. *cruche*; Ältere Zeit: *crutzer* (F 1479), *creutzer*, *crutz* (G Rousseau, Annales 3, 36), *crutche* (N 1760) = Kreutzer, alte Scheidemünze im Wert von 1/4 Batzen. — Ableit. *krütša* m. (B).

Aus schwd. *xrütsər* m. (*Id.* 3, 944). Wegfall der Endung § 36, 2. Zum Übergang in *tš* und *š* § 34, 2, 3. In *creutzer* sehe ich Einfluss des deutschen Schriftbildes. Zur Form im Grenzdorf Miège vgl. Käse. — Dasselbe Wort in nordital. Ma. (*Zeitschr. f. rom. Phil.* 24, 70; Salvioni 2 610).

Krug — *kruəg* f. (B Aj. Terbi Prév. Erg.) *de la vaisselle de terre ou grougue* (B 1704); vgl. *krog* (Montbél.) = **1.** irdener Krug, früher bes. für Bier (Diesse); **2.** Sandstein, *terre de kruəg*. — Ableit. *kruəgiə* f. Inhalt eines Kruges, gleichsam 'crouguée'.

Schwd. *xruəg* m. (*Id.* 3, 802). Fem. wegen des in altfranz. Zeit entlehnten *cruche*. — Ebenfalls moderne Entlehnung in den Vogesen (Belmont).

[**Kucheli** — *kukli* m. (B St-Imier, Plagne, Prév.), volksfrz. *couquelis* (B) = **1.** kaminartige Vertiefung in der gegen die Küche hin befindlichen Wand des Wohnzimmers, in der früher zur Heizung und Beleuchtung Kienholz verbrannt wurde. — **2.** 'espèce de chignon' (nur Plagne).

Vermutlich aus schwd. *xùxxəlì* n. von dem das *Id.* 3, 129 obige Verwendung nicht verzeichnet, wohl aber eine andere Vertiefung beim Altar Bed. 2bα. — Bed. 2 bleibt seltsam. — Anders Gauchat, der das Wort zu berndtsch. *guggəli* 'Ecke' stellt. (*Id.* 2, 183 nur *guggerli* 'Guckfenster').]

[**Kuchen** — *kuka* f. (Vd P. d'Enh. F Gruy.), *küka* (Vd Bri.) = grosses, ringförmiges, buttergebackenes Brot mit runder Öffnung in der Mitte, für festliche Anlässe, schwd. 'Kranz'. — ABLEIT. *kukõ* m. (Vd üb.), *kəkõ* (Vd Orm. Arzier), *kokõ* (Vd Ste-Croix) = kleines, weiches Milchbrötchen (galette), auch Art Lebkuchen; *kukè* m. (Vd Bri. Hs.; Bed.?).

Ein schwer zu lösendes Problem. Lautlich, sachlich und auch geographisch steht nichts im Wege, obige Formen, an deren Zusammengehörigkeit nicht zu zweifeln ist, direkt aus schwd. *xuəxə* m. herzuleiten. Die Beschränkung von *kuka* auf östliches Gebiet legt diese Herleitung besonders nahe. Zu *u* aus *uə* vgl. *bubo* (Vd Alp.); zu *küka* § 29, 7. Das Fem. wegen *tatra, torta* (beide Vd F) oder *galeta* (Vd). Die Abschwächung des vortonigen *u* in *kokõ, kəkõ* ist in schwz. Patois häufig. Zur Überwucherung des Dem. über das Simplex vgl. Griebe. Auch obwald. *kukə* spricht für alem. Entlehnung.

Andererseits fällt es schwer, obige Formen von der gerade ost- und südfranz. reichlich belegten Sippe *koka* 'kuchenartiges Gebäck' ganz zu trennen: lyon. *coque* f., *kuk(ə)*, *kok(ə)* f., *kokasõ* m. (Dép. Ain, Saône et Loire, Isère, Drôme), allg. südfrz. *koko* f., ganz besonders gask., wo auch *kuku* m., *kukõ* m., ferner altprov. cat. (sard.?) *coca* (s. *Atlas*-Karten gâteau, beignet, omelette; Mistral; Schuchardt, *Rom. Et.* 2, 23 ff., M,-L. *Et. Wb.* 4734; auch Bauer 33 ff.). *koklī* (Bournois) 'Nusskuchen' gehört vielleicht eher zu schwz. *kok* 'Nuss'. Zur Aufhellung der Streitfrage, ob diese Wortsippe in ihrem Ursprung 'echtromanisch' sei, wie Schuchardt glaubt und Diez vermutet hatte, oder ob sie mit gemeinrom. *coccagna* (eig. Kuchenland?) auf schon altgerm. *kuchen* zurückgehe, wie Meyer-Lübke und Kluge annehmen, tragen unsere Formen nichts bei. — Das pik.-wall. *couque* scheint, besonders auch wegen pik.-wall. *couquebac*, dem Flämischen entlehnt zu sein. (Bauer 33). Desgleichen ist es durchaus nicht ausgeschlossen, dass die beiden Wortwellen, schwd. *xuəxə* vom Pays d'Enhaut herkommend und südfranz. *koko* von Lyon her eindringend, in der Schweiz zusammengestossen und sich hier in nicht mehr zu entwirrender Weise vermengt haben. — Vgl. Haber-, Ingwer-, Lebkuchen.]

Küchengeld — *largent du kuchigelt* (F 1476, Büchi 66) = vermutlich 'Geld zur Unterhaltung einer Militärküche' (nach Grimm *Dt.Wb.*).

Küchenscheibe s. Guckscheibe.

kucken s. gucken.

Küfer — *tyüəfè* m. (B Aj. Del. Doubs), *küəfr* (B Diesse); *Richard le cueffer* (Porrentruy 1486), *xüəfər* (B Romont) = Küfer.

Aus schwd. *küəfər*. Die drei Lautvarianten stellen drei Stadien der Anpassung dar. Zu *ty* für *k* vor palatalem Vokal § 32, 5. Zur Endung § 36, 1α.

Kugelhopf s. Gugelhopf.

Küher — *küyər* m. (B Diesse), *kyèyer* (F Sugiez) = Senn.

Schwd. *xüəyər* (*Id.* 3, 97) in gleicher Bed. (B).

Kunst — *kunšt* m. auch f. (B Aj. Dev.) = **1.** Nebenofen in der Stube an der Wand gegen die Küche, der in Verbindung mit dem alten gemauerten Kochherd (schwd. *xunšt*) erwärmt wird. **2.** Ofensitz.

Aus schwd. *xunšt* f. (*Id.* 3, 368) els. *khunšt* (*Els. Wb.* 1, 451) in beiden obigen Bed. Die wenig veränderte Lautform deutet auf geringe Volkstümlichkeit, nach *šōf* Zunft wäre **kōš* zu erwarten. Das mask. Genus wohl wegen *forna* m. 'Ofen' oder *banc*; auch schwd. ist das Wort da und dort mask. Das seltene Fem. in Anlehnung an das Alem. Vgl. Karpfe. Die Einrichtung des 'Kunst-Ofens' geht in der deutschen Schweiz ins 16. Jahrhundert zurück (*Id.* l. c.). Vgl. Hunziker, *Schweizerhaus* 6, 33.

Kurhaus — *kuruks* m. (V Evolène).

Dieser Ausdruck der modernen Fremdenindustrie wurde in seiner schwd. Form *xurhus* n. dem Patois angepasst; vgl. § 37, 4.

Kutteln — *kutlè* pl. Genus? (B Aj.) = Kaldaunen.

Aus alem. *xùttlə* pl., worin die Endung, vielleicht in Anlehnung an Suffix *-et*, zu *è* erhöht wurde. Vgl. Nudel.

L

Laden — *lad* f. (B Aj. Del.; Châtenois), *lód*, *lòd* (B St-Imier, Erguel, obere Prév.; Damprichard), *lód(a)* (N Mont., Cressier; 17. Jh. Barr. 1832), *loudə* pl. (N Môtiers, Hunziker 4, 127), *lud* (B Sonvilier), *loda* (Vd Pailly) = **1.** Fensterladen, aus einem Brett, ohne Öffnungen, im Gegensatz zum Jalousieladen. **2.** eiserne Türe am Backofen (nur Vd). — Ableit. *ladat* f. (B).

Aus alem. *ladə* m. in gleicher Bed. (*Id.* 3, 1064, *Els. Wb.* 1, 557, wo *lôtə* nur für nicht-oberelsässische Ma. belegt ist). Bed. 2, die alem. nicht zu belegen ist, zeigt eine (alem. unwahrscheinliche) Verschiebung im Sinn des § 53, denn die alem. sehr lebendige Grundbedeutung des Wortes ist 'Brett'. — Zu den *o*- und *u*-Formen § 28*a*. Unverständlich bleibt die geographische Verteilung von *lad* und *lod*; warum nicht *lod* in dem welschen Gebiet, das an das schwd. *lodə*-Gebiet angrenzt? Und warum gerade *lod* im Erguel, dessen alem. Grenzma. u. W. *ladə* sagen? [*lod* in N kann aus dem südl. Seeland (Gegend von Erlach) stammen, wo 'Hase, Rad, Mass' etc. *hos, rod, mos* lauten.] Vom Standpunkt der Patoislautlehre wäre dem Problem nur beizukommen durch die Annahme, das Wort sei aus dem Nordteil des B Jura über das Erguel nach N eingewandert und habe dabei seine Form *lad* durch 'Entsprechung' in *lod* umgewandelt, vgl. B *tšad* N + Erguel-Prévôté *tšód*, *tšòd* chaude. *lod(a)* in Pailly und Damprichard sind jedenfalls Verschleppungen. — Merkwürdig ist auch das konsequente fem. Genus, da fast alle synonymen Wörter mask. sind: *volet, contrevent, venteau, brise-vent; jalousie* ist zu modern, um eingewirkt zu haben; wohl aber kann *planche* von Einfluss gewesen sein, vielleicht unter formaler Mitwirkung von Wörtern wie: *rade, salade, façade* etc. bzw. *chaude* (B *tšad*), *fraude, mode* f., *commode* f. Eine alte Entlehnung desselben Wortes liegt vielleicht vor in schwzfrz. *lā, laon* 'Brett' (Gauchat, *Bull.* 6, 62). Beim Begriff 'Fensterladen' scheint der Wortaustausch besonders rege, vgl. *jalousie* und *chassis*, eig. Fensterrahmen, in schwd. Ma., so *šasi* (Sol. Holderbank) 'Jalousieladen'.

Ladung — *teyla... pour faire sachet et ladung* (F 1475, Büchi 65) = Teil der Artillerieausrüstung, vermutlich Ladehülse, deren Holzbestandteil mit Leder (oder Leinwand) überzogen war. (Nach *Id.* 3, 1062.)

Lägerfass — *légrəfas, lègrəfas* **f.** (m.) (Vd Gros F 1860 N 1703, 1778, etc.), *õn-egrəfas* (Vd), *léigrəfasè* (Vd Blonay), *légréfass* (G Rousseau Annales 3, 36) = grosses Fass aus Eichenholz, zur Lagerung und zum Transport von Wein, fasst 40—100 'muids' (Annales l. c.) — Ableit. *lègr* m. (B N F Vd), *légr* (B Charm.), volksfrz. *laigre* Lägerfass.

Aus schwz. *lägərfas* n. (*Id.* 1, 1051). Da alem. *läger* allein immer nur die Fassunterlage bezeichnet (*Id.* 3, 1169), so muss das weitverbreitete *lègr* eine Kurzform sein (§ 36, 3). Das Fem. wohl wegen *bosse* f. 'Fass' unter formaler Mitwirkung von *tasse, face, race* etc. Das Mask. wegen *tonneau, baril* u. a. Entsprechend wird vom *Id.* (3, 1168) das sächliche Genus von *lagel* aus lat. LAGENA durch Anlehnung an 'Fass' erklärt. Zur Deglutination § 38, 2. Zum *éi* in Blonay vgl. *béi* beau, *tsapéi* chapeau, *béiϑè* bête etc. — Zum Wandern deutscher Fassbezeichnungen vgl. frz. *foudre* aus *Fuder;* rät. *fässli* (Genelin 32). — In anderer Bed. lebt *läger* im frz. *lègre* 'Jahrmarkt' weiter (Behrens 148 ff.). Über *legrəfas* handelten Gignoux (*Z. f. rom. Phil.* 26, 146) und A. François (*Annales* l. c.).

Lämpen — *lẽp* f. (B Aj. Del. Doubs), *lẽpa* (Vd Orm.) = **1.** Wamme, Fetthaut am Hals oder am Bauch des Rindviehs. **2.** herabhängender Fetzen (B). — Ableit. *lãpi* m. (F) grosses Stück (Brot, Fleisch).

Aus alem. *lämpə* **m.** auch f. (*Id.* 3, 1275, *Els. Wb.* 1, 588), in beiden Bed. das fem. Genus in B wegen *panne, bzẽn* f., in Vd wegen *bãbolyə* f. u. a. Zu *lãpi* für **lẽpi* (*lämpə* + ELLU) vgl. *vãtru* (F Westen) mit *vẽtro* (F Gruy. Vd) 'ventre', auch Häfelin 18.

Landsprache — Ableit. *tsəbrotå* v. (F üb.), volksfrz. *lanchebroter* (G 1820, Humbert), *enchebrotter, enchevrotter* (G Humbert) = **1.** unverständliches oder ungereimtes Zeug schwatzen, stammeln, auch von einem Kind, das reden lernt (bredouiller, marmotter, balbutier). **2.** eine fremde Sprache radebrechen, *il lanchebrotte un peu l'allemand* (nur G 1820). **3.** heimlich herumsagen (chuchoter, nur F). — Ableit. *tsəbro* m., *tsəbrotéri* m. (F) bredouilleur; *lanchebrotage* m. überflüssiger und verworrener Redeschwall.

Den Zusammenhang mit *Landsprache* haben schon das *Gloss. genevois* und Pfeiffer 53 erkannt. Das deutsche Wort ist volksüblich im Sinn von 'Dialekt', *do ghœrt mə das ər ə bärnər iš, er het si lantšpróx* (selbst gehört in Holderbank, Sol.). Zur Verbreitung der hier in Betracht kommenden *o*-Form § 28*a*. Ein Verb **landsprachen* ist mir alem. nicht bekannt. Das ursprüngliche **lãšbroka* v. erhielt vermutlich sein *t* aus Anlehnung an das Verbalsuffix *-ota*, das gerade bei obigem Bedeutungskomplex überaus häufig auftritt: *marmotter, barboter; chuchoter, cachoter;* von zitternder Stimme *chevroter, greloter, trembloter* u. a. *enchevrotter* verrät ohnehin durch sein *v* eine gewisse Anlehnung an *chevroter* trotz des nicht geringen begrifflichen Abstandes, der, abgesehen von lautlichen Bedenken (Patois *tšivra*, nie mit *b*), eine Herleitung der ganzen Sippe aus *tsəvrota* verbietet. — Die deglutinierten Formen erklären sich durch die Verbindung *il l]anchebrote*, der Wegfall des als Präfix empfundenen *ã* in F aus dem häufigen Nebeneinander von Verben wie *ẽberbolyi* und *barbolyi* 'bredouiller', *emmêler* und *mêler* etc.; *tsə-* statt zu erwartendem **šəbrota* beruht auf Entsprechung, vgl. *tsalvèr*, § 33, 5. — In der Bedeutung berührt sich das Wort stark mit *talmatsi* s. dolmetschen. Die ursprüngliche Verwendungsart zeigt deutlich der älteste Beleg (Bed. 2). Vgl. § 22.

Landsturm — *lãšturm, lãsturm* m. (überall), *lãsturnə* m. auch f. (V), *lãstœrn* (V Bagnes), *lãstrũ* (V Vernamiège), *lãtsəturnè* (Vd Vaug.), *lãdəsturm* (F), *lãgəšturm* (F V), *lãbsturm* (V Illiez) = Landsturm, dritte Altersklasse der schweizerischen Armee. — Ableit. *lãsturmye* m. (Vd) Landsturmsoldat.

Das Wort begegnet zuerst 1844 (F *Organisation militaire*) und 1845 (N als Synon. von 'levée en masse'), dann 1886 (*Message du Conseil Fédéral,* 21. Mai; *défense nationale autrement dit landsturm*); seither ist es in der Militärsprache der franz. Schweiz offiziell eingeführt. (Mitg. von Dr. G. Wissler). In Frankreich wird der Begriff offiziell mit *réserve de l'armée territoriale,* sonst mit *le ban et l'arrière-ban,* früher mit *levée en masse* wiedergegeben. — Neben der deutschen Aussprache *lantšturm* wirkte ohne Zweifel das deutsche Schriftbild auf die Formen mit *-st-*, *-tsət-* und *-dəst-*. Zum ə-Einschub § 37, 1. Die *urn*-Formen gehen auf schwd. Aussprache *lantšturn* zurück. — Ob *lãgəšturm* wirklich eine volksetymologische Beziehung zu *langues* enthält, wie E. Blocher (*Alemannia* 5, 109) vermutet, ist angesichts der Form aus Val d'Illiez sehr fraglich. Beides sind wohl mehr individuelle Versuche, der fünffachen Konsonanz des Schriftbildes gerecht zu werden. — Der Umlaut in *lãstœrn* wird auf Entsprechung beruhen, frz. moudre, prouve, bouge, douce, roue, voudrais etc. lauten im Val de Bagnes: *mœüdrə, prœüvè, bœüdzo, dœüχlə, rœüva, vœüdro.* — Das Mask. nach deutschem Vorbild, das Fem. wegen *la landwehr.*

Landtag — *landtag* m. (N 17. Jh., Barr. 1673, 1692) = Gericht, *tenir la justice du Landtag, ne point tenir de Landtag contre quelqu'un* 'nicht gerichtlich einschreiten'.

Landwehr — *lãdvèr* f. (überall), *lãdvè* f. auch m. (Vd V), *lãdəvè* (V Bagnes), *lãdivèr* (V Chalais), *lãdvér* (B) = Landwehr, zweite Altersklasse der schweizerischen Armee (frz. le second ban; entspricht in Frankreich der *armée territoriale*).

Dieses 'altschweizerische' Wort (Stalder) begegnet schon 1817 in der Militärorganisation des Wallis (franz. Ausgabe) und 1818 in Neuenburg (*Réglement militaire* 'dernière réserve ou Landwehr'), dann 1831 (Eidg. Tagsatzung, franz. Text), 1835 (B), 1844 (F), 1845 (Vd), 1852 (G); seither ist es in der Militärsprache der franz. Schweiz offiziell eingeführt. (Mitg. von Dr. G. Wissler.) Zum Wegfall des *r* vgl. volksfrz. *chai* chair, *hivè* hiver, *toujou* toujours etc. (Wissler 33). — Das Fem. nach deutschem Vorbild, das seltene Mask. nach *landsturm*.

Landweibel — *landweibel* m. (N 1757, 1763, 1764 und öfters), *le sceptre du landweibel* (B Neuveville 1798).

Lappen — *lap* f. (B Charm.) = Fersenstück am Strumpf (ebenso *Id.* 3, 1349). — Ableit. *lapat* f. (B Del. Fr.-Mont.): 1. breiter, lederner Lappen im Schuh zur bessern Deckung des Strumpfes, 2. Ohrläppchen, 3. Schnalle (an Hosen, Weste etc.).

Aus alem. *lappə* m. in meist gleicher Verwendung. Nur welsch scheint Bed. 3 zu sein.

[**Lass** — *las*ⁱ f. (V Chalais) = zuletzt abfliessender Branntwein schlechter Qualität.

Vielleicht identisch mit dem schwd nicht belegten Simplex von *forlass*, das ich in entsprechender Bedeutung in Salgesch (V) gehört habe, vgl. *Id.* 3, 1392, mit Bezug auf den Branntwein. Das Simplex 'Lass' in anderer Bed. bezeugt das *Schwäb. Wb.* (4, 998).]

lauern — *lurè* v. (B Aj.) = heimlich aufpassen.

Alem. *lurə*, besonders in *uflurə* (*Id.* 3, 1376, *Els. Wb.* 1, 608).

laufen — nur in *laufèt!* (B Charm.) = Ausruf der Kinder beim Versteckspiel, schwd. *laufət*.

Laune — *luən, lóən* f. (B Aj. Del. Doubs), *loərn* (B Vicques) = witziger Einfall, Scherzwort, Anekdote (bon mot, gaudriole, blague). — Ableit. *luənè* v. Witze machen, *luənu* m. Spassvogel.

Ohne Zweifel aus alem. *lun*(*ə*) f. Laune, Anwandlung, obschon weder Laut noch Bedeutung mit dem deutschen Wort ganz in Einklang stehen. Es wäre **lun* zu erwarten, s. Bauer, lauern u. a. Vermutlich fand Anpassung statt an die zahlreichen Lehnwörter mit normalem *uə*, wie *muəs, buəb* etc. § 30, 3. *lóən* und das seltene *loərn* zeigen deutliche Anlehnung an Wörter wie *corne* : *kuən, kóən* (Aj. Del.), aber *kóərn* (Terbi); vgl. Lorbohne. Die Formen scheinen demnach auf dem Wege der Patois-Entsprechung von West nach Ost gewandert zu sein. — In Bezug auf die Bedeutung ist beachtenswert, dass die neutrale Verwendung von 'Laune' dem Patois ganz fremd ist. Das Wort wurde einseitig nach der fröhlichen Seite aufgenommen und erlitt zudem eine Verschiebung seines Inhaltes: von 'Stimmung an sich' nach 'sprachliche Äusserung dieser Stimmung'. So gelangt es zu alem. undenkbaren Verwendungen, die sich in den Ableit. noch deutlicher ausprägen (vgl. § 53). — Über 'Laune' im Rät. s. Ulrix.

Leberwurst — *lèbrvuršt* m. (B Mett. Vermes), *labrbuš* (B Aj.) = Leberwurst.

Aus schwd. *läbərwuršt* f., nicht aus dem Elsäss., das nur *lawər* kennt für 'Leber' (*Els. Wb.* 1, 542). Im scheinbar launenhaften *labrbuš* treten vier mehr oder weniger normale Lautveränderungen zusammen: zum *a* aus *ä* § 29, 3; zum Schwund des *t* § 36, 1β, des *r* vgl. *bosõ* für *borsõ* Tasche (Vd), sard. *buša* aus vlat. BURSA; zu *rb* für *rv* vgl. *corbeau* mit lat. CORVUS etc. (M.-L., *Rom. Gram.* 1, 420), vielleicht auch assimilatorischer Einfluss des vorangehenden *b*. Das mask. Genus wegen *saucisson*.

Lebkuchen — *lèbkuə* m. (B Dev.), *lapxuəx* (B Romont), *lèbxux* f. (B Plagne), *lèbrəkuə* (Genus?, N 17. Jh., Barr. 1832) = Lebkuchen.

Aus schwd. *läbxuəxə* m. mit der Nebenform *läbxuə* (*Id.* 3, 136). Zum *a* in Romont § 29, 3, im Übrigen zeigt die Form Grenzlautierung. Das *r* in der N-Form wohl wegen *ẽbrəkuə* s. Ingwerkuchen. Das Mask. wegen *biscôme, pain d'épice*. Das Fem. wohl wegen schwd. *xuəxə* f.! (*Id.* 3, 131).

Leckerei — *lekərie* f. pl. (Akzentuierung?, B Diesse) = Leckerbissen (gourmandises).

Wahrscheinlich aus einem zufällig im *Id.* nicht belegten, schwd. **lèkxərî* f., vgl. mhd. *lëckerîe* (Lexer), schwäb. *leckerei* (*Schwäb. Wb.* 4, 1084) etc. Die Formen auf *-î* statt mhd. *-ei* sind häufig in altschwd. Texten (so *chetzeri*, *Id.* 3, 598, *freveli* ib. 1, 1287 etc.) und leben noch in manchen schwd. Ma. Die Endung *e* erklärt sich durch die Pluralform der Feminina: *tšósè* chausses, *rüyè* roues, *dóè* DUAS (B Diesse, vgl. Alge 58). — Herleitung der Form aus 'Leckerli' setzt eine Mouillierung des *l* voraus, die völlig isoliert dastünde.

Leckerli — *lekrəlè* m. (G F N, überall bekannt), *mou bons écrelets* (*Cris de Genève* um die Mitte des 18. Jh., *Bull.* 11, 104); *La Fanchon me servit ... des gaufres, des écrelets* (Rousseau Nouv. Hél. 4, 10) = kleines lebkuchenähnliches Gebäck von länglich viereckiger Form; allg. schweiz. Gebäck, das aber in Basel ganz besonders beliebt ist und einen Ausfuhrartikel der Stadt bildet. Die 'Baslerleckerli' hatten sich schon zur Zeit des Konzils einen gewissen Ruf erworben (Geering, *Handel u. Industrie* 247).

Aus schwd. *lèkxərlì* n. (*Id.* 3, 1247), nicht aus *leckerei*, wie Humbert und François glaubten (*Annales J. J. R.* 3, 36). Zur Deglutination § 38, 2, vgl. Jeanjaquet, *Bull.* 11, 104[133]. Zur Endung § 29, 4. — Was Bauer, *Gebäckbez.* 53, bringt, ist unvollständig.

Lederriemen s. Riemen.

leer — *yér* adj. f. (B üb.), *lir* (dép. Doubs Dampr. Grand'Combe) = nicht trächtig, unfruchtbar, nur von der Kuh, gelegentlich auf die Frau übertragen.

Aus alem. *lär, lér*, das in der Tat in mehreren schwd. Ma. obige Spezialbedeutung aufweist (*Id.* 3, 1363). Diesen Zusammenhang hat zuerst Grammont (*Dampr.* 220) vermutet. Zum Anlaut vgl. *yé* lit, *yũn* lune etc. B), s. auch link. Über das Alter dieses auf B beschränkten Lautwandels wissen wir nichts; nach Frankreich muss das Wort zu einer Zeit gewandert sein, wo dieser Lautwandel seinen Abschluss noch nicht erreicht hatte, vermutlich im Zwischenstadium **lyer*, das nach Boillot zu Unrecht in der von Beauquier verzeichneten Form *taurelière* vorliegen soll (*Bull. de dial. rom.* 2, 109) und das dann zu *lir* geworden wäre nach 'lièvre' *livr*, 'liège' *lidž*; vgl. *pi* pied, *fivr* fièvre; anders ist *lir* aus *leer* kaum zu erklären. — Zur Sache § 9.

Legeisen — *legiz* f. (B Diesse, Romont, Soyhières), *laəgiz* (B Plagne), *lĕdyiž* (B Charm.), *lĕdyiz* (B Mett.) = Eisenstab unter der Spindel eines Wagens, um der Achse mehr Halt zu geben.

Aus schwd. *legisə* n. (*Id.* 1, 541, vgl. *Schwäb. Wb.* 4, 1097). Zur Diphthongierung in Plagne vgl. *paèvr* poivre, *baèr* boire, *faè* foi, *saè* soif, die gegen N hin lauten *pèvr, bèr, fè, sè.* Dieser Gruppe hat sich *lègisə* angegliedert. Recht seltsam sind die nasalierten Formen, sollte etwa 'lenken' eingewirkt haben? Zu *-dyi-* § 32, 5; zu *-iž* vgl. *vežĩ* voisin, *tyožœn* cuisine, *réžõ* raison etc., auf Grund deren sich das Entsprechungsgefühl *z-ž* bildete. — Zur Sache § 12, 3.

Lehne — *lèn* f. (B Plagne) = Treppengeländer.

Aus schwd. *länə* f. (*Id.* 3, 1283). Das Fem. wegen *ridelle* (in B viel gebräuchlicher als *rampe*).

leid — *led* adj. (B Aj. Vad. Doubs) = **1.** unartig, unerträglich, unlenksam, schwierig in der Behandlung (Kind, kranke oder alte Person, Vieh). **2.** lästig, widerwärtig (von Dingen). — Ableit. *ledtè* f., *ledãs* f., *ledriə* f. (B) 'leides' Wesen; *èledi* v. (B Aj. Vad.), *alaidi* (B Vauffl.) verleiden; *léz-üə m sõ èlédi* 'die Eier sind mir verleidet'.

Die begriffliche Übereinstimmung mit schwd. *laid* 'unartig', 'widerwärtig' (*Id.* 3, 1081), die das Wort vom afr. *laid* 'hässlich' abhebt, weist auf eine alem. Entlehnung. Zur Monophthongierung § 30, 1. Der Diphthong in *alaidi* kann primär oder sekundär sein, vgl. das zur Plagne-Form von Legeisen Bemerkte. — *èledi* v. hat mit afr. *alaidir* 'rendre laid' wohl nur die Formation gemein.

leiern — Ableit. *lirlè* v. (B Charm.) = sich plan- und erfolglos mit Kleinigkeiten abgeben.

Wahrscheinlich aus alem. *lirə* v. 'langsam arbeiten' (*Id.* 3, 1370, Bed. 2; *Els. Wb.* 1, 606, Bed. 4, vgl. die Zusammensetzungen). Zum vermutlich deutschen Suffix vgl. *lirlə* f. 'faule Arbeiterin' von *lirə* (*Id.* 3, 1373). Doch vgl. frz. *craqueler, sauteler, harceler* (von herser) u. a.

Leiste — *lišt* f. (B Charm.) = dünne Holzleiste zum Einfassen.

Aus alem. *lištə* f., das in gleicher Bed. bezeugt ist (z. B. *Els. Wb.* 1, 620, diese Bed. fehlt *Id.*), nicht aus schriftfrz. *liste*, dem obige Bed. fremd ist.

Leitseil — *leitseil* f. (B Romont), *laətsel* (B Plagne) = Leitseil.

Schwd. *leitseil* (B), zu *aə* s. Legeisen, zu *e* für *ei* § 30, 1. Das Fem. wegen *guide.* — Zur Sache 12, 3.

lieb — Ableit. *liəbnè* v. (B Charm.; Paniers 209, 463, 511) = verliebt tun, den Hof machen, v. r. sich liebkosen.

Offenbar aus alem. *liəb* + Suffix *-onner*, vgl. § 49 Schluss. Formal möglich, aber wenig wahrscheinlich ist Ableitung aus nhd. *liebeln*, das alem. ungebräuchlich ist, oder aus schwd. *liəbəli* n. 'Liebkosung' (*Id.* 3, 989), das weder elsäss. (wo es zudem **liəwələ* lauten müsste) noch westschwd. belegt ist.

Lineal — *liñal* m. f. (B Aj. Diesse, N Noiraigue), *liñâ* (B Aj.) = Lineal. — Ableit. *suliñal* m. (N Noiraigue) Blatt mit starken

Linien, die, unter das Schreibpapier gelegt, durchscheinen (transparent, guide-âne).

Aus schwd. *linyal* m. (*Id.* 3, 1285). *liñâ* zeigt Patoisierung nach dem Vorbild von *tšvâ* cheval. Dieselbe Anlehnung an frz. Wörter auf *-al* bedingte das mask. Genus; das Fem. wegen *règle*. Merkwürdig ist die Bildung *suliñal*, vermutlich hat wohl trotz der sachlichen Unstimmigkeit das Wort *souligner* eingewirkt. Vielleicht aber wurde auch lokalfranz. jenes Unterblatt *sous feuille, sous papier* (nach volksfrz. *sous-main*, franz. *sous-nappe, sous-enveloppe, sous-couche* etc.) oder auch *sous-lignes* genannt.

link — *yek* adj. (B Plagne) = link, *la yek mã* 'die linke Hand', *džozè d la yek riv* (Seite) 'deutsch reden'. — ABLEIT. *yəké* m. der linkshändig ist; *yẽtχẽ* adj. (B Court) link.

Ohne Zweifel aus schwd. *linkx* mit allerdings isoliert dastehender Entnasalierung in Plagne, während der Stamm das normale Resultat aufweist. Zum Anlaut vgl. leer. *yəké* ist *link* + ELLU, vgl. *tšèté* château (B), *yẽtχẽ* ist *link* + -INU, vgl. *véžẽ* voisin, *tšmẽ* chemin (B Plagne). — Derselbe Stamm begegnet in afr. *esclenche* (M.-L. *Et. Wb.* 8029) und vielleicht in wall. *clinche* (Behrens 53).

Loch s. Tagloch.

locker s. luck.

Lorbohne — *lòərboən, luərbuən*, auch *lorbon* f. (B Aj. Vad. Mett. Pleigne) = Frucht des Lorbeer, auch Lorbeerblatt als Gewürz; altes Wort.

Aus alem. *lorbónə* f. 'Lorbeer' (*Id.* 4, 1313; *Els. Wb.* 2, 54). Der Wechsel von *o* zu *oə* und *uə* rührt her von der Anlehnung an Wörter wie *koən, kuən* corne, sei es, dass die Lautverbindung *lorb-* dafür verantwortlich zu machen ist, sei es, dass die schwd. Formen *buənə, bornə* 'Bohne', die das *Id.* (3, 1310) allerdings nur für die Ostschweiz bezeugt, diese Einreihung veranlasst haben. Im ersteren Fall müsste die Vokalspaltung von *bón* durch Assimilation an den ersten Bestandteil erklärt werden. — Das Wort ist vermutlich als Küchenausdruck eingedrungen.

Löschsack — *il a été fait rapport que Gurtner avait loué le Löschsack a des étrangers sans permission* ... (B Neuveville 1786) = Feuereimer (seau), früher wurde eine Art Sack aus Leder oder Leinwand verwendet.

losen — *lozè* v. (B Vermes) = horchen (an der Türe).

Aus schwd. *losə* v. (*Id.* 3, 1446).

Lot — *une grosse jatte ... pesant 43½ loth* (660 Gramm); *un porte-huile... pesant 58 loth* (906 Gramm) (B Neuveville 1753—58, Gross et Schnyder 192) = Gewichtsmass (demi-once).

Näheres *Id.* 3, 1500 und neuerdings K. Glaser (*Zeitschr. f. frz. Sprache u. Lit.* 26, 146). Dasselbe Wort ist im Wallonischen heimisch (Glaser l. c.).

löten — *lœtè* v. (B Aj. Del.) = löten. — ABLEIT. *délœtè* v. 'loslöten' (dessouder); *lœtür* f. Lötmittel.

Aus alem. *lœtə*, als Spenglerausdruck importiert, auch ins Rät. (Gen. 27).

[**Lotter** — *lotr* m. (B Aj.) = Pfahl (palis).

Vielleicht besteht ein Zusammenhang mit altschwd. *lotterholz* 'Gerät eines fahrenden Gauklers' (*Id.* 2, 1254). Zur event. Kürzung § 36, 3.]

Lotz — *λotso, -ə,* auch *lotšo* adj. (F Gruy., Lully), *lotso* (Vd Ross., F Gruy.) = plump, schwerfällig, unbeholfen.

Wahrscheinlich aus dem germ. Stamm *lotz:* mhd. *lotze* unbeholfen (nach *Id.* 3, 1568), schwäb. *lotze* u. a. ungeschickt (*Wb.* 4, 1309). Die schwd. und elsäss. Ma. scheinen nur die Bed. 'nachlässig' besonders mit Bezug auf die Kleider zu kennen. Ausser der begrifflichen Übereinstimmung spricht für deutsche Herkunft vor allem die geographische Verbreitung. Im franz. Wortschatz finde ich nichts Entsprechendes. Auffallend bleibt nur die teilweise Mouillierung des *l.* Zu *lotšo* vgl. § 34, 2.

[**lotzen** — *lotsi* v. (Vd Aub.), *lotši* (F Gruy.) = hinken, wackeln, nicht (mehr) festhalten (z. B. von zu grossen Schuhen).

Wahrscheinlich identisch mit schon afr. belegtem *locher* 'lose sein, schlottern', dessen Herleitung aus *locker* von M.-L. bestritten wird (*Et. Wb.* 5104). Nicht ganz abzuweisen ist ein Zusammenhang obiger Formen mit schwd. *lotsə* oder *lotšə*, beide im Sinn von 'wackeln' bezeugt (*Id.* 3, 1536 u. 1568).]

luck — *lok* adj. (B Aj. Vad. Mett.), volksfrz. *louque* (B) = locker, lose (Erde, Stoff), was nicht (mehr) straff befestigt ist (Zahn, Nagel, Werkzeug im Griff), *tricoter louque* (mit weiten Maschen).

Alem. *lùgg* in gleicher Bed. (*Id.* 3, 1232; *Els. Wb.* 1, 583).

lucken — *lokè* v. (B) wackeln, 'luck' werden. — Ableit. *élokè* v. lockern, 'luck' machen.

Aus alem. *lùkə* (*Id.* 3, 1235; fehlt *Els. Wb.*). Zur faktitiven Wirkung des Präfixes vgl. *veiller* und *éveiller.*

Luder — *luədr,* auch *loədr* m. (B Aj. Vad.; f. Montbél.) = liederlicher, unsittlicher Mensch, Schimpfwort. — Ableit. *luədra* m., *-at* f. 'petit libertin'; *luədras* f. unsittliche Weibsperson; *luədrayiə* v. ein liederliches Leben führen.

Aus alem. *luədər* n. (*Id.* 3, 1104; *Els. Wb.* 1, 563). — Derselbe Stamm mit anderer Bed. in frz. *leurre.*

lugen — *lüga* v. (Vd P. d'Enh. Blonay Charnex, F Gruy. Broye; V Ill. Plaine) = **1.** ausspionieren, neugierig und verstohlen zuschauen (besonders durchs Schlüsselloch) (guigner, lorgner). **2.** Maulaffen feil halten (badauder). — Ableit. *alüga* v. (Vd Bez. Aigle Jorat Gros Joux, häufig im *C. Vd.;* V Ill. Plaine), *aluga* (Vd Bri. Dum.); *aloga* (Sav. Serraval Argot) = Bed. 1 und 2 von *lüga.* 3. mit gierigen Blicken hinstehen, in der Hoffnung etwas zu bekommen. ‖ Die zuschauende Person mit obigen Nüancen bezeichnen: (*a*)*lügar* m., auch *lugar* m. (Vd Bri.), (*a*)*lügã, -ãna,* auch *alugã* (Vd Bri. Mor.), (*a*)*lügèré, -eda, lügašə* f.

An einem Zusammenhang mit dem allgemein alem. *luəgə* 'schauen' (*Id.* 3, 1221) ist nicht zu zweifeln. Für deutsche Herkunft sprechen: **1.** vom geographischen Standpunkt: das starke Vorkommen in östlichen Gebieten, der völlige Mangel an Kontinuität mit den spärlichen und weit zerstreuten gallorom. Dialektformen (s. unten); **2.** vom begrifflichen Standpunkt aus: die klare Übereinstimmung in der Grundbedeutung 'zuschauen', verbunden mit der Möglichkeit, alle speziellen Momente der Neugierde, der Heimlichkeit und der Begehrlichkeit, die das *Id.* nicht kennt, als sekundär zu betrachten; **3.** vom lautlichen Standpunkt: die gut belegten, offenbar älteren, *u*-Formen (vgl. *bubo* aus *buəb)* und das konstante Auftreten des *-g-*, im Gegensatz zum fast ausschliesslichen *k* der franz. Formen.

Das einzige ernstliche Bedenken liegt im Laut *ü*, der weder durch die oberwallis. Form *lüoge* (Wipf, *Visperterminen* § 57) noch durch den Hinweis auf § 29, 7, wo es sich nicht um *uə* handelt, irgendwie befriedigend erklärt wird. Dieselbe Schwierigkeit bei *rüta* s. Rute. Bei der Annahme einer Entlehnung zur Zeit, wo DURU zu *dür* wurde, bleibt das Nebeneinander von *u*- und *ü*-Formen schwer verständlich. Sollte nicht der Wandel von vermutlich früherem *luga* zu *lüga* auf franz. Einfluss zurückzuführen sein? Die mir bekannt gewordenen Formen lauten: norm., pik. *luquer*, davon schriftfrz. *reluquer* 'mit begehrlichen Blicken anschielen' (vgl. Bed. 3); südfrz. *lüka* (Gers P. 678), *lüga* (Alp. Mar. P. 898) 'loucher' *(Atlas)*, davon sind kaum zu trennen *luka* 'loucher' (Lot et Garonne P. 647) und ostwall. *luki* 'regarder' *(Atlas* 5 mal, schon bei Diez, *Wb.)*; *lüka* 'regarder avec attention' (Wartburg, *Fehler des Gesichtsorgans*, § 221 ohne Ortsangabe). Auffallend ist jedenfalls, dass sich in drei Gebieten: südfrz., norm.-wall. und frz. Schweiz, *ü*- und *u*-Formen nebeneinander vorfinden.

In der etymologischen Kontroverse über *luquer* (Lit. bei Körting 5739) und *lucarne* (M.-L. *Et.Wb.* 5137) ist m. E. mit einem rom. *LUCARE 'leuchten' zu rechnen, das zu LUCERE sich verhält wie it. *fallare* zu lat. FALLERE; davon aprov. *alucar* anzünden und formal obige südfrz. *ü*-Formen. Die begriffliche Verschiebung von 'leuchten' zu 'schielen — schauen' dürfte vom stammverwandten LUCANA: aprov. *lugana* 'Licht', wovon afrz. *luganne* und westschwz. *lügāna* f. (F Vd V) 'Dachfenster' (dann wohl unter Einfluss von LUCERNA zu nfr. *lucarne)* herrühren, und zwar so, dass südfrz. *(a)lucar* zur Bedeutung gelangte, 'gern am Fenster sein, um hinaus (oder hinein) zu schauen', daraus würden sich übrigens obige drei Gefühlsmomente leicht erklären. Einen Ansatz zur hier vermuteten Entwicklung zeigt schwd. *fensterlen* 'gern am Fenster sein, um zu plaudern' (*Id.* 1, 873). — Ob *aluga* schwd. *aluəgə* 'anschauen' wiedergibt oder auf franz. Art mit *a*- erweitert wurde, ist kaum zu entscheiden.

lugen ist ausserdem ins Rätische (Gen. 26) und ohne Zweifel auch ins Wall. gedrungen, dessen *luki* zu asächs. *lôkôn*, engl. *to look* gehört. — Zum Begriff s. gucken und zwinken.

lullen — *lola* v. (F bes. Vully, B Prêles) = saugen, lutschen (nur von Kindern).

Schwd. *lùllə* v. (*Id.* 3, 1261).

Lulli — *lolè* m. (Vd G F N B überall sporadisch), *loli* (F) = Lutschbeutel.

Schwd. *lùlli* (*Id.* 3, 1262).

Lump — *lõp* m. (B Plagne) = Faulpelz; ebenso rät. (Ulrix).

lustig — *lustiko, luštiko, -a* adj. (Vd F N B), *lostig* (Vd Orm.), *loštik* (B Prêles), *lüstiko* (nur Vd Penthalaz) = **1.** in fröhlicher Stimmung, *to dye e to lustiko* (Vd); bei guter Gesundheit; etwas angeheitert. **2.** s. m. fröhlicher Kumpan, Spassmacher.

Vermutlich stammt das Wort in seiner adjekt. Verwendung direkt aus dem alem. *lùštig*, als Substantiv dagegen aus Frankreich, wo bei den Schweizer Regimentern *le loustic* eine stehende Figur war, jedem Regiment war einer zugeteilt, er hatte die Soldaten zu unterhalten, insbesondere ihnen das Heimweh zu vertreiben. (Littré gibt Belege aus Voltaire und P. L. Courier.) Noch heute wird der 'bouffon de caserne' *le loustic* genannt. *On est devenu très sévère pour les loustics de chambrée, bourreaux inconstants, cruels parfois,* sagt der Belgier Lemonnier (*Ceux de la mer* 143). Diesen franz. Soldatenausdruck brachten Welsche aus ihren franz. Diensten mit nach Hause (daher die heute zurücktretende Bed. 2). Ob dadurch die heute vorwiegende Verwendung 1 erst veranlasst oder nur begünstigt und verstärkt wurde, wird nicht auszumachen sein, jedenfalls bietet die Form fast nirgends eine sichere Handhabe, da sowohl franz. wie alem. Lehnwörter *st* neben *št* aufweisen, so *resta* neben *rešta* und *stā* neben *štā* (s. Stand), höchstens deutet das fast ausschliessliche *u* auf das franz. *loustic*, während das *o* in Prêles von direkter alem. Berührung zeugt. *lüstiko* ist etwas verdächtig, doch bringt § 29, 7 ähnliche Beispiele. — Begrifflich nahe steht wie gehts. — Über tess. *lostig* bei Bruckner 32 und Salvioni [1] 96.

M

machen s. Schuhmacher, Tischmacher.

Magen — *magõ* m. (B Aj. Del. Romont) = **1.** Tiermagen, Kropf der Vögel, in derber Rede auch von einem überfüllten menschlichen Magen. **2.** Vielfrass, *ĩ rüd magõ.*

Da die modern alem. Ma. nur *magə* kennen, und da im übrigen franz. Sprachgebiet weder in älterer noch in neuerer Zeit ein *magon* aufzutreiben ist, so kann es sich hier sowohl als bei *valmõ* (s. Walmen) nur handeln: entweder **1.** um eine zeitlich unbestimmbare suffixale Erweiterung, *mag + on*, oder **2.** um eine altalem. Entlehnung aus dem ahd. Akkusativ *magon* zum Nom. *mago*, entsprechend den franz. Lehnwörtern: nfr. *faucon* (ahd. *falcho*), *éperon* (ahd. *sporo*), *gazon* (ahd. *waso*), *fanon* (ahd. *fano*), afr. *bacon* (ahd. *bachho*), *braon* (ahd. *brato*), *bracon* (ahd. *braccho*) u. a. (vgl. Jud, *Recherches sur la genèse et la diffusion des accusatifs en -ain et en -on,* Diss. Zürich 1907). — Dass ein Deminutivsuffix dem Begriff nicht zuwider ist, zeigt u. a. romagn. *maghett* 'Geflügelmagen', auch ein *valm + on* ist leicht verständlich. (*-on* mit augmentativer Wirkung ist mir in B unbekannt.) Andererseits sprechen stark für die zweite Annahme die zweifellos alten Entlehnungen, rät.-friaul. *magun* und ober- und mittelital. *magone* 'Tiermagen' mit zahlreichen Ableitungen (s. Bruckner 22, M.-L. *Et. Wb.* 5233). Weniger Beweiskraft hat das lothr. Grenzwort *mohõ* (nach M.-L. *Et. Wb.*), offenbar aus els. *mayə*, zu *h* < *-y-* vgl. Horning, *Grenzdialekte* § 143. Wie weit frz. *mag* 'Bauch' (mfrz. nach M.-L. *Et. Wb.*, norm. *se remplir la mag de gousses*, Passy, *Les sons du franç.* 162) mit der jurass.-lothr. Entlehnung zusammenhängt, ist vorläufig nicht zu sagen. — Sachlich ist die Entlehnung als Schlächter- oder Küchenausdruck aufzufassen.

Mager — *magr* m. (B Lamboing), *mégro* (F Gruy.) = Krebs am Baum, Baumschorf.

Aus schwd. *magər* m. in gleicher Bed. *Id.* 4, 101 Bed. 2. Mask. wegen *chancre*. Die *e*-Form stammt ohne Zweifel aus der berndtsch. Variante *megər* (*Id.* l. c., wo allerdings nur fürs Emmental bezeugt). — Doppelentlehnung.

Magsame — *maksóm* m. (B Plagne) = Mohn.

Aus schwd. *maksómə* m. (*Id.* 7, 935). Zu *sómə* für 'Samen' § 28 *a*, vgl. L a d e n. — Dieselbe Pflanze mit germanischem Namen in pik., lothr. und norm. Ma. (Schrœfl, *Ausdrücke für den Mohn*, Diss. Zürich 1915, S. 30, 32).

Maien — *mayə* m. (V Mage, Hérémence), *mai* (V Lens) = Blumenstrauss.

Aus allg. schwd. *mayə* m. in gleicher Bed. (*Id.* 4, 5 Bed. 5). Die Form *mai* gibt vielleicht das stammgleiche 'Mai' wieder.

M a h l s. Dachmahl.

Mailänder — *maəlãdr* f. (B Plagne) = Art grosser Apfel, für Apfelküchlein gern verwendet.

Wohl für schwd. *mailändəröpfəl* (fehlt *Id.*, das nur eine 'Mailänder-Birne' kennt, 4, 1491). *ã* für zu erwartendes *ẽ* wohl schwd. *Mailander*, unter Einfluss von *Mailand*.

malen — *mólè* v. (B Aj. Del. ausser Terbi; Roches; Paniers 572, 673) = **1.** färben (Stoff, Eier, Leder). **2.** bemalen, verzieren (Geschirr, Gesicht); selten von einem Bild, wofür fast immer *peindre*. — ABLEIT. *rmólè* v.; *mólu* m., *molèr* m. Maler, Färber; *mólür* f. (B Aj. Paniers 669) 1. Farbstoff, Schminke (Paniers), 2. Buntdruck.

Aus nordwestschwd.-elsäss. *mólə* mit gleicher Bed. (*Id.* 4, 151). Zum *o* § 28 *a*. — Zur Sache s. d r u c k e n.

Mämm — *mẽm* m. (B Mett.) = Milch in der Kindersprache; schwd. *mäm* (*Id.* 4, 225).

Mammeli[1] — *mamlé* f. (N 1740) = Mutter, Kosewort, schwd. *mammәli* (*Id.* 4, 225).

[**Mammeli**[2] — *mamlè* (F Gruy.) = **1.** kränkliche Person. **2.** der Narreteien treibt.

Vielleicht verwandt mit schwd. *mämmig* (*Id.* 4, 226), das gerade obige Bed. in sich vereinigt; auszugehen wäre von *mammәli* 'neugebornes Kind', davon die Bed. 'wer sich so benimmt'.]

Mämmeli — *mèmle* m. (B Dev. Mett.) = Milchflasche (Kindersprache); schwd. *mämmәlì* (*Id.* 4, 225).

Mange — *mãga* f. (F Gruy. N) = **1.** Rolle zum Glätten der Wäsche, früher auch des Tuches (calandre). **2.** Art Leinwand, wahrsch. Futterbarchent (boucassine).

Aus schwd. *maŋə* f. (*Id.* 4, 328). Zum Ersatz von *aŋ* durch *ãg* § 35, 3. Bed. 2 wird herrühren von der Ähnlichkeit mit gemangtem Stoff.

mangen — *mãga* v. (stark belegt in Vd P. d'Enh. u. F Gruy.) = mit der Mange arbeiten.

Schwd. *maŋə* v. (fehlt *Id.*).

Mangold — *mengo*, *mẽngo* m. (B Aj. Del. Fr.-Mont. Roches; *mengo* (dép. Doubs Dampr.), *mẽngè* (B Aj.), *mango* (B Mall.), *mangaə* (B Plagne), *mẽgœy* (B Romont), *məngo* (B Aj.), *mənẽgœ* (B Prêles), *mẽmgo* (B Pleigne); aus älterer Zeit *menego(lz)* (B 16. Jh., 2 mal), *mennegou* (N 17. Jh.), *mènegou* (N 1707) = Gartenmangold, Küchenkraut (bette, poirée; beta vulgaris cicla); früher bes. beliebte ärmliche Nahrung, schwd. auch einfach *χrut* genannt (nach *Id.* 3, 884).

Deutsche und franz. Ma. wetteifern bei diesem Wort in lautlicher Mannigfaltigkeit. Das Merkwürdigste ist, dass keine einzige der franz. Formen direkt auf die übliche schwd. Aussprache *maŋgolt* oder *maŋgəlt* zurückgeht; am nächsten kommt ihr noch *mẽgœy*, dessen *ẽ* nach *bẽ* banc, und dessen Auslaut nach *tšœy* chou, sonst *tšo*, *kyœy* clos, sonst *šo*, *syo* etc. zu erklären sind. Für alle übrigen Formen mit **n** bieten die vom *Id.* (4, 328) verzeichneten Varianten keinerlei Handhabe, nur das Elsäss. kennt eine entsprechende Form in *manəkolt* (*Els. Wb.* 1, 693), das aber aus einer Ortschaft im Kreis Thann weitab vom B Jura stammt. Wahrscheinlich liegt deshalb den welschen Formen das mhd. *manegolt* (ahd. *managolt*) zu Grunde, das im Verein mit der normalen Nebenform **menegolt* (aus ahd. *manigolt*) den meisten Patoisformen gerecht wird, vornehmlich auch den wichtigen vier älteren Belegen; in den altneuenb. Formen kann der *u*-Auslaut als Vokalisierung des gedeckten *l* (**menegout*) gefasst werden. — Einfluss der soloth.-aarg. Kurzform *maŋgəlt* zeigen *mẽngè*, *mangaə* für **mangè* (vgl. das bei Legeisen Bemerkte) und *mənẽgœ*, dessen Nasalvokal vom vorausgehenden *n* herrührt. — Eine etwas entgleiste Form ist *mẽmgo*. — 'Mangold' (Pflanze) ist auch in voges. (*mèŋgo* Belmont), nordit. und rät. Ma. anzutreffen (M.-L. *Et. Wb.* 5282).

Manni — *mani* m. (Vd spor. G B Fr.-Mont.) = **1.** Tiername (Pferd, Ochs). **2.** scherzhafte Bezeichnung des Berner Bären. **3.** Stier (nur B). — Ableit. *maniyõ* m. (B) junger Stier.

Aus schwd. *manni*, *mani* m. 1. Bärenmännchen in Bern, 2. Pferdename (*Id.* 4, 292); Bed. 'Stier' ist von der schwd. Bed. 1 abzuleiten.

Mappe — *map* f. (Sitten volksfrz.) = Mappe aus Leder, Wachstuch für Schüler etc. (frz. serviette, carton).

Aus schwd. *mappə*, während schriftfrz. *mappe* ein veralteter Ausdruck für 'Plan', 'Zeichnung' ist.

Marke — *mark* f. (Sitten volksfrz.) = Briefmarke.

Nach deutschem Sprachgebrauch.

matt — *mèt* adj. (m. = f.) (B Aj. Del. Fr.-M.; *mette* (Paniers 91; dép. Hte Saône Pierrecourt), *mət* (dép. Doubs Grand'Combe) = **1.** ermattet, geschwächt (veule); **2.** nur in B: überreif, teig (Obst); nicht ganz trocken geworden, welk (Korn), noch feucht (Wäsche), weich (Schnee). — Ableit. *mètu* f., *mètəté* f. Erschöpfung.

Aus *matt,* wofür das *Id.* (4, 551) die Bed. 'weich, teig' mit Bezug auf Obst belegt. Die andern Übertragungen sind leicht verständlich, mit den Ableitungen zeugen sie von der Vitalität des Wortes. — Zum Übergang in *mèt* § 29, 2, doch kann auch lokal die vom *Id.* verzeichnete schwd. Form *mett* zugrunde liegen. — Das frz. *mat* kommt begrifflich wie auch lautlich nicht in Betracht.

Mauerlatte — *morlat,* auch *murlat* f. (B überall spor.), *mwarlat* (B Charm.); volksfrz. *morlette* (B); ältere Belege *morlettes* (St-Imier 1669), *morelattes* (Saignelégier 1743) = Balken, der auf blosser Erde liegt; mehrere zusammen bilden meist einen Fussboden (Stall, Wohnhaus).

Wahrscheinlich identisch mit schwd. *murlattə* f. 'Längsbalken auf einer Mauer, auf den bei jedem Stockwerk die Köpfe der Tragebalken gelegt werden' (*Id.* 3, 1483). Fem. in Anlehnung an das jurass. Fem.-Suffix *-at.* Dieselbe Anlehnung hätte die französische Endung in *morlette* verursacht. Lautlich fällt das häufigere *o* für *û* auf. Die Diphthongierung in *mwarlat* ist vom *m* bedingt: *mwètš, mwotš* mouche (N). Begrifflich zeigt *morlette*: 1. eine Beschränkung auf die Balken des u n t e r s t e n Fussbodens, 2. eine technische Verschiebung (Tragebalken, nicht Längsbalken); ähnliches bei R a f. — Einen franz. Stamm habe ich vergebens gesucht.

Mauser — *muzər* m. (B Plagne) = Maulwurfsfänger, oft von der Gemeinde angestellt.

Aus schwd. *musər* (*Id.* 4, 481).

[**meckern** — *mèkè* v. (B Aj. Del. Doubs) = schwatzen, ausschwatzen. — Ableit. *mèk* f. (B) Schwätzerin, *meku* m. Schwätzer, *mekri* f. Geschwätz.

Vermutlich aus schwd. *mekkə* v. (*Id.* 4, 122) 'meckern' von der Ziege, auch vom Kalb; unverständlich reden (mehr gelegentlich). Die eig. Bed. 'schwatzen' ist alem. nicht zu belegen. — Möglich bleibt ein Zusammenhang mit südwestfrz. *mèk* m. Stotterer, *mekeya* v. stottern (Atlas K. bègue, bégayer), *macasser* stottern (Anjou).]

Meerrettig — *mérédi* m. (G F Gruy.), *meridi* (Vd Arz.), *meridik* (N 1832) = Meerrettig.

Aus schwd. *mérrättix* m. (*Id.* 6, 1630). Zum fakultativen Wegfall des Endkons. § 36, 1 *a.* *d* für *t* wegen *radis,* das mit *ravunè* m., dem eig. Patoiswort für 'Rettich', das mask. Genus bestimmt haben wird. *i* für *e* in der Mittelsilbe kann assimilatorisch oder dissimilatorisch erklärt werden.

Mehl — *mâl* f. **pl.** (B üb.), *mål* (B Mett.), *mól* (B Mall. Plagne), *ã mél* (B Aj. Doubs Dev.); aus älterer Zeit *ung pouttoz* (petit pot) *de males proche du feugz* (B 1596) = **1.** B r e i, Mus, *de mâl ã lè fèrèn* Mehlbrei, *e pomat* dünner Kartoffelbrei, *e pãm* Apfelmus etc.; **2.** *vəni ã mel* (auch *ã mal*) zu Brei werden, besonders von teigen Birnen; in scherzhafter Übertragung auf Personen 'mausetot', eig. schon in Fäulnis übergehend. — Ableit. *mâlat* f. pl. Kinderbrei, *mâliə* m. 1. Breiesser, 2. Spitzname der Bewohner von Epauvillers (B), Dorf im Clos du Doubs, dessen Wappen ein *plat de mâl* darstellt; *s'ãmâlè* v. r. sich mit Brei besudeln.

Wahrscheinlich aus alem. *mäl*, els. *mal* (*Id.* 4, 217, *Els. Wb.* 1, 668), wie schon Rossat vermutete (*Arch. f. schweiz. Volkskunde* 6, 265[2]). Lautlich befriedigt die Herleitung in jeder Beziehung, vor allem fällt das Nebeneinander von *mâl* (aus els. *mal* oder aus schwd. *mäl* nach § 29, 3) und *mél* (aus schwd. *mél*) stark in Betracht. Die Trübung zu *mâl* in Mett. ist normal, ebenso stimmt *mól* zu *pol* pelle, und *ol* aile, in Court (bei Malleray) und Plagne, ein Zeichen, dass in diesen Gegenden keine direkte Entlehnung aus *mäl* stattgefunden hat. Weniger befriedigt 'Mehl' vom begrifflichen Standpunkt: alem. bezeichnet das Wort nirgends den Brei und wie weit *mal* heute von der Vorstellung 'trockenes Mehl' entfernt ist, zeigt die Verbindung '*mal* à la farine'. Verständlich wird der Übergang erst, wenn wir annehmen, *mâl* habe ursprünglich einen nach deutscher Art (oder wenigstens von deutschen Frauen) zubereiteten Mehlbrei (schwd. *mälbappə*, das zu *mal* verkürzt worden wäre, nach § 36, 3) bezeichnet und sei erst später zu seiner heutigen allgemeinen Verwendung gelangt. Unaufgeklärt bleibt aber bei dieser Annahme die merkwürdig konstante Verwendung des Wortes im Plural (immer *le mal, de mal, te mal*, vgl. auch *males* schon im 16. Jahrh.), andere sinnverwandte Wörter wie Mus, Pflutte sind singularischer Natur. Gerade beim Mehlbrei ist die Vorstellung eines aus einzelnen Teilen zusammengesetzten Breies (wie etwa Kirschenbrei, Zwetschenmus) gänzlich ausgeschlossen. Bei Festhaltung an 'Mehl' muss der Plural sekundär entstanden sein, sei es in Anlehnung an *nouilles* (vgl. Nudeln), Knöpfli, *légumes* etc. oder unter Einfluss des meist pluralischen Bestimmungswortes (*mâl* 'aux cerises' etc., s. oben). — Das Fem. wegen *muəs* oder in Anlehnung an *pâl* pelle, *âl* aile. Das schon begrifflich wenig befriedigende 'Mahl' kommt wegen der Form *mél* nicht ernstlich in Frage. Eher noch liesse sich *mâl* als fem. Verbalsubstantiv zu *mêler* (vgl. afr. *mesle* m. mélange) verteidigen und zwar lautlich unter Hinweis auf *mâlä* 'mêler' (dép. Doubs Bournois; B selbst sagt *maχè, mašè, masyè*, etc.), begrifflich, weil die *mâl* immer eine Mischung (Milch + Mehl, Milch + Gries etc.) darstellt. — Wort und Sache drangen in tess. Ma. *malbröö* 'Mehlbrei' und *bria* 'Brei aus geröstetem Mehl' (Salvioni[1] 96).

Mehl s. Habermehl.

Meise — *meizr* f. (B Aj. Del.), *meiz, maiz* (B Aj. Doubs F.-Mont.; dép. Doubs Dampr.), *mèz* (Bas-Val. Bri.) = Meise. — Ableit. *mèzat, mœzat* (B Aj.), *maizat* (B Roches); *mézot* (Montbél.) id.

Lokale Doppelentlehnung aus alem. *mais(ə)*, *meisə* f. (*Id.* 4, 465; *Els. Wb.* 1, 721). Zum *r*-Zusatz § 37, 3. Wegen *è* für *ei* § 30, 1.

Die Dem.-Form auf *-ette* stammt vielleicht aus Frankreich, wo sie östlich und westlich begegnet (M.-L. *Et. Wb.* 5466). Fem. wegen *mésange*, das in altgerm. Zeit eingewandert ist. — *mœzat* könnte von einer schwd. Dem.-Form beeinflusst sein, vgl. *mœisi, mœsi* etc. (*Id.* l. c.). — Die Entlehnung kann ihren Grund im Vogelfang oder im Halten von Zimmervögeln haben; dass die Meise im 18. Jahrh. ein beliebter Zimmervogel war, berichtet das *Els. Wb.* (l. c.).

Meister — *por lo meister arbellestiers et ses compagnions; meister deis bueistes de Mayntz* etc. (F 1403 ff. Gesch.bl. 12, 163 ff.); *meister Anthoine le pintre, meister Uolrich Schlosser* etc. (F 1475 ff., Büchi 59 ff. 5 mal).

Von besonderem Interesse sind die beiden erstgenannten, der Meister Armbruster und der Büchsenmeister (s. auch das Wort); diese wurden anfänglich in F mit Vorliebe aus Deutschland bezogen (Mainz, Rottenburg in Württemb., Strassburg etc.). Handbüchsen (coulovrines) liess man aus Nürnberg kommen, Salpeter aus Basel (s. das Wort) (Büchi, F Gesch.bl. 12, 155 ff., vgl. § 14). Damit wird auch die Bed. 3b von Scheibe zusammenhängen.

Melchtere — SÜDLICHE TYPEN: *metra* f. (Vd bes. Bez. Aigle; Jura und Gros spor., V Plaine, Ill. Bagnes, Entrem. Conthey, Lens-Montana, N Trav., Mont.), *mitra* (Vd Jorat, ob. Broye, Vaug. V Chamoson F Sugiez), *miϑra* (F üb. Vd P. d'Enh.), *mexra* (V Vissoye, Chalais), *mestra* (V Val d'Hérens, Grône, Nendaz, Isérables, auch Sion, Chable), *meitra* (Vd Joux, Arzier), *metr* (N B Fr.-Mont.). — Vereinzelt *mətra* (V Liddes), *mixra, mixa* (F Gruy.), *meϑra* (V Grim.), *meixra* (Vd Blon.). — Volksfrz. *mitre, mêtre, meltre* (Vd); vgl. *mètrè* m.? (dép. Doubs Grand'Combe). — NÖRDLICHE TYPEN: *meltr* f. (B Aj. Doubs Del.), *maltr* (B Saicourt); *mèlkər* f. (B Diesse).

= ovaler Holzkübel, fast überall mit Tragöse in einer verlängerten Daube (schwd. *melxtərə*); die *metra* dient zum Melken und zum Tragen von Flüssigkeiten (Wasser, Milch, Schweinefutter etc.), auch als Rahmgefäss (V Grim. Villa b./Evol. Luchsinger 23); sie hat selten einen Deckel. Statt der Tragöse hat sie einen halbkreisförmigen, beweglichen Henkel (V Anniviers, Hérens, nach Luchsinger 17).

ABLEIT. *metrą, metrǫ* f. (Vd V F) ein Kübel voll; *metreta* f. (Vd V F), *metrõ* m., *metronè* m. (V), kleine *metra*. Bei allen Ableit. herrscht lautliche Übereinstimmung mit der geographisch entsprechenden Grundform.

Trotz grosser lautlicher Schwierigkeiten im Südteil ist an der Herleitung aus dem alem. Worttypus 'Melchtere' nicht zu zweifeln, denn 1. stimmen die Wörter sachlich völlig überein (s. bes. Luchsinger 17); 2. weist *metra* geographisch das typische Bild eines alem. Lehnwortes auf: es ist auf die an deutsches Gebiet stossenden Kantone beschränkt, fehlt in Genf, sowie in den übrigen frankoprov. Ma. und scheint in Frankreich gänzlich unbekannt, weshalb altir. *maistre* [Loth, Rev. celt. 25, 40; Stokes, Bezzenbergers Beitr. 25, 3—4, worauf mich Hubschmied freundlichst aufmerksam macht] nicht in Betracht kommt; **3.** ist es offenkundig, dass 'Melchtere', unabhängig vom *metra*-Gebiet, in genau gleicher Bedeutung, sowohl in jurassische (als *meltr* und als *mèlkər*) als in tessin.-bergam. und rätische Ma. (Typus *meltra*) gedrungen ist (Luchsinger 17, 23; M.-L. *Et. Wb.* 5472).

Lautlich sind vier Typen zu unterscheiden:

1. Typus **metra.** Den unleugbaren Zusammenhang der südlichen Hauptformen mit dem Typus FENESTRA erweist folgende Tabelle:

	melchtere	afr. **fenestre**	afr. **estre**	afr. **creistre**	afr. **nostre**
Vd P. d'Enhaut.	*miϑra*	*fəniϑra*	*iϑrə*	*krèϑre*	*nuϑrõ*
Vd Jorat, Broye V Centre . . .	*mitra*	*fənitra*	*itre*	*kretre*	*nutrõ*
Vd Bez. Aigle } V Talebene }	*metra*	*fənetra* (*fəneitra*)	*etre* (*eitre*)	*kretre*	*nutrõ*
V Anniviers . .	*mexra* *meϑra*	*fène*$_{x}^{\vartheta}$*ra*	*e*$_{x}^{\vartheta}$*re*	*krè*$_{x}^{\vartheta}$*re*	*no*$_{x}^{\vartheta}$*re*
V Hérens . . .	*mestrą*	*fenéϑra*	*eϑre*	*krèϑre*	*nuϑre*

Diese auffallende regionale Übereinstimmung wird durch einen dorfmässigen Vergleich der Formen nur unwesentlich beeinträchtigt, jedenfalls sind die Abweichungen nie grösser als sie auch sonst innerhalb verschiedener Wörter mit -STR- zu sein pflegen. Es ergibt sich somit **1.** dass *mestra* im Val d'Hérens als völlig aus dem Rahmen fallend vom Typus *metra* zu trennen ist (s. unten); **2.** dass die übrigen Formen auf ein früheres **mestra* zurückgeführt werden können. Wie aber soll **mestra* entstanden sein? Das *Id.* 4, 210 gebuchte *melxstər*, *melstər* 'Melkhütte' (nur Appenz. Graub.) liegt geographisch und begrifflich zu weit ab. Eher wäre, wie Hubschmied anregt, von einer Sprachperiode auszugehen, in der unsere Patois noch *fenestra*, die Schriftsprache aber schon **fenextre* sagte (vgl. mhd. *foreht: sleht*, Meyer-Lübke, *Historische Grammatik des Franz.* 1 § 200): es wäre das schwd. Fremdwort *melxtərə* mit ohnehin anzunehmender Verkürzung zu **mextrə* wie ein schriftfranz. Wort behandelt worden, d. h. es wäre auf Grund der Entsprechung *fenextre* — *fenestra* ein neues **mestra* gebildet worden (vgl. *tsalvèr* aus Schellenwerk § 27). Abgesehen vom problematischen Charakter der schriftfranz. Aussprache *fenextre* spricht gegen diese Erklärung der Umstand, dass diese Art der schriftsprachlichen Vermittlung für die ältere Zeit etwas stark Hypothetisches an sich hat.

Wir glauben ohne die Brücke der Schriftsprache auskommen zu können. *metra* kann, muss aber nicht auf **mestra* zurückgehen. Mir scheint es näherliegend anzunehmen, es sei schwd. **mextre* direkt an die Patoisaussprache *fenexra* (vielleicht früher *fenextra*) angeglichen und dann, einmal in die welsche Ma. aufgenommen, auf dem bekannten Weg der Entsprechung von Patois zu Patois, allen Launen des Typus FENESTRA folgend, bis zum *metra-mitra*-Gebiet weitergeführt worden (vgl. u. a. das bei Griebe Gesagte). Der hier angenommene Angleichungsprozess an der Sprachgrenze ist ohne weiteres einleuchtend für die Gegend von Siders, wo Chalais noch heute *fenexra* sagt; aber auch für das Pays d'Enhaut und am Jaunpass hat er nichts Befremdendes, wenn wir bedenken, wie oft in unsern Ma. die Laute *ϑ*, *x* und *h* miteinander wechseln oder in schwer fassbarer Weise ineinander übergehen, vgl. *mexra* und *meϑra* sowie die Doppelgraphie der Tabelle im Val d'Anniviers, ferner *miϑra* neben *mixra* in der Gruyère (und somit wohl auch früher im Pays d'Enhaut und am Jaunpass). Nicht ausgeschlossen ist natürlich, dass die Form *metra*, die nur in den Ormonts und im Neuenburgischen an deutsches Gebiet grenzt, nicht durch sukzessive Entsprechung, sondern direkt aus *melxtrə* mit Reduktion oder aus *mältrə* (für Adelboden von Luchs. 17 belegt) entstanden ist. Welcher Weg tatsächlich eingeschlagen worden ist, lässt sich um so weniger ausmachen, als alle diese Möglichkeiten sich ja keineswegs ausschliessen. Gemeinsam ist allen südlichen Formen, im beachtenswerten Gegensatz zur jurassischen sowohl als zur tess.-rät. Gruppe, der spurlose Schwund des gedeckten *l*, während schon schwd. die Vokalisierung häufig ist, z. B *mäuxtərə* (B Montilier bei Murten), ebenso in *pastek*, s. Ballstecken, *chettre* s. Schild, *trēgèt* s. Trinkgeld; vgl. *béfòr* (Belfort), *bémõ* (Belmont), auch ostfrz. mis (ahd. *milzi*). *meitra* (Vd westl.) und *meixra* (Blonay) stimmen durchaus zu den lokalen Lautgewohnheiten.

2. Typus **mestra**. Diese für das Val d'Hérens reichlich belegte Form leistet der Erklärung den hartnäckigsten Widerstand. Sie ist um so auffälliger, als im selben Tal MAGISTRA sich regelrecht zu *meϑra* 'führende Kuh der Herde' entwickelt hat. An ein eigensinniges Verharren auf der als möglich erkannten früheren Stufe **mestra* ist bei dem gänzlichen Mangel an schriftlicher Fixierung nicht zu denken. Es gäbe einen dürftigen Ausweg: Die Leute aus dem Eringertal kommen bekanntlich nach Sitten zu Markt, wo *mestra* auch gebräuchlich sein soll (Luchs. 18). Da wäre es denkbar, dass das von ihnen mitgebrachte, einheimische **meϑra* im Munde der Sittener Kübelhändler, die der Bergmundarten unkundig sind, durch Lautsubstitution zu *mesra* und durch Lauteinschub zu *mestra* umgewandelt worden wäre. Ähnlich wie man dann und wann einen des Englischen Unkundigen sagen hört *sät* für *that* und *sing* für *thing*. *mestra* wäre demnach eine mehr volksfranz. Ersatzform, die — sonderbarerweise — ihren Weg bis in die hintersten Weiler von Evolena gefunden hätte. [Dass die Form sich weithin verschleppen kann, zeigt *mestra* im Bagnestal.] Doch obige Hypothese hält nicht Stand vor der Realprobe: einer Mitteilung von Jos. Chevrier, Lehrer in Evolena, zufolge wird die *mestra* allgemein im Tale selbst verfertigt, ein Sachimport irgend welcher Art sei ausgeschlossen. *mestra* bleibt, wenigstens geographisch, ein Rätsel. Denn lautlich kann es zur Not direkt aus *me(l)xtərə* oder *me(l)χtərə* hergeleitet werden, vgl. *šastr* aus Schacht, *gištr* aus els. Gichter, § 28*β*.

3. Typus **meltr**. Hieher gehört auch die von F. Isabel angeführte volksfranz. Form *meltre*. Zu Grunde liegt schwd. *melxtərə*, teilweise wohl auch els. *malχtərə* (*Els. Wb.* 1, 678), während das schwäb. *melter* (*Schw. Wb.* 4, 1594) zu weit abliegt. Hier wurde nun der *x*-Laut, den B nicht kennt, unter Beibehaltung des *l* ausgeschaltet, ebenso verfuhren die tess.-rät. Ma. Zum *a* in *maltr* § 29, 3. — Hier wie bei Typus 4 zeugen geringe Verbreitung und Erhaltung des *l* für Entlehnung in moderner Zeit.

4. Typus **melker**. Diese nur lokale Wiedergabe von *melxtərə* zeigt eine neue Lösung der Schwierigkeit, in welche die Patoisredenden durch die vierfache Konsonanz versetzt wurden: Ausschaltung des *t* und normale Substitution des *x* durch *k*.

Das fem. Genus erklärt sich teils durch Einfluss von *seille*, teils durch formale Anlehnung an *fenêtre*, teils wohl auch durch schwd. Formen wie *mälxtra* (Grindelwald, Friedli 2, 474). Keine einzige westschweiz. Form legt Einfluss von lat. MULCTRA nahe.

Melker — ... *si l'on confie cette métairie à Melker Linder, il s'en porterait caution* (B Neuveville 1766).

metzgen — *metseka* v. (Vd Orm.), *metzecâ* (Vd, Agace 31, 3) = schlachten. — ABLEIT. *férè metzeca* schlachten (Agace ib.).

Aus schwd. *mètskə* (*Id.* 4, 624). Zum Vokaleinschub § 37, 1.

Metzger — *metzequer* m. (Vd, Agace 15,3) = Abdecker.

Schwd. *mètskər*. Die Bedeutungsverschiebung wird davon herrühren, dass häufig der Metzger (wohl deutscher Herkunft) zugleich auch tote Tiere verscharrte. Vgl. Schinder, Wasenmeister.

Milchhafen — *milkaf* m. (B Doubs) = irdenes Milchgefäss mit zwei Henkeln.

Aus alem. *milxhafə* m. (*Id.* 2, 1014). Mask. wegen *pota* m. (B).

Milzi — *melts, milts* f. (B Del.) = Milzkrankheit.

Neu entlehnt aus alem. *miltsi* n. in gleicher Bed. (*Id.* 4, 224, *Els. Wb.* 1, 679). Das blosse 'Milz' scheint schwd. gar nicht üblich. Das fem. Genus wegen *mis* f. Milz (B), eine Form, die ohne Zweifel durch Vermittlung von ostfrz. *mis* (aus ahd. *milzi*) in den B Jura gedrungen ist. Die Entlehnung ist allg. romanisch (M.-L. *Et. Wb.* 5579). — Zum Schwanken zwischen *i* und *e* § 29, 4. — Dass *melts* nur die Entzündung der Milz bezeichnet, könnte auf den Einfluss deutsch redender Tierärzte zurückgehen, wie sie im Berner Jura bes. häufig sind.

Mis s. Mus.

miteinander — *mitənădr(a)* f. selten m. (Vd bes. östl. N) = Gesamtheit heterogener oder ungeordneter Dinge oder Personen, buntes Allerlei, komisch-geringschätziger Ausdruck; *la butika avwe tota la mitənădra* die Werkstatt mit Allem, was dazu gehört, vgl. Teil I, S. 53[2]; *arĕdzi tota χla mitənădra* von der in Auflösung geratenen Bourbakiarmee, in der es galt, die Ordnung wiederherzustellen (Vd); Gericht von allerlei wenig zusammenpassenden Speisen (Vd Leysin).

Aus schwd. *mitənandər* wie nhd. nur als Adverb gebraucht (*Id.* 1, 308). Die Substantivierung ging aus von Verbindungen wie 'er hat *Alles miteinander* zusammengepackt' oder 'sie sind *alle miteinander* heimgekommen'. Das fem. Genus fällt auf, da die meisten Synonyma mask. sind (s. I 53[3]), wohl wegen des bes. häufigen *toute la boutique*. Das Wort ist auch ins Comask. gedrungen, wo es ebenfalls in die Feminina eingereiht wurde als *mitanandra* (Bruckner 32). Ein typisches Luxuslehnwort (I 53[3]).

mögen — *mœga* v. (B Prêles), *mœgè* (B Rom.) = bewältigen, *pa mœga sn óvradž* mit seiner Arbeit nicht fertig werden.

Aus schwd. *mœgə* in gleicher Verwendung z. B. *er hät dä axər nümə mœgə* er vermochte diesen Acker nicht mehr fertig zu pflügen (nach *Id.* 4, 109).

Monstranz — *mõštrãđə* f. (F Gruy.), *mõstrãs, mõtrãđə* (F ausser Gruy.), *mõštrãs* (B Mett.), *mõtrãs* (B Charm.) = Gehäuse für die geweihte Hostie.

Aller Wahrscheinlichkeit nach aus alem. *monštrants* (*Id.* 4, 340; *Els. Wb.* 1, 695), denn ein schriftfranz. *mon(s)trance* ist weder aus alter noch aus neuer Zeit in konkreter Bed. zu belegen. Für Entlehnung spricht auch die geograph. Verbreitung. Die beiden Formen mit *mõtr-* ohne Zischlaut zeigen Einfluss von *montrer*, die Endung *-ãđə* Anlehnung an Patoiswörter auf *-ance*. Ausgeschlossen ist immerhin der Bezug des Wortes aus Frankreich nicht, wo es gelegentlich volksfranz. vorkommt, so *montrance* ostensoir (Jaubert, *Gl. du Centre.*).

Moos — *mosə* f. pl. (Vd Orm. Bri.), *mos* Genus? (F Cressier) = Sumpf, Sumpfboden. — Ableit. *mosète* f. pl. (Vd P. d'Enh. Bri.); *moza* m. (B Vicques), *mozyå* m. (B Mett. Movelier) id.

Ohne Zweifel aus schwd. *mos* n. Sumpf, 'Riet' (*Id.* 4, 469). Das Fem. wohl aus formalen Gründen (vgl. *mousse, brosse, rosse* etc.). Der Plural im Gedanken an die verschiedenen sumpfigen Stellen, vgl. Saanenmöser (ob. Simmental). *moza* ist *mos* + *-et*, *mozyå* ist im Suffix unklar. — Der Stamm hat hüben und drüben zu zahlreichen Flurnamen Anlass gegeben (vgl. *Id.* ib. und Jaccard, *Essai de toponymie* 298) am bekanntesten *le Col des Mosses* (Vd Alp.).

Morgengabe — *morgengabe, moërtangâ* Genus? (B Aj. nur Guélat), *mon morgangabe* (St-Urs. 1381 Stouff P. J. 20[5]) = Geschenk des Gatten an die Frau nach der Brautnacht (don oder bonjour des époux, Guél.).

Das Wort scheint heute ausgestorben. Die zweimalige Schreibung mit *an* deutet auf Aussprache nach dem deutschen Schriftbild. Andererseits wird der Abfall des *b* auf die alem. Aussprache *morgəgab* zurückzuführen sein § 36, 1*a*. Das Dissimilationsbedürfnis wird am Ersatz von *g* durch *t* mitschuld sein. — Ob der B Jura die altgermanische Sitte der Morgengabe wirklich übte oder ob ihm nur das Wort bekannt war, lässt sich aus unsern drei Belegen nicht ermitteln. Über die Morgengabe s. *Id.* 2, 54; *Els. Wb.* 4, 1760; und demnächst H. Bächtold, *Gebräuche bei Verlobung und Hochzeit* (Band 2).

Motsch s. Mutsch.

Motthaufen — *motuf* f. (B Aj. Del.) = Brandhaufen von Rasenstücken, Kartoffelstauden etc.

Aus alem. *mòthufə* m. (*Id.* 2, 1048; fehlt *Els. Wb.*). Das Fem. wegen *motte (de gazon)*.

Muni — *muni* m. (Vd Osten, Vully, F Vully, N Ruz, Mont.), *mònè* (N Cressier) = Zuchtstier.

Aus schwd. *mùnì* m. in gleicher Bed. (*Id.* 4, 316). Zu *mone* vgl. § 29, 6 und 4. — Vgl. Verf. *Bull. du Gloss.* 1, 28 und *Haustiernamen* 99.

Münz — *meunns* Genus? (N Pierrehumb.) = Kleingeld.

Schwd. *müņts* f. in gleicher Verwendung (*Id.* 4, 348). Ob *mœ̃s, mœ̃ns* oder *mœns* gesprochen wird, zeigt die Graphie nicht an. Zu *s* für *ts* § 34, 4.

Münzmeister — *Thöny le mün(t)zmeister* (F 1480, 1481, Büchi 93, 100).

Mus[1] — *muəs* m. (B üb.; Montb.), *muəz* (B Prêles); *elle receut du mouesse* (B 1613); *mwež -ə* m. (F Gruy. Sugiez), *muts* (Vd P. d'Enh.) = **1.** a) dickflüssiger Fruchtsaft (aus Trauben, Birnen, Kirschen, Hollunder etc.), der ohne Beimischung von Zucker 1—2 Tage lang eingekocht und in Töpfen aufbewahrt wurde, früher allgemein beliebtes Bauerngericht, das gern mit Kartoffeln zusammen gegessen wurde (nur in B), franz. *raisine,* in deutschen Ma. 'Kraut', lat. *defrutum* genannt. b) andere Art Fruchtmus aus Kirschen oder Pflaumen, mit Mehl, Butter oder Milch zubereitet (nur P. d'Enh.). **2.** Strassenkot (nur in F und B Prêles). **3.** verächtlich von einem Gericht, das schlecht zubereitet ist (B) oder aus zu heterogenen Dingen besteht (F). **4.** träge Person (F). — ABLEIT. *ẽmwežala* v. (F) zu Brei zermalmen (Früchte, Kartoffeln); gänzlich vernichten (Feinde).

Aus alem. *muəs* n. breiartige Speise (*Id.* 4, 488; *Els. Wb.* 1, 727). Die alem. allgemeine Bed. hat sich im B Jura zu 'Fruchtmus', in F zu 'Strassenkot' verengt. Letztere Verwendung belegt auch das *Id.*; vgl. Pflaster, Dreck. In B handelt es sich ohne Zweifel um ein altes Bedürfnislehnwort, in F lediglich um ein Luxuslehnwort. Die Übertragung auf einen Faulenzer kennt, offenbar zufällig, auch Appenzell (*Id.* 4, 490, Bed. 4). — Zum eigentümlichen Übergang von *uə* in *we* vgl. Bube, Futter § 30, 4. Zu *ž* für *s* § 33, 3. Das Mask. in B wegen *raisiné, papet,* in F wegen *pako* m. Strassenkot u. a. Zum Verbalsuffix der Ableit. vgl. *ẽgožala* in die Kehle jagen. Dasselbe Wort kennen der Puschlav als *musa* und das Veltlin als *mœusa* (Salvioni[2] 609—610) und das franz. Argot als *mouise* 'soupe économique' (seit 1837, Sainéan, *L'argot ancien* 247, vgl. *Rev. de philol. franç. et de litt.* 27, 73). Zur Form vgl. els. *müəs.* — Zu *muts* vgl. *griəts, gaits* und § 33, 4; wegen *u* vgl. *bubo* (Vd Alp.). — Vgl. Apfelmus, Buttenmus.

[**Mus**[2] — *mès* m. (B Aj. Del. Plagne) = breiartiges Gericht aus Mehl und (meist) getrockneten Früchten (Kirschen, Zwetschen) oder Zwiebeln, *mès e sliədž* Kirschenmus (frz. bouillie, purée; dial. *mâl*). — ABLEIT. *mèsa* m.; *mèsiə* v., *mèsu, -uz* adj. von teigen Früchten, die in musartigen Zustand übergehen.

Die Herleitung macht grosse Schwierigkeiten trotz anscheinender Verwandtschaft mit 'Mus' in Laut, Bedeutung und geogr. Verbreitung. Eine blosse Lautvariante von *muəs* kann es nach § 30, 3 nicht sein. Vielleicht ist auszugehen von der alem. Kurzform *-mis* (*-mes*), wie sie sicher vorliegt in dem bes. für ältere Zeit gut belegten *fas(t)miss, vassmess* aus Fastenmus (*Id.* 4, 491) und wahrscheinlich auch in *chleimis* 'Zwischenmahlzeit' aus Klein-Mus (*Id.* 3, 646, wo auf *barfis* aus *barfuəs* verwiesen wird). Vermutlich stellte sich diese Abschwächung in allen häufig gebrauchten zweisilbigen Zusammensetzungen ein, wenn auch *mälmis, milxmis, wissmis* (Weissmus), *hirsmis, erbsmis* etc. im *Id.* nicht belegt sind. Sachlich spricht für deutsche Herkunft das Moment der Mehlverwendung, § 7 Schluss. Das mask. Genus würde sich wie bei *muəs* erklären. Abgesehen von Länge und Offenheit des *e*-Lautes bleibt recht auffällig, dass hier, entgegen sonstiger Gewohnheit (§ 36, 3), das zweite, unbetonte Wortelement, das zudem in dieser Form allein nicht vorkommt, von den Welschen aufgegriffen worden wäre. — Nicht einfacher gestaltet sich die Erklärung durch den Hinweis auf ostfrz. *mès* f. crotte, boue, *sə mèsiə* se salir (Châtenois, dép. Doubs Montbél. Damprichard, Bournois). Verbreitung und Bedeutung (vgl. Mus[1], Bed. 2) dieser Wortsippe sprechen nicht gegen etymologischen Zusammenhang mit jurass. *mès*. Bei alem. Herleitung wäre das Wort wegen 'boue', 'crotte' zum Fem. geworden. Sollte dagegen ostfrz. *mès* einheimisch sein (vielleicht ja mit jurass. *mès*, dessen Genus von *muəs* beeinflusst worden wäre), so drängt sich einem kein befriedigendes Etymon auf: lat. *MISSA, eine leicht denkbare Femininbildung zu MISSAM Gericht, woraus frz. *mets* (M.-L. *Et.Wb.* 5612), hätte in Damprichard **mòs* (Grammont 85), in B **mas* ergeben, und das von Grammont vorgeschlagene *MACIA oder MATIA Eingeweide (M.-L. *Et.Wb.* 5412) wäre vermutlich eher zu **mèz* oder *maz* (vgl. *fraz* fraise, Dampr.) geworden. Zudem bedürfte hier die begriffliche Seite noch kräftigerer Stützen.]

mustern — *muštrè* v. (B Mett.) = Jemanden beschauen, prüfen (toiser); schwd. *mùštərə* (*Id.* 4, 545).

Mutsch — *motš* m. (N überall, B Plagne, Prêles, V Praz-de-Fort) = **1.** ungehobelter, widerwärtiger Kerl; Dummkopf, Tölpel, (N B). **2.** einsilbiger, schweigsamer, energieloser Mensch (N V).

Wahrscheinlich aus schwd. *mùtš*, *motš* (*Id.* 4, 598), die beide einen Dickkopf bezeichnen 'mit stark hervortretendem Nebensinn des Dummen' oder Plumpen, ebenso *mutschi*, *mutschli* (l. c. 604). Das Wort ist bei den Welschen mehr allgemeines Schimpfwort geworden. Die nicht alem. Bed. 2 betont vermutlich nur ein bestimmtes Moment der geistigen Beschränktheit. Sie berührt sich mit mutz[3] 'kleinlaut'.

Mutter — *muətr* f. (B bes. Terbi; Aj., Roches), *mutr* (F Cressier) = Mutter, in familiärer Rede.

Zum Vokal § 30, 3. — Dass Vater viel weniger gebraucht wird, ist vielleicht auf die häufige Verheiratung mit deutschen Frauen zurückzuführen.

Mutti — *muti* f. auch m. (B Pl. de Pleigne), *motè* m. (B Terbi) = **1.** f. ungehörnte Ziege. **2.** m. Ziegenbock ohne Hörner.

Aus schwd. *mutti* m. nur in Bed. 2 (*Id.* 4, 571). Auf die vorwiegende Bed. 1 war wohl das weit verbreitete schwd. *mutti-gais* (*Id.* 2, 463) von Einfluss; vgl. auch *muttə* f. 'ungehörnte Ziege'. Zum Wechsel von *i* und *e* § 29, 4. — Zum Begriff s. Geis.

Mutz[1] — *muts* m. (Vd F N B) *mutsu* (Vd Oron) = **1.** Berner Bär; Berner Regierung oder deren Vertreter; pl. die Berner (Vd, auch F); volksfrz. *le Mutz*. **2.** Kleid mit Rockschössen (nur Oron). **3.** ungehörnte Ziege (m. und f.).

Aus schwd. *muts* m. (*Id.* 4, 616) in allen drei Bed. belegt. Eine gewisse Unstimmigkeit herrscht nur bei Bed. 2, indem alem. *Mutz* gerade eine kurze Jacke, ein Wams ohne Schösse bezeichnet (Abbildung, Friedli 1, 285). Ein Irrtum des Korr. in Oron ist nicht ausgeschlossen.

Mutz[2] — *muts(o)* m. (Vd bes. Alp. sonst spor. F), *mots* (Vd Joux), *mwotš* (N), *muətso* (Vd Leysin) = **1.** älteres Kartenspiel, auch 'l'homme noir', 'le fou' oder 'la bête' genannt. **2.** Trumpfbube, höchste Karte in diesem Spiel; *faux-mouts*, zweithöchste Karte.

Das Wort ist nicht direkt bezeugt, darf aber aus *mutzen* 'ein Kartenspiel spielen' (*Id.* 4, 620, Bed. 4 Gotthelf) erschlossen werden. Andere Kartenspiele Jass, Brugg. — Zum Übergang in *tš* § 34, 2. Zur Diphthongierung nach *m* vgl. *mwotš* mouche (N Mont.). — Die frz. Bezeichnungen legen einen Zusammenhang mit Mutsch nahe. Teilweise Verwechslung mit dem als 'Schwarzer Peter' bekannten Spiel ist nicht ausgeschlossen.

[**Mutz**[3] — *muts* m. (Vd Orm., Bas-V, Leytron) = gebackener Teig, bestehend aus Mehl, Eier, Butter.

Die endungslose Form deutet auf alem. *muts*, dem aber obige Bed. nicht nachgewiesen werden kann. Doch vgl. *mutsch* 'Laibchen', 'Eierbrötchen' etc. (*Id.* 4, 599), mit dem es vielleicht verwandt ist. Über *muts* 'Fruchtmus' s. Mus.]

mutz[4] — *muts(o)* adj. (Vd bes. Osten F V Vionnaz; Aosta), *mutšo* (F Gruy.), *mots* (N B Mett.), *mwotš* (N Mont.), *mwətsə* (Vd Gryon, Frenières) = **1.** von Dingen: abgestutzt (Schwanz, Ohren, Hörner, Haare, Baumkrone); stumpf (Messerspitze) zu kurz, knapp (Kleider). **2.** von Personen: kleinlaut, gedämpft, enttäuscht; verdutzt, betroffen (confus, interdit). — Ableit. *motsè, mutsè, -eta* adj. (Vd V F G) id.

Obschon der germ. Ursprung von *mutz* nicht über alle Zweifel erhaben ist (*Id.* 4, 616), so spricht doch die geograph. Verbreitung von *mutso* durchaus für ein schwd. Lehnwort. Bed. 1 ist in allen Verwendungen schwd. belegt, nicht so Bed. 2, die sich jedoch eng mit *mutz* 'einer Sache nicht gewachsen' berührt. Wegen *tš* und Diphthongierung vgl. Mutz[2].

mutzen — *moutzer* v. (Vd Vully 1851) = abbrechen. — Ableit. *emutsi* v. (F Gruy.) abschneiden.

Aus schwd. *mùtsə* v. 'stutzen' (*Id.* 4, 619). Die Präfixbildung wohl unter Einfluss von *émousser*.

N

[**Nabe** — *abo, abu* m. (Vd V F; 5 Sav. 4 Fr.-Comté), *èbo, èbu* (B N), *bò* m. (B Del.); *boté* (B Doubs), vgl. *butu* (südfrz.), *bu* (Auvergne) etc. = Nabe (moyeu).

Im Jahre 1903, wo weder aus dem *Atlas* noch aus dem *Glossaire* die zu *abo* gehörenden Patoisformen erhältlich waren, vermutete ich, von mehrfach notierter Akzentuierung *ǫbo* verführt, eine Deglutination aus *nabe* (*Bull. du Gl.* 2, 43). Davon kann in der Tat angesichts obiger Formen, die auf frz. *bout* hinweisen, keine Rede mehr sein, wie G. Huber (§ 33[2]) richtig bemerkt. *abo* entspricht vielleicht afr. *about* 'Ende', indem die Nabe als ein 'knollenartiges Ende' der Wagenachse (vgl. *bouton* Knospe) aufgefasst wurde. Ob eine Zusammenrückung aus 'à bout' oder ein Verbalsubst. aus 'abouter' vorliegt, wird schwer auszumachen sein. Anders Jud (*Arch. f. n. Spr.* 124, 386).]

Nachbrand — *nobrã, nobran* m. (B Aj. zweimal), vgl. *nobronne, nobrogne* m. (Montbél.) ‖ *labrã* m. (V Grimentz) = was beim Branntweinbrennen zuerst oder zuletzt abfliesst (alcool non repassé B); schlechter Branntwein (V).

Für deutschen Einfluss in der Schnapsbrennerei charakteristische Doppelentlehnung aus alem. *nachbrand* 'letztes, kraftloses Produkt beim Schnapsbrennen' (*Id.* 5, 681, fehlt *Els. Wb.*) bezw. *nabrant* m. (V Salgesch selbstgehört). Zum *o* der jurass. Formen vgl. els. *dərno* 'darnach', auch § 28 *a*. Zum Abfall des *t* s. Brand und § 36, 1 *β*. Die Erhaltung des *n* steht isoliert. Nicht so der Übergang von *n* in *l* im Anlaut, vgl. frz. *lutin* NEPTUNUS, sard. *lumene* NOMEN, friaul. *lumar* NUMERUS (M.-L. *Et. Wb.*). — Zur Sache vgl. Lass, Drusen etc.

Nachtfutter — *item .. pour 3 nachtfůter et 1 tagfůter pour le chevaul* (F 1468 Büchi 119 3 mal) = Nahrung des Pferdes beim Gebrauch während der Nacht (nach dem Zusammenhang).

Der Lautwert von *ů* ist *uo*, heute *fuətər*.

Narr — *naro, -a* adj. (V Bez. Sierre, Nendaz) = einfältig, närrisch.

Aus wallis. *nar* (Binn), *när* (Brig) in gleicher Bed. (*Id.* 4, 776). Das deutsche Subst. ist im Patois Adj. geworden; vgl. Riemen², auch Dampf, Gänsebeine.

nichts s. nix; aber nichts, Taugenichts.

Nickel — *nikè* m. (N spor.) = Ding ohne Wert, *sè n vo pa õ nikè* 'das ist kein Pfifferling wert'.

Ohne Zweifel aus dtsch. *nickel* im Sinn von 'kleine Münze' (*Els. Wb.* 1, 766; Grimm; nicht *Id.*); frz. *nikel* bezeichnet nur das Metall. Der Schwund des *l* nach volksfrz. *natürè* 'naturel'.

nix — *niks* (Vd F G B; Belfort), *bərniks* (B Charm.) = **1.** nichts, dient zur negativen Beteuerung *niks, pas trace de Grudzon!* (Vd), oder zur energischen Abwehr *ma niks po lo rikiki!* keine Rede von Schnaps. **2.** Mittel gegen Augenkrankheit (B).

nix scherzhaft verstärkend für *nüt* 'nichts' ist in schwd. Ma. weiter verbreitet als die Bemerkung des *Id.* (4, 885) 'das Wort... wird vom Volk als fremd empfunden', die schwerlich überall zutrifft, schliessen lässt. Binn (V) z. B. braucht es promiscue mit *nit*. *bərniks* ist aus *aber nichts* verkürzt (s. das Wort). — *nix* ist besonders in Italien beliebt (Schuchardt, *Slavodeutsch.* 80), aber auch den rät. Ma. (Jud mitg.) und dem Pariser Argot (Villatte) bekannt, wo es mit *gniente* konkurriert (vgl. bezahlen neben *pagare*).

Bed. 2 beruht auf dem lat. Apothekerausdruck NIHILUM ALBUM, der durch wörtliche Übersetzung zur Wendung führte *niks* (oder *rien*), *n'est bon pour les yeux* (Näheres Gauchat, *Bull. du Gl.* 2, 10, 36, 70).

nix von dem — *niksfərdèm* (F spor.), *niks fò dèm* (N) = keine Rede davon (ne m'en parlez pas).

Aus schwd. *niks* (oder *nüt*) *fo dem* 'nichts davon'. Zum *r*-Zusatz § 37, 3 *β*.

nix was — *nikswas* (V Mage), *nikswåzås* (V Chalais; beide selbstgehört) = keine Rede davon! (teilweise nur individuell).

Auf meine Frage: *avez-vous des cerisiers?* antwortete ein Mann in Mage mit abwehrender Handbewegung: *o, nikswas!* Im Laufe des Gesprächs stellte sich heraus, dass er, der nie im deutschen Sprachgebiet gewesen war, diesen Ausdruck seiner Tochter abgelauscht hatte, die in der deutschen Schweiz in Stellung gewesen war. Das Erlebnis zeigt, wie gelegentlich solche Luxuswörter sich verschleppen können. — Die Form in Chalais ist willkürlich erweitert.

Nogg — *ñoko* m., *-a* f. (Vd F), *ñok* f. (B Aj. N), *noko* m. (V Ann.) = einfältiger, beschränkter Mensch. — *ñoké* m. (B) id.

Zweifellos aus alem. *nogg* m. (*Id.* 4, 709; vgl. *nockel*, *Schwäb. Wb.* 4, 2054). Der nicht alem. Anlaut rührt vermutlich von den sehr zahlreichen welschen Synonyma mit *ñ* her: in fast allen Kantonen *ñañu*, *ñaf*; mehr lokal *ño*, *ñobè* m., *ñotsə ñoña* f. (Vd), *ñefl* (F), *ñeño* (B) etc. — Zum Begriff s. Narr.

Noggeli — *ñoklè* m. (N Noir.) = Dummkopf.

Aus schwd. *noggəli* (*Id.* 4, 709). Zum Anlaut s. Nogg.

Nudel — *nodlé*, auch *nudlé* m. pl. (B Aj. Del., Fr.-Mont. Plagne), *nudlè* (F spor.); *nodel* f. (B Vicques; Belfort), *nudel* f. (F) = Teignudeln. — Ableit. *nodlat* f. (B).

Bei den Hauptformen auf *-e* ist wohl auszugehen von der alem. Aussprache *nudlə*, vgl. *kutlè* s. Kutteln, obschon hier ein **nudəli* mehr befriedigen würde. Das *Id.* (4, 676) kennt aber nur *nüdeli*. Mask. wegen *knepfle*, *šveble*. — Zu den Fem.-Formen vgl. *tsödel*, *švebel* f.; merkwürdig bleibt nur, dass das ausgesprochene Pluralwort wie 'Zundel', 'Schwefel', 'Viertel' etc. soll behandelt worden sein (§ 44). — *nudəl* kennen auch die Vogesen (Belmont); vgl. *chetrique-nodeule* f. (Montbél.).

[**Nunni** — Ableit. *nuna* v. (F spor.) = lutschen. — Ableit. *nuneri* m. (F) der lutscht.

Vielleicht gehört das Wort zum schwd. weit verbreiteten kindersprachlichen Stamm *nunn*, vgl. *nunni*, Lutschbeutel, *nunnelen*, lutschen (*Id.* 4, 766). Zur Sache s. lullen, säugen u. a., § 6.]

O

Obergurt — *brəguto* m. auch *obrəguto* m., *obrəguta* f. (Vd P. d'Enh.), *oberdyeto* m. — *dyeta* f. (F Gruy.), *obərgwet* m. (F Charmey) = Riemen aus starkem Stoff (oder Leder) zur Befestigung der Last eines Saumtieres, bes. beim Käsetransport; diese Riemen gehen teils unten, teils auch oben durch. — Ableit. *brəguta*, *œ̃brəguta*, *dèbrəguta* v. (Vd).

Ohne Zweifel aus *obərgurt* m. (nicht *Id.*) mit teilweiser Deglutination, indem der anlautende Vokal zum Artikel *lo* geschlagen wurde; bezeichnenderweise gibt es kein *brəguta* f. Zum völligen Wegfall des *r* § 36, 4. Zur Erklärung der selbstgehörten Form in Charmey ist wohl von einem schwd. **oberguet* (vgl. *fuet* 'furt' *Id.* 1, 1042) auszugehen, das sich nach *bweb, fwetr, mweš* (s. Bube) entwickelt hätte, so dass auch bei diesem Wort Vd mit *u* und F mit *we* normal auseinandergehen. — Ganz unklar bleibt die Wiedergabe *ye.* Das vorw. mask. Genus war durch den Anlaut gegeben, das Fem. wegen *courroie, ceinture, sangle.*

Ohm — *ce qui faisait ... pour chaque chanoine 3 chars et 14 ohmes* (B Chèvre, Le Chapitre de St-Ursanne et ses vins d'Alsace 4, 16) = älteres Weinmass ($^1/_3$ Saum, 50 Liter).

Dasselbe Wort drang in seiner mhd. Form *âme* (schwd. *am*, *Id.* 1, 211) nach Nordfrankreich, afr. *aime*, Weinmass, dial. *amiau*, Traubenbutte (Ulrix 30). Vgl. Ohmgeld.

Ohmgeld — *omgelt* m. (F spor.), *omgeld* (B spor. N 1832), *omodyé* (Vd Blonay), *õdyè* (F Broye), *ãga* m. (B Aj.), *ohmgeld* (allg. volksfrz.), *angal* (B volksfrz., Trouillat 3, 896). Aus älterer Zeit: *quod vulgariter Ungelt appellatur, concedimus* (B Del. 1338, Trouillat 3, 493, 2mal), *les ungaulz dou vin* (B St-Ursanne 1388), *omgelt, ongelt, onguelt, onguel, omgolt* (F 15. Jahrh.), *l'umguelt* (B Neuveville 1766); altostfrz. *ungelt, ungaul; angal* (Stouff im 'Glossaire' 43) = Eingangssteuer auf geistige Getränke (frz. afforage, jalage, droit sur le vin) früher noch allg. 'Abgabe', 'Umgeld' (Näheres *Id.* 2, 242 Bed. 1*a*). — Ableit. *ongeltare, ungeltare, umbgueltarre* m. (F 15. Jh.) Umgeld-Einzieher.

Zur Vermeidung von Wiederholungen wurden hier unter 'Ohmgeld' die Entsprechungen von drei verschiedenen alem. Formen gleicher Bed. zusammengenommen: **1.** Typus *ungelt* (später *umgelt, Id.* 2, 241), auf den alle älteren Formen (ausser *angal*) mit neufreib. *õdyè* zurückgehen. **2.** Typus *amgelt*, aus älterem *am* für 'Ohm' (*Id.* 1, 211, *Els. Wb.* 1, 35; mhd. *âme*), der offenbar in jurass. *angal*, modern *ãga* weiterlebt. **3.** der modernere Typus *Ohmgeld*, der allen nicht-nasalierten Formen zu Grunde liegt.

Einzelnes. Zur Nasalierung von *un* § 31, 4. Zu *-dyè-* für *gè* § 32, 5. Zum Vokaleinschub in Blonay § 37, 1, das ungewöhnliche *o* assimilatorisch aus **omedyè*; so wird auch das *o* in *omgolt* zu erklären sein, sofern nicht 'Gulden' oder 'Gold' eingewirkt haben. *angal* aus *amgält* nach § 29, 3. Zum *t*-Wegfall § 36, 1*β*, vgl. bes. Mangold. Zum Verstummen des auslautenden *l* aus *ongel* bzw. *angal*, vgl. im Südteil *nikè*, s. Nickel, in B *tšva* 'cheval'.

Ohrfeige — *uefidy*ᵉ, *oerfédy*ᵉ f. (B Aj.) = Ohrfeige, veraltet.

Aus alem. *orfigə*. Zum Anlaut vgl. Lorbaum. Zum Auslaut vgl. *dyidy*ᵉ Geige und § 32, 5. Ungewöhnlich ist nur der Ersatz des langen *ī* durch *é*.

Öl s. Bremenöl.

P

Palmsonntag — *düemwan dé balm* m. (B Terbi).

Teilweise Übersetzung aus dem Deutschen, an Stelle von *düemwan de tšèyé* (eig. 'Sonntag der Stechpalmen' (Terbi); sonst 'dimanche des Rameaux'). Zur Übersetzung vgl. Wissblei, auch Fliesspapier und Gänsefuss.

Panner — *panner* (N 17. Jh. Barr.) = Banner.

Nähere Verwendung sowie Genus sind unbekannt. Vgl. *Id.* 4, 1285.

pappelen — *pèplè* v. (B Dev.) = mit Kleister hantieren.

Aus in obiger Bed. nicht belegtem alem. *papələ*, Suffixbildung zu *pappen* 'kleistern' (*Id.* 4, 1414; *Els. Wb.* 2, 67), zur Bildung vgl. *bappelen* 'undeutlich reden' (*Id.* l. c.).

Pass — *pas* m. (F spor.) = Abschied, *baλi sõ pas* (einem Dienstboten) aufkündigen.

Offenbar aus der schwd. Wendung *aim dr pass gä* herübergenommen. Ähnliches *Id.* 4, 1656, Bed. 2.

passen — *pasè* v. (B Aj. Del.) = auflauern (guetter, épier), bes. von der Katze. — Ableit. *pasu* m. Aufpasser.

Aus alem. *passə* 'aufmerksam warten' (*Id.* 4, 1658), spez. auch von der Katze, häufiger *ufpassə*. Zum Vorstellungskomplex gehören Katze und bis.

Patron — *patrõ* m. (allg.) = [**1.** Dienstherr. **2.** Modell.] **3.** eher abschätzig: Bursche, Kerl (individu, compagnon, volksfrz. 'corps'; nur F). **4.** heimlich bewundernd: verwegener Bursche, Mordskerl (luron, fier-à-bras; nur Vd). — Ableit. *patrənè* m. (F) nur Bed. 3.

Wahrscheinlich in Bed. 3 entlehnt aus schwd. *patrǫn* in genau derselben Verwendung (*Id.* 4, 1807), vgl. immerhin die herablassende Anrede an Niedrigerstehende im Franz. *bon jour patron*, ... 'mein Lieber' (S.-V.). Wahrscheinlich lehnt sich auch die Nüance 4 an schwd. Verbindungen wie 'das ist ein verwegener, ein frecher Patron'. — Solche Rückentlehnungen scheinen gerade in F nicht selten: Monstranz, Purgaz, Kamel, Profitli.

Peitsche — *peitš* Genus? (B Charm.) = Peitschenstock.

'Peitsche', das schwd. häufig neben älterem 'Geissle' gebraucht wird, scheint mehr die kürzere, aus einem Stück gefertigte Peitsche zu bezeichnen (*Id.* 4, 1933), daher wohl die vielleicht irrtümlich angegebene welsche Bedeutung. Vgl. Geissel, Riemen[1].

Pfeffer — *fèfr*, auch *pfèfr* m. (F Sugiez) = Art Apfelmus, mit Kartoffeln vermischt, in Vergessenheit geratenes Gericht.

Wahrscheinlich identisch mit altschwd. *pfeffer* 'mit Pfeffer gewürzte Brühe' (*Id.* 5, 1066), das allmählich auch allg. von einem dünnen Brei ohne Beimischung von Pfeffer gebraucht wurde, so *chriesi-pfeffer* 'Kirschenbrei' (l. c. 1067). — Zum schwankenden Anlaut § 34, 1.

Pfeifer — *taburins et phiffers* (N 1539 Consist. de Valangin I, fol. 18), *fiffer* (N 17. Jh. Comptes de la Bouherie, mehrfach Jeanj. mitg.).

Aus schwd. *pfifər*. Dasselbe Wort in frz. *fifre*; ferner in it. *piffero*, bes. nordit. (Bruckner 31), span.-port. *pifaro*. — Zur Sache vgl. Stockpfeifer.

Pfifli — *fiflè* m. (B Vermes) = membrum virile.

Aus schwd. *pfifli* n. in gleicher Bed. (*Id.* 5, 1072 Bed. 5), bes. in der Kindersprache. Zum Anlaut § 34, 1.

Pflaster — *flaštr* m. (B Aj. Del. Doubs, F Cressier), *pflaštr* (B Aj.) = **1.** Mörtel (B). **2.** Strassenkot, bes. bei schmelzendem Schnee (broyon, margouillis); auch allg. Brei; (B F). — Ableit. *flaštré* m. 1. Strassenkot, 2. Art Brei aus Eiern; *flaštrè* v. **1.** mit Mörtel oder Kot beschmieren, **2.** sich im *flaštr* herumtreiben (patauger), **3.** zu Brei verdünnen z. B. Spinat (gâcher); *s'äflaštrè* v. Bed. 2; *flaštru* stümperhafter Maurer.

Aus alem. *pflaštər*, das schwd. im Sinn von 'Mörtel' sehr geläufig ist (*Id.* 5, 1260 Bed. 2), vgl. die beiden folg. Wörter. Die an sich naheliegende Übertragung auf den Strassenkot scheint dem Alem. ferner zu liegen, wohl infolge der gegensätzlichen Bed. 'Strassenpflaster'. — Zum Anlaut § 34, 1. Mask. wegen *mortier*. Suffix ELLU. Dasselbe Wort im Untereng. (Ulrix; Pult 131).

Pflasterbube — *flaštərbub* m. (B Mett.) = Pflasterjunge.

Schwd. *pflaštərbuəb*; sonst *buəb* (B). — Zur Sache s. Trag u. das folg.

Pflasterhans — *flaštərhans* m. (B Mett.) = Pflasterjunge.

Zur Verwendung von 'Hans' bei niederen Verrichtungen vgl. *Kuchihans*, *Zeigerhans* (*Id.* 2, 1472 ff.).

Pflicht *nous sumes quite de notre pflicht* (F 1477 Büchi 82).

Pflutte — *flut*, auch *flot* f. pl. (B Aj. Del. Pl. de Vauff. Diesse) = knödelartiges Gericht aus Kartoffelbrei und Mehl (und Butter), Klösse (Näheres *Id.* 1, 1231, vgl. 5, 1264).

Aus alem. *pflütt(ə)*, auch *flüttə*, els. *pflot* (*Els. Wb.* 2, 147). Die Pluralverwendung ist sachlich begründet durch die Klösschenform des Gerichtes. — Andere Mehlspeisen § 7.

Pfriem — *friəm* Genus? (B Pl. de Pleigne; Paniers 677) = Eisenspitze zum Bohren.

pfui — *fwi*, auch *pfwi* (B Aj. Del. Plagne, Vd Bri.) = Ausdruck des Abscheus (fi!), bes. in der verhöhnenden Wendung *fwi lez ékóən*, die von einer Hörner nachahmenden Stellung der Finger begleitet wird.

Pfundzoll — ... *obligé de payer le fonzol de la foudre* (Fass) *qu'ils avoient acheté à Berne* (N 1694, Manuels du Cons. de N 8, 109) = Abgabe für Waren, die auf dem Markt verkauft werden (Näheres *Jahrbuch f. schweiz. Geschichte* 34 (1909) 15[1]).

plagen — *plógè* v. (B Aj. Dev.) = mit Bitten oder Klagen fortwährend belästigen. — Ableit. *plógu* m. der es tut, *plógriə* f. Belästigung.

Aus alem. *plógə* in gleicher Bed. (*Id.* 5, 34). Zum *o* § 28*a*. Zum Begriff vgl. betteln, Almosen.

platsch — *plètš* (B Charm.) = Interj. zur Bezeichnung eines plötzlichen, geräuschvollen Falles.

Ebenso alem. *platš*, *plätš* (*Id.* 5, 228; ähnlich *Els. Wb.* 2, 173).

Plätsche — *plètš* f. (B Doubs) = plumpe, unordentliche Person.

Aus alem. *plätšə* f. in gleicher Bed., bes. von Weibspersonen (*Id.* 5, 232); vgl. *platši* 'plumper Mensch' (*Els. Wb.* 2, 173).

Plumpsack — *plume-sac* m. (Vd Aigle, Agace 40, 1, 3) = Spiel, wobei der Verlierende mit einem geknoteten Taschentuch geprügelt wird, vermutlich Kartenspiel, wie das *Els. Wb.* (2, 343) angibt.

Aus alem. *plumpsakx* m. (*Id.* 7, 634). Auf das zu erwartende **plōsak* hat wohl *plumer* 'rupfen' (als Spielausdruck) volksetymologisch eingewirkt.

posten — *poštè* v. (B Aj. Dev. Mett.) = [**1.** postieren]. **2.** umherlaufen (rôder, courir). — ABLEIT. *postu* m. Landstreicher.

In Bed. 2 aus els. *poštə* (*Els. Wb.* 2. 110) z. B. 'er ist wieder den ganzen Tag im Dorf rum *gepostet*'. Dem *Id.* (4, 797) ist diese Verwendung des Wortes unbekannt. — Zum Begriff vgl. wandeln, betteln.

Praktik — *pratika* f. (V Osten spor.) = Hauskalender.

Aller Wahrscheinlichkeit nach aus gut schwd. *prattik* f. in gleicher materieller Bed. (*Id.* 5, 571 Bed. 3b.). Trotz mlat. PRACTICA 'Kalender' scheint diese Bed. sich weder frz. noch ital. erhalten zu haben. Ausser ganz vereinzeltem Kalender kennt die frz. Schweiz nur *almanach*. Andere Rückentlehnungen bei Patron.

pressiere nicht — *Pressirnüt* (Vd Cont. Vd. 1908, 35) = Spitzname eines Bewohners von Payerne.

Aus imperativischer Wendung *pressiər nüt!* Zu *nüt* als häufige Verstärkung des gew. *nit* 'nicht', vgl. *i ha nüt gschlafe* (*Id.* 4, 871, Bed. 2).

Pritsche — *brütšo* m. (Vd spor.) = schlechte Lagerstätte (grabat).

Aus schwd. *brütšə* f. (*Id.* 5, 1021, Bed. 6 a, *α*) in gleicher Bed., bes. in Wachtstuben, Gefängnissen und Sennhütten. Mask. wegen *grabat*, *lit.*

Profitli — *profitlé* m. (B Charm.) = Lichtstockaufsatz aus Blech mit Stachel in der Mitte, um die Kerze ganz (mit Profit!) verbrennen zu können (binet).

Aus alem. *profitli* in gleicher Bed. (*Els. Wb.* 2, 183; *Id.* 5, 507, vgl. 2, 1237), schwd. auch *hushälterli*, *huserli*, *sparerli* genannt.

Puppe — *pop* f. (B Aj. Fr.-M. Pleigne), *pópa* (V Grimentz) = Puppe.

Wahrscheinlich aus alem. *pùppə* f. (*Els. Wb.* 2, 71; vgl. *Id.* 4, 1423, wo das Wort nur ostschwz. belegt ist), da alt- und neufrz. *poupe* nur die Brustwarze wilder Tiere (bes. der Bären) zu bezeichnen scheint.

Sehr unwahrscheinlich dagegen ist ein alem. Einfluss von *puppəli* (*Id.* 4, 1425) auf *popalè*, *pəpalè* m. (F Vd) Saugflasche, und auch auf *popelè* m. (N) Zitze, angesichts des afr. *poupelet* m. kleines Kind.

Purganz — *purgats*, *burgats* f. (F Gruy.) = Abführmittel. — ABLEIT. *purgatsi* v.

Aus schwd. *purgats.* f. in gleicher Bed. (*Id.* 4, 1586). Andere Rückentlehnungen unter Patron.

Putz — *puts* m. (überall, bes. Vd F) = **1.** Offiziersbursche. **2.** Putzer in der Kaserne (allg. schweiz.). **3.** öffentl. Schuhputzer in der Stadt (F). **4.** Rossknecht (V Miège).

Aus der deutsch-schweiz. Kasernensprache entlehnt; in Deutschland scheint nur 'Putzer' üblich zu sein. Zur suffixlosen Form vgl. Trag.

putzen — *potsi, putsi* etc. v. (überall, bes. Vd F), *potši* (F Gruy. Vd östl.), *pultsi* (N Côte aux F.), *poutser* (volksfrz.) = **1.** reinigen, bes. blank reiben (polir, fourbir). **2.** beim Kartenspiel: als Gewinnender einen Kreidestrich auslöschen oder als Verlierender einen notieren (F Est.). — Ableit. *puts* m. **1.** Putzpulver (Vd Vully), **2.** Kreidestrich beim Kartenspiel (F Est.). ‖ *putsu* m. (B), *putsri* f. (B), *potša* f. (Vd) Reinigung.

Vermutlich ist dieses sehr lebenskräftige Wort sowohl durch hauswirtschaftliche wie militärische Vermittlung eingedrungen. Die Sonderbed. 2 belegt das *Id.* (4, 2015 Bed. 3b) reichlich, kennt aber *putz* weder als 'Pulver' noch als 'Strich'. Als 'Pulver' kann es aus 'Putzpulver' verkürzt sein, nach § 36, 3; doch sind vielleicht beide welsche Verbalsubstantiva. — Zu *potši* § 34, 2. Das von Gauchat selbst gehörte *pultsi* zeigt Einfluss von *polir*. *putsri* ist eher mit frz. *-erie* gebildet, als dass es auf altschwd. *putzeri* zurückginge.

Putzer — *putsər* m. (B Del. spor.) = Offiziersbursche.

Q

quaken — *kwéka* v. (Vd Ch. d'Oex) = kreischen, kläffen (glapir).

Wohl aus schwd. *gwaggə*, *gwäggə* v. (*Id.* 2, 843).

Quätschge — *kvètš* f. (B Aj. Doubs, Del. bes. Terbi; m. Diesse), *kvatš* (B ob. Prév., Pl. de Vauff.), *vètš* (B Doubs) = **1.** Zwetsche. **2.** Branntwein daraus. — Ableit. *kwètšiə* m. Zwetschenbaum.

Aus els. *kwätš*, *kwatš*, oder alem. *kwätškə* f. (*Els. Wb.* 2, 213; *Id.* 5, 1317). *vètš* aus der schwd. Nebenform *wätškə* (z. B. Bsland; auch *Id.* l. c.). Interessante Doppelentlehnung in verschiedener Lautform, s. Zwetsche.

R

Rädli — *rədyè* m. (F Vd Osten, V spor.), *rigè* (Vd volksfrz.) = [**1.** Teigwalze, einfach oder doppelt (rouleau)]. **2.** Teigrädchen, gezähntes Rädchen aus Messing mit Stiel zum Markieren oder Ausschneiden des Teiges (videlle; Vd F). **3.** Art Kreisel: a) Knopf mit durchgestecktem Hölzchen (pirouette) (Vd), b) würfelartiges Gehäuse, dessen Flächen bestimmte Buchstaben tragen, mit durchgestecktem Hölzchen; auch das Spiel mit diesem Drehwürfel (F). — [Ableit. *rədyeta* f. (F) Teigwalze.]

Der Herleitung aus schwd. *redli* n. steht lautlich nichts im Wege: zu *dl* § 35, 2; zur Endung § 29, 4. *rigè* ist französisiert nach *vəzadzo* visage, *məryao* miroir, *təri* tirer, etc. Vom begrifflichen Standpunkt erscheint die Entlehnung des Wortes gesichert in Bed. 2, die das *Id.* (6, 485 Bed. 1 cμ) für 'Rädli' gut belegt (vgl. dazu *chueche-*, *chrapfe-*, *örli-*, *teig-redli*); obwohl vom *Id.* nicht verzeichnet, erscheint sie mir wahrscheinlich für Bed. 3, unwahrscheinlich dagegen in Bed. 1. Eher dürfte *rədyè* 'Teigwalze' der frz. Ableitung *réglet*, *réglette* entsprechen, die beide verschiedene Werkzeuge zum Ausmessen, Linieren etc. bezeichnen (S.-V.). Auszugehen wäre hier von einem *régler* 'ausgleichen', 'glätten'.

Raf — *rèf* m. pl. (B Plagne) = Querbalken im Dachstuhl, die je zwei gegenüberliegende Sparren mit einander verbinden (moises reliant deux chevrons opposés).

Ohne Zweifel handelt es sich hier um das allg. schwd. *raf* m. 'Dachsparren' (chevron) (*Id.* 6, 634) in technisch verschobener Bedeutung und mit umgelauteter Pluralform **räfə* (das *Id.* gibt nur *rafə* als Plural). — Ob in Plagne 'Zangen-', 'Riegel-' oder 'Hahnenbalken' gemeint sind, hängt von der Höhenlage und vom Befestigungsmodus ab.

Rahmen[1] — *rèm* f. (B Aj. Del.), *ram* (B ob. Prév.) = **1.** Bilderrahmen. **2.** Türrahmen. **3.** s. m. Art Rahmen am Webstuhl (planchette à trous pour guider les fils). **4.** Holzgestell einer Handsäge. — Ableit. *ărèmè* v. einrahmen.

Aus alem. *ramə*, in allen Verwendungen (ausser 4) belegt (*Id.* 6, 889 ff.). *ram* ist normal, vgl. *bra* bras, *vatš* vache, *vladž* village (Prév.), sonst allg. *brè*, *vètš*, *vlèdz* (B). Fem. wegen *rèm* Ruder etc. § 44. — Dasselbe Wort lebt als Ausdruck der Buch- bzw. Tuchindustrie im Franz., Span. und Rum. (M.-L. *Et. Wb.* 7012).

Rahmen[2] — *ramma* f. (F 15. Jh.) = vermutlich 'rahmenartiges Gerüst zum Aufspannen von durch das Walken nass gewordenen Tüchern' (nach *Id.* 6, 890, Bed. 2). — Ableit. *rammiour* m., *rammarre* m. der diesen Spannrahmen bedient; *que lon fasse jurei tot les ramiour que il non osteront drap deis rammes, jusque atant que prumieremant soent selaz* 'bevor die Tücher mit dem Siegel (der Stadt F.) versehen sind' (F 1412—14, Rec. diplom. 7, 29, passim; vgl. Godefr. 6, 579).

Wahrscheinlich rein lokale Entlehnung, die mit frz. *rame* in gleicher Bed. nicht zusammenhängt, im Gegensatz zum *Dict. gén.*, dessen frühester Beleg aus F stammt. — Dasselbe Wort drang als 'Rahmen der Buchdrucker' ins Rum. und Span. (M.-L. *Et. Wb.* 7012). — Ob *ramure* 'Baugerüst' hieher gehört?

Rahne — *róən* f. (B Aj. Del. Fr.-Mont.), *ruən* (B Aj.) = rote Rübe (betterave, racine rouge; beta vulgaris).

Aus alem. *ron(ə)* f. (*Id.* 6, 978; *Els. Wb.* 2, 262). Zum alem. *o* für *a* § 28 *a*. *oə* und *uə* zeigen Anlehnung an Wörter wie 'corne' (*koən*, *kuən*), vgl. Lorbohne, Laune, womit auch das fem. Genus in Verbindung stehen wird. Vgl. § 44.

Räm — Ableit. *rèmé*, *rèmèl* adj. (B; Montbél. Belfort Dampr.; *rəmé* Bournois, *romélo* f. Fourgs), *ramé*, *ramal* (N B Plagne), *ramé*, *ramela* (Vd Aub.) = weiss und rot gefleckt (vom Rindvieh);

auch als Subst. und als Tiername gebraucht. ‖ *rèmlè* adj. (B; Montbél. Belfort, Dampr., *romlè* Fourgs.), *ramlè* (B Plagne), *ramla, -eyə* (N), *ramla* (B Mall.), *ramelé* (N um 1770, Mus. neuch. 24, 124) = gefleckt, gestreift; in N mit weissem Streifen über den Rücken hin.

Verbreitung und Lautform dieser Gruppe weisen auf alem. Herkunft, Bedeutung und auch Wortbildung machen etwelche Schwierigkeiten. Die Patoiswörter lassen das Moment des schwarzen (dunkeln) Fleckens oder Streifens vermissen, das die Bedeutung der schwd. Sippe kennzeichnet (*Id.* 6, 884—889). Vermutlich hat die Vorstellung des Gefleckt- oder Gestreiftseins das ursprüngliche Moment der schwarzen Farbe (aus *ram* 'Russ') in den Hintergrund gedrängt (so schon schwd. *räm* getigert) und zwar so stark, dass sogar die weisse Farbe teilweise bestimmend werden konnte. — Morphologisch setzen die welschen Formen **ramel* voraus, davon ist *ramelé,* wie *pommelé* von afr. *pommel,* gebildet worden. Nichts hindert **ramel* aus schwd. *räm* + ELLUM zu erklären, zum Suffix bei Tiernamen vgl. *taureau, agneau* etc., bei Farbenbezeichnungen afr. *fauvel, blondel, noirel* etc. (Zum Suffix s. Gagel, Lämpen, link, Pflaster.) Das berndeutsche *rämel* m. 'Kuh mit schwarzen Streifen' hätte wohl *rèmè* (nicht *rèmé*) ergeben, vgl. *nikè* aus Nickel; zudem ist es nur sehr schwach belegt. — Die Formen mit *a* im Stamm dürften auf *ram* 'Russ' (und Rindvieh?) zurückgehen. Durch Entsprechung können sie in B, kaum jedoch in N entstanden sein, vgl. Rahmen. Verbreitung und Fehlen des Simplex deuten auf frühe Entlehnung. Zur Sache vgl. Rämi, Riemen, Scheck. — Das lautlich unanfechtbare afr. *ramel* steht trotz frz. *robe ramage* und alt- wie neuprov. *ramatge* 'dessin sur une étoffe' begrifflich zu fern.

Rämi — *Rami* m. (Vd Oron Vaug. F Broye) = Name eines (gefleckten) Ochsen. — ABLEIT. *Ramila* f. (Vd) Kuhname.

Wahrscheinlich aus schwd. *Rämi,* auch als Rindviehname gebraucht (*Id.* 6, 888), das *a* unter Einfluss von *ramé,* s. Räm. Vielleicht aber geht *Rami* auf ein heute ausgestorbenes Appellativum *rami* zurück, das die in F und Vd Broye zu erwartende Form aus **ramel* darstellen würde, vgl. Räm. *Ramila* ist in jedem Fall zum Mask. neu gebildet.

Rappen — *rapa* f. (Vd), *rap* f. (B N F) = geringhaltige ältere Scheidemünze von wechselndem Wert, 1—3½ Cts., 2½ Rappen = 1 Kreutzer. Näheres *Id.* 6, 1173.

Aus alem. *rappə* m. Das merkwürdig konstante Fem. wohl eher wegen *cape, trappe, attrape, grappe* etc., als wegen *pièce, monnaie.* Zur Sache vgl. Batzen, Kreutzer. — Über tess. und rät. *rapp* Salvioni[1] 96[8]; Pult 132.

rapsen s. gopsen.

raten — *rótè* v. (B Mett.) = einen Rat geben, familiär.

rätzen — *rètsè* v. (B Charm.) = mit Geräusch kratzen, von Mäusen.

Aus alem. *rätsə, ratsə* 'mit knirschendem Geräusch nagen' (*Els. Wb.* 2, 311 ff.; *Id.* 6, 1917).

Raub — *scribe ... que lon crioit que null de la ville* (Murten) ... *nallie sus roub* (F 1475 Büchi 22).

Offenbar in Anlehnung an die deutsche Wendung 'auf Raub ausgehen'. Vgl. germ. *rauba, raubon* im Roman.

Rauch — *rauku* m. (Vd Joux) = warmfeuchter Dunst aus dem Stall, der darüber liegendes Heu zur Fäulnis bringt.

Ohne Zweifel aus *raux*, das schwd. ähnliche Übertragungen aufweist, am nächsten steht 'rauchähnliche Ausdünstung' (*Id.* 6, 97 Bed. 2).

raufen — *rófa*, auch *raufa* v. (Vd G), *roufa* (Vd Blonay), volksfrz. *raufer* = **1.** anschnauzen, auszanken, derb zur Rede stellen (rabrouer). **2.** grunzen (Vd spor.) — ABLEIT. *rofayə* f. (Vd), *rufé* f. (N), rebuffade, algarade 'regauffée' (N Bonhôte) (schwd. 'uszankete'), *rofəri* f. pl. (Vd G). 1. gronderie, 2. ordures. ‖ *rofẽ*, *-ẽna* adj. (Vd) 1. mürrisch, 2. geizig; *sacrée rauffine* f. (G) zänkisches Weib; *rofã* m. (Vd) mürrischer Zänker.

Mit Bedeutungsverschiebung aus schwd. *rauffə*, *rouffə* (*Id.* 6, 642), zuerst bloss körperlich 'an den Haaren zerren', dann mehr allg. 'mit Gebärden und Worten auszanken'. Zur Bedeutungsentwicklung vgl. schwd. *balgen*, 1. den Balg abziehen, 2. zanken (*Id.* 4, 1211). Ob das Anfahren ursprünglich einseitig war, wie heute, oder beidseitig, wie in 'sich raufen, Rauferei', ist nicht mehr auszumachen. Zur zweiten Vermutung vgl. Brüch (104), der recht ansprechend rom. *exmagare* und frz. *riboter* (gehört aber eher zu *hriba* 'Hure' als zu *riban* 'raufen') mit den 'Reibereien' und Raufereien german. und röm. Soldaten in gemeinsamen Garnisonen in Zusammenhang bringt. Ähnliches liesse sich zu it. *arruffare* 'zerzausen' aus langob. *rauffen* bemerken. Bed. 'grunzen' ist sekundäre Übertragung aus 'zanken, keifen'. ABLEIT. *rofəri* zeigt den Übergang von 'groben Scheltworten' zu ,beschimpfenden Handlungen', darunter 'schmutzige Dinge, die man einem im Eifer des Zankes anwirft'; vgl. u. a. frz. *vilenies*, das beide Vorstellungen in historisch analoger Reihenfolge (zuerst abstrakt, dann konkret, s. *Dict. gén.*) in sich vereinigt. Eine andere Verschiebung zeigt *rofẽ* 'geizig', womit man gleichsam den Grund des mürrisch-zänkischen Wesens angibt; wohl auf anderem Weg kam *vilenie* zur gleichen Bedeutung. — Ob dial. frz. *rofiñi* 'bourru' (*Atlas.* nur Table) hieher gehört, bleibt noch sehr fraglich.

räumen — *rõma* v. (N B Prêles), *rũmè* (B Fr.-M.); *rũma* (Vd P. d'Enh., nur Bri.), *rommâ* (N 17. Jh. Barr.) = **1.** ausziehen (N B), heute durch 'déménager' bedroht. **2.** (den Stall) reinigen (Vd). **3.** purgare (N Barr.). — ABLEIT. *rõmadž* m. (N) 'déménagement' (schwd. 'züglete').

Ohne Zweifel aus schwd. *rumə* 1. säubern, 2. ausziehen, bes. in *s hus rumə* (*Id.* 6, 919 ff.), vgl. *si hei müəse usrumə* 'sie mussten ausziehen' (Solothurn). Zu *õ* vgl. *prõma* PRUNA, *õna* UNA (N), vielleicht auch *rõna* aus ahd. *runon* (s. raunen). Auch in Vd wäre **rõma* zu erwarten; *rũma* bleibt rätselhaft, auch bei Annahme altgerm. Entlehnung; vgl. § 29, 7 und Flaum. — Gestützt wird obige Ableitung durch *rũmé* 'ausziehen' in Berry (M.-L. *Et. Wb.* 7436). — Zusammenhang mit *remwa* (Vd V F) 'ausziehen' aus REMUTARE ist lautlich ausgeschlossen.

[**raunen** - *rõna*, *rõnè* v. (überall bes. Vd V F; Sav.) = **1.** von einem dumpfen, schnarchenden Geräusch, summen, grunzen; spinnen (Katze). **2.** murren, schelten. **3.** flüstern (F). — ABLEIT. *rõnašye* v. (V), *rõnar* m. (Vd), *rõnu* m. (B) etc.

Lautlich steht der Ableitung aus altalem. *runə* nichts im Wege, vgl. das bei räumen Gesagte. Begrifflich fällt das starke Vorwiegen der Geräuschvorstellung auf, gegenüber *runə*, das ausschliesslich das leise, geheime Reden zum Ausdruck zu bringen scheint. (Die Berührung in Bed. 3 kann zufällig sein.) Aus demselben Grund ist der von Meyer-Lübke angenommene Zusammenhang mit afr. *runer* 'flüstern, murmeln' unwahrscheinlich (*Et. Wb.* ahd. *runon*). Vermutlich beruht unser *rõna*, wie auch gask. *rũna* 'ronronner' (*Atlas* K. 1700) auf Schallnachahmung, vgl. frz. *ronron*, it. *ronzare* 'summen' etc. etc.]

Rebmesser — *rèbrmèsr*, auch *rèbmèsr*, *råbrmèsr* m. (B Vad., Pl. de Pleigne) = Gartenmesser (serpette).

Aus schwd. *räbmäsər* n. (*Id.* 4, 462). Der *r*-Zusatz assimilatorisch nach *mèsr*. *å* ist in Mett. häufig für *a*; zu *a* für *ä* § 29, 3. Mask. wegen *couteau*. Zur Sache vgl. Rigmesser.

rechts — Ableit. *rèksè* v. (B Aj. Doubs) = **1.** exerzieren, hart arbeiten (trimer). **2.** rasch laufen.

Wahrscheinlich nach dem Kommandoruf *rèxts! rèxtsum!* gebildetes Verbum zum Ausdruck eines energischen, mühseligen Arbeitens. Zur konsonantischen Reduktion § 36, 5. Sachlich vgl. ganze Wendung; links.

Reck — *rek(o)* m. (Vd V N B) = Querstange als Turngerät (barre fixe).

Einziger spezifischer Turnausdruck. Mask. vielleicht wegen *engin*. Zur Schule § 17.

Reff — *rèf* **m.** (Vd Bez. Aigle F N B südl.), *rafo* (Vd Gros) ‖ *rafa* **f.** (Vd P. d'Enh. Blonay), *raf* f. (N); *porter sur son col la raphe des voirres* (G 16. Jh. Blav. *Comptes* 116; N 1777); *une raffe de bois ou l'en porte les voires* (Dijon 1400, Godefr.) = Rückentraggestell aus Holz, bes. in alpwirtschaftl. Betrieben zum Käsetransport (oiseau). — Ableit. *rafi* m. (N) Hausierer bes. mit Glaswaren, meist Savoyarden.

Aus schwd. *räf* n. in gleicher Bed. (*Id.* 6, 644). Zu *a* neben *è* § 29, 3. Mask. wegen des sonst allg. üblichen *oiseau*; Fem. wegen *hotte, kritsə*. Sachlich meist identisch ist Chräze. — Über 'Reff' im Ladinischen M.-L. (*Et. Wb.* 7153).

Reffli — *refyo*, *räfʎə* m. (Vd P. d'Enh.), *rafl* m? (N), *ryéf* (N Côte aux F., Vd Aub.) = Reff.

Wahrscheinlich aus *räfli*, wie *gənèfl* etc. aus Knöpfli: doch ist ein volksfrz. *rèfl* ohne Einfluss des alem. Dem. nicht ausgeschlossen, vgl. *fertikl* (Vd, s. fertig). Das seltsame *ryéf* kann durch Metathese aus **refyə* für *reflə* etc. entstanden sein, vgl. it. *pioppo* aus **poppio* (vgl. Häberli, *Die Entwicklung der lat. Gruppen kl, gl,* etc. Diss. 9). — Vermutlich ist afr. *raffle* f, 'Traggestell des Glasers' (Godefr., von den zwei Belegen ist nur der eine begrifflich sicher, aber nicht lokalisierbar) unabhängig von unserer alem. Sippe aus allg. germ. *ref* mit *l*-Zusatz entlehnt. — Auch ladinisch begegnet *refla* (Ulrix).

regieren — *regiərè* v. (B Aj. Vad. spor.) = befehlen.

Rehbock — *rebok* m. (B Mall.) = Steinbock (bouquetin).

reiben — *riba* v. (Vd V F, N 17. Jh. Barr.), *ribè* (B N, Paniers 667; Fr.-Comté), *rüba*, auch *rüpå* (F), *ribé* (V Entrem. Aosta), *rigba* (V Anniv. Chalais), *rəba* (B Lamboing) = **1.** reiben (Wäsche, Hosen, Streichholz), auch stark reiben; abnutzen, abtragen (Kleider); die Knie aneinander reiben beim Gehen, mit den Füssen am Boden schleifen beim Tanzen (B). **2.** mit dem Reibebrett einen frischen Verputz glatt reiben (récrépir; V Vd; Aosta). **3.** Hanf in der 'Ribi' zermalmen (B; Fr.-C.), Näheres s. Ribi. **4.** gleiten, ausgleiten (glatter Boden, Eis) (F). **5.** mit der *riba* (grosser Hobel) arbeiten (N); auch allg. hart arbeiten. **6.** einen im Ringkampf besiegen und am Boden herumschleifen (V). **7.** auf der Geige kratzen (racler; F). **8.** um die Sennhütte herum Mist ausbreiten (V).

ABLEIT. *ribayə* f. (F Vd) 'glissade'; *ribè* f. (B) 'was an Hanf etc. auf einmal gerieben wird' (schwd. 'rîbete'); *ribu* m. *-uz* (B) 'der reibt'; *ribairə* f. (F Vd) Rutschbahn; *ribyao* m. 'glisseur'; *rịba* f. 1. Gleitbahn (F), 2. Jauche (V).

Wie schon Behrens 311 erkannt hat, aus alem. *rîbə*, das mehrfach lokalen Lautgesetzen unterworfen wurde. Zu den *ü*-Formen § 29,5; zum parasitischen *g* in *rigba* § 37, 4. *ə* für schwd. *î* steht vereinzelt, doch vgl. Riegel, rücken. Begrifflich sind mehr Schwierigkeiten: zwar stimmen Bed. 1 und 3 genau mit dem schwd. Gebrauch (*Id.* 6, 53), Bed. 2 entspricht *abribə* als Maurerausdruck (ib. 57), auch Bed. 8 passt auffallend zu *aribə* 'Mist ausbreiten und andrücken' (ib. 60 Bed. 4), ist aber doch eher aus der sachlich sehr ähnlichen Bed. 2 hervorgegangen. Alle übrigen Verwendungen (4—7) aber sind ohne schwd. Entsprechungen. Von besonderem Interesse ist die alem. undenkbare Bedeutungsverschiebung von 'reiben' zu 'gleiten': beiden gemeinsam ist die Grundvorstellung des Dahinfahrens über eine Fläche, aufgegeben wurden die Nebenvorstellungen des Drückens, des Hin- und Herfahrens und besonders die eines absichtlichen Handelns, dergestalt dass *riba* geradezu das ungewollte 'Ausrutschen' bezeichnen kann. Vgl. § 53. — *riba* 'Jauche' hängt wohl mit Bed. 8 zusammen.

Veranlasst wurde die Entlehnung von 'reiben' vermutlich durch die Wäsche, die Hanfkultur und das Maurerhandwerk, ausserdem befriedigte *riba*-da und dort das Bedürfnis nach einem Intensivum zum sonst allg. üblichen *frotter*. Vgl. Ribi und riblen. — Vielleicht steckt derselbe Stamm in afr. *riber* 'folâtrer', *ribler* 'courailler' nfr. *ribaud, riboter*; vgl. mhd. *rîben* 'coïre'. Vgl. jedoch raufen.

Reichstaler — *cent riches talers* (N 1607); *Et celuy ... donnera par chariot une richstaller* (B Tramelan 1637).

Alem. *rixstalər* m. Fem. wegen *pièce*. In der Schreibweise des N-Beleges liegt vielleicht eine volksetym. Beziehung zu *riche*. — Auch die frz. Form *rixdale* (Vill. *Parisis.*) deutet durch ihr *i* auf alem. Herkunft. — Vgl. it. *tallaro* (Bruckner 29).

reiten — *ritè*, auch *rita* v. (B überall; Belfort, dép. Doubs 3 mal) = **1.** laufen, rennen, durchaus syn. von 'courir'. **2.** fahren (aller en voiture; Tavannes). **3.** planlos herumreisen (voyager; Pommerats). — ABLEIT. *s'āritè* v. r. davonlaufen; *ritu* m. 1. der gut läuft, 2. der den Mädchen (auch allg. den Vergnügungen) nachgeht (coureur); *ritriə* f. Geläuf.

Lautform und Verbreitung dieses der täglichen Umgangssprache angehörenden Wortes lassen an seiner alem. Herkunft keinen ernstlichen Zweifel aufkommen, um so weniger als die alem. Bed. von *rītə* 'fahren' im Gegensatz zu 'gehen' tatsächlich auch bezeugt ist. Vgl. *Id.* 6, 1664; *Els. Wb.* 2, 302. Die auf den ersten Blick befremdende Bedeutungsverschiebung beruht offenbar auf dem Vergleich zwischen einem Fussgänger und einem Fahrenden (oder Reitenden), der sich in der Regel rascher vorwärts bewegt. Die Entwicklung wäre: 1. fahren-reiten, 2. schnell fahren-reiten, 3. sich rasch vorwärts bewegen, 4. laufen. Vgl. das § 53 Gesagte.

Zur Aufnahme des Wortes hat wohl der Umstand beigetragen, dass, wie der Schriftsprache so auch dem Patois ein eig. Ausdruck für 'fahren' und für 'reiten' fehlt. Was den Begriff 'laufen' anbelangt, so wurde er anscheinend in B ursprünglich mit *courir,* das heute auf Diesse beschränkt ist, dann mit *fuir,* das, einen Teil der Fr.-Comté beherrschend, heute in B ebenfalls nur noch in peripheren Ma. fortlebt, und erst nachher mit *ritè* wiedergegeben. Die Ursachen dieser zweimaligen Ablösung bleiben vorläufig dunkel. — Eine indirekte Spur von früherem (oder modernem?) *courir* ist *ritu* im Sinn von 'coureur de filles'.

Rettig — *rèti,* auch *réti* m. (B Aj. Del. Fr.-M.; 1613) = Rettig.

Aus alem. *rätix* m. (*Id.* 6, 1629). Zum Auslaut § 36, 1 *a*. Mask. wegen *radis*. — Vgl. Meerrettig. — Dasselbe Wort im Friaul (M.-L. *Et. Wb.* 6988).

Ribi — *rib* f. (B Aj. Del. Doubs; Fr.-Comté, Vosges), *riba* (N); frz. *ribe* (Littré, S.-V. Poitou) = **1.** mechanische Vorrichtung zum Reiben von Hanf, Obst etc. (foulon à chanvre, battoir). **2.** grosser Hobel (N).

Wohl aus schwd. *rībi* f. 'Reibmühle' (*Id.* 6, 65; Friedli 1, 367; vgl. Behrens 311; Gerig § 276). Davon wird Bed. 2 eine welsche Übertragung sein. Vgl. *riba* als Verbalsubst. s. reiben; auch unser Wort kann so aufgefasst werden, was auch das fem. Genus erklären würde.

riblen — *ribλa* v. (Vd F), *rübλa* (F), volksfr. *ribler* (N) = **1.** reiben (N). **2.** ausgleiten (F). **3.** leicht berühren (frôler, effleurer; Vd). **4.** durch reibende Bewegung etwas suchen, z. B. das Schlüsselloch mit dem Schlüssel (Vd).

Ohne Zweifel aus schwd. *riblə* 'kräftig und rasch reiben' (*Id.* 6, 52) mit mehrfachen Bedeutungsverschiebungen, zu Bed. 2 und 3 vgl. reiben. — Das Verhältnis zu frz. *ribler* 'Mühlsteine schärfen' bleibt zu untersuchen.

Richter — La ville envoya en 1589 au secours de Genève une compagnie de 72 soldats, y compris le capitaine ... un *fifre*, un maréchal, deux tambours, un *wachtmeister*, un *richter*, un *rothmeister* et un laquais (N Mairie 376).

Es handelt sich hier offenbar nicht um einen 'Richtkanonier' (*Id.* 6, 445), sondern um einen 'Auditor' oder 'Feldrichter' (vgl. *Id.* 6, 447, 450). Dasselbe Wort im Rät. als 'Leiter des Gerichtes' (Pult, *Rom. Forsch.* 32, 406).

Riegel — *rəgel* f. (B Plagne) = Klinke (loquet).

Aus schwd. *rìgəl* m. 'Türriegel' (*Id.* 6, 748) mit naheliegender Verschiebung. *ə* für zu erwartendes *e* infolge der Akzentverschiebung. Zum Fem. § 44. — Dasselbe Wort im Rät. und Lad. (Ulrix).

Riegelmauer — *regləmür* m. (B Vad. Pl. de Pleigne, Plagne, N, F Grolley, Hunz. 4, 120, V Grône), *règlmur* (B Movelier), *règləmü, rigləmür* (F spor.), *règlümür* (N) = Mauer, Scheidewand aus Fachwerk.

Aus schwd. *rìgəlmur* f. (*Id.* 4, 382); meist mit Anlehnung an frz. *mur*, daher auch das mask. Genus. Zum Schwund des *r* § 36, 1*a*. Zum *ü* vor *m* vgl. *flümü* aus Apfelmus. — Sachlich von Bedeutung ist, dass das Wort, teilweise in Begleitung des Verbums (s. riegeln), unabhängig in 3—4 welsche Gebiete eingedrungen ist. Dazu stimmt die Tatsache, dass Fachwerkbauten in der welschen Schweiz nie üblich gewesen sind. Wo sie vorkommen, ist deutscher Einfluss anzunehmen Die Bauart stammt ihrerseits aus dem nördlichen Deutschland (H. Bernoulli, P. Tappolet, Architekten, mitg.).

riegeln — Ableit. *réglür* f. (B bes. Vad) = Mauer aus Fachwerk.

Wahrscheinlich abgeleitet von **reglè* aus schwd. *rìglə* 'eine Riegelmauer errichten' (*Id.* 6, 755 Schluss, nur als Partizip im Gegensatz zu 'gemauert' belegt), vgl. *usrìglə*, 'die durch die Balken gebildeten 'Fächer' mit Backsteinwerk ausmauern' (H. Bernoulli mitg.). Ein Zusammenhang mit *régler* oder *réglure* ist sachlich nicht gerechtfertigt. Vgl. Riegelmauer.

Riemen[1] — *riəm* f. (B überall, Paniers 678, N; Fr.-Comté), *rimo* m. (Vd Alp. F bes. Gruy.), *ryéma* f. (F Sugiez) = **1.** Peitsche (B). **2.** Riemen allg. (N B Diesse), a) mit Stickereien verzierter Riemen der Kuhglocke (Vd F), b) ledernes Halsband der Ziege, c) Riemen am Melkstuhl (F). **3.** Streifen Land (F), ebenso schwd.

Ableit. *riəmè* v. (B) peitschen; züchtigen; *riəmè* f. Peitschenhieb ‖ Zus.-setzg. *potš-riəm* m. (B) Peitschenstiel; *lèbriəm, lèvriəm* f. (B Charm.) riemenförmiger Eisenbeschlag am Pflug auf einer Seite des Scharbaumes.

Aus alem. *riəmə* m. (*Id.* 6, 906, *Els. Wb.* 2, 256), das schon alem. weitherum die Peitsche bezeichnet. Zur verschiedenen Behandlung von *iə* § 30, 2. Mask. wegen *collier, cuir, kordžõ*; Fem. in F wegen *courroie*, in B vielleicht wegen früherem *kurdžir* f. 'Peitsche', das heute nach der Fr.-Comté zurückgedrängt erscheint. — Veranlasst wurde die Entlehnung im Norden durch das von Deutschen betriebene Fuhrwesen (§ 12, 3), im Süden durch die alpwirtschaftlichen Beziehungen mit dem Berneroberland. Vielleicht bezeichnete *riəm* die modernere, aus Leder gefertigte Peitsche im Gegensatz zur älteren, aus Stock und Schnur bestehenden Geissel; vgl. Paul, *Dt. Wb.* Geissel. — Der erste Bestandteil von *lèbriəm* ist dunkel, 'Lederriemen' wäre sachlich nicht zu verstehen. — Vgl. Grasriemen, Schwanzriemen. — Voges. Ma. kennen *riẽm* in Bed. 3 (Belmont).

Riemen[2] — *rimo, -a* adj. (Vd Alp.), *remə, -a* (Vd Orm.) = gestreift, getigert (Rindvieh, Katze). — Ableit. *rimą, -ayə* adj. (Vd F), *rẽmǫ, -ayə* (V G), *ryemą, -ayə* (N Trav. Mont.), volksfrz. *rimé, -ée* ib.

Ohne Zweifel adjektivischer Gebrauch des schwd. *riəmə* 'Streifen' (*Id.* 6, 906 Bed. 2), veranlasst oder begünstigt durch *rimo* 'Riemen der Kuhglocke'. Zur Nasalierung § 31, 5. Zur Umkippung des Diphthongen in N s. Gries und § 30, 2, *e* für *iə* steht vereinzelt. — Zur Sache s. Räm, Scheck, auch fahl.

[**rigen** — *riga* v. (B Prêles), *riguer* (N volksfrz.) = hart arbeiten.

Vielleicht identisch mit schwd. und mhd. *rigen* 'kämpfen' (*Id.* 6, 757, nur aus dem 15. Jh. für St. Gallen einmal belegt).]

Rigmesser — *règərmesr* m. (B Courr. Mett.) = Gartenmesser.

Wahrscheinlich aus schwd. *rigmèssr* m. 'Messer zum Schneiden von Weidenruten' (*Id.* 4, 463, wo das Wort allerdings nur für Zürich belegt wird). Der *r*-Zusatz wegen des folg. *mèsr;* vgl. Rebmesser.

Ring — *rĩdy* m. f. (B Mett.) = **1.** Ring (m.). **2.** ringförmiges Gebäck (f.).

Zur Bed. 2 s. *Id.* 6, 1075 Bed. 1b*β*. *rĩdy* setzt alem. die Aussprache **riŋg* voraus, vgl. els. *reŋk* (*Els. Wb.* 2, 267). Vielleicht liegt eine Verwechslung mit schwd. *riŋggə* m. 'grosser Ring' (*Id.* 6, 1121) vor, das aber nie ein Gebäck bezeichnet. Zum Auslaut vgl. noch *gãg* s. Gang u. § 35, 3. Zum Verschlusslaut § 32, 5. Mask. wegen *anneau;* Fem. wegen *tresse, torche* u. a.

ringen — *rẽga* v. (Vd F, auch V G; Sav.), *rœ̃ga* (Vd P. d'Enh.), *rĩdyè, rĩgè* (B Aj. Vad. Fr.-M.), volksfrz. *(se) ringuer* (Vd F, G 1820; Fr.-Comté südl.) = **1.** im Ringkampf seine Kräfte messen (lutter à bras-le-corps; überall ausser B). **2.** (im Ringkampf) den Gegner bezwingen (gagner à la lutte); allg. mit etwas fertig werden (Vd). **3.** tüchtig tanzen; sich fest amüsieren (B). **4.** dröhnen (B). **5.** in Unordnung bringen, z. B. ein Bett durch Kinder (B).

Ableit. *rẽgayə* f., *rę̃ga* f. 1. Ringkampf, 2. harte Arbeit; *ringuée* (S.-V. schwz.) Tracht Prügel; *rẽgare, rẽgeri* m. 'lutteur'.

Aus schwd. *riŋə* v. 'kämpfen' (*Id.* 6, 1103). Zum *g* vgl. wallis. *riŋgə* (Binn), das vielleicht weiter verbreitet ist, und *mãga* s. mangen § 35, 3. Zu den Nasalvokalen § 31, 2, 3. Bed. 2—5 sind ohne schwd. Entsprechungen. Bed. 2 verhält sich zur Hauptbed. wie schwd. überringen zu ringen. Bed. 3 beruht auf dem Vergleich: so heftig tanzen wie zwei Ringende. Bed. 4 und 5 heben bestimmte Momente aus dem Vorstellungskomplex des Ringens (oder des Tanzens) heraus.

Im Gegensatz zum heute bekannteren kunstgerechten 'Schwingen' (frz. lutte fédérale) bezeichnet 'ringen' den von Turnerregeln unberührten, freien, älteren 'Hosenlupf' der Sennen. An Schwingfesten werden beide Arten geübt. 'ringen' wird auch von den Kuhringkämpfen gebraucht. Die Entlehnung wurde ohne Zweifel durch die in den Alp. Vd. besonders regen alpwirtschaftlichen Beziehungen veranlasst. Das Ringen gehört wie jauchzen, jodeln etc. zu den Älplerbelustigungen.

risen — *rizi, riži, rižyè, rüže* v. (V Centre, Bas, bes. Ill.), *riza* (Vd Alp.), *rüzå* (F Gruy.), *rizè* (B Doubs) = Holz in einer 'Risi' zu Tal befördern (châbler, dévaler).

Aus schwd. *risə* in gleicher Bed. (*Id.* 6, 1368), wenn nicht vom Subst. *riza* abgeleitet. Vgl. *Risi.*

Risi — *riza* f. (Vd bes. Alp. V Ill.), *rizə* (Vd Bez. Aigle, bes. aber V), *riža* (Vd P. d'Enh., V Nendaz), *rüza, rüža* (F Gruy.), *rüzə* (V Vouvry), *rœz* (N Ruz), *riz* (B Del. Mall.) = natürliche oder künstliche Holzrutschbahn (chable, dévaloir).

Vom weitverbreiteten schwd. *risì* f. in gleicher Bed. (*Id.* 6, 1369), vielleicht mit Unterstützung von *ris* m. 'Rinne, die als Holzbahn benützt wird' (*Id.* 6, 1357). Zu *ü* für *i* § 29, 5, wozu Fankhauser § 129[10]. *rœz* steht vereinzelt, jedenfalls aus der schwd. Form *risi* entlehnt, vgl. Riegel, rücken; reiben. Vermutlich gehört auch lyon. *riza* 'laufendes Bächlein' hierher. Zur Frage eines event. Sachimportes sei bemerkt: von Alters her wurde im Gebirge gefälltes Holz an steilen Abhängen in Rinnen zu Tal befördert. Bei der natürlichen Rutschbahn ist somit keine Veranlassung zu einer Entlehnung. Hingegen ist denkbar, dass irgend eine der vielen künstlichen Beförderungsarten von den Welschen nachgeahmt wurde. Da aber *risi* (und *ris*) jede Art Holzrutschbahn bezeichnen kann, bietet das Wort keine Handhabe zu einer derartigen Erklärung. Auch ist den Herren vom eidgenöss. Forstamt, die sich alle in zuvorkommenster Weise um die Frage bemüht haben, kein Fall von Sachimport auf dem Gebiet der Holzgewinnung bekannt. — Unser Wort ist in der Verbindung *wegriese* oder *risweg* 'künstliche Holzbahn, die in Windungen verläuft' in die frz. Forstsprache eingedrungen.

Riss — *riš* f. (B Vicques) = Riss, Spalte (lézarde).

Ohne Zweifel identisch mit *riss*, obschon das *š* befremdet, vgl. Satz. Fem. wegen *fente.*

***Risstrog** — *rištróg, reištróg* m. (B Aj. Vad.) = Truhe (Kleider, Korn); auch Kleiderkasten.

Das von Zimmerli (1, 7) vermutete 'Rüsttrog', das zudem alem. Wb. unbekannt ist, befriedigt zwar lautlich, weniger aber begrifflich. Die richtige Erklärung, auf die mich A. Bachmann aufmerksam machte, bietet das im *Id.* (3, 254, vgl. *Els. Wb.* 1, 436) behandelte *trist-* oder *riss-kammer* 'Schatzkammer', dessen erster Bestandteil (mhd. *trese, tris* etc. aus lat. TESAURUS) offenbar mit 'Trog' als mit einem begriffsverwandten Ausdruck verbunden wurde, **trisstrog* war ein 'Trog' für kostbare Dinge. Zur Verwendung von 'Trog' für 'Truhe' vgl. Kleidertrog (BsLand Bretzwil). *triss-* wurde zu *riss-* durch Deglutination des bestimmten Artikels. — Mask. wegen *bahut, coffre. ei* bleibt unklar.

Röckli — *rokyé* m. (V Champéry) = gilet, corsage.

Wahrscheinlich aus schwd. *rœkxlì* n.; *o* unter Einfluss von *rokx.* Nähere Angaben über das Kleidungsstück fehlen.

Rodel — *por faire le rodel deis compagnions* (F 1478 Büchi 85) = Verzeichnis, ebenso *Id.* (6, 602, Bed. 1 c).

Rosenapfel — *rózœpfəl* Genus? (B Prêles) = Apfelsorte.

Aus schwd. *rosənœpfəl* (*Id.* 1, 378). Wegen anderer Sorten s. Apfel.

Rosinli — *režinlè* m. (B Aj. Vad.), *razinlè* (B St-Imier, Diesse), *rozinlè* (B Doubs) = 1. Rosine, 2. rote Johannisbeere.

Aus schwd. *rosinli*, *resinli* n. 'Rosine' (*Id.* 6, 1443), das seinerseits aus frz. *raisin* stammt (Kluge). *ž* für *z* und *a* für *e* erklären sich durch die naheliegende Anlehnung an 'raisin', das in B meist *režĩ*, im angrenzenden N-Gebiet *razẽ* lautet. Läge ein nicht belegtes, einheimisches *raisinelet* zu Grunde, so wäre im Suffix die Form *-a* zu erwarten, und das *o* im Stamm bliebe unerklärt. Vgl. immerhin *raisinet*, *rasinet*, 'Johannisbeere'.

[**Ross** — *ros(ə)* **f.** (überall), *roša* (F), *rofa* (V), *rufa* (Vd Leysin); *ros* **m.** (Vd Orm., V Lens), *ruf(o)* (Vd Orm. Gryon) = **1.** alter, magerer Klepper, allg. **2.** Lasttier, ohne verächtlichen Nebensinn (nur *ros* in Lens). **3.** als Adj. faul (Vd).

Ein merkwürdiger Fall von Doppelentlehnung. Der Hauptsache nach stammt das Wort aus Frankreich, wohin es seit dem 15. Jahrh. als Kriegswort gedrungen ist. Die franz. Herkunft verraten die verächtliche Bed. und das fem. Geschlecht. Nur wo beides nicht zutrifft, darf schwd. Einfluss als gesichert gelten, so jedenfalls in Lens, wo das ältere *rofa* franz. Provenienz neben neutralem *ros* m. zu Recht besteht. — Die *f*-Formen beruhen auf Entsprechung nach *λafə* glace, *plafə* place, *tsofə* chausse etc. (alle Vd Bez. Aigle, V bes. Plaine). Das mask. Genus bei *ruf* und *ros* wegen *cheval*. — Zur adjekt. Verwendung, die sich begrifflich an die Hauptbedeutung anlehnt, vgl. Narr, Riemen[2], Räm, Dampf.]

Rösti — *rœšti* f. (volksfrz. B N) = in Scheibchen geschnittene und in Fett gebratene Kartoffeln, bekanntes bernerisches Gericht.

Aus schwd. *rœšti* f. (*Id.* 6, 1524); eine ganz moderne Entlehnung, die den eig. Patois unbekannt ist.

Rötel — *rotel* m. (F Châtel-St-D.) = Fisch von mittlerer Grösse.

Ohne Zweifel identisch mit schwd. *rötel*, Rotforelle, bes. im Zugersee (*Id.* 6, 1773). Zum *o* für *œ* vgl. höckeln. Mask. wegen *poisson*.

Rottmeister — (l'administration) créa en 1599 dans la ville la charge des *Rothmeister* ou *Dizainiers*, pour faire la visite des armes ... (N Mairie 372, vgl. 376), *rothmeister* (N 1589, 1650) = Befehlshaber einer militärischen Rotte, Korporal (*Id.* 4, 524).

Ob auch *rote* 'militärische Abteilung von bestimmter Stärke' (N ältere Zeit) alem. Herkunft ist (*Id.* 1, 1786), bleibt zweifelhaft, da afr. *rote* ebenfalls in militärischem Sinn begegnet. In seinen übrigen Bed. ist *rota* etc. sicher nicht alem. Ursprungs.

Rübe — *riba* f. (Vd Plaine, Veveyse, Rougemont, F spor.), *ryeba*, *riəba* (V Savièse-Ayent, Lens), *rüeba* (Vd Orm.), *rièbìna*, *ryèbina*, *rìbìna* (V Bez. Sierre), *rébəna*, *reibəna* (V Bez. Hérens, Nendaz, Isér. Bagnes) = (gelbe) Rübe (carotte).

Die schwd. Formen lauten: **1.** *rüəbə*, *rüəba* (Jaun), daher die Form in Ormonts; **2.** *riəbə* im Entrundungsgebiet, *riəbə* (Brienz, wo *miəd* müde, *griənn* grün), *riəpə* (V Binn), daher *riba* etc.; **3.** *riəplìnì*, Pl. von *riəplì* (Binn) und so **riəpini*, Pl. von **riəpi*, Dem. zu *riəpə*, vgl. *hìšini*, Pl. von *hìši* 'Häuschen' (Bohnenberger 195); daher die Formen im rom. Oberwallis. — Zu *riba* vgl. *rimo* Riemen etc. u. § 30, 2. Dem Wallis eigentümlich ist die schwankende Behandlung des Diphthongen *iə*, die mit der stark velaren Artikulation der Vokale in V zusammenhängt. Zur Umkippung (*iə* zu *ye*) vgl. Gries, Riemen und § 30, 2. Fem. wegen *carotte*. — Vgl. Rüebli, gelbe Rübe, Sauerrübe.

Rübeli — *rübəli*, auch *rübəlü* m. (Vd Gros, Veveyse) = starker Baumwollsammet (futaine).

Aus schwd. *rübəli* m. Manschester (*Id.* 6, 72). Das *ü* im Auslaut ist offenbar durch die Stammsilbe hervorgerufen. — Der einzige entlehnte Stoffname; vgl. § 8.

rücken — *rikè*, *rətyè*, *ərkè*, *rokè* v. (B Aj. Fr.-M.) = ruckweise wegschieben (Möbel), zurückschieben (Wagen). — ABLEIT. *rətyè* m. Ruck.

Offenbar aus schwd. *rikxə*, entrundete Form von *rükxə*, das im *Id.* (6, 844) neben gewöhnl. *rukxə* (woraus *rokè*) für Bern und Aargau bezeugt ist. Zum ungewöhnl. *ə* vgl. *rəgel* Riegel, *ræz* Risi, selbst *rəba* reiben.

Rüebli — *ribδa* f., volksfrz. *rible* (Vd P. d'Enh.), *reibλa* (Vd Avenches), *reibya* (F), *riəblə* Genus? (B Orvin) = gelbe Rübe. — ABLEIT. *ribδeta* f.

Aus der entrundeten schwd. Form *riəbli* n. Zu *bl* § 35, 2. Zum Vokal *i* s. Rübe. Zum ungewöhnl. *ei* vgl. *reibəna* ib. Das Wort stammt offenbar aus Saanen, wohin bes. die Bewohner von Rougemont zu Markt gehen. — Dasselbe Wort im Tessin (*riepli*, Salvioni[1] 96).

Ruedi — *ruədé* m. (B Plagne) = **1.** derbe Frauensperson, die Männerarbeit verrichtet (hommasse). **2.** grosser Rechen.

Aus schwd. *ruədi* m. Kerl, auch Weibsperson (*Id.* 6, 630 Bed. 2*a*). Da Bed. 2 dem Schwd. unbekannt ist, scheint hier, der Gewohnheit zuwider' die Personenbezeichnung humoristisch auf ein Werkzeug übertragen worden zu sein, vgl. etwa *valet; servante* u. a.

Rüetli — *Doresnavant le Schützmeister des arquebusiers ne permettra de tirer aucun Ruttly, afin de ne perdre le presche. — Anéantissant dès maintenant le dit Ruttly sans qu'il en soit plus usé* (N 1601, Manuels Cons. de Ville II 663) = vermutlich Gabenschiessen (oder Zielschiessen überhaupt), dessen Veranstaltung aus Rücksicht auf den Kirchenbesuch am Sonntag verboten wurde. Über andere am Sonntag verbotene Spiele s. *Mairie* 454.

'Rüetli' ist als Ausdruck der älteren und neueren Schützensprache, speziell im Sinn von 'kleinste Schützengabe' (70 Cts. bis 1 Fr.) bezeugt (*Id.* 6, 1832 Bed. 3). Die Bezeichnung wird l. c. auf den früheren Brauch zurückgeführt, den Treffer durch ein in das Schussloch gestecktes Rütlein zu marquieren. Obige Belege lassen keinerlei Einschränkung auf kleine Gaben erkennen. Vermutlich bezeichnete 'Rüetli' ursprünglich jeden Treffer, dann jeden prämierten Treffer. Vgl. *Ruetlischibe* (*Id.* 8, 56).

[**Ruf** — *rófa* f. (Vd spor.; Savoyen), *ræfa* (Sav. südl.) = **1.** alter Schmutz (Gefäss, Pfeife; auch Fussboden, Kleider). **2.** Rotz (Sav.). **3.** Schnupfen (Sav. südl.). — ABLEIT. *ĕrófą*, *-ayə*, part.-adj. mit *rófa* bedeckt; *s'ărófnè*, *ărœfnè* v. (B Aj. Del. Doubs Fr.-M.) verschnupft, heiser sein.

Ohne Zweifel identisch mit schwd. *rù̀f* f., bekannter in der Pluralform *rù̀fə*, 'Hautausschlag' (*Id.* 6, 669). Das Wort wird schon schwd. auf 'andere Dinge von schorfiger Oberfläche' übertragen, z. B. auf Möbellack (l. c. Bed. 1d), die welsche Übertragung auf 'schmutzige Kruste im Gefäss etc.' darf daher nicht verwundern. Umgekehrt wurde Griebe als *grobi* auf die Hautkruste übertragen. — Zur Verwandtschaft des Begriffes 'Hautkruste' mit den Erkältungserscheinungen (Schnupfen, fliessender Nasenschleim) s. Urtel, *Autour du rhume* (*Bull. du Gl.* 12, 14 ff.). Denselben Zusammenhang zeigen auch die Ableit. von Griebe. Zum Verbalsuffix in *ărǿfnè* § 49 Schluss.

Fraglich bleibt nur, ob unser *rofa* direkter alem. Import ist oder ob es nicht eher zur ital.-franz. Sippe (M.-L. *Et. Wb.* ahd. *ruf*) gehört, die in Frankreich durch aprov. *rof* f., afrz. *rofe, roffe* f., *roffee* f. 'Hautkruste' vertreten ist (s. *Dict. gén.* unter *crafe ;* Godefroy unter *rafle*, aber ohne Beleg). Trotz gleicher Bedeutung ist *rofe* von frz. *rafle* und afr. *roife* zu trennen. Ersteres ist gleichfalls deutscher Herkunft: mhd. *rapfe* 'Krätze', 'Grind', das als *rappe* ins Ital. (M.-L. *Et. Wb.* 7059) und aufs Neue ins Französische gedrungen ist (nfrz. *râpes* f. 'Mauke der Pferde'); vgl. Kluge, Rappe². *roife* bleibt unklar. — Das *œ* in *ărœfnè* wegen schwd. *rǜfə*, § 29, 8.

rumpeln — *rõplè* v. (B Aj. Del. Pl. de Vauff.) = mit Gepolter lärmen. — ABLEIT. *rõplè* f. Tracht Prügel; *rõplu* m. der mit Gepolter geht.

Aus alem. *rù̀mplə* (*Id.* 6, 939). Zur nicht schwd. Bed. des Subst. vgl. *rumple* 'zanken' (Bed. 1 f.) und *rumplete* 'Donnerwetter' (Sp. 942).

rupfen — *rufè* (B Aj. Del. Doubs Fr.-M.) = **1.** abstreifen: die Hanfsamen vom Stengel, 'riffeln' (Gerig § 97), das Laub eines Zweiges, Wolle zu Fäden zupfen etc. **2.** mit Gewalt ausreissen (Haare), einem etwas entreissen; refl. sich herumzerren. **3.** zu Boden werfen (z. B. vom Wind, der Bäume bricht oder entwurzelt). **4.** gierig fressen, bes. vom weidenden Vieh. **5.** sich bösartig zeigen (wütender Eber, Hund). **6.** heftig ziehen (vom Feuer im Ofen). **7.** sich heftig bewegen (bei der Arbeit, beim Gehen). — ABLEIT. *rufèdž* m., *rufè* f. Züchtigung, *rufu* m. 1. Vielfrass, 2. Holzkamm (Flachskultur), auch *ruf-yĩ* 'arrachelin' genannt.

Schon das zu Grunde liegende alem. *rù̀pfə* hat der Sonderbedeutungen die Menge (*Id.* 6, 1204 ff.). Zu Bed. 3 vgl. *umrupfen* 'durch Reissen zu Fall bringen'. Die nicht schwd. Bed. 4—7 lassen sich ohne Schwierigkeit aus der Hauptbed. herleiten. Zur Reduktion von *pf* § 34, 1. — Stammverwandt ist raufen. Begrifflich verwandt ist 'raffen', das u. a. ins Ital. und Franz. gedrungen ist (M.-L. *Et. Wb.* 7005).

russ[ig] — *rüs* adj. f. (B allg., N), *rusa, ruksa* (V Bez. Sierre) = brünstig ohne trächtig zu werden. — ABLEIT. *rüsalu* m. (B) 'enfant qui folâtre'; *rüsri* f. (B).

Die geographische Verbreitung in B und in V weist auf Entlehnung aus schwd. *rûss* 'brünstig' (*Id.* 6, 1447, allerdings nur aus dem Prättigau bezeugt) oder dem allg. schweiz. *rüssig* 'brünstig' (l. c. 1449). Wegen event. Wegfall der Endung vgl. brüllig. Wie 'brüllig' im Verhältnis zu 'brüllen' einen krankhaften Zustand bezeichnet, so wurde 'rüssig' von *russen* 'wild brüllen' vielleicht schon schwd. in entsprechendem Sinne gebraucht. Zu *ruksa* § 37, 4. — Zur Sache § 9.

Rüsttrog s. Risstrog.

Rute — *rüta* f. (F allg., Vd östl.; Sav.), *ruət* f. (B Aj. Vad.; Montbél.) = Rute zur Züchtigung; zum Forttreiben des Viehs, zum Garbenbinden (Vd F). — Ableit. *rüta* v. (F), *ruətnè* v. (B; Montbél.).

Aus schwd. *ruətə* f. (*Id.* 6, 1817). Fem. wegen *verge*. Das konstante *ü* im Südteil bleibt dunkel. Ähnliche Schwierigkeit bei lugen. Nach § 30, 3, 4 wäre **ruta*, **rweta* zu erwarten gewesen. Vielleicht hat *ryüta* eingewirkt, das der Atlas 3 mal für Savoyen verzeichnet (Karte lien), und das, wie die frankoprov. Hauptform *ryuta*, auf RETORTA zurückgeht. Wäre *ryüta* auch in der Schweiz üblich, so liesse sich zur Not *rüta* davon ableiten, vgl. *rorta* (N) für *ryorta* (Verf. *Bull. du Gl.* 8, 42), *rõ* (N B) für *ryõ*. — Zur Bildung von *ruətnè* § 49 Schluss.

S

Sächsli — *sèsəlé* m. (B Terbi) = Art Gartenmesser (serpe).

Offenbar identisch mit schwd. *säxsli*, *säksli* n. 'Hiebmesser der Holzhauer' (*Id.* 7, 237) und els. *sakslə*, *saslə* (*Els. Wb.* 2, 324). Zur Reduktion vgl. jauchzen, Buchstabe und § 36, 5. Zum sehr schwachen Vokaleinschub § 37, 1. — Zur Sache vgl. Rebmesser, Rigmesser.

Safran — *sèfr* m. (B Charm.), *safr* (B Prêles) = Safran.

Aus der alem. Kurzform: els. *säfərə* m. (*Els. Wb.* 2, 332), schwd. *safərə* (*Id.* 7, 333). Mask. wegen *safran*. Für die Bedeutung des deutschen Einflusses bezeichnend ist, dass hier die alem. Lautform dem sonst allg. bekannten frz. *safran* vorgezogen wurde. — Vielleicht steckt *sèfr* mit Metathese in folg. Stelle: *luy frota le bras avec du brantvin et suc de cerff* (B 1613 Procès de sorc. 3, 37).

Säger — *sèdyè* m. (B Aj. Vad.), *sègè* (B Terbi Roches) = Sägemüller, im Gegensatz zu *syu*, das den Arbeiter mit der Waldsäge bezeichnet.

Aus schwd. *sagər*, auch *sägər* in durchaus gleicher Bed. (*Id.* 7, 436). Bei Herleitung aus *sagər* erklärt sich *è* nach § 29, 2. Zu *dy* für *g* § 32, 5. Zur betonten Endung § 36, 1a. — Die Tatsache der Entlehnung deutet auf deutsche Herkunft der Inhaber von Sägereien. Vgl. § 10 Schluss. — Derselbe Stamm ist an der voges. Grenze mehrfach ins Franz. gewandert: *sègè* sägen, *sèg* f. Sägemehl (Horning, *Grenzdial.* 119), *segat* Säge (*Atlas* K. 1205).

[**Salpeter** — *...faire pudra, lutra* (?), *salpeter...; pour 25 quintal... de pur salpeter* (F 15. Jh., Büchi 63, 66; Gesch.bl. 12, 163).

Vermutlich beschränkt sich der deutsche Einfluss auf die Graphie (frz. *salpètre*), die davon herrühren mag, dass der Salpeter oft aus deutschem Gebiet bezogen wurde; vgl. Meister.]

Sandsieb — *šånts* f. (B Mett. Merv.) = Sieb (mit Drahtgitter) zum Sieben von Sand (tamis à sable). — ABLEIT. *šåntsè* v. sieben.

Wahrscheinlich aus dem schwd. neben *sandgatter* viel gebrauchten *santsib* (*Id.* 7, 44) mit Betonung auf der ersten Silbe. Zum Abfall der zweiten Silbe von Zusammensetzungen § 36, 3. Fem. wohl in formaler Anlehnung an *chance, danse* etc. Die Trübung des *a* fällt in B nicht auf, wohl aber der Anlaut, der vielleicht auf *šansè* schanzen (für Terbi allerdings nicht bezeugt) zurückgeführt werden darf. Doch vgl. *riš* Riss u. a.

Sattler — *satlər* m. (B Pl. de Vauff., Diesse) = Sattler.

Auf dem Plateau de Vauffelin, wo Belege aus allen drei Dörfern vorliegen, hat das deutsche Wort das frz. *sellier* ganz verdrängt.

Satz — *sats* f. (Vd Charnex, Villen.), *šats* (Vd Aigle) = Weinniederschlag im Fass (lie).

š für *s* ist für Aigle ungewöhnlich. Das fem. Genus wegen *lie*. Vgl. Gignoux § 65.

Sauerapfel — *surœpfəl* f. (B Prêles) = Art saurer Äpfel.

Genaue Herübernahme der schwd. Lautform. Andere Apfelsorten unter Apfel.

[**Sauerkraut** — *šukruta, šə-, səkruta* f. (V F G); *sürkrut(a)* (N Noir. St-Blaise), *sürkrit* (B Prêles); *tšukrut* (N Cerneux), *salkrüt* (N Mont. B St-Im.), *sarkrœt* (N Mont.), *soulcroute* (B Villeret). AUS ÄLTERER ZEIT: *un couteau de soulcroutte* (B 1772), *3 seilles de sulkraut ou compote* (B 1748), *une seille à mettre le saurkraut* (B Courtelary 1727), vgl. *sœlkrüt, sülkrüt* (Montbél.), *sòlkrut* (Dampr.) = Sauerkraut.

Der Hauptsache nach ist das Wort als solches aus Frankreich importiert, die einheimischen Ausdrücke sind *kõputa* im Südteil (in Vd ausschliesslich) und *fiə-tšo* (fier chou) im BJura. Der alem. Einfluss beschränkt sich auf einzelne Silben (*sür*) und Laute (*r, ü*), sowie auf die Graphie in zweien der älteren Belege. Die merkwürdigen Formen mit *ü*, die in beiden Bestandteilen gleich auffallen (schwd. nur *surxrut*), können befriedigend nur durch elsäss. Einfluss erklärt werden (*sürkrüt, Els. Wb.* 1, 532). Sicher ist dieser Einfluss in *sülkrüt* (Montbél., mit Dissimilation von *r*). Vermutlich ist diese oder eine ähnliche Form durch Vermittlung der angrenzenden Fr.-Comté in das Gebiet von Neuenburg-Erguel eingewandert. Vgl. Sauerrübe. Das bes. interessante *sürkrit* erklärt sich nur als Entsprechungsprodukt durch eine in Lamboing übliche Vorstufe **sürkrüt*, vgl. SCOPA *eküv* (Lamb.), *ekiv* (Prêles; s. A. Alge, § 31, 38). Das doppelt bezeugte *sulkrut* wird eher auf *sürxrut* als auf *sürkrut* + *choucroûte* beruhen. — Was endlich die *a* (und *o*)-Formen anbelangt, so traf sicher Grammont (*Dampr.* 133) das Richtige, wenn er Einfluss von *salé* und 'sel' (Patois *so, sa*) annahm; vgl. *choux salés*. Noch deutlicher ist diese Umdeutung in schrift- und nordit. *salcraute* (Bruckner, *Z. f. rom. Phil.* 24, 67; M.-L. *Et. Wb.* 7625). — *-krœt* aus *-krüt* beruht auf dem Wechsel von *œ* und *ü* (N-Erguel; vgl. Alge, l. c.). — Das Rät. kennt *krut* für Sauerkraut (Ulrix 1766).]

Sauerrübe — *suryèb* m. (N Mont.), *suryè* (N Travers, Brévine, Cerneux), *sürüəb* f. (N St-Blaise, Savagnier), *suryèv* m. (N Mont.); vgl.

solruəb (Belfort), *sœlrob*, *sœlruəb*, *sulrib* f. (Montbél.) = Sauerkraut aus weissen Rüben.

Zu Grunde liegen die schwd. Formen *sur-riəbə*, *sur-rüəbə* in gleicher Bed. (*Id.* 6, 86). Die gleichmässige franz. Betonung erklärt die Erhaltung des zweiten Elementes. Von besonderem Interesse ist die Umkippung des Diphthongen, vgl. Rübe (V), Gries, Riemen *ryédr* (Teil I, 75), anders *fyeroba* Feierabend, und *ryefo* Reff; überall ist ein *r* im Spiel! — Zum Wegfall des *b* § 36, 1*a*. Das nur in *sürüəb* auftretende *ü* für *u* beruht eher auf Assimilation als auf Anlehnung an *sürkrut* s. Sauerkraut. *v* für *b* ist Einfluss von *rave*. Das schwankende Genus infolge des Gebrauchs im Plural. Nicht ausgeschlossen ist, dass der Typus *suryèb* auf schwd. *sûri räbə* in gleicher Bed. (*Id.* 6, 22) zurückgeht; zur Lautumstellung in umgekehrter Richtung vgl. *ərkè* rücken. *ərkotsè* kotzen. — Zu den franz. Formen, die hier ohne Einfluss gewesen sind, vgl. das auch sachlich so nahe stehende Sauerkraut.

säugen — *siga*, *sega* v. (V Val Hérens, Miège), *šiga*, *šega* (V Ann.), *sèka* (St-Maurice, Atlas) = saugen (vom Kind, Kalb); *baλe*, *dona siga* stillen.

Herleitung von 'saugen' (schwd. nur *sûgə*) ist lautlich unmöglich. Da kein rom. Stamm zur Verfügung steht, geht wohl das Wort auf wallis. *seik(k)u* 'säugen' zurück (Bohnenberger 239; Wipf § 231). Zum Wechsel von *e* und *i* vgl. zeigen. Zu *š* für *s* s. Zim. 3 Tab. XI. Die welsche Bed. beruht auf Subjektsvertauschung, wie bei afr. *mourir* töten, vgl. sterben; neutral sind ahd. *koufôn* = 1. kaufen, 2. verkaufen; *riechen*, *schmecken*, *sentir* etc. = 1. Geruch empfinden, 2. Geruch von sich geben. Vgl. auch § 53. Gelegentlich wird auch alem. *saugend* im Sinn von 'stillend' gebraucht (*Id.* 7, 439).

Säuli — *sœilé* m. (B Mett.), *seilé* (B Charm.) = Schweinchen.

Aus schwd. *sœili*, *seili*, els. *seilə* (*Els. Wb.* 2, 315).

saure Räben s. Sauerrübe.

Schabe — *šab* f. (B Mett.), *šarp* (B Vermes) = Schabe.

Aus schwd. *šabə* f. Zum *r*-Zusatz § 37, 3*β*. Fem. wegen *teigne*, *gerce*; *mite*, *ratsə*, die alle oft verwechselt werden.

schaben — *šabè*, *tšabè* v. (B Aj. Pleigne) = **1.** abkratzen (racler). **2.** zusammenrapsen (butiner), vom Geizhals.

Alem. *šabə* in beiden Bed. (*Id.* 8, 10 ff.). *tš* wohl durch Entsprechung nach *tšẽtè* chanter.

Schablone — *šablõ* m. (V B, wohl allg. volksfrz.) = Schablone in der Malerei; *c'est M. Robert qui a fait les chablons* (F. Reinhardt mitg.).

Das Wort ist den Patois aus naheliegenden Gründen unbekannt. Endung und Genus nach *patron* 'Muster'.

Schabzieger — *šaptsigr* m. (Vd Bez. Aigle F), *šaftsigr* (F spor.), *šapstigr* (G Certoux, selbstgehört), *chabzigre* (schwfrz. S.-V.) = grünlich aussehender, harter Kräuterkäse in Form eines abgestumpften Kegels, bes. aus Glarus bekannt und von Hausierern allg. in Handel gebracht.

Aus schwd. *šaptsigər* m., vielleicht auch *šaftsigr* (wie in S.-V. als 'unkorrekte' Nebenform von Schabzieger). Die Lautumstellung in der G-Form ist isoliert. Vgl. Zieger.

Schacht — *šastr* m. (Vd Plaine) = Schacht in den Salzbergwerken bei Bex.

Interessantes Pendant zu *mestra* aus *melxtərə*. *r*-Zusatz wie in *gaštr*, § 37, 3. Die Bergwerke sollen von Deutschen betrieben werden. In älteren Schriften hat F. Isabel auch *tagschagt* = Tagschacht (puits de descente) gelesen.

Schäfer — *šèfr* m. (B Aj. Del.; Grandvillars nördl. Delle) = **1.** Schafhirt. **2.** früher, Inhaber der 'Schäferei'.

Schäferei — *šèfriə* f. (B Aj. Vad.), *šèfrəri* (Montbél.) = **1.** Schafhürde, Schafstall. **2.** früher, Pachtgut mit Schafzucht, das den Fürstbischöfen von Basel oder einem Kloster gehörte. **3.** als Name von Gehöften: bei Charmoille und an der Landesgrenze bei Fahy.

Aus älterem alem. *schäferî* f. (*Id.* 8, 302 nur als Name belegt). *šèfrəri* ist von *šèfr* abgeleitet. Zur historischen Bedeutung § 3.

Schaffner — *schafner* m. (N Noir., 1832); *li diz schafenerez* (B 1315, Trouillat 3, 221) = Verwalter (économe). — Ableit. *schaffneur* m. (Quinche 311) id.

Aus dem allg. alem. *šafnər* (*Id.* 8, 344), teilweise mit franz. Endung. Das sehr alte *schafenęrez* entspricht dem mhd. *schaffenœre*, zu *schaffinarius* latinisiert (Trouillat 2, 148[2]).

schägg s. scheck.

schälen s. schellen.

Schallenwerk s. Schellenwerk.

schandbar s. Schlampe.

schanzen — *šansè* v. (B Charm.); vgl. *šätsè* (Montbél. Chât.) = **1.** hart arbeiten (trimer, B). **2.** unter militärischer Zuchtrute stehen, aufs Wort gehorchen (nur in frz. Ma.).

Bed. 1 entspricht genau dem deutschen Gebrauch. In Bed. 2 scheint der ursprüngliche Sinn des Wortes 'unter militärischem Kommando an Schanzen arbeiten' noch lebendig zu sein, vgl. *Els. Wb.* 2, 422. Zu *s* für *ts* § 34, 4.

*Scharpen (alter Schuh) s. Tscharggen.

Scharröti — *tšarœtr*, *tšerœtr* m. (N Ruz, Mont.), *charreutre* (N 17. Jh. Barr.) = Rotlauf, Gesichtsrose.

Aus schwd. (*t*)*šarœti*, auch *tšärœti* f. (*Id.* 6, 1784), wie schon Gauchat (*Bull. du Gloss.* 1, 67) erkannt hat. Zum *r*-Zusatz § 37, 5. Mask. wegen *érysipèle* m., auch in den Patois häufiger m. Auf die von Gauchat (l. c.) gestellte Frage nach dem Ursprung antwortet jetzt das *Id.* mit *scharren* + *Röti*; *t*-Vorschlag aus der engen Verbindung mit dem Artikel.

Schatulle — *le testament ... devoit être déposé dans le secret d'une chatouille déposée dans un coffre fort* (N 1809, Manuel de Justice civile 219) = Kästchen für Kostbarkeiten.

Aus *schatulle*, das seinerseits aus it. *scatola* stammt (Kluge). Die ungewöhnliche Endung wurde mit *-ouille* (grenouille, quenouille etc.) vertauscht.

Schatz — *šats* m. (F V B üb. spor.), *šèts* (B Aj.) = Kosewort für Geliebter, Geliebte. — ABLEIT. *šatsa, tšatsa* v. (N Mont.), *šètsè* (B Charm.) verliebt tun (faire l'amour).

Zum *è* für *a* § 29, 2. Der *tš*-Anlaut durch Entsprechung s. Schild.

Schätzli — *šètsle* m. (B Aj.) = Kosewort wie *šats*. — ABLEIT. *šètsərle* m. id.

Zur Endung *-le* § 29, 4. Zur Ableit. vgl. *yudərlè* s. Jude.

Schaub — *šób* m. (B Pl. de Pleigne, ob. Prév.), *šóbyə* (B Dev. Rossat), *šœ́b* (B Prêles); *un chaube de thonelier* (B 1772) = **1.** Stroh, meist Roggenstroh, zum Binden von Garben, Reben, Reiswellen etc. **2.** Bund von Stroh, schön geordnete Strohgarbe; im älteren Beleg vermutl. zur Unterlage der Fässer. — ABLEIT. *ãšóbè, èšœba* v. (B) mit Bindstroh umwinden.

Aus schwd. *šaub*, auch *šôb* (wo ?) in gleicher Bed. (*Id.* 8, 26). *šœ́b* vermutlich vom schwd. Plural *šöüb* vgl. schnöüggen. Ob das rätselhafte *šóbyə* einen Rest von schwd. *šöüblì* (*o* unter Einfluss von *šób*) darstellt, bleibt fraglich, vgl. Reffli, auch Scheibe, Strube u. a.

Schaum — *šum* f. (B Terbi, m. Plagne); vgl. *žum, džum, žüm* f. (Besançon, dép. Doubs, H^te^ Sâone) = Schaum (Milch, Butter B; frz. vom Bier). — ABLEIT. *žuma, džumè* v. (Fr.-C.) moussieren.

Die schweiz. Grenzentlehnung ist geographisch, lautlich und begrifflich ohne Zusammenhang mit dem frz. Typus *žum* elsässischer Herkunft (vgl. els. *šüm*), das anscheinend mit dem vordringenden Bierkonsum weit ins östliche Frankreich gedrungen ist. Ebenso ins Wallonische als *šum* (Atlas, 6 Dörfer). Das vorwiegende Fem. wegen *écume*. *džum* (Montbél.) durch Entsprechung nach *dzüə* jeu, vgl. schaben, Schatz.

Scheck — *tšak(o), tšyako; tšaka, tšeka* adj. (Vd Osten F N) = **1.** scheckig, buntgefleckt, vom Rindvieh. **2.** subst. Name für einen Ochsen, eine Kuh. — ABLEIT. *tšakolą, tšakotą* adj. (Vd F N) id.

Aus schwd. *tšägg* s. m. 'scheckiges Rindvieh' (*Id.* 8, 423). Zum weitvorwiegenden *a* § 29, 3. Beachtenswert ist der noch allg. adjektivische Gebrauch im Gegensatz zum Schwd., aber in (wohl historischer) Übereinstimmung mit dem mhd. *schëcke*, das nur als Adj. bekannt ist. — Andere Tierfarben sind Räm, Riemen; fahl, Choli, Fuchs. — Dasselbe Wort im Tessin, im Untereng. und im Puschlav (Salvioni[1] 96, Salv.[2] 610; Pult 135).

Scheibe — *siba* f. (bes. Vd, V F G), *šiba* (Vd Alp., F Gruy., V Martigny-Sierre), *šüba* (F Gruy. Vev.), *šeba* (Vd Joux), *šeiba* (V Lens), *šigba* (V Ann. Chalais), *soiba* (V Ill.), *šib* (B Diesse Plagne), *šiby* (B üb.); [*sibya, -ə, sibla, sibλ* (Vd V G N üb. spor.), *tsibλa* (Vd Pailly)]. AUS ÄLTERER ZEIT: *scibes* (F 1449, Blav. 16[71]), *pour le patron des petites sibes de métal; pour 3 grosses et 3 petites schibes de matière*

(Kupfer); *pour tornar 13 schibes* (F 1470—72, Blav. 18, 24, 60 und passim), *una schiba de couvro* (F 1475, Büchi 66), *pour une sibbe es collovreniers* (Neuveville 1501), *faire une sibbe au chers* (Vd 1620, Schwz. Arch. f. Volksk. 15, 222), *2 fenestres dans lesquelles il y manque 22 sibes; 20 sibes rompues* (N 1666), *ena ciba* (N 17. Jh. Barr.; 1700), *2 fusils l'un de chasse et l'autre de cibe* (Chaux-de-Fonds 1721), *cibes* (Lausanne 1748, Blav. 16[71]), *cybe, cybes* (N Brenets 1818 und früher), *cibe* (G 1820), *tirer à la cibe* (N 1832).

= **1.** Schützenscheibe (überall; erster Beleg N 1721), Abbildung bei Friedli 3, 356; id. schwd. (*Id.* 8, 43, Bed. 2 b), verallg. auch Schützengesellschaft, volksfrz. *cible* (V), meist alte, gut fundierte Vereine; oft besitzen sie Weinberge, zu deren Besorgung sie mit Trommeln und Pfeifen ausziehen (*Geogr. Lexikon* 6, 564). **2.** Fensterscheibe, bes. die ältere runde Butzenscheibe (üb. mehr spor., erste Belege N 1666, Laus. 1748), id. schwd. (Sp. 45, Bed. 2 c). **3.** Scheibe in mechanischen Betrieben: a) Metallscheibe (bes. aus Kupfer), vielleicht Rolle am Flaschenzug (F 15. Jh.), vgl. *Id.* 8, 39, Bed. 1 d. b) Scheibe am Geschütz (Neuveville 16. Jh.). c) Metallscheibe am Rad zwischen Nabe und Achsnagel (F Vd B, Vd 1620), id. schwd. (Sp. 48, Bed. 2 d $\varkappa$). d) Riemenscheibe in der Mühle (B Lamboing), vgl. schwd. (Sp. 56). e) Töpferscheibe (B), id. schwd. (Sp. 38, Bed. 1 a). **4.** kleiner, weicher Käse (Vd Ross., Bull. du Gl. 6, 20), vermutl. schwd. *tsigəršibə* (Sp. 48, Bed. 2 f β; Sp. 58). **5.** kl. runder Kuchen (F Bri. F 1449). **6.** runder Tisch (Vd Bri.), id. schwd. (Sp. 42, Bed. 2 a). **7.** Quantum Salz (ca. $1^1/_2$ Zentner), in Form eines Zylinders in Handel gebracht (tonneau de sel), auch Salzmass (F Bri.), id. schwd. (Sp. 48, Bed. 2 f α; Sp. 56). **8.** Flickstück am Schuh, auch am Kleid (F). **9.** Zielscheibe von Spottreden (Vd V B). **10.** liederliches Frauenzimmer (Vd V F). **11.** Arschbacken (Vd). **12.** Vollmondgesicht.

Ableit. *šiba* v. (F), *šeiba, šigba* (V): 1. an der Schiesscheibe zeigen. 2. auf die Scheibe schiessen. 3. sich abmühen (Chalais). 4. einen Fusstritt geben (vom Maultier; Lens). || *sibar, šibar*, volksfrz. *cibarre* (überall, zuerst G 1820; S.-V.), *tsiblar* (Pailly), *ciblard* (N) Zeiger an der Scheibe.

Lautform. Der Hauptsache nach aus der schwd. Form *šibə* (*Id.* 8, 38), in älterer Zeit ausschliesslich, kein hist. Beleg kennt *bl*. Der Einfluss von *cible*, das als Schützenausdruck deutscher Herkunft schriftfranz. selbst erst Ende 17. Jahrh. auftritt, ist neueren Datums. Rein liegt er nur in den ganz vereinzelten *bl*-Formen im Süden vor. Mischung aus *šibə* und *cible* zeigt das allg. jur. *šiby*. (Herleitung von schwd. *šiblì* ist sachlich wie auch lautlich unwahrscheinlich, doch vgl. Schaub, Strube). Schwieriger ist der vorw. *s*-Anlaut zu beurteilen, denn dass *siba* längst v o r frz. *cible* entstanden sein kann, zeigen die historischen Belege (F Vd N, wo *cibe* durchaus vorwiegt). Vermutlich hat sich die Form von F aus, wo sie sich als Entsprechungsprodukt, nach *šavè* savoir (§ 33, 3) falsch französisiert, leicht erklärt, weiter verbreitet und dürfte als frz.-schweiz. Schützenausdruck nach Frankreich gedrungen sein (der *l*-Zusatz wohl wie in ält. *syllable, bouticle,* Nyrop, *Gram. hist.* 1 § 502, 6; vgl. f e r t i g, R e f f, z u r ü c k).

Von besonderem Interesse sind die lokalen Umgestaltungen von *šibə* im Wallis; sie stimmen alle mit *livre* Pfund überein: *loivra* (Ill.), *leivra* (Lens), *ligvra* (Ann. Zim. Tab.). Ob das Wort v o r der Diphthongierung von lat. LIBRA eingedrungen (im Val d'Illiez vor dem 18. Jh., nach Fankhauser § 66) oder erst s p ä t e r durch Entsprechung entstanden ist, lässt sich lautlich nicht ausmachen (zum Parasitlaut vgl. das sicher moderne K u r h a u s). — Nur durch Entsprechung kann *šeba* entstanden sein, vgl. *tšeivra, tševra* chèvre, *tšeira* chère (Vd Joux) neben gemeinwaadtl. *tsivra, tsira.* Vielleicht ist dabei von **tsiba* auszugehen, vgl. *tsibλa* u. Ableit., dessen Anlaut auf falscher Patoisierung aus *šiba* beruht, ebenso *tsalvèr* § 27. — Zu *šüba* § 29, 5.

B e d e u t u n g. Ein Vergleich mit dem ausführlichen Artikel im *Id.* ergibt, dass beide Hauptbed., sowie die meisten der zahlreichen Nebenbed. dem schwd. Gebrauch genau entsprechen. Vom historischen Standpunkt fällt auf, dass gerade die Hauptbedeutung nicht vor dem 18. Jh. bezeugt ist. — Bed. 10—12, sowie 3 und 4 beim Verbum (alle ohne schwd. Entsprechung) sind Erzeugnisse welscher Phantasie; Bed. 10 beruht wohl auf zotenhafter Anspielung auf eine zerbrochene oder durchlöcherte Scheibe. Beim Verbum geht Bed. 3 wohl auf den zeitweise mühevollen Zeigerdienst. Bed. 4 vergleicht im Anschluss an Bed. 2 das Maultier 'qui donne un coup' mit dem Schützen 'qui tire un coup'. — Unser Wort ist in ladin. Ma. als 'Zielscheibe' und als 'Glasscheibe' weitherum verbreitet (M.-L. *Et. Wb.* 7687; vgl. Pult 133). — Vgl. G u c k s c h e i b e.

Scheiss[dreck] — *šiəs!* (B Paniers 380, 516, Ausg. Rossat) = Ausdruck der moralischen Entrüstung, pfui! (merde!).

Vermutlich verkürzt aus alem. *šissdräkx* (*Els. Wb.* 2, 749), das schwd. bei barscher Abweisung gebraucht wird, etwa: *ja schissdreck, us dem wird nüt!* 'kein Gedanke, daraus wird nichts!' Das durch den jeweiligen Reim mit *piəs* 'pièce' gesicherte *iə* für schwd. *ī* steht fast ganz isoliert, vgl. F e i e r a b e n d.

[**Scheisshaus** — *sizuz* f. (Vd Aigle) = Schimpfwort für eine Weibsperson; *sai bin ébaïa quinta sisouze l'est sen!* (Agace 19, 6) nimmt mich wunder, was das für ein Luder (?) ist!

Nach Vermutung Gauchats aus schwd. *šisshūs* 'Abtritt', das in derber Rede auf eine widerwärtige Person übertragen worden wäre, ebenso *tšur* f. (B eig chiure). 1. Abtritt. 2. unreinliches Mädchen. Zu *s* für *š* vgl. *siba* S c h e i b e. Umgekehrte Vertauschung bei S a t z.]

schellen — *šèlè* v. (B Pl. de Vauff., de Pleigne) = Rasenstücke (mit der Hacke) ablösen (dégazonner), um sie nachher als Motthaufen in Brand zu stecken zur Gewinnung von bodenverbessernder Asche.

Aus schwd. *šellə* v. 'Land umbrechen' (*Id.* 8, 550 Bed. 1 b; vgl. Friedli 1, 95, 103), identisch mit nhd. 'schälen' abstreifen. — Zur Sache vgl. M o t t h a u f e n, W a s e n.

Schellenwerk — *šalvèr*, *-è* m. (bes. Vd, F N B), *salvè* (F Granges-de-Vesin), *tsalvèr* f. (Vd Charnex); volksfrz. *chalvaire*, hist.-literar. *le Schallwerk* (Dîme 17, 141) = **1.** Zuchthaus (in Lausanne, Freiburg etc.), speziell die Strafanstalt in Bern, in die waadtl. Untertanen unter bernischer Herrschaft abgeführt wurden. Es soll damals in der Waadt kein Zuchthaus gegeben haben (Testuz). **2.** harte, qualvolle Arbeit (B Prêles). — ABLEIT. *šalveryẽ* m. (Vd F N B) Sträfling, schwd. *Schellewerch(l)er*.

In der deutschen Schweiz wurde das Zuchthaus allg. 'Schellenwerk' (*šaləwärx* B, F, *šälləwärx* Soloth.) oder 'Schellenhaus' genannt, weil die zu öffentlichen Arbeiten verwendeten Insassen sich durch eine Schelle auszeichneten, die an der langen Handhabe des Halsrings befestigt, über ihren Kopf emporragte (*Id.* 2, 1728, vgl. 1737; 3, 385; Stalder; T. Tobler 384; Abb. in Ed. v. Rodt, *Bern im 18. Jahrh.* 81; *B. im 19. Jh.* 19). — Zum häufigen Schwund des *r* § 36, 1β. Zum *s*- und *ts*-Anlaut s. Scheibe. Mask. wegen *pénitencier* und *calvaire*, dessen Graphie die von *chalvaire* beeinflusst hat. Das vereinzelte Fem. wohl wegen *maison de force*.

Schemeli — *šèmle*, auch *tšèmle* m. (B Aj. Vad. Doubs, Diesse N Ruz, Land.), *tšœmle*, auch *šœmle* (N häufig), *šamle*, auch *-la* (B Erguel, Fr.-Mont., N Mont.); vgl. *šémli*, *šémel* m. (Montbél.) = **1.** kleiner Schemel für die Füsse. **2.** Gestell aus Holz als Unterlage des Mühltrichters (trépied; Lamboing).

Aus schwd. *šäməli*, *šœməli*, els. auch *šamələ* n. (*Els. Wb.* 2, 414). Zum Wechsel von *a* und *e* aus *ä* vgl. auch § 29, 3. *tš* zeigt 'falsche' Patoisierung nach *tšā*, *tšẽ* champ. — Mask. wegen der Endung. — Im Südteil werden für 'Schemel' *tabouret* und *escabeau* gebraucht, die im Gegensatz zu *šemle* nicht eindeutig sind. — Neben unserem Lehnwort gibt es von lat. SCAMELLUM einen einheimischen Typus, afr. *eschamel*, an dessen Bedeutungsumfang in ost- und nordfrz. Dialekten J. Jud beachtenswerte Folgerungen anschliesst (*Z. f. rom. Phil.* 38, 70[1]).

schenken — *šityè* v. (B Aj. Vad. Pleigne), *šẽga* (F spor.), volksfrz. *chinquer* (allg.; Montbél. Chât.). AUS ÄLTERER ZEIT: *mission por schengar* 'Ausgabeposten für Schützenpreise', *schengkar*, *4 channes*, *schengaes* (F 15. Jh., Büchi 34, 57 etc., ca. 30 mal), *lequel drap fut schengue* (F 1477), *cinquer*, *chinquer* (N 15 Jh.), *puissance de polvoir cinquer et donner juridiquement* (N 1522), *schenké* (Neuveville 1550 bis 1595, 6 mal), *suinka*, *schuinqua* (N 17. Jh. Barr.), *schuinka* (N 1832) = **1.** ein Geschenk machen, früher speziell von Schützengaben (F); drauf geben (Montb.). **2.** mit dem Preis heruntergehen (B; Chât.), und allg. nachgeben, abtreten, verzichten (z. B. auf einen Teil der Erbschaft) (B); unter dem normalen Preis verkaufen (F B). **3.** erlassen, in der Formel *je te le chinque* (Pfänderspiel, Biercomment). [**4.** zechen (G 1820).]

ABLEIT. *schenguement* m. (F 15. Jh., Büchi 63, 73, 4 mal); *šītyərprā̃* m. (B) der sich für seine Geschenke schadlos hält.

Aus alem. *šäŋk(x)ə*. Das durch seine Konstanz auffällige *ī* kann nur durch Entsprechung nach Wörtern wie jurass. *sīty*, frz. cinq, westschwz. allg. *sẽ* entstanden sein. Zu *ty* § 32, 5. Der wohl zufällig nur in N bezeugte Typus *cinquer* stammt vermutlich aus F, vgl. Scheibe, Schellenwerk, auch Scheisshaus. Der eingeschobene Labial in altneuenb. *schuinka* scheint mit der Artikulation des *š* zusammenzuhängen, vgl. *šwé, šwi* six, *šwèdr(e)* cendres (Häfelin 24, 78, Urtel 16, vgl. Alge 21), ebenso in V bei schinden. — Zur verschobenen Bed. 2 vgl. aarg. *er schenkt em nid fil* 'er gibt ihm nicht viel nach' (Hunziker 219). Wie 'schenken' durch fortgesetzte Verschiebung in die entgegengesetzte Bedeutungssphäre 'verkaufen' geraten kann, zeigt Bed. 2. Ähnliches bei zeigen. — Die Aufnahme des Wortes wurde ohne Zweifel durch den Umstand begünstigt, dass dem Franz. wie dem Patois ein eig. Wort für 'schenken' fehlt. Gegenüber *donner, bailler* betont *šītyè* das Moment der Unentgeltlichkeit und füllt so eine sprachliche Lücke aus.

Bed. 4 stammt aus frz. *chinquer* 'zechen', 'essen und trinken' (16. Jh. Littré, 17. Jh. Brunot, *Hist. de la langue fr.* 3[1], 128, 387; Furetière; S.-Vill.), das schon Diez (*Wb.* 127) mit schenken, alem. 'zechen', in Verbindung bringt; es ist vom Vorstellungskomplex 'Wein einschenken' + 'Wein trinken' auszugehen, vgl. *trinquer* s. trinken, auch bringen. Möglicherweise ist das Wort aber auch durch Handwerksgesellen eingeschleppt worden, die z. B. in Montbéliard das durchziehenden Gesellen gespendete Festessen *schenke* d. h. 'das geschenkte Mahl' nennen (Teil I, 36). — 'Geschenk' kennt auch das Rät. (Ulrix, Brandst. 48).

Scheuer — *šüər*, auch *šür, šüəl* f. (B bes. Terbi, Soy. Mall.) = **1.** Scheune mit Stall als vom Wohnhaus getrenntes Gebäude, sonst *grange* genannt. **2.** Tenne in der Scheune.

Aus schwd. *šür* f. Der *ə*-Nachschlag ist durch das *r* bedingt. Zu *l* § 38,4; vgl. Wasserbirne. — Sachlich stimmt obiger Unterschied zwischen *šüər* und *grẽdž* durchaus mit den Forschungen Hunzikers überein. Die Vereinigung von Wohnung und Scheuer unter demselben Dach ist ein Hauptmerkmal des 'kelto-romanischen' Hauses (im Berner Jura), während beim 'dreisässigen' Haus (deutsche Schweiz, spez. Ostschweiz) die Scheuer vom Hause abgetrennt wird (*Schweizerhaus* 4, 119; 5, 247). — Bed. 2 beruht auf etwas ungenauer Erfassung des mit *schür* verbundenen Begriffes.

Scheune s. Scheuer.

Schick — *šek* m. (B Prêles) = günstige Gelegenheit zu billigem Einkauf, *õ bõ šek*.

Aus schwd. *šik* m. 'vorteilhafter Handel' (*Id.* 8, 495; *Els. Wb.* 2, 404). Zum *e* § 29, 4. — Das auch lautlich nicht passende frz. *chic* 'Kniff' geht auf den Verkäufer, nicht wie hier auf den Käufer.

schicken — *šikè*, auch *šityè, šekè* v. (B überall; Paniers 660 und 499 Ausg. Rossat; Montbél. Chât. Dampr.) = **1.** ordnen, ebenso schwd. (*Id.* 8, 503, Bed. 1 a); spez. zurecht machen (Frauenhaare, Kopfbedeckung), versorgen (Kleider, Werkzeuge), Heu auf dem Heustock zweckmässig verteilen, befestigen (Last); säubern (Stall). **2.** passen für, genehm sein; unpers. es schickt sich; id. schwd. (Sp. 508, Bed. 2 a *β*). **3.** sich zu helfen wissen (s'arranger), ähnlich schwd. (Sp. 507, Bed. 1); spez. sich zu kleiden verstehen (von Frauen). **4.** übel zurichten; einem gehörig den Standpunkt klar machen (arranger). **5.** aus dem Weg räumen (Holz, Steine); refl. auf der Strasse ausweichen (se garer). **6.** sich 'brauchen' lassen (obz., se laisser arranger).

ABLEIT. *(ə)ršikè* v. 1. wieder ordnen. 2. ausbessern; *déšikè* v. in Unordnung bringen.

Während sich hier die Form in normalen Bahnen bewegt (Vokal § 29, 4; Kons. § 32, 5), bildet die begriffliche Vieldeutigkeit des Wortes, sowohl in den welschen als in den alem. Ma. ein Problem von historischem und psychologischem Interesse. Wenn irgendwo, so ist es hier offenkundig, dass sich im Lehnwort ein heute verschwundener, altalemannischer Sprachzustand lebendig erhalten hat. Es fällt sofort in die Augen, dass die welschen Ma. die heut dominierende Bed. 'senden' gar nicht kennen, dafür aber dem Wort in den verschiedensten Schattierungen den ursprünglichen und altalem. reichlich belegten Sinn von 'ordnen', 'herrichten' beilegen. Gemeinsam ist heute den beiden Ma.-Gruppen nur die Bed. 2. Die Bed. 3, 4 und 6, die sich alle mit *arranger* wiedergeben lassen, legen den Gedanken nahe, dass *šikè* vielleicht nicht selbständig, sondern unter begrifflichem Zwang von *arranger*, in dessen Geleise es gewissermassen geraten war, zu obigen nicht-alem. Verwendungen gekommen ist. — Bed. 5 lehnt sich an 'säubern' an, die Nüance 'ausweichen' berührt sich sowohl mit 'sich wohin verfügen' (Sp. 511 Bed. 2d) als mit 'sich in etwas fügen' (Sp. 507, Bed. 2). — Ähnliche Verhältnisse scheinen bei lothr. *chiquer* vorzuliegen (Graf 10, vgl. Behrens 51).

schieben — *šibe* v. (nur volksfrz.) = mangels guter Karten die Bestimmung des Trumpfes dem Partner überlassen, beim 'Schieber', Art Kreuzjass; ebenso schwd. *šiəbə* (*Id.* 8, 67).

Schiffli — (permettaient) *pour un repas seulement, l'arbalète, la paume, la boule, le palet, la trablie, le cornichon et le chiffle* (N 1542 S. de Chambrier, *Descript.* 454); *dont permettons que l'on puisse jouer à la paume, boule, pallet, tablier et schiffle pour un repas seulement, sans argent* (N 1553, Boyve, Annales 3, 27) = Art Spiel.

Beide Stellen stammen aus kirchlichen Spielverordnungen. Vgl. Rüetli. Das *Id.* (8, 355) kennt nur ein Kinderspiel dieses Namens, das hier nicht gemeint sein kann. Auch andere Wörterbücher versagen.

Schild — *šèlt*, auch *šilt* m. (N überall), *šelt(r)* (Vully), *tšèlt* (N Brévine), *chettre* (N Reutter, Les enseignes d'auberges du canton de N, 1886 S. 6); *droit, octroi de Schild* (N 1653), *achevé de dorer le chilte du sautier* (N 1749) = Wirtshausschild, auch Ladenschild; *droit de schild* Wirtshauspatent.

Zum Vokal § 29, 4. Zum *r*-Zusatz § 37, 3, doch kann hier der schwd.

Plural *šildər* von Einfluss gewesen sein. *tš* infolge von Entsprechung, s. Schemeli; schaben, Schatz, Schaum. Von besonderem Interesse ist der spurlose Schwund des *l* in *chettre,* vgl. Melchtere, Trinkgeld, Ballstecken. Das mask. Genus wohl hier nach dem Deutschen; vgl. § 45. — Abbildungen von Schildern gibt Reutter, l. c. 10. — Der allg. Gebrauch des deutschen Wortes in N deutet auf Wirte deutscher Herkunft. — Über tess. *scild* s. Salv.[1] 96.

schinden — *šẽta,* auch *sẽta* v. (F allg.), *šãdå* (F Est.), *šẽda* (Vd Bri.), *šinta* (V Lens); *šīdè, šīdrè* (B Aj.), volksfrz. *chinder* (allg.), *chointer* (V) = **1.** Spielausdruck, eine gute Karte, die der Gegner erwartete, zurückbehalten (esquicher; F B Vd). **2.** einen Seitenweg einschlagen (F Vd). **3.** aussetzen, wenn man an die Reihe käme, beim Gemeindefrondienst (F). **4.** den ersten Kegel nicht treffen (F). **5.** geschickt entwenden (V); allg. übertölpeln (B). **6.** intrans. hart arbeiten, trans. schinden (Dienstboten; F). — Ableit. *s'éšīdè* v. (B) sich abschinden.

Der Wechsel von *t* und *d* geht auf die schwd. Vorlage, *šintə* und *šində,* zurück; vgl. Schinder. Zum *s*-Anlaut s. Scheibe etc. *ã* für *ẽ* durch Entsprechung nach Wörtern wie *vãdr* neben *vẽdr* vendre (F; Zim. 2, Tab. 4); der umgekehrte Fall bei Ganse. Auf *šīdrè* hat wohl *šīdr* (s. Schinder) eingewirkt, wobei für *šīd(r)è* die nicht bezeugte Bed. 6 vorauszusetzen ist. Diese Annahme wird durch die Bed. von *éšīdè* bestätigt, dessen Präfix vermutlich von den vielen Synonyma mit *é* (*éreinter, échiner, écorcher, ėkorayiə,* etc.) herstammt. Zu *chointer* vgl. *schuinka* schenken. — Begrifflich ist bemerkenswert, dass 'schinden' vornehmlich als Spielausdruck ins welsche Gebiet eindrang und von da aus seine eigenen Wege ging, wie Bed. 2—5 zeigen. Die ganz abseitsliegende, schwach vertretene Bed. 6 entspricht allein der deutschen Hauptbedeutung.

Schinder — *šẽtèr* m. (Vd Bez. Aigle), *šœ̃tèr,* auch *tsœ̃tro* (Vd P. d'Enh.), *šẽlro, tšẽtro* (Vd Ost), *šintər* (V Lens), *šīdr. šẽdr* (B Aj.) = **1.** Abdecker (équarisseur, écorcheur; Vd B). **2.** der andere übervorteilt (B V). **3.** Geizhals (B).

Aus alem. *šindər, šintər* im gleichen Sinn (Friedli 1, 248; *Els. Wb.* 2, 420). *šẽtro* etc. (Bri. Dum.) scheint älter zu sein als der heute vorwiegende Typus *šẽtèr,* dessen Endung in *šnider, metzequer* s. m. Analoga findet; sonst wird *ər* wie in *šnidr* (Vd) oder wie in *šlosè* (B, § 36, 1 *a*) behandelt. Zu *œ̃* § 31, 3. Zu *ts* § 33, 5; zu *tš* s. Schild. *ẽ* statt *ī* in Aj. muss auf Entsprechung nach *vī* vin etc. beruhen. — In den Bed. 2 und 3 scheint sich die geringe Beliebtheit wiederzuspiegeln, deren sich der Inhaber dieses Amtes erfreute (vgl. frz. 'maître des basses œuvres'). Vermutlich wurde es oft eingewanderten Deutschen übertragen, vgl. Metzger. Zur niedrigen sozialen Stellung vgl. Bube, Putz(er), Bader, Mauser, im Gegensatz etwa zu Säger, Schäfer. — Bed. 2 und 3 können auch auf 'Schinder' im allg. Sinn zurückgehen, vgl. els. *lütschinder* 'Geizhals'. — Vgl. unter-eng. *šintar* (Pult 133).

Schirm — *pour penta* (malen) ... *certains escuz de Fribourg sur les schirms des charriots* (F 1475, Büchi 59) = vermutlich eine Art Wagendecke, auf die das Freiburger Wappen gemalt wurde.

schlafen — *ala šlaf* v. (Vd Leysin) = zu Bette gehen.

Die Form mit *a* weist untrüglich auf schwd. Entlehnung, vermutlich mit halber Übersetzung von berndtsch. *er isch ga schlafe.* In Frankreich kommt fast nur die aus dem Elsass stammende Form mit *o* vor: *faire chloffe, schloffer* (S.-Vill.; Anjou), *aller au chlof* (Paris, M. Roques mündlich), *aller à chlof* (Norm. Sav. M.-L. *Et. Wb.* 7695, Pikardie, Sainéan *Argot Ancien* 134). Nur einmal habe ich in Paris von einem Südfranz. *šlaf* gehört. — Das komask.-venez. *anda a sloffen* schreibt Bruckner (31) bayrischem Einfluss zu.

Schlaftrunk — *enclo marendonons et schlaftrunk* (Nachtessen und Sch. inbegriffen [in der Rechnung]; F 1476, Büchi 72).

Schlag — *šlag* m. f. (B Aj. Del. N), *šląga* f. (Vd V G üb. spor.), *šilaga* (V Chalais) = [**1.** f. Prügelstrafe, früher gesetzliches Strafmittel, dessen beabsichtigte Wiedereinführung L. V. Cuenin in einer seiner *Chansons* (*Voici venir la schlague*...) verspottet; auch Tracht Prügel, Schlag mit Hand oder Peitsche.] **2.** Klappvorrichtung zum Fangen von Vögeln, Füchsen (trébuchet; B, N 1832), *faire schlag* zuklappen. **3.** kleines Fenster im Stall, Keller etc. (B). **4.** Schlagfluss (B, N 17. Jh. Barr.).

In Bed. 1 stammt das Wort mit seinem fem. Genus in der Hauptsache aus frz. *schlague* f., Stockhiebe als ordnungsgemässe Militärstrafe (*Dict. gén.*). Die Bed. 2 und 4 sind direkt deutsch (vgl. auch *Els. Wb.* 2, 455). Bei Bed. 3 handelt es sich vermutlich um eine Art Klappe mit Fenster (vgl. Bed. 2). — Das mask. Genus vermutlich wegen *piège, trébuchet; guichet, soupirail, œil de bœuf; coup de sang, coup d'apoplexie.* Zum Vokaleinschub in Chalais § 37, 1.

[**schlagen** — *šlagè, -a* (allg., bes. B N), volksfrz. *schlaguer* = durchprügeln. — Ableit. *schlaguée* f. (F N B); *šlagu* m. (B).

Wie *schlague* f. stammt auch das Verbum aus frz. *schlaguer*, vgl. *schlagueur* (S.-Vill.). Weder Form noch Bed. verraten irgendwie alem. Einfluss. — *schlaguée* ist überreich an synonymen Ausdrücken, vgl. Verf. *Les expressions pour 'une volée de coups'* (*Bull. du Gl.* 5, 1).]

Schlampe — *šlãp, -a* f. (B überall, N F), [*tšyãpa* (Vd Ch. d'Oex)] = **1.** subst. nachlässige, indolente Weibsperson, meist auch sittlich anrüchig, Schimpfwort (guenippe). **2.** adj. unordentlich, schlampig (B). — Ableit. *šlãpĩ* m. (B) liederlicher Mensch.

Aus alem. *šlamp* f. in gleicher Bed. (*Els. Wb.* 2, 463; *Id.* mitg. vgl. Friedli 1, 396; 3, 419; ferner *schlampe-chrut* 'schlaff in Fetzen herabhängendes Kraut' *Id.* 3, 910). Zur anscheinend nicht alem. Verwendung als Adj. vgl. Narr, Ross u. a. Zu *tš* für *š* s. Schild. Isoliert steht die Reduktion des *l* zu *y* nach einem Zischlaut, sonst vgl. § 35, 2. Vielleicht liegt ein anderer Stamm zu Grunde, vgl. altels. *schamper* 'schandbar' (*Els. Wb.* 2, 413); *tšy* für *tš* ist nicht selten im P. d'Enh. — Synonyma sind Schlempen, Schlappe.

Schlappe — *šlap(a)* f. (Vd Centre spor., V Plaine), *šlèpa* (F Sugiez); vgl. *šlap* (Montbél. Belfort) = **1.** leichter, pantoffelartiger Schuh, verächtlich (Vd). **2.** schmutzige Weibsperson (V; Fr.-C.). — ABLEIT. *šlapi* m. (Vd Corsier) Schuhmacher, verächtlich.

Aus alem. *šlappə* f. m. 'alter Schuh' (*Els. Wb.* 2, 468; Seiler 254, vgl. *Schlappschuh* Friedli 2, 486). Bed. 2 ist els. und walliserisch (*Id.* mitg.) — *šlèpa* verdankt wohl sein *è* einem Entsprechungsvorgang, vgl. in Sugiez *frèdᵉ* froide, *drèt* droite, *tèd* tiède, *prèza* prise, etc., die alle allg. freiburgisch mit *a*, *aᵉ* lauten. Fem. wegen *soque, pantoufle.* — Zu *šlapi* aus *šlapa* vgl. *χluti* cloutier, *katali* faïencier (Vd Blonay). — Alem. *schlappi* kommt seiner allgemeinen Bed. 'nachlässiger Mensch' wegen nicht in Betracht. Zur Sache § 8. — Vgl. unterengad. *šlappa* 'Haube' (Pult 134). Derselbe Stamm steckt in frz. *saloppe* nach M.-L. (*Et. Wb.* 8022).

schlappen — *šlapè* v. (B Aj. Vad. Doubs) = **1.** lappen (Mensch, Tier, bes. Hund, Schwein). **2.** unmässig trinken; (sein Geld) vertrinken. **3.** 'plätschern', schwd. 'schlenggeren', von zu grossen Schuhen. — ABLEIT. *šlapu* m. Trinker; *šlapriə* f.

Aus alem. *šlappə* allg. in Bed. 1 (*Els.Wb.* 2, 468; Hunziker 222; *Id.* mitg.). Bed. 2 ist welsche Verschiebung. Zu Bed. 3 vgl. els. 'nachlässig einhergehen'.

Schlarggen — ABLEIT. *šlèrtya* m. (B Dev.) = alter Schuh.

Ohne Zweifel aus schwd. *šlarggə* m. 'Latsche' (Stalder 324), *šlorggə* 'alter Schuh' (F Jeuss selbstgehört) mit Suffix *-et.* — Vgl. *schlurggen* neben schlurpen (Seiler 257).

Schlarpe — *šlèrp* f. (B Aj.) = alter Schuh. — ABLEIT. *šlèrpé* m. (Charm.), *šlarpé* m. (B Pl. de Pleigne) id.

Aus alem. *šlarpə, šlärpə* m. abgetretener Schuh (Hunziker 222; Sol. etc.). Zur Suffixerweiterung mit *-é* vgl. Räm. — Zur Sache § 8.

schlarpen — *šlarpè* v. (B Mett.) = nachlässig gehen; ebenso alem. (*Els. Wb.* 2, 471). — ABLEIT. *šlèrpayiə* v. (B Charm.).

schlecht — nur in *šəlèrtə tütš* m. (V Lens) = deutsches Patois.

Eig. 'schlechtes Deutsch'. Zu *r* für *x* § 33, 7. Zum Vokaleinschub § 37. 1. — Vgl. untereng. *šlètt* (Pult 133).

schleichen — *(ils) cherchaient à se schlicher le long des files de l'armée* (F Emulation 1856, 313).

Schleife — *šleif* f. (B Charm.) = **1.** Schleppe am Rock. **2.** die nachlässig Rock und Schuhe dem Boden nachschleppt.

Aus elsäss. *schleife* 'Schleppe' (*Els. Wb.* 2, 453) mit wohl schon els. Übertragung auf eine Person. — Syn. deutscher Herkunft bei Schlampe.

schleifen — *šleifè* v. (B Charm.) = auf dem Boden fortschleppen (Rock, Schuhe), allg. nachlässig gehen; ebenso els. (*Els. Wb.* 2, 453). — ABLEIT. *šleifriə* f. ident. mit dem folg.

Schleifriemen — *šleifriə(m)* f. (B Charm.) = Eisenbeschlag an der Pflugschar, zum Einbohren in die Erde.

Weder *Id.* noch *Els. Wb.* kennen diese Zusammensetzung. Gehört habe ich sie nur in Roggenburg (B) als *šlaifriəmə* in obiger Bed.; vermutlich sachlich das Gleiche wie *pflugschleife* (*Els. Wb.* 2, 453).

Schlempen — Ableit. *šlẽpè* m. (B Aj. Vad.) = **1.** alter Schuh. **2.** schmutziger Kerl, ebenso els.

Aus els. *šlämpə* m. 'Fetzen' (*Els. Wb.*, 2, 464) mit welscher Beziehung auf den Schuh, vgl. § 8.

Schlenggen — *šlẽk* **f.** (B Aj. Vad. Doubs; **m.** N 17. Jh. Barr.), *šlãk* (B Saicourt); *šlẽg* (Belfort) = Schliesshaken an der Türe. — Ableit. *šlẽkè* v. damit schliessen, *dešlẽkè* v. öffnen. ‖ *šlẽkè* m. alter Schuh.

Aus alem. *šlăŋkə* m. in gleicher Bed. (*Els. Wb.* 2, 466; Seiler 254; Friedli 2, 428; 3, 360, wo nähere technische Auskunft). *šlãk* durch Entsprechung nach *tšãta* (ob. Prév.) neben allg. jur. *tšẽtè*. — Zur Bed. 'Schuh' vgl. *schlengge-schue* 'Schnallenschuhe' (*Id.* 8, 483; Friedli 3, 427). Fem. wegen *clenche, fermeture,* das vereinzelte Mask. etwa wegen *loquet, verrou.*

Schliffi — *šlif* f. (B Charm.) = **1.** Werkstätte, wo Messer, Waffen etc. geschliffen werden. **2.** *la Schlif*, Gebäude in Pruntrut.

Aus alem. *šliffi* f. (*Els. Wb.* 2, 454). Fem. wegen *boutique, usine.*

Schlitten — *šlit* f. (B Plagne; Montbél. Chât.) = Schlitten zum Holztransport; abgebildet bei Huber 7.

Fem. Genus wegen *luge.* — Dasselbe Wort in voges., lothr., wall.; nordit., rät.-lad. Ma. (M.-L. *Et. Wb.* 8033; Huber 7, 8). Vgl. S c h n e c k e.

schlitten — *šlitè* v. (B Charm.; Montbél. Chât. Vogesen, S.-V.) = Schlitten fahren. — Ableit. *schlitteur, schlittage* Ausdrücke der Holzgewinnung im voges. Gebirge (S.-V.)

Schlosser — *šlosè* m. (B Charm.), *la forge où le schlosser habite* (Neuveville 1640) = Schlosser, veraltet, nur noch im Scherz gebraucht.

Zur Endung § 36, 1*a*. — Im Puschlav *schlossar* (Salv.[2] 609), ebenso im Untereng. (Pult 134).

Schluck — *šluk* m. (B Vermes; volksfrz.) = was man auf einmal schluckt. — Ableit. *šlukè* m. id.

Mask. wegen *coup.* Das Suffix *-et* erscheint häufig als *-è* neben gew. *a.*

Schlump — *šlõp, slũp* **m.** f. (B Aj. Vad. Doubs Mett. Vauff.; Montbél. Chât.) = H e c h e l zum Wollkämmen, auch für Hanf und Flachs.

Aus alem. *šlùmp(ə)* f. in gl. Bed. (*Els. Wb.* 2, 465; *Id.* mitg.; Stalder 2, 332). Mask. wegen *peigne*, Fem. wegen *carde.*

schlumpen — *šlõpè, šlũpè* v. (wie das Subst.) = **1.** mit der *šlõp* die Wolle kämmen. **2.** einen gehörig in die Finger nehmen, spez. an Haaren oder Ohren reissen, durchprügeln. — Ableit. *šlõpu* m.; *ešlõpè* f. Tracht Prügel.

Aus alem. *šlùmpə* v. els. in beiden Bed. (*Els. Wb.* ib.; Stalder ib.). Zu Bed. 2 vgl. *peigner.* — Zum Präfix vgl. s c h i n d e n.

Schlurpe — *šlurp* f. (B Vad.; Voges. Belmont) = alter Schuh; ebenso alem. (*Els. Wb.* 2, 471; Seiler, Stalder).

schlurpen — *šlurbè* (B Vad.) = die Schuhe mit Geräusch nachschleppen; ebenso alem. (s. oben).

Schlutte — *šlotr* f. (B Aj. Vad.) = nachlässig gekleidetes Frauenzimmer. — ABLEIT. *šlotrè* v. einen Frauenrock durch Nachschleppen beschädigen.

Das lautlich naheliegende *schlottern* befriedigt begrifflich nicht recht. Wahrscheinlich liegt dem Subst. alem. *šlùttə* f., 'lose Jacke', els.-basl. 'nachlässiges Frauenzimmer' (*Els. Wb.* 2, 476; Spreng) zu Grunde; das *r* vielleicht aus Kreuzung mit els. *schluttere* 'Mann mit weiten Hosen', dessen 'schlottriges' Aussehen sich mit 'Nachlässigkeit' eng berührt; doch vgl. zum *r* § 37, 3. Das Verb enthält eine besondere Art von nachlässigem Verhalten.

Schmack — *šmak* m. (B Aj. Mett.) = Geschmack (goût, saveur).

Offenbar aus älterem *schmack* m. 'Geschmack' (so mhd. *smac*; Paul *Wb.*; Hunziker 225). Ebenso untereng. *šmòk* (Pult 134). Vgl. schmecken.

schmarotzen — *šmarotsi,* auch *tsəmarotsi* v. (Vd allg., F V), *šmarutsi* (Broye), *šmorotsè,* auch *šmarotsè, -i* (B üb. ausser Fr.-M), *somarùtšyè* (V Liddes), *tsamarota* (V Vollèges). Ältester Beleg: *de ne point aller dans les hostelleries pour y schmouroutzer* (N 1682) = **1.** auf Kosten Anderer leben oder zu leben versuchen; erbetteln. **2.** stibitzen, erschnappen, naschen; zu beschummeln suchen (escroquer, écornifler, filouter, marauder etc.; Vd F; B spor.). **3.** ausspionieren (in diebischer Absicht), heimlich horchen; herumstöbern; auch dem andern Geschlecht nachlaufen (B). — ABLEIT. *šmarotsar* m. (Vd), *šmorotsu* m. (B, *-ü* Montbél.), *schmarotseur* m. (Vd B); *šmorotsrì* f. (B).

Lautform. Zu den beiden Formen mit *u* vgl. els. *šmarutsə*, *šmurutsə* (*Els. Wb.* 2, 485). Auf letztere Form geht ohne Zweifel auch die jurass. Hauptform *šmorotsè* zurück, § 29, 5. Zum *ts*-Anlaut § 33, 5. Zum Vokaleinschub in V vgl. *šanapsa*, § 37, 1; ebenda wurde die ungewöhnliche Endung *-otsi* durch das Suffix *-ota* ersetzt. Zum *s*-Anlaut vgl. Scheibe.

Bedeutung. Kein alem. Wörterbuch, auch das ungedruckte *Id.* nicht, kennt die Bed. 2 und 3. Persönliches Befragen ergab nur, dass 'schmarotzen' etwa den Sinn von *guənə*, 'sich bettelnd hinstellen, wo gegessen wird' annehmen kann. Vermutlich beruhen Bed. 2 und 3 auf selbständiger welscher Entwicklung aus der Grundbedeutung, indem bei 2 das Moment der diebischen Absicht, bei 3 das des Aushorchens in den Vordergrund trat. Beide Momente sind sozusagen eine Steigerung von Nebenvorstellungen, die mehr oder weniger latent in der Vorstellung von 'schmarotzen' liegen. Im deutschen Gebiet ist 'der Schmarotzer' ein harmloserer, im welschen ein gefährlicherer Geselle.

Schmarotzer — *šmarots* m. (Vd B), *šmarotsr* (F Sugiez) = **1.** Profitmacher (Vd F). **2.** Ausspionierer (B).

Zum Abfall der Endung § 36, 2. Zu den Bed. vgl. schmarotzen.

schmecken — *šmèkè* v. (B Aj. Del.; Montbél. Belfort), *šmœka* (B Prêles), *šmaka* (Giromagny) = **1.** riechen, wittern, schnüffeln (flairer). **2.** mit sachlichem Subj. 'das schmeckt mir', 'sagt mir zu'. **3.** ahnen, merken. — ABLEIT. *šmek* m. *šmekur* f. Spürsinn (flair); *šmek-bõ* m. (B) Rosmarin.

Aus 'schmecken', das alem. in allen 3 Bed. gebraucht wird (*Els. Wb.* 2, 481). Die *œ*-Form aus schwd. *šmœkxə*, die *a*-Form aus els. *šmakə*. — Die Bed. von *šmek* weist auf ein Verbalsubst., lautlich könnte es mit Schmack identisch sein. — Dasselbe Wort in voges. Ma. (Belmont).

Schmid — *Ysen, schmid de Marlie* (F 1489, Blav. 166).

Das einheimische Wort ist *favre*, das sonst in den *Comptes* allg. üblich ist, z. B. S. 167.

schmieren — *schmirer* v. (B St-Imier, volksfrz.) = besudeln.

Schmollis — *faire šəmolits* m. (allg., bes. Vd) = Brüderschaft trinken, sich du sagen.

Aus der deutschen Studentensprache des 18. Jahrhunderts stammend, ist dieses etymol. dunkle Wort durch Vermittlung welscher Studenten in die Volkssprache, auch des Wallis, gedrungen. Zu *ts* § 33, 4. — Andere studentische Ausdrücke Teil I, 42[65].

Schmutz — *šmuts* m. (spor. Vd B) = **1.** Unrat (Vd). **2.** Schwindel, Betrug (Vd). **3.** Kuss (B). — ABLEIT. *šmutsi* v. (Vd) beschummeln.

Zu Bed. 2 vgl. 'eine schmutzige Geschichte' im Sinn von 'unlauter'. Bed. 3 stammt aus els.-baslerischem Sprachgebrauch (*Els. Wb.* 2, 491; Seiler; Stalder). Mask. in B wegen *baiser, bec*; für Vd fehlt Genusangabe.

schmutzen — *šmutsè* v. (B Aj. Del. Doubs) = küssen, id. alem.

schnäflen — *šnèflè* v. (B Plagne) = an Holz herumschnitzeln, dilettantisch schreinern (menuiser). — ABLEIT. *šnèflu* m. (B Terbi) 1. ungeschickter Zimmermann, 2. allg. Stümper.

Aus alem. *šnäflə* v. in gleicher Bed. (*Els. Wb.* 2, 495; Stalder 2,338).

Schnappsack — *šnapsak* m. (B Charm.), *šanapsa* Genus? (Vd Vully 1851) = **1.** Branntweinsäufer (B). **2.** Tragsack (Vd).

Das Wort bezeichnet urspr. einen langen Sack mit seitlicher Öffnung, der vermutlich mit 'zuschnappender' Vorrichtung geschlossen wurde (Paul). Volksetym. wurde es schon alem. zu *Schnaps-sack* umgedeutet (*Els. Wb.* 2, 343), daher Bed. 1, vgl. frz. *sac à vin.*

[**Schnaps** — *šnaps* m. (allg. volksfr.), *šinaps* (V Chalais), *šənats* (V Hérens, Grône) = Branntwein. — ABLEIT. *šnapsè* v., *šnapsu* m. (B); *schnapseur* (volksfrz.).

Ob alem. oder franz. Lehnwort (S.-V.; Vill. *Parisismen*), ist nicht auszumachen. Zum Vokaleinschub § 37, 1. *šənats* zeigt Anlehnung an das häufige Pejorativsuffix *-ats* (s. Lavallaz § 502). — Dasselbe Wort in rät., nordostital. und berg. Ma. (M.-L. *Et. Wb.* 7700; Salv.[2] 610; Bruck. 31; Pult 134.)]

Schnapser — *šnapsər* m. (B Prêles) = Branntweintrinker.

Schnauf — *šnuf* m. (B spor.) = Atmen, ebenso alem. — ABLEIT. *šnufa* m. Schluchzer eines Kindes.

schnaufen — *šnufè* v. (B Aj. Del. Doubs), *šəmufå* (F Charmey) = **1.** mühsam und hörbar durch die Nase atmen (renifler); fauchen, schnauben (Katze, Ziegenbock); schnüffeln. **2.** schluchzen, bes. von Kindern (pleurnicher). — ABLEIT. *šnufu* m. bes. in Bed. 2.

Aus alem. *šnûfə* 'schwer atmen' (*Els. Wb.* 2, 495 ff., wo alem. *šnuf* 'Atem' verzeichnet ist). Bed. 2 scheint ohne alem. Entsprechung. *m* für *n* in Charmey wohl in formaler Anlehnung an andere alem. Lehnwörter mit *schm*-Anlaut (vgl. schmarotzen Bed. 3). — Aus dem lautlichen Zusammenfall mit dem etym. und begrifflich verwandten *šnufè* (s. schnupfen) entstand wohl für das welsche Sprachgefühl ein Wort (mit drei Schattierungen). — Vgl. voges. *šnufa* 'renifler' (Belmont).

schnausen — **1.** *šnautsè* v. (B Mett.) = marauder. **2.** *šnaudza* (B Prêles) = indiskreterweise zuschauen.

Ohne Zweifel aus alem *šnausə* 'Obst und dgl. stibitzen' (Seiler; auch Sol. Holderbank); 'veruntreuen' (Stalder 2, 341). Bed. 2 betont eine das eig. Entwenden vorbereitende Handlung, vgl. els. 'aussuchen', 'durchstöbern' (*Els. Wb.* 2, 508). — Zu *ts* vgl. Schmollis und § 33, 4. Das selbstgehörte *dz* ist westschwz. selten; vgl. zeigen, Tschopen, auch Schaum in der Fr.-C.

Schnauz — *šnauts* f. (spor. Vd B) = Schnurrbart.

Fem. wegen *moustache*. — Das Wort ist weit herum verbreitet in tess.-lomb. und rät. Ma. (Salv.[2] 609[2], 610; M.-L. *Et. Wb.* 7701; Ulrix).

Schnecke — **a)** *šnèk* f. (B Aj. Del. Doubs Diesse), *šnak* (ob. Prév. Vauff.) = 1. Art Schlitten mit zwei Rädern hinten, zum Transport von Heu (Holz, Mist etc.), schwd. *schnägg* m., *schnägge* f. (so Stalder 2, 341), schwfrz. *chargosse*, Abbild. Friedli 1, 341; Huber 28 ff. (B allg.). 2. Schnecke. 3. vagina puellae; ebenso alem. (*Els. Wb.* 2, 498). — ABLEIT. *šnèkè* v. mit der *schnägge* fahren; s. f. die von der *schnägge* getragene Last.

b) *sənåku*, auch *šənaku* m. (F allg.) = 1. kurzer, solider Schlitten zum Holztransport (luge à bras; Abbild. Huber 5 ff.). 2. grober Kerl. — ABLEIT. *šənakè*, *šənatyè* (F Vd Ross. Blon.) Dem. von Bed. 1; auch Bubenschlitten.

Scharf getrennte Doppelentlehnung desselben Wortes in der spez. Bed. 'Holzschlitten', jeweilen von anderer Form. Fem. wegen *chargosse*, *luge*; Mask. wohl wegen *lüdži* m. (F allg.). Zum Wechsel von *è* und *a* § 29, 3; zum *s*-Anlaut s. Scheibe; zu *ty* für *k* § 32, 5. — Zur Sache vgl. Geiss, Schlitten. — Als 'Tier' lebt das Wort in voges. Ma. (Belmont).

Schneeberger — *šnébèrg* m. (B Aj.; Montbél.) = 1. Art starker Schnupftabak. 2. 'poudre sternutatoire d'origine suisse' (so nur Montb.).

Zum Abfall der Endung § 36, 2. — Bed. 2 ist die ursprüngliche, es handelt sich um das in deutschen Landen wohlbekannte starke, weisse Niespulver, das in ovalen Holzschächtelchen unter dem Namen 'Schneeberger Schnupftabak' heute noch in jeder Apotheke verkauft wird. Auf der Rückseite des Schächtelchens ist folgende inhaltlich und stilistisch altmodische Reklame zu lesen:

"Dieses Gerechte Haupt- und Hirnpulver führet viele Flüsse aus dem Haupt, stärket das Gedächtnis und machet das Haupt leicht; wird fabriziert von W. in Bockau bei Schneeberg."

Tatsächlich stammen in der Schweiz nur noch Zeddel und Schachtel aus Schneeberg (Kreis Zwickau in Sachsen), das Pulver selbst wird von schweiz. Apothekern verfertigt (daher die irrtümliche Angabe § 13, 4).

Schneeflocke — *šnélok* f. (B Vermes) = Art weisse Kartoffel.

Offenbar identisch mit alem. *šneflokxə* f. 'weisse Knollen einer Spätkartoffelart' (*Els. Wb.* 1, 168; ähnlich schwd., Baselland, Sol.). Der Schwund des *f* ist isoliert.

Schneider — *š(ə)nidr* m. (spor. Vd F; Belfort), *šnider* (V Miège); vgl. *šnèdr* (terr. de Belfort Angeot) = Schneider, in spöttisch-familiärer Rede, sonst *tailleur*.

Alem. *šnidər*. Zur betonten Endung *-er* vgl. Schinder. — Der Schneider deutscher Herkunft scheint im rom. Gebiet weitherum bemerkt worden zu sein, vgl. tess. *snidar*, rät. *schneder* (Ulrix; Salv.[1] 95[2]; Jud, *Rev. dial. rom.* 2, 112). Vgl. das folg.

Schneiderbock — *šnidrəbok, šnidrdebok* m. (spor. Vd F N), *schneiderbock* (Vd Savigny) = **1.** Schneider, spöttisch-familiär. **2.** dummer Kerl (F).

Aus mod. alem. nicht belegbarem *šnidərbokx*, 'Spottname des Schneiders' (Grimm *Wb.* 9, 1271). Ursprünglich bezeichnete das Wort 'das Gestell, auf dem die Schneider sitzen'. — Bei der erweiterten Form ist das seltsame eingeschobene *de* vielleicht ironische Anspielung auf den niedrigen Stand der meist landfremden Schneider. Die Form des Korrespondenten für Savigny erinnert direkt an den deutschen Einfluss im Schneiderhandwerk.

schnell — **a**) *šnèl* (B Charm.), vgl. *snèl* (Chât.) = Ruf beim Steinkugelspiel, 'pour éviter une seconde piquée de bille', Näheres *Chât.* 415. — **b**) *bèyiə le šnèl* (B Pommerats) = vermutlich 'seine Spielkugeln hergeben', vom Verlierenden gesagt, der sich, seine Kugel zwischen zwei Fingern haltend, von den Mitspielenden muss 'beschiessen' lassen.

Der Verwendung a) liegt wohl das Adv. 'schnell' zugrunde, bei b) handelt es sich sicher um das els. Subst. *schnell* f. 'Spielkugel' (*Els. Wb.* 2, 500). *s* für *š* steht in der Fr.-C. völlig isoliert.

schnellen — *šnèlè* v. (B Pommerats) = mit den *šnèl* stark spielen, ähnlich *Els. Wb.* 2, 500.

[**Schnick** — *šnik* m.? (F Grangier, suppl.) = Schnaps.

Vgl. els. *šnik* m. (*Els. Wb.* 2, 499) und frz. *chenique* m. (S.-V., wo auch *schnicker* 'sich in Schnaps betrinken') in obiger Bed. Auch wenn das Wort wirklich deutschen Ursprungs ist (vgl. etwa *schnicken* 'zucken' Paul), so kann es durch frz. Vermittlung eingewandert sein; gleiche Unsicherheit bei Schnaps. — Mit *šnikè* (s. schnupfen) hat es etym. nichts zu tun.]

Schnifi — *soli n va p ĩ šnifi* m. (B Aj. Doubs) = das ist keinen Deut wert.

Aus schwd. *šnîfi, šnîfəli* n. 'ganz kleines Stück' (*Id.* mitg.), vgl. *schnipfele* (*Els. Wb.* 2, 504).

Schnitz — *šənetsə* m. f. (bes. F, Vd V Bez. Sierre), *sənètsə* **f.** m. (bes. V Bagnes, Cham. Illiez; spor. Vd F), *šnits, šnets* m. (spor. B N), *tsənets* (V Conthey) = **1.** Schnitz gedörrten Obstes (quartier); allg. *vendre des chenetzes* 'als Mauerblümchen da stehen beim Tanz'. **2.** technisch, a) kleine Säge, urspr. an einem 'schnitz'ähnlichen Stück Hartholz befestigt (B), b) eiserner Keil am Stiel eines Werkzeuges (Orm.). **3.** Stichelei (fion; F). **4.** geringschätzig von einem Menschen (F). **5.** cunnus (F). — ABLEIT. *šnetsõ* m. (F) = Bed. 1; *šnètsi* v. (Vd N) keinen Tänzer bekommen (wie oben).

Aus alem. *schnitz* m. allg. in Bed. 1. Zu Bed. 3 vgl. 'treffliche Erwiderung' (Seiler), vermutlich in Anspielung auf die scharfe Kante des 'Schnitzes'. Bed. 5 ist ebenfalls schwd. bezeugt (*Id.* mitg.). — Zu *i* neben gew. *e* § 29, 4. Zum hier bes. häufigen *s*-Anlaut s. Scheibe; zu *ts* im Anlaut § 33, 5. Mask. wegen *quartier*, *setsõ;* Fem. nach *vatsə* § 44. — *šnetsõ* ist offensichtlich nach dem einheimischen Syn. *setsõ* gebildet. — Dasselbe Wort in tess. (Salv.[1] 96) und eng. Ma. (Pult 134; Jud mitg.).

schnökern s. schnöüggen.

schnöüggen — *šnœkè* v. (B Aj. Vad. Doubs Mett. St-Imier), *šnekè* (Montbél. Fr.-C. Behrens 50) = schnüffeln, vorwitzig herumstöbern (flairer, renifler, fureter); kosten (Wein). — ABLEIT. *šnœku* m., *šnœkèdž* m., *šnœkriə* f.; *šnœkür* f. Blume des Weines.

Da das Elsass nur *šneikə* etc. kennt (*Els. Wb.* 2, 498), aus dem die ostfrz. Form stammt, ist für B die schwd. Form. *šnöüggə* in gleicher Bed. (Seiler, Hunz. etc.) als Vorlage gesichert. Zu *œ* für *œü* vgl. Täufer. — Derselbe Stamm in norm. *snêquer* 'voler en tapinois' (Behrens 253). — Begrifflich berührt sich unser Wort mit schmarotzen Bed. 3, schnausen, schmecken, suchen.

schnupfen — *šnufè* v. (B Dev.), *šnupfè* (B Mett.); *šənupå* (F Gruy.) = Tabak schnupfen, geringschätzig. — ABLEIT. *šnupfu* m.

Zu *f* für *pf* § 34, 1. Infolgedessen ist das Wort lautlich mit schnaufen zusammengefallen. Eine Trennung ist um so schwieriger als auch alem. *šnupfə* die Bed. 'hörbar atmen' und 'schluchzen' kennt (*Els. Wb.* 2, 504). — *p* für *pf* befremdet, vielleicht aus *schnuppen* 'herumwühlen' (*Els. Wb.* 2, 503), vgl. auch schwd. *schnupfen* und *schnuppen*.

Schnupftabak — *šnuftuba* m. (B Aj. Vad.), *šnupftuba* (B Mett.) = Schnupftabak.

Aus schwd. *šnùpftubakx* m. Zum zweiten Glied s. Tabak. Eine Verkürzung dieses Wortes ist wohl frz. *schnouff* 'Tabak' (Beauce, um 1800, Sainéan *Argot Anc.* 134; *Rev. des trad. pop.* 8, 261). Vgl. eng. *šnuff* (Pult 134).

schnuppen — *šnupè* v. (B Movelier, Rom.) = pusten, schnaufen.

Aus alem. *šnuppə* 'keuchen' (Friedli 1, 271). Das *Els. Wb.* kennt nur das stammverwandte *schnupfen,* das wie schnaufen mehrfach atmende Bewegungen ausdrückt. Vgl. schnupfen.

Schnur — *šnuər* f. (B Aj. Dev.) = **1.** plur. 'attaches, brides' (vermutlich an Hauben). **2.** 'femme sale, légère' (Biétrix).

Alem. *šnuər* f. Alem. Wb. ist Bed. 2 unbekannt. Ob sie nicht mit den durch vielen Gebrauch unsauber gewordenen Bendeln an Hauben, Beuteln etc. zusammenhängt? — Vgl. *ficelle de Bâle* (N) bessere Sorte Schnur.

Schopf[1] — *šopf* m. (B Pl. de Pleigne) = Schuppen für Holz, Wagen etc.

Mask. wegen *hangar, bûcher*. — Vgl. untereng. *tšofa* 'Holzschopf' (Jud mitg.).

Schopf[2] — Ableit. *tšufa* m. (B Terbi) = plumet, vermutlich Federbusch.

Wohl aus *šopf* 'Haar oben auf dem Kopf' mit Dem.-Suffix. Das anlautende *tš*, das sich durch Entsprechung wie bei Schild leicht erklärt, kann auch vom alem. *tschupp* 'Haarschopf' (*Els. Wb.* 2, 773) beeinflusst sein.

schoppen — *šopa* v. (V östl. bes. Bez. Sierre) = **1.** verstopfen (Röhre, Loch), eine Flasche mit einem Kork versehen. **2.** zuhalten (Augen). **3.** part., a) verstopft (Pfeife, Nase), b) borniert. — Ableit. *éšopa* v. wie Bed. 2; *šopè* m. Kork.

Aus alem. *šoppə* (*Els. Wb.* 2, 423; Hunz.). Zur Bed. 3b vgl. frz. *bouché* 'vernagelt'. *éšopa* verdankt sein Suffix dem syn. *étopa* (V). — Zur Sache s. stopfen.

Schorgraben — *šorgrab, šolgrab* f. (B Terbi, Bourrignon) = Ablaufrinne im Stall.

Aus schwd. *šorgrabə* m. in gleicher Bed. (*Id.* 2, 682; Friedli 1, 222; 2, 425). *l* für *r* aus Dissimilation, vgl. § 38, 4. Fem. wegen *rigole, raie*. — Dasselbe Wort in voges. Ma. (Belmont).

schräg — *də šreg* adv. (B Aj. Vad. Roches, Plagne) = **1.** in schräger Richtung (gehen, sägen), von der Seite ansehen. **2.** s. m. Spottname für einen Schielenden. — Ableit. *šregè, šlègè, šregagiə* v. 1. biaiser, 2. loucher; *šlègriə* f.

Vielleicht ist das Wort durch deutsche Holzbearbeiter eingeschleppt worden. Es begegnet auch im Untereng. (Ulrix; Pult 135). Begriffsähnlich ist mhd. *slimb* 'schief', das weit in franz. und ital. Gebiet gedrungen ist (M.-L. *Et. Wb.* 8027; zu wall. *climper* 'gauchir', vgl. A. Thomas, *Mélanges* 53, dagegen Behrens 53). — Zu *šl-* für *šr-* § 38, 4, vermutlich durch Dissimilation aus *šrègriə*. — Zu *de* vgl. *regarder de biais, de travers.*

Schraube s. Strube, Strübli.

schreiben — *šriba* v. (F Sugiez) = unterzeichnen.

Schwd. *šrîbə*. Das Lehnwort ist gewichtiger als das gew. *signer*.

Schreiber — *šribər* m. (B Romont); *par 2 schriber à la vauquille* (Wettschiessen; N 1792).

schröpfen — *šrèpfè* v. (B Mett.) = ventouser.

Aus westschwd. *šräpfə*. Zur Sache vgl. Badestube.

Schrot — *šrót* f. (B Charm.) = ausgemeisselte Vertiefung im Stein, zum Sprengen. — ABLEIT. *šrótè* v. einen Schrot in den Stein hauen.

Aus els. *šrót* m. in gl. Bed. (*Els. Wb.* 2, 519). Fem. wegen *rainure.* Das Verbum event. von *schroten.*

schuggen — *šuəkè* v. (B Vicques) = die Kegelkugel mit weit ausholendem Schwung werfen.

Ohne Zweifel aus alem. *šùkə* v. 'schwingend werfen' (*Els. Wb.* 2, 406), 'schieben' (*Id.* 8, 433, nur ein Beleg). *uə* für *ù* ist ungewöhnlich, vgl. Schurz.

[**Schuhflicker** — *šuflik* m. (G N volksfrz.) = Deutscher (scherzhaft).

Alem. Entlehnung ist unsicher, da das Wort aus Frankreich stammen kann, wo es im Sinn von 1. 'Schuhflicker', 2. allg. 'Stümper' der niederen Volkssprache angehört (Sainéan, *Argot Anc.* 134; Vill. *Parisism.*; H^te Marne *Atlas*), ähnlich wie Schuhmacher. Vermutlich bezeichnete *chouflique, choufliqueur* zunächst den Schuhmacher deutscher Herkunft, dann den Deutschen überhaupt; wo die Bed. zuerst verallgemeinert wurde, wissen wir nicht. Ähnlicher Vorgang bei Stockpfeifer. — Dasselbe Wort im Rum. (Ulrix, Borcia 44).]

[**Schuhmacher** — *šumak(o)* m. (Vd Leysin, Conteur, V Vouvry), *šumakr* (spor. Vd N), *sumak* (F Montbél.), *šumahèr* (V Miège) = **1.** Schuhmacher, geringschätzig. **2.** Stümper (N). **3.** Reisender, der grossartig auftritt, aber überall sparen muss (Vouvry).

Von der Form in Miège abgesehen, ist auch hier alem. Entlehnung unsicher. Das Wort ist als *choumaque, choumacre* in Bed. 1 weit herum in Nordfrankreich verbreitet (Fr.-Comté, Champ., Lothr., Pik., Norm., Maine, Anjou; Pariser Argot) und ist schon Gegenstand vieler Erörterungen geworden (vgl. Sainéan, *Argot Anc.* 134; Thorn, *Arch. f. neu. Spr.* 86, 129; rez. von v. Wartburg, *Z. f. rom. Phil.* 37, 500, wo zum erstenmal Alter (1849) und Verbreitung wirklich belegt werden, und von Spitzer, *Bull. de dial. rom.* 5, 117). Über die Ursachen der Einschleppung wissen wir bis jetzt nichts Positives. Unwahrscheinlich aber scheint mir, dass das Wort ohne reale Veranlassung nur 'auf dem Wege des Scherzes' (Spitzer) eingedrungen sei. Was wir über andere Berufsbezeichnungen in der frz. Schweiz wissen oder mit Wahrscheinlichkeit vermuten können (s. Säger, Schäfer; Schinder, Schneider, Tischmacher etc. und § 11), spricht entschieden gegen die Anwendung der mir sonst sehr sympathischen 'Scherztheorie' auf unsern Fall (vgl. Luxuslehnwort § 25). Warum soll das Wort nicht, wie Thorn vermutet, durch 'walzende' Handwerksburschen deutscher Zunge eingeschleppt worden sein? Einmal bekannt, sorgte das 'Scherzbedürfnis' für seine weitere Verbreitung. Vgl. Schuhflicker.

Die Verallgemeinerung zu 'Stümper' (Bed. 2) zeigen auch Schuhflicker und *gniaf* (v. Wartburg l. c.). Interessanter ist eine gewisse Übereinstimmung zwischen der sehr weit abliegenden Bed. 3 und einer Stelle bei Daudet (Nabab 392), wo mit *figures de schumaker* elegante Herren im Salon bezeichnet werden, die im Geheimen unlautere Geschäfte zu betreiben scheinen. Die Bed. 'Hochstapler' würde am ehesten zu beiden Angaben passen. Aber wie soll der arme Schuhmacher in diese Sphäre geraten? —

Zum Abfall der Endung § 36, 2. Zum *s*-Anlaut s. Scheibe. Zum *h* s. Käse. — Über 'Schuster' im Puschlav s. Bruckner *(Z. f. rom. Phil.* 24, 76).

Schulmeister — *le schulmeister* (B L'Ermite 45) = scherzhafter Ausdruck für Lehrer. Ebenso eng. (Pult 134).

Schüppach — *šupakə* f. (Vd Vaug. Savigny) = sog. 'Freiburger Pfeife' aus Holz; vgl. Guggisberg.

Ohne Zweifel identisch mit der *šüpaxər-pfifə* 'grosse Pfeife aus Holz', von der mir ein Bauer in Jeus (F Seebez.) als von etwas Veraltetem berichtete. An denselben Pfeifennamen erinnerte sich eine 82-jährige Frau, die in Signau aufgewachsen ist. — Woher aber stammt der Ausdruck? Im Dorf Schüpbach (B) weiss niemand etwas von (früherer) Pfeifenfabrikation (Pfr. Wildbolz in Signau, mitg.). Der seinerzeit weltberühmte Wunderarzt Micheli Schüppach (s. u. a. G. Peyer, *Gesch. des Reisens in der Schweiz*, 1885, S. 244[21]) soll häufig mit Holzpfeife und Zipfelkappe abgebildet werden, aber ob ein positiver Zusammenhang mit unserem Wort besteht, habe ich trotz vielem Suchen und Fragen nirgends in Erfahrung bringen können. Ganz besondere Mühe haben sich hier Dr. F. Fankhauser und Dr. G. Wissler gegeben. — Das Verhältnis zu appenz. *Schickbock*, Art Tabak (*Id.* 5, 1071) und zum türkischen Lehnwort, dtsch. *Tschibuk*, frz. *chibouque*, bleibt zu untersuchen.

Schür s. Scheuer.

Schurz — *šurts* m. (V bes. Bez. Sierre; Hérens, Grimisuat spor., B Plagne), *šuts(o)* (V Evol.), *suts* (V Ann.), *šœrtso, šürtso, sürtso, tšwèrtso* (Vd Bri. Dum.), *suərtš* (B Boncourt; Chât.); vgl. *surs* (H^te^ Saône P. 56, Atlas) = **1.** ganzer Rock für Frauen, aus einem Stück und aus einheimischem, grobem Tuch verfertigt (jupe et corsage ensemble), Sache und Wort sind altmodisch (nur V). **2.** leichter Überwurf ohne Ärmel, Art Morgenrock (Dum., *Craizu* 169); oft mit komischem Beigeschmack. **3.** Art 'jupon' (B Aj. Chât.; Vd Bri.). **4.** Küchenschurz (Plagne). — Ableit. *šurtsè* m. (Hérens spor.) Dem. in Bed. **1**.

Da keine der obigen Formen den *e*-Vorschlag zeigt, ist an Zusammengehörigkeit mit afr. *escors* 'Schoss des Kleides' und pik.-wall. *ekuršœ* 'tablier' aus EXCURTIARE (M.-L. *Et. Wb.* 2994) nicht zu denken. Welches auch der noch umstrittene Ursprung des deutschen Wortes sein mag (germ. nach Grimm *Wb.*, rom. nach Kluge; Jud, *Z. f. rom. Phil.* 38, 62), hier kann es sich nur um alem. Entlehnung handeln, und zwar um eine begrifflich und geographisch mehrfache; **1.** in der üblichen Bed. von 'Schurz' (Bed. 4); **2.** im Sinn von 'Frauenrock' (V Vd B). Dieser allgemeine Sinn ist deutscherseits bezeugt für das Pommat (*Id.* mitg.) und für die Gegend von Nürnberg (Schmeller *Bair. Wb.* 3, 405), nur vereinzelt bei Grimm (*Wb.* Bed. 2). Speziell den Unterrock ('Junte', unterer Teil des ganzen Rockes) bezeichnet *šurts* im deutschen Wallis (Binn, Salgesch veraltet; bezeichnenderweise heisst die Schürze dort *foršurts*). Diese Bed. war, nach den Patois zu schliessen, im els.-schwd. Gebiet allg. verbreitet. Ohne genauere alem. Entsprechung bleiben die Bed. 1 und 2.

Über die Bedeutungsentwicklung des Wortes ist nichts Sicheres auszusagen, so lange die Geschichte der Frauenkleidung nicht in allen Einzelheiten bekannt ist. Auszugehen ist vermutlich von der älteren, allg. bezeugten Bed. 'gekürztes Kleidungsstück, das Unterleib und Beine von vorne bedeckt' (Grimm; Lexer); daraus entwickelt ist **1.** der leichte Schurz, der zur Schonung über andere Kleider getragen wird, unter Betonung des Momentes 'deckt nur die Vorderseite'. Oft wird er dann zur besseren Schonung nach oben verlängert, daher Bed. 2, und erhält Ärmel (Ärmelschurz als Hauskleid für Kinder). Der obere Teil tritt in den Vordergrund, vgl. 'Bauernkittel' in Franken (Schmeller l. c.). **2.** der vollständigere Unterrock der Frau, unter Betonung des Momentes 'deckt nur den Unterkörper', daher die allg. Bedeutung 3. Auch dieses eig. Kleidungsstück wurde nach oben verlängert, vielleicht nur in welschem Gebiet, daher die heute vitalste schwfrz. Bed. 1, deren Gegensatz zum deutschen Wallis auffällt. — Eine zweite wichtige deutsche Anleihe im Wallis ist Tschopen.

Formales. Zum *s*-Anlaut s. Scheibe; merkwürdig bleibt sein Vorkommen in B und V. Zum *tš*-Anlaut s. Schild. Zum Verstummen des *r* vor *s*-Lauten vgl. *bosa* bourse und § 36, 4. Die Brechung des *u* zu *wè* ist durch das *r* bedingt, *pwertso* (Vd) porche, vgl. *suərtš*. *œ* und *ü* bleiben unklar, vgl. § 29, 7; das nicht schwd. *schürze* fällt ausser Betracht. In *suərtš* ist Metathese von *š* und *s* (in *ts*) anzunehmen, zu *uə* vgl. schuggen. — Das mask. Genus in Bed. 1—3 wohl wegen *jupon, cotillon; bλãtsè* (V); in Bed. 4 wegen *dvẽtriə* m. (B).

Schützenfähnli — *por la fasson de pointe* (bemalen) *deux schützenvenly* (F 1480, Büchi 95).

Zu *v* für *f* vgl. Vetterli, Vergissmeinnicht; Frevel.

Schützenmeister — *le Schützmeister des arquebusiers* (N 1601, s. Rüetli), *lettres au Schützmeister des mousquetaires* (N 1602).

Schwabe — **a**) *švób* m. (B Aj. N) = **1.** Deutscher, im Gegensatz zum Elsässer, bes. Badenser, Schwabe. **2.** Küferwerkzeug, um Fassdauben zu ebnen. **3.** Art Kanarienvogel. — **b**) *šwab* m. (Vd Cont.) = Schwabe, Deutscher (u. a. von fahrenden Musikanten).

šwób ist alem. weitverbreitet; Bed. 1 ist im Elsass (sowie in Ungarn) allg. (*Els. Wb.* 2, 520). Zu Bed. 2 stimmt *šwob* 'Ziehmesser' (Soloth. mitg.). Bed. 3 lässt mich ratlos.

Schwanz s. Fuchsschwanz.

schwanzen — *švẽsè, švãsè* v. (B Charm.) = rasch davongehen (filer).

Aus els. *šwantsə* (*Els. Wb.* 2, 528). Begrifflich ohne genaue alem. Entsprechung. Auszugehen ist wohl vom Bild eines Haustieres, das beim Davonrennen mit dem Schwanz wedelt. Zum *s* für *ts* § 34, 4.

Schwanzriemen — *švãzriəm* f. (B Mett.) = der um die Schwanzwurzel der Zugtiere gehende Riemen.

Ebenso alem. (*Id.* 6, 911; *Els. Wb.* 2, 256). Zum Fem. vgl. Riemen. Zum nicht ganz sichern *z* § 34, 4 und 33, 2.

schwärmen — *faire schwirmer* (volksfrz. Quinche 311) = einem den Kopf verdrehen, ihn verliebt machen.

Aus der alem. Form *šwirmə*, vgl. *schwirm(er)geist* (*Id.* 2, 490; *Els. Wb.* 1, 241). Ohne Zweifel ein städtisches Modewort, das vielleicht aus den

Kreisen der Töchterpensionate stammt, vgl. frz. *flirter* aus engl. *to flirt.* Zur Bedeutungsentwicklung im Deutschen s. Paul *Wb.*

schwarz — *švarts(o)* m. (Vd spor. F Cressier) = **1.** Schusterschwärze (Vd). **2.** Russ, im Gesicht (Vd). **3.** schwarzer Kaffee (F).

Beachtenswert ist hier die dreifache Substantivierung eines deutschen Adjektivs, bei Bed. 1 und 2 etwa aus schwd. Verbindungen wie *schwarz astriche, schwarz mache;* bei Bed. 3 ist der elliptische Gebrauch von 'en Schwarze' schon schwd.

Schwebeli — *šwèblé* m. (B Aj. Del.), *švablé* (B Séprais) = **1.** langes Streichholz mit Zündmasse aus Schwefel an beiden Enden. **2.** modernes Phosphorzündhölzchen.

Ohne Zweifel aus schwd. *šwäbəli* n. in Bed. 1 (Soloth. *Id.* mitg.; App. Tobler 402, der auch schwäb. *schwebele* angibt). — Von wirtschaftsgeschichtlichem Interesse ist die strenge Beschränkung des Wortes auf den Berner Jura, der offenbar von deutschschwz. Hausierern, den sog. 'Schwebelhölzlern' (*Id.* 2, 1268) stark heimgesucht wurde, während der Südteil mit allg. *sopreta* 'Schwefelzündholz' von Frankreich aus scheint bedient worden zu sein. Die 'Schwefelhölzli' wurden vornehmlich in ärmeren Gegenden fabriziert (z. B. in Holderbank, Egerkingen, Soloth.). Vgl. W i m m i s.

Schwefel — *šwèbəl* m., selten f. (B Aj. Vad. Diesse), *šwèbel* m. (B Charm.), *šwabəl* m. (B Péry), *švòbəl* m. (B Plagne); *schwaibel* (Paniers 704) = **1.** Schwefel. **2.** Schwefelstreichholz (B südl.). — Ableit. *šwablè* v. die Streichhölzer in Schwefel tauchen; *šwèblè* f. (B Dev.) allumette souffrée; *šwabliə* m. der Streichhölzer fabriziert.

Aus der alem. Form *šwäbəl* m. (*Els. Wb.* 2, 520, bes. aber schwd. Hunz., T. Tobler, Stalder 2, 361; vgl. *schwebelbletz, schwebelholz Id.* 5, 283; 2, 1260). Zu *a* neben *è* § 29, 3; *ò* wohl nach dem dial. Wechsel, jurass. *tša* chaud, *tšò* (Plagne) vgl. f a h l. Zur betonten Endsilbe *-el* § 38, 8, an der das mask. Genus auffällt. Mask. wegen *soufre.* Dem Verbum kann auch alem. *schwebelen* zu Grunde liegen. Bei *šwèblè* f. ist *allumette* zu ergänzen. — Den nicht seltenen Bedeutungsübergang von 'Materie' in 'deren praktisch verwendbare Gestalt' (Bed. 2) scheint schon das Alem. vollzogen zu haben, vgl. appenz. *e pöscheli schwebel* 'ein Bündel Schwefelhölzchen' (T. Tobler 402). Zum Vorgang vgl. Nyrop, *Hist. de la langue franç.* 4, § 270. Das Wort in Bed. 2 kann auch aus alem. *schwebelholz* nach § 36, 3 verkürzt sein, vgl. rät. *schuebel* im gleichem Sinn (Ulrix). — Veranlasst wurde die Entlehnung (auch in Bed. 1) durch die Schwefelholzindustrie, s. S c h w e b e l i.

Schweiz — *sütš* m., *sütšat* f. (B Aj. Fr.-Mont.) = **1.** Pächter aus der deutschen Schweiz, oft im Gegensatz zum wiedertäuferischen Pächter (Charm.). **2.** Protestant, ohne Geringschätzung (Les Bois), auch Wiedertäufer (Guélat). **3.** 'Suisse prévôtois' (Biétrix).

An einem Zusammenhang mit *šwits* (oder *šwitsər*, § 36, 2) ist nicht zu zweifeln. Vermutlich ist von der mfrz. Form *Suich* auszugehen, die z. B. die *Histoire ecclésiastique des Eglises réformées*, 1580 (nur teilweise von Th. de Bèze) anführt, wo die Stadt Zürich in den *Canton de Suich* verlegt wird (nach Soldan, *Gesch. des Protestantismus in Frankr.* 1, 625).

Zum normalen *ü* für frz. *ui* vgl. *für* fuir, *tyüdè* afr. cuidier, *tyü* cuit. *stü* afr. cestui etc. (alle B Paniers). *tš* wäre Patoisierung von *š*, s. Schild Nicht ausgeschlossen ist für *ü* und *tš* Einfluss von *tütš*, das aber gerade in B selten ist, s. Deutsch. Vgl. *šütsaro* (Schwyz).

Begrifflich bezeichnet das offenbar alte Wort zunächst den eingewanderten Deutschschweizer, wohl vornehmlich den Berner im Gegensatz zum katholisch gebliebenen Untertan des Bischofs von Basel; dann den Protestanten, weil diese Einwanderer in der Regel aus reformierten Gebieten stammten, vgl. *vaudois* (F), bernois (V) 'Protestant'; *dzozè* (Vd) 'katholischer Freiburger' (s. Eidgenosse[2]). — Dass speziell der Deutschschweizer in der Prévôté so benannt wurde, rührt ohne Zweifel davon her, dass diese Gegend des oberen Birstales, zusammen mit dem Erguel, schon zirka 1530—1550 unter bernischem Einfluss (besonders durch Farel) für die Reformation gewonnen wurde, während der übrige Berner Jura (Aj. Del. Fr.-M.) dem Bistum Basel treu blieb. — Vgl. Schwyz.

schwenken — *švẽkè* v. (B Aj. Vad.) = abspülen (aiguayer), schwd. *šwäŋkxə*.

schwingen — *švĩgè* v. (B Aj. Doubs) = mit der Reitgerte schlagen, auch vom Wind, der den Regen peitscht (cingler).

Zur etwas verschobenen Bed. vgl. schwd. *šwiŋə* 'mit Ruten streichen', 'ausstäupen' (Stalder 2, 364 f.), ferner *usšwiŋə* 'einen auspeitschen' (Hunz. 236). Zum nicht-alem. *g*-Laut § 35, 3.

Schwyz — *švits* m. (Vd Penth.), *švitsə* f. (F Montborget) = Stier, Kuh der Schwyzer Rindviehrasse. — ABLEIT. *šütsaro, -a* adj. (F Gruy.) id.; *sütsaro, -é* (Vd Blon.) von magerem Aussehen (Rindvieh, Mensch).

Zur Form vgl. Schweiz. Zur Sache § 9 und Verf. *Bull. du Gl.* 1, 28. — Die Ableit. setzt ein *šüts* voraus, das vermutlich aus **šits* entstanden ist, wie *šüño* (F) aus 'signe', vgl. § 29, 5. Zu *šits* aus **šyits* vgl. fri (F Semsales) aus 'fruit'. Doch vgl. Schweiz. — Zu *s* für *š* s. Scheibe.

Seiler — *sèilər* m. (B Vauff.) = Seiler.

Simmental — *cibtale* f. (B Péter) = glissoire.

Vermutlich ist eine Art Schlitten aus dem Simmental gemeint, das in der dortigen Gegend allg. *Sibətal*, in Gruy. *šibətó* lautet. Zur Sache s. Geiss, Schnecke, Schlitten.

sinnen — *sinner le vin* (B ält. Zeit, Stouff 112[1]) = ein Weingefäss mit einem Normalhohlmass amtlich visieren (*Id.* 7, 1080).

Sitz — *sits* m. f. (B üb. ausser Prév.-Erguel) = Sitz auf dem Wagen, bes. im 'char à bancs', auch Bock.

Hier allein steht alem. Entlehnung lautlich und begrifflich ausser Frage: dem frz. *siège* entsprechen *sidž, siədž* (B Prév.-Erguel), auch bei event. stimmloser Entwicklung wäre **sitš* zu erwarten. Zur Sache s. Bock und § 12, 3. Mask. wegen *siège, banc*; Fem. wegen *banquette, place.* — Bei den Formen im Südteil ist Voll-Entlehnung ausgeschlossen, teils aus lautlichen (*sidzo, siedzo* etc.), teils aus begrifflichen Gründen: *sitso, šitso* (Vd F V) bezeichnet 1. den untern Mühlstein, 'Bodenstein' (meule gisante),

2. dessen Reibherd, 3. die Stelle, wo etwas sein soll (emplacement, für Haus, Misthaufen etc.); alles Bedeutungen ohne alem. Entsprechung (*Id.* 7. 1722).

Sommerhaus — *sœmruz* m. (N Savagnier); *sommerhaus* m. (N 1616 Mus. neuch. 17, 242; Barr.), *nous sommes allés mener un sommerhouse ... tout monté sur un chariot* (N 1741), *sommerhouse* (N O. Nicolet) = Gartenhäuschen, Lusthaus (cabinet de jardin, maison de plaisance); Gartenlaube (tonnelle).

Nach den Belegen zu schliessen, war das Sommerhaus ein beliebter Luxus in den herrschaftlichen Gärten Neuenburgs. Vgl. die Lehnwörter: dtsch. *Pavillon*, frz. *belvéder*. — Zu *-uz* s. Haus; *œ* für *o* bleibt unklar. Mask. wegen *cabinet, pavillon*.

Sonderbund — *sõdərbõ* m. (allg.), *šõdərbõ* (Vd P. d'Enh.) = Sonderbundskrieg von 1847. Vgl. Freischaren.

Spannbett — *epẽbèt,* auch *-bœt,* m. (f.) (B Terbi, Soyh.), *etẽbœt* (B Corban) = Bettgestell.

Wie schon Zimmerli (1, 13) annahm, stammt das Wort aus *spannbett,* das alem. seit dem 13. Jh. in gleicher Bed. belegt ist (*Id.* 4, 1815; vgl. *Els. Wb.* 2, 114). Zu *ẽ* für *ã* § 31, 1; *œ* ist unklar. Die Form in Corban zeigt volksetymol. Anlehnung an *étendre*. Von grossem historischem Interesse ist die Behandlung des Anlautes: Das Wort muss spätestens vor dem Verstummen von *s* + Kons. aufgenommen worden sein. Dass es altfrz. nicht zu belegen ist, deutet auf alem. Entlehnung. Kein anderes Lehnwort lässt sich auf dem Wege rein linguistischer Schlussfolgerung einer so frühen Periode zuweisen. Vgl. Herbst, Hälsig, Mangold. — Auffällig bleibt das *t*, das normalerweise verstummt wäre, es sei denn, dass von mhd. *bette* ein frz. Fem. **bette* gebildet worden wäre, das vielleicht in altwall. *lis(e)-bette* f. Art kleines Bett (God.) steckt. Vermutlich aber beruht das *t* auf Auffrischung infolge fortwährenden Verkehrs mit Deutschen. Ähnliches bei Branntwein u. a. — Mask. wegen *lit, bois de lit*. Fem. wohl infolge der Endung. — Zum Stamm vgl. afr. *espan* etc. und als moderne Entlehnung *chepanne* (Montbél.) 'Spanne'.

Sparhafen — *on a trouvé dans le Sparhaff ou Epargne de la Deffunte neuf coiffe ou Beguein à fourrés de Dentelles* (B Courtelary 1704, Beguellin) = Sparbüchse; vgl. *Id.* 2, 1016.

Spaten — *špat* f. (B Terbi) = Grabscheit, bes. bei Bewässerungsgraben gebraucht.

Alem. *špatə* f. m. (*Els. Wb.* 2, 551; Seiler). Fem. wegen *bêche*.

Spatz — *špats* m. (allg.) = **1.** Suppenfleisch, in der Soldatensprache. **2.** Sperling (B spor.).

In Bed. 1 allg. schwd., auch in Deutschland üblich (Grimm 10, 2006). — Mask. in Bed. 2 wegen *moineau*. — Dasselbe Wort in voges. Ma. (Horning 113).

spazieren — *vao tu ala šəpatsir?* (Vd Penth.) = spazieren gehen, familiär. Ebenso untereng. (Pult 134).

Speck — *špèkr* m. (Vd spor.; Quinche 313) = Speck.

Zum *r*-Zusatz § 37, 3. Mask. wegen *lard*. Dasselbe Wort als 'Art Gericht' im Untereng. (Pult 134).

Spenzer — *špẽts(ə)* m. (Vd Alp. Ost. N), *špents* (B spor.), *špènsər* (N B Prêles) [*espẽsèr* (V Champ.)] = **1.** wollenes Wams mit Ärmeln, vorw. für Männer (molleton, gilet de laine). **2.** Frauenjacke aus Stoff (Vd V).

Während die V-Form deutlich frz. *spenser* mit volksfrz. *e*-Vorschlag wiederspiegelt, verraten die übrigen Formen durch *šp* und *ts* alem. Herkunft: schwd. *špäntsər*, auch *špänts* 'jackenartiges Kleidungsstück', 'Art Lismer' (*Id.* mitg.; Paul), 'Frauenjacke' (Hunz. 245). Zur englischen Herkunft des Wortes s. Paul *Wb.* — Zur Sache s. bes. Brusttuch sowie § 8.

Sperrscheit — *špèr* m. (B Pleujouse) = runde Stange, welche die Wagenleitern auseinanderhält.

Wahrscheinlich aus alem. *šperšit* n. (*Els. Wb.* 2, 444; Baselland), mit dem es sachlich identisch ist. Zur Verkürzung § 36, 3. Mask. wegen *bois*. Auch *sperrholz* und *sperrbrett* in gleicher Bed. (*Els. Wb.* 1, 332; 2, 203) kommen in Betracht. — Zum Stamm vgl. frz. *éparre* u. a. (M.-L. *Et. Wb.* 8121).

[**Spitz** — *špits, spéts* m. (N, F spor., B Plagne) = **1.** Hunderasse (chien loup, chien renard, barbet etc.). **2.** Haarbüschelchen direkt unter der Unterlippe (mouche de la barbe) (F Charm.).

Das Schwanken im Vokal (§ 29, 4) verrät alem. Einfluss gegenüber volksfrz. *spitz* (S.-Vill.). Alem. auch *spitzer* (Paul; *Els. Wb.*). Ob Bed. 2 alem.?]

Spitzbube — *špitsbub* m. (Vd Penth.) = kleiner Schlingel. Vgl. Bube.

Sprache s. Landsprache.

spritzen — *špritsè* v. (B Dev.), *šprœtsè* (B Rom.) = hervorspritzen.

Die *œ*-Form aus schwd. *šprütsə* nach § 29, 8. Zur Entlehnung trug ohne Zweifel das schallnachahmende Moment bei, vgl. schlarpen, schlurpen, schnaufen, schnupfen, schwingen u. a. — Vgl. *chepritse* f. (Montbél.) 'Spritze zur Wurstfabrikation'.

staggeln — *štakla* v. (B Prêles) = stottern. — Ableit. *štaklè* m. *-èt* f. stotterndes Kind.

Aus alem. *štaklə* v. (*Els. Wb.* 2, 580, auch schwd.). Der Ableit. liegt vermutlich bernd. *štakli* m. zu Grunde.

Stadtpfeifer s. Stockpfeifer.

Stahl — *štal* m. (f.) (B üb., N Vd F Sugiez N 1832; Montbél. Chât. Dampr. Grand'Combe), *stal* auch *stòl* (Vd spor.) = Wetzstahl (Metzger; Schuhmacher, Haushaltung).

Mask. wegen *fusil, acier*; Fem. in formaler Anlehnung an Wörter wie *pal* pelle, *al* aile etc. — Über 'Stahl' im Rät. s. Bruckner (*Z. f. r. Phil.* 24, 76).

stampfen — *štämfè d l'wèl* v. (B Charm.) = Nüsse, Kernen, Samen etc. zerquetschen und auspressen, um Öl zu gewinnen.

Zum *f* für *pf* § 34, 1. — Obige Arbeit erfolgt in 'Stampfwerken' (s. Brockhaus, Ölpressung), vgl. *öli* Ölmühle, *öler* Ölmüller (*Id.* 1, 182). — Zum Stamm vgl. voges. *štämpflè* 'patauger' (Belmont) sowie M.-L. *Et. Wb.* 8224.

Stampfnagel — *štèmpf* pl. (B Mett.) = Art Nagel oder Niete mit flachem, eckigem Kopf.

Ohne Zweifel aus alem. *štämpfnägəl* pl. (Els. Kiffis, B Roggenburg, Sol. Holderbank) verkürzt, § 36, 3. Vgl. bernd. *fəřštämpfə* vernieten.

Stand — *stã* m. (allg., auch volksfrz.), *ostã* (Vd bes., F Gruy.), *ustã* (Broye), *uštã* (P. d'Enh. Gruy.), *üstã* (Vd Blonay), *səstã* (Vd Arzier), *ẽstã* (Vd Joux), *štant* (V Chalais); *stan* (N 17. Jh. Barr., 1832) = **1.** Schießstand der Schützen. **2.** Ort im Stall für die Stute mit ihrem Füllen (B Terbi).

Form und Bedeutung weisen bei diesem Wort unzweifelhaft auf alem. Einfluss, denn in Frankreich bezeichnet in der Regel *stand* m. (*stãd*, auch *stant* gesprochen, S.-V.) den erhöhten Ort, wo die Scheiben stehen, den 'Scheibenstand' (den Schiessplatz wohl nur in der frz. Schweiz, Littré); für den in der Regel nicht hausartigen Standort der Schützen gibt es keinen eigenen Ausdruck. Da der frz. Soldat nicht wie in der Schweiz sein Gewehr mit nach Hause nimmt, spielt das Schützenwesen im franz. Dorf keine Rolle. Nur grössere Orte kennen Schützengesellschaften. Vgl. *Rue du Stand* in Nîmes, auch in Genf (S.-Vill. suppl.; Quinche 313; Dr. Poulain mitg.). Ganz anders in der Schweiz, wo von Alters her das Schiessen allgemein gepflegt wurde, und wo neuerdings jede Gemeinde zur Erfüllung der obligatorischen Schiesspflicht ihren Schiessplatz besitzt. — Die gänzlich unfrz. Bed. 2 belegt Friedli 2, 425. Vgl. Stall.

Lautform. Die vielfach bezeugten Formen *ostã* und *ustã* zeigen Agglutination, sei es mit dem Artikel *lo, lu* (Vd F), sei es mit *au* (*o, ao* Vd F allg.; *u* F Vd P. d'Enh. Montreux) aus Verbindungen wie 'aller au stand' 'tirer au stand' (vgl. Verf. *Bull. du Gl.* 2, 24). Die zweite Möglichkeit wird nahegelegt durch *üstã*, das sich nur aus *au stand*, in keinem Fall aus *le stand* erklären lässt. Da Blonay für frz. *au* nur *ou* kennt, ist vermutlich die Form aus dem *ü*-Gebiet (Vd Jura, Bez. Aigle, Plaine, G, Sav.) eingeschleppt worden. Daneben wird in Blonay *ostã* gebraucht. — Zum Vokaleinschub in Arzier § 37, 1. Das eigentümliche *ẽstã* geht wohl auf volksfrz. *estã* zurück, dessen Anlaut durch Assimilation nasaliert wurde. Joux neigt ohnehin stark zur Nasalierung, vgl. *granẽ* grenier, und darnach *fèvrẽ* février. — Chalais zeigt Grenzlautung, § 39.

Alter. Sachlich wäre frühe Entlehnung wahrscheinlich (§ 14). Für N ist sie tatsächlich bezeugt. In Vd und F deutet die starke Vitalität des Wortes darauf hin. Um so merkwürdiger ist die Aussage zweier glaubwürdiger Korrespondenten (Vd Ross. u. Sassel), der Ausdruck sei 'd'introduction récente' gegenüber älterem 'maison du tirage' oder kurz 'tirage' (wovon vielleicht das mask. Genus von *stand*). Aus diesem Widerspruch scheint hervorzugehen, dass sich die einzelnen Gegenden zu diesem Wort sehr verschieden verhielten. — Über die stammverwandten afr. *estande* 'stature' und *estandart* 'étendart' s. A. Thomas (*Rom.* 42, 402).

Stange — Ableit. *s'ĕštãgè* v. (B Aj. Terbi), part. *eschtanguê, eschtanglay devain le pairaidis* (Paniers 137; Ausg. Rossat 92) = **1.** sich aufrecht hinstellen, wie angewurzelt dastehen, aus Wichtigtuerei oder aus Neugierde (se camper, se planter). **2.** eine gespreizte, unnatürliche Haltung annehmen. **3.** mit nachlässiger Pose dasitzen.

Den offenkundigen Zusammenhang mit 'Stange' hat schon Rossat erkannt (l. c. 92[54]). Auszugehen ist von einem Vergleich, 'dastehen wie eine Stange', vgl. 'être droit comme un piquet' etc. Das Moment der Pose verbindet alle drei Bed. — Der Anlaut zeigt den sonst nicht üblichen volksfrz. Vorschlag, vgl. Stand. Die Endung *-glè* ist eher franz. als deutschen Ursprungs, vgl. *craqueler* zu *craquer*. — Zu *ãg* für *aŋ* § 35, 3.

Stecken — *štek* m. (spor. Vd F), *štakə* (F Gruy.), *štèkr* (B Lamboing), *stœk* (N Brév.), *stèkre* (volksfrz.) = (dicker) Stock; auch im 'Terratchu' gebraucht.

Derbes Affektwort (vgl. Quinche 307). Zum *r*-Zusatz § 37, 3. Bei *stœk* kann schwd. *štœkχ* 'Stöcke' von Einfluss gewesen sein.

Stein — *štẽñ* f. (B Aj. Del.), *štèin, štei, štèyənər, štèñər* (B ib. spor.) = Wurfkügelchen aus Stein im bekannten Knabenspiel.

Aus den angrenzenden südels. und schwd. Ma. ist mir nur *štai, štei* bekannt, vgl. Steinkratten, Steinöl. Obige Formen weisen auf ein älteres *štain*, s. Fusterli. Die Mouillierung beruht auf lautlicher Angleichung an Wörter wie *peigne, il baigne*. Dem Kinderspiel entspricht der alem. häufig zu hörende kindersprachliche Plural *steiner*. — Zur Sache vgl. Chlucker.

Steinkratten — *šteikrat* m. (N Ruz, F Sug.), *štèkrat* m. (F Sug.) = viereckiger Korb, bes. zum Transport von auf dem Acker gesammelten Steinen.

Aus schwd. *štei-* oder *štéχratə*. Zu *krèto* s. Kratten.

Steinöl — *štèyœl* f. (B Pl. de Pleigne), *štèlœz* f. (B Doubs) = dunkle, übelriechende Substanz, mit der man die Pferde bestreicht, zum Schutz gegen Fliegen (huile de pierre).

Aus der alem. Form *šteiœl*. Weder *Id.* noch *Els. Wb.* kennen das Wort in obiger Bed. — Im seltsamen *štèlœz* ist wohl das *n* von *šteinœl* mit *l* vertauscht, doch *z* bleibt ganz dunkel. Fem. wegen *huile*. — Sachlich gehört das Wort zum Wagenverkehr, § 12, 3.

Steller — *štèllər* m. (B Mett.) = Bremsvorrichtung am Schlitten, bestehend aus einer wagrecht liegenden hölzernen Stange mit eiserner Spitze *(bo di štèllər)* und einem gabelförmigen Stellholz *(fortšat)*.

Die alem. Wörterbücher geben keine Auskunft. Baselland kennt das Wort als 'Holzpflock zur Unterstützung der Deichsel'.

steppen — Ableit. *štèplè* v. (B Aj.) = flicken (Schuhe etc.) (rapiécer).

Wahrscheinlich aus **šteplə*, Frequentativum zu *steppen*, dessen nähtechnische Bed. sich zu Gunsten der allg. Bed. 'ausbessern' verwischt hat. Zur Endung vgl. Stange. — Zur Sache bletzen, flicken.

sterben — **a**) *štèrbè* v. (B Charm.) = krepieren, derb-komisch. **b**) *èstrəbi* v. (Vd Orm.) = umbringen, ermorden. — ABLEIT. *estarbalå* (Vd Blonay), *eštèrbalå* (F Montb.) abtun (Tier), vernichten (Pflanze). **c**) *štorb*, *storb*, *-a* adj. (Vd F V Sierre), *štòb* (F Gruy.), *strob* (V Vernam.), *štoərb* (terr. de Belfort) = tot, von komischer Wirkung. — ABLEIT. *štorbå, štòbå* v. (F spor.) drauf gehen (Tier) [*esturbi* v. (Vd G), *esturbo* (Lyon) töten, vgl. *estourbir* (frz. Argot) id.].

Typisches Luxuslehnwort, vgl. § 25. Von morphologischem Interesse ist der Typus *štorba* v. als Neubildung aus dem ursprünglichen Partizip gestorben, schwd. *kštòrbə;* zum Wegfall der Vorsilbe vgl. Gestell. Zur mehrfachen *r*-Metathese § 38, 3; zum *r*-Wegfall § 36, 4. Der bei alem. Lehnwörtern sonst nicht übliche *e*-Vorschlag rührt vermutlich her von den synon. *estermina, estrēgola,* auch *eϑèrbala* assommer (afr. *escerveler,* Gauchat, *Bull. du Gl.* 7, 57). *èstrəbi* wird eher aus **estrobi, esturbi* reduziert worden sein, das vom frz. Argotwort nicht zu trennen ist. Den Übergang zum transitiven Gebrauch zeigt afr. *mourir* töten; umgekehrt bei säugen. — Ob *schtourbe* f. Elend, Verlust (Vill. *Parisis.*) hieher gehört?

Stich — *štik* m. (B Séprais) = 'pièce de bois sur laquelle repose un chevron'.

Wahrscheinlich identisch mit schwd. *stich* oder *stichbalken* 'zweiter Balken, der zur Verlängerung an den Rafen angeschiftet wird' (Hunziker, *Schweizerhaus* 7, 185; 6, 23, 18, wo Fig. 378 a, Balken 33 den Stichbalken zeigt).

sticheln — *štiklè* v. (B Doubs) = secouer.

Wahrscheinlich von alem. *štixlə* 'wiederholt stechen', mit Bedeutungsverschiebung.

Stiefel — *štiflè* f. pl. (Vd Penth.) = Stiefel.

Fem. wegen *botte.* — Weit verbreitet ist volksfrz. *chtibles, chtibes* (Vill. *Parisis.; Z. f. rom. Phil.* 38, 249[1]) aus nordd. *Stiebel.*

Stier — *štiər* m. (V Lens, B spor.) = **1.** Stier, familiär (V). **2.** robuster Junge (B).

Zum labilen Gefühlswert dieses reinen Luxuslehnwortes vgl. Verf. *Haustiernamen* 113[1].

Stock — *štok* m. (B N F), *štèk* m.? (F spor.) = **1.** wortkarger, im Reden unbeholfener Kerl, Schimpfwort; Schüler, aus dem nichts herauszubringen ist; adj. *demeurer štok* nichts mehr erwidern können (B N). **2.** Stecken (F). **3.** Spiel, besteh. aus einem aufgestellten Stück Holz, das man mit einer Kugel zu Fall bringen muss (B); ebenso Hunz. 257. **4.** *štèk* 'Stöck', bekannter Jassausdruck (F). **5.** Werkzeug (B): Ambos des Nagelschmiedes; bewegliche Klammer an der Hobelbank. **6.** aus Stein gebautes Nebengebäude im alem. Bauernhof, oft mit Wohnung für die Eltern (B; vgl. Friedli 1, 234;

Hunziker *Schweizerh.* 6, 67). **7.** Vorrat, vgl. frz. *stock.* **8.** *avoir du stok* intelligent sein (N). — Ableit. *stoklè* adj. (N) borniert; *štokel* m. (F) wie Stöckli ‖ *yoštok* (Vd Pailly) Knüttel.

Alem. wohl bekannt sind die Bed. 1—4, 6, 7; auf gleicher Linie liegt 5; einen nicht-alem. Eindruck macht Bed. 8, die sich vermutlich an Bed. 7 anschliesst, vgl. etwa frz. 'il a un fond de connaissances', 'il a du fond' er hat innern Gehalt. — *štèk* aus der entrundeten Form *štèkx*, vgl. Frosch. Mask. bei den Sachbezeichnungen wegen *bâton, outil, bâtiment, dépôt.* — *štokel* setzt ein unbelegbares 'Stockel' voraus, zur Endung vgl. Schwefel, Nudel u. a., Mask. wegen *štoklè.* — Vielleicht ist *yoštok* (über *lo-*) aus *lostok* 'Stock als Grenzzeichen im Wald' (Hunziker 168) entstanden. — Zum Stamm vgl. frz. *estoc.*

Stöckli — *štoklè,* auch *stèklè* m. (F bes. Gruy.), *stœklè* (Quinche 313) = Wachsstock, dünne Kerze, die brennend zu tragen religiöse Sitte ist, bes. bei Traueranlässen (pain de bougie, rat de cave).

Ohne Zweifel aus schwd. *štœkxlì; o* wegen *štok; è* aus der entrundeten Form, vgl. Frosch. Zur Sitte vgl. Gauchat, *Bull. du Gl.* 14, 26.

Stockpfeifer — *stofifre, staufifre,* auch *štófifr* m. (allg. volksfrz., im Patois selten) = scherzhafte Bezeichnung des Deutschen.

Über den Ursprung dieses mehr städtisch-litterarischen Ausdrucks sind schon manche Vermutungen ausgesprochen worden (*Neue Zürcher Zeitung* 1906, 27. April, 3. Morgenbl. Feuilleton; *Bund* 1911, 30. April, S. 5). In ernstliche Erwägung kommen: **1.** Stadtpfifer. So hiessen in früherer Zeit (14.—18. Jahrh.) eine Anzahl Musiker (meist Pfeifer, aber auch Trompeter), die von verschiedenen schweiz. und deutschen Städten angestellt waren mit der Aufgabe, an öffentlichen Orten (in Basel Rheinbrücke, Rathaus) aufzuspielen (K. Nef, *Die Stadtpfeiferei* in *Die Schweiz* 7 (1903), vgl. *Id.* 5, 1081 ff; *Els. Wb.* 2, 666). Diese Stadtpfeifer hätten vermutlich im Welschland offizielle oder private Gastrollen gegeben, da sie und ihre Kunst deutscher Herkunft waren (vgl. frz. *fifre, piffre,* it. *piffero* etc. M.-L. *Et. Wb.* 6486), wäre ihr Name auf die Deutschen überhaupt übertragen worden. Abgesehen vom Fehlen jeglichen älteren Beleges, bleibt das *o* völlig unerklärt, alem. *stapfifər* hätte nur **stafifr* ergeben können. — **2.** Stauffer + Pfifer. Die von Gauchat (*N. Z. Z.*) geäusserte Vermutung wird zwar dem *o,* sowie der Graphie *staufifre* völlig gerecht, nimmt aber eine Verbindung eines (allerdings sehr stark und sehr früh verbreiteten) Namens mit einem Nomen agentis an, die kaum zu belegen sein wird. An Namen kämen noch 'Staufacher' und 'Stoffel' in Betracht. — **3.** Stockpfifer. Diese Herleitung hat entschieden die grössere Wahrscheinlichkeit für sich. Sie allein ist lautlich einwandfrei, zur Reduktion von *kxf* zu *f* vgl. Buchstabe, Sächsli und § 36, 5. Sie wurde mit verschiedener Begründung von zwei Einsendern, K. F. und Dr. C.-A. R. im *Bund* unabhängig von einander aufgestellt. Nach Dr. R. hätten die Basler um 1870 ihre militärischen Pfeifer *Stockpfifer* genannt. Diese sachlich wenig einleuchtende Tatsache wird von einem anerkannten Kenner auf diesem Gebiet, Herrn Max Oser in Basel, des entschiedensten bestritten. Viel plausibler ist, was K. F. berichtet: um 1896 hätten sich in Genf 'deutsche Handelsjünglinge' (also vermutlich Reichsdeutsche) durch auffälliges Tragen von 'Stockpfeifen' bemerkbar gemacht, was ihnen den Übernamen *stofifre* eingetragen habe. In der Tat gab es in deutschen Landen, wohl vornehmlich zur Zeit der Romantik, eine Art Spazierstock, der (mit oder ohne Abschrauben des Griffes) als Pfeife oder Flöte benutzt werden konnte. Diesen Modestock nannte man 'Stockflöte', älter auch 'Stockpfeife' (Riemann, *Musiklexikon;* Grimm *D. Wb.*). Das 'Historische Museum' zu Basel besitzt davon ein sehr gut erhaltenes Exemplar. Auf die Stockpfeife spielt Uhland an, wenn er im Gedicht 'Das Schifflein' sagt:

Von seinem Wanderstabe
Schraubt Jener Stift und Habe,
Und mischt mit Flötentönen
Sich in des Hornes Dröhnen.

(Ausg. Schmidt-Hartmann 1, 182.) Dass aber der Ausdruck erst 1896 aufgekommen wäre, ist jedenfalls ein Irrtum des Einsenders. Zwar fehlen bis jetzt historische Belege, aber verschiedene Herren aus Genf bezeugen mir, dass er dort um 1870—80 schon allgemein im Gebrauch war. Vermutlich aber stammt das Wort aus der ersten Hälfte des 19. Jahrh.; denn nach Herrn Henri Mercier, Gymnasiallehrer in Genf, erinnert sich dessen Mutter, das Wort schon von ihrer Mutter (geb. 1805) gehört zu haben. Diese dankenswerte Angabe, die zur Stockpfeifenmode chronologisch nicht übel stimmt, scheint die Vermutung von K. F. zu stützen. Jedenfalls hätte diese Herleitung gegenüber 1 und 2 den psychologischen Vorteil, dass sie von einem Modeartikel spezifisch deutscher Fabrikation ausgeht, der berechtigtes Aufsehen erregen musste.

Stollen — *štol* m. f. (B Charm. Mett.) = unterirdischer Gang, natürlich oder künstlich (Bergbau).

Fem. wegen *galerie*, Mask. wohl aus dem Deutschen.

stopfen — *štopfè* v. (B Aj. Del. Doubs Pl. de Vauff.) = verstopfen (Röhre, Loch, Riss; obstruer); stopfen (Pfeife); polstern (Sessel); part. verstopft (Röhre, Pfeife, Nase, Darm); der sich voll gegessen hat. — Ableit. *štopf* adj. Bed. wie *štopfè* part., häufiger; *deštopfè* v. das, was 'verstopft', beseitigen.

Beachtenswert ist hier im Gegensatz zu § 34, 1 die konsequente Beibehaltung von *pf*, das vermutlich die besondere Energie verlangende Bewegung des Stopfens mehr zum Ausdruck bringt. — *štopf* ist eher Verbaladjektiv als aus 'gestopft' (vgl. alem. *kštopft fòl* 'übervoll') verkürzt; vgl. dampfen, wo weitere Beispiele.

Stoss — *štós* m. (F spor.) = coup, poussée.

Eher alem. als volksfrz. *schtosse* m., *monter un schtosse* weismachen (S.-V.). Mask. wegen *coup*.

Stotzen — *stots* m. (F Grangier) = fesse de vache (Schlachtausdruck).

Aus alem. *štotsə* m. 'Keule am Schlachtvieh'. Mask. vielleicht wegen *gigot*.

[**Strafe** — *štraf* m. (B Fr.-Mont.) = Art Kegelspiel, wo jeder, der nicht trifft, (zur Strafe?) bezahlen muss; alem. unbekannt.]

strafen — *štrofè* v. (B Doubs), *estroffer* (N 1743) = **1.** stibitzen (filouter; B). **2.** büssen, wer an einer Offiziersübung nicht erschienen ist (N). — Ableit. *štrafu* m. (B) Schelm.

Die stark verschobene Bed. 1 ist alem. gut belegt (*Els. Wb.* 2, 627; Seiler). Bed. 2 gehört wohl zum Schützenwesen. — Zum *o* § 28*a*. Zum *e*-Vorschlag vgl. Stand, sterben u. a. — Zu Bed. 2 vgl. rät. *štrafa* (Ulrix).

Strasse — *stros, stras* f. (B spor.); *nul passera segur sur les strass* (F 1475, Büchi 22) = Strasse; *pĕtalõ də stras* Arbeitshosen (Fr.-M.), vermutlich weil zu Strassenarbeit gut genug.

Zum *o* § 28*a*. Fem. wegen *route*. — Vgl. Gasse.

streifen — *štreifè* v. (B Charm.) = **1.** streifend berühren. **2.** bestreichend auftragen (Mörtel); ohne alem. Entspr.

Striwle (els.) s. Strübli.

Strohsack — *štrosa* m. (B Miécourt) Strohsack, bes. im Kinderbett.

Strube — *štrüba, str-* **f.** (Vd P. d'Enh., F Gruy. G), *estrüba* (Vd Orm.), *estruba* (V Sierre, Hérens), *štrib* (B Prêles), *štrubyə* (B Terbi Prév.), *štrüb* **m.** (N B F Sugiez), *strube* (volksfrz.). AUS ÄLTERER ZEIT: *huyle d'olive pour engraisser les strube de la cloche* (N 1645), *autres ustensils comme la cornure* (?), *strubbe ou vi* (B Courtelary 1683), *strube* (N Barr.; 1700; 1832) = **1.** Schraube aus Holz oder Eisen mit ʆ-förmigem Haken zum Aufhängen von Kleidern etc., auch rechtwinkliger Haken ⌐ (mit oder ohne Schraubengewinde); allg. Schraube. **2.** sattelartiges Gestell zum Käsetransport, besteh. aus zwei runden oder eckigen Tischen, die mittelst vier grossen 'Schrauben' (boulons) auf dem Rücken der Lasttiere zusammen gehalten werden (nur P. d'Enh. und Gruy.), immer Plural *le štrübe* f. **3.** minderwertige Kuh. **4.** Bankschraube des Schreiners (B spor.).

ABLEIT. *štrubyè, šrubyè* v. (B) schrauben; *pour struba et melliorer 19 canon et 3 hackenbuchsen* (F 1475, Büchi 65) festschrauben; *baštrüba* v. (F Gruy.) = den Packsattel mit Tragriemen (sangles) befestigen; *baštrüba* f. 'sangle' zu diesem Zweck.

Aus der bekannten alem. Form *štrubə* f. für 'Schraube' (*Els. Wb.* 2, 623; Hunz.; Friedli 2, 427) mit dreifacher Spezialisierung des allg. Begriffs (Bed. 1, 2, 4). In Bed. 1 und 2 handelt es sich um unzweifelhafte Bedürfnislehnwörter, über die wir diesmal positiveren Aufschluss geben können. Obige Form der Hakenschraube war den Welschen unbekannt, sie wurde aus der deutschen Schweiz (oder direkt aus Deutschland) importiert (Fallet mitg., vgl. Teil I 53[1]). Vgl. das Wort im Tessinischen (Salv.[1] 96) und im Rät. (Ulrix 1869). Andererseits gilt das alpwirtschaftliche Traggestell *le štrübe* als 'un système inventé par les Allemands du Simmental' (Vd Les Moulins).

Lautform. Zum seltsamen *ü* § 29, 7, Sachlich wäre Einfluss von *štrübli* bei der Hauptbed. 1 sehr einleuchtend, bei Bed. 2 aber ausgeschlossen. *štrib* beruht wohl eher auf dem Wechsel von *ü* und *i* auf der Mont. de Diesse (Alge § 31) als auf Einfluss von *štriblì*, dagegen kann *štrubyə* (davon *štrubyè* v.) sehr wohl auf *štrübli* zurückgehen, s. Schaub, Reff, doch vgl. Feierabend; zum Verb Buchstabe, vielleicht **buštabyə* gesprochen. Zum *e*-Vorschlag s. strafen. Auf *šrubyè* war das alem. auch übliche *šrubə* v. von Einfluss. Hängt der erste Bestandteil von *baštrüba* mit *bât* zusammen? — Fem. wegen *vis*, Mask. wegen *crochet, clou*. — Ob schwfrz. *ekovra* 'Schraubenmutter an der Kelter', afr. *escroe* etc. hieher gehört (so Gignoux 35), bleibt fraglich (s. jetzt M.-L. *Et. Wb.* 7748).

Strübli — *štrifle* m.? pl. (B veraltet), dasselbe wie ABLEIT. *štriflat* f. (B Aj. Vad. Doubs Fr.-Mont. Mett.); *triflat* (B Terbi, Prév. Plagne) = Spritzkuchen, lange schraubenähnliche Gebilde; der Teig wird durch einen besondern Trichter in heisse Butter (oder Wasser) gelassen und gebacken; *štriflu, triflu* (entsprechende Verteilung wie oben) kleiner Trichter mit Stiel, durch den der dünne Strübli-Teig hindurchgelassen wird, durch leichtes Hin- und Herbewegen entstehen in der Pfanne phantastische Gebilde; *štriflè* v. Strübli backen.

Da schwd. Ma. zur Bezeichnung dieses beliebten Backwerkes nur *štrübli, štribli* zu kennen scheinen (Seiler, Hunz., *Id.* 4, 619), so ist hier wenigstens formal ausschliesslich elsässische Herkunft anzunehmen. Neben gemeinelsäss. *štriwlə* begegnet auch das besser entsprechende *štrifələ* (Kreis Thann), das vielleicht weiter südlich verbreitet ist oder war (*Els. Wb.* 2, 623).

Was die eigentümliche Nebenform mit *tr*-Anlaut anbelangt, so legt deren strenge Beschränkung auf westliches Gebiet schwd. Einfluss nahe im Gegensatz zum elsäss. *štriflat*. Vielleicht hat hier *trauffele* eingewirkt, das Seiler (84) für Basel in gleicher Bed. verzeichnet, wobei nur die ziemlich scharfe Abgrenzung der beiden Typen auffällt. — Vgl. voges. *vaserštrib* in ähnlicher Bed. (Belmont).

Stube s. Badestube.

Stückli — *stoklè, est-, štœklè* m. (N allg.) = selbstgegossenes Bleistückchen mit Figuren drauf, dient als Einsatz bei Kinderspielen.

Aus schwd. *stükxli* n., auch *stükxli*, vgl. § 29, 8, 6. Zur welschen Spezialisierung eines allg. Begriffes vgl. Strube.

Stümper — *Joh. Köhli de Bienne, chapelier, estimant de déchasser le chapelier qu'on a reçu ici, disant n'être qu'un stumpel ou passementier* (B Neuveville 1667, Manuels du Conseil) = Pfuscher.

Aus nicht belegbarem alem. *stumpel*, vgl. alem. *stümpler* 'Stümper' (Stalder; *Els. Wb.*); davon *stimpler* 'Pfuscher' (Montbél. 18. Jh., Teil I, 36.)

Stündler — *štœ̃dlər* m. (F Sugiez) = momier. Vgl. Täufer.

stürmen — **1.** *stürma* v. (B Prév.-Erguel Bri.) = stürmen, vom Wetter; **2.** *štœrmè* v. (B Romont Zim.) Sturm läuten.

Alem. *stürmə* v. in beiden Bed. — Zum Stamm im Rom. M.-L. *Et. Wb.* 8337. Zur Bed. 2 vgl. it. *suonare a stormo;* eng. *sens da štuòrn* 'Sturmglocke' (M.-L. l. c.; Pult 135).

Stutz — *štits* m. (B spor.) = barrique (1. Stückfass, 2. Hohlmass).

Ohne Zweifel aus der elsäss. Form *štitsə* f. 'Küferkübel', 'Weinmass' (*Els. Wb.* 2, 621). Mask. wohl wegen *tonneau*.

suchen — *suəkè* v. (B Aj. Doubs; Montbél. Chât.); *sókè, sukè* (Montbél. Bournois) = in zudringlicher Weise alles durchstöbern, herumschnüffeln (fourrer son nez partout). — ABLEIT. *suəku* m., *sóknè* v. (Montbél.) id.

Alem. *suəxə* in intensiver Bed. — Zum Begriff vgl. schnöüggen, schmecken, schmarotzen. — Vgl. voges. *souqua* 'fureter' (Horning, *Z. f. rom. Phil.* 9, 509).

Sumiswald — *sumiswald* (Genus?) (V Sitten, Siders volksfrz.) = dreibeinige, hohe Kaffeekanne aus Messing, die um 1820—60 in Sumiswald (B) fabriziert wurde (Fankhauser mitg.).

T

Tabak — *tuba,* auch *toba* m. (B üb. N; 2 Belfort, 1 Doubs), [sonst *taba*] = Tabak. — ABLEIT. *tubakiər* f. Tabakdose.

Die Formen mit *u*, o deuten auf alem. Einfluss von allg. üblichem *tubak*, *tobak,* so auch sonst in älterer Zeit (Paul). Ebenfalls deutschen Einfluss legt *tuba*(*k*) nahe in nordlothr., wall. und pik. Ma. (*Atlas*). Da jedoch *tobac* in der Schriftsprache des 17. Jh. begegnet (*Dict. gén.*), ist einheimische Entwicklung nicht ausgeschlossen, vgl. engl. *tobacco.*

Tägeli — *tigəlè* m. (F Grangier, suppl.; Bulle 1807); *tagəwœ̃* (V Savièse) = altes, irdenes Lämpchen, das mit Fett oder Öl gespiesen wird (craisu).

Ohne Zweifel identisch mit schwd. *tägəl* m. in gleicher Bed. (Stalder 1, 258; Friedli 1, 305; Hunz. *Schweizerhaus* 6, 34 etc.). In F liegt vermutlich **tigəli* zu Grunde, vgl. mhd. *tigel* neben *tëgel,* beide in der gleichen Bed. 'Schmelztiegel', die zur primitiven Gestalt dieses Lämpchens passt. — Savièse zeigt Suffixvertauschung: -INUM an Stelle von *-i*. Der Übergang von *l* in eine Art *w*-Laut ist dort normal, vgl. *pawa* pelle, *awa* aile.

Tagfutter — *tagfůter* (F 1468, s. Nachtfutter) = Tagesration für das Pferd.

Tagloch — *tagló* m. (B Aj.), *taklok* (B Guélat) = Art Fensterchen (lucarne).

Vgl. *Id.* 3, 1039. Zum Wegfall des *x* § 36, 1*a*. Mask. wegen *trou* oder *œil de bœuf*. Vgl. bernd. *heiterloch.*

Tagschacht s. Schacht.

Talpi — *talpè* m. (B Vauff.) = ungeschickter Mensch.

Ebenso alem. (*Els. Wb.* 2, 681; Hunz.; Seiler; Tobler).

Tapen — *tåp* f. (B Pl. de Pleigne), *tóp* (N B Plagne) = **1.** Pfote, grosse Hand. **2.** dicker Wollhandschuh.

Alem. *tapə* m. mit normaler Trübung in Pleigne; *tópə* nach § 28*a*. (*Els. Wb.* 2, 697; Seiler). Fem. wegen *main* bzw. *mitaine.* — Umgekehrt basler. *pattə* 'Füsschen an Tieren' (*Id.* 4, 1803) aus frz. *patte.* Vgl. 'Tatze' in nordital. Ma. (M.-L. *Et. Wb.* 8599).

[**Tasche** — *tètš* f. (B Aj. Vad. Doubs, Fr.-M. Pleigne, Roches; terr. de Belfort), vgl. *tatš, taš* etc. (dép. Doubs, Hte Saône, seltener Hte Marne) = Tasche im Kleid, bes. grosse Rocktasche. — Ableit. *tètšat* f.; *tètšiə* f. Inhalt einer Tasche.

Sicher identisch mit *tasche,* alem. meist *tăššə* f., aber vielleicht aus den angrenzenden ostfrz. Ma. eingewandert, wo das Wort stark belegt ist, während es in B dem Osten fast ganz fehlt. Zu *ts* für *š* § 33, 5 und Schild. Fem. wegen allg. jurass. *bagat.* — Dasselbe Wort als *taš* etc. in wall.-pik. Ma. (*Atlas*). — Der Ursprung bleibt dunkel (Kluge, Brüch 6).]

Tätsch — *tetšə* f. (Vd Ch. d'Oex) = Art Omelette.

Vermutlich identisch mit *Eiertätsch* m., 'Eier und Brotschnitten in Butter gebacken' (Seiler 6). Fem. wegen *omelette.*

taub — *dób* adj. fem. (B spor.) = verrückt. — Ableit. *dóbat, édóbè* adj. fem. (B) id.; *dobriə* f. Verrücktheit.

Aus schwd. *tùb* 'verrückt', so noch in der älteren Guggisberger Ma., *ə tóbə huŋ* (Emmental), vgl. els. *taub* 'toll von Hunden' (*Els. Wb.* 2, 642), mhd. *toub* 'stumpfsinnig, toll' und nhd. *toben, tobsüchtig.* Da die Sippe nur für B bezeugt ist und els. *tòüp* lautlich nicht passt, so kommt auch altels. *tobig* 'toll' (*Els. Wb.* 2, 643) in Betracht, vgl. brüllig. — Zum Präfix vgl. *écervelé,* auch *ébahi, ébaubi.* Zum Anlaut § 32, 2.

Täufer — *tœfè* m. (B Aj. Del. Doubs Fr.-M.), *tœfa* (B Prév.), *taefa* (B Plagne), *taüfé* (sic) (Vd Penth.) = **1.** Wiedertäufer, objekt. Bezeichnung (nur B). **2.** plumper, beschränkter Mensch (Vd B spor.). — Ableit. *tœfat* f. 1. Wiedertäuferin, 2. kleinere, ältere Art Spinnrad (schwfrz. filette).

Zur Einwanderung bernischer Täufer § 3. Ihre Vereinsamung auf weltabgeschiedenen Höfen, ihre ausschliesslich bäuerliche Betätigung, sowie ihre religiöse und sprachliche Eigenart gaben den geselliger veranlagten Welschen Anlass zu geringschätziger Beurteilung, daher Bed. 2; auch nannte man sie gern *les ânes* in Anlehnung an *anabaptistes.* Vgl. Schweiz. — Zu *œ* aus alem. *töüfər,* vgl. schnöüggen; zur Endung § 36, 1*a*. *tœfa* zeigt die in B naheliegende Suffixvertauschung. *taefa* setzt **tefa* (Erguel) aus entrundetem schwd. *teifər* (§ 38*a*) voraus, zu *ae* für *e* s. Geissel. — *tœfat* in Bed. 2 lässt vermuten, dass bei den konservativen Täufern ein Spinnrad von primitiverer Konstruktion im Gebrauch war. — Vgl. Wiedertäufer.

Taugenichts — *tagnüt* m. (Vd Orm., Villeneuve) = beschränkter Mensch.

Wahrscheinlich aus *taugnüt* (dem *Id.* unbekannt), von dem eher *tognüt* zu erwarten wäre, vielleicht hat das in der gleichen Gegend übliche *tagnag* (s. Dachnagel) eingewirkt.

Teich — *tiš, tiəš* m. (B Courr. Courfaivre) = Kanal zu einer Fabrik.

Der Form nach stammt das Wort aus els. *tiχ* (fehlt *Els. Wb.*) s. § 28*β*. Zu *iə* vgl. Feierabend. Die begriffliche Verschiebung, die durch die beides vereinigende Vorstellung 'Teichwasser' nahe gelegt wurde, ist schon alem. (Seiler 76), vgl. *Talbetix* St. Alban Kanal etc. (Basel).

Teufel — *tüfu* m. (Vd Leysin), *tœfel* (V Lens) = Teufel, familiär; *tûfle* (Vd s. Donnerwetter), *tarteiffle* (B s. Herrgott) = Fluchwort; vgl. *kartèfl* (V Leytron) Deutscher.

tüfù entspricht genau der bernd. Aussprache. Das selbstgehörte geschlossene *œ* in Lens deutet auf schriftsprachl. Einfluss, vgl. deutsch, Edelweiss. Zu *œ* aus *öü* s. Täufer; Deutsch-Wallis sagt *tifəl.* — *tarteiffle*, ohne Zweifel aus els. *der teifl* (*Els. Wb.* 2, 655), kann ebenso gut aus Frankreich importiert sein (S.-Vill. Beaumarchais, und noch 1915 als Aufschrift auf einer franz. Kriegskarte aus Paris). Schwieriger ist *kartèfl,* das schwerlich von lyon. *tarteïfle* 'surnom donné aux Allemands' (Puitspelu) zu trennen ist; vermutlich sind beide identisch mit obigem *tarteiffle* 'zum Teufel'; zum Bedeutungsübergang vgl. *un goddam* 'Engländer'; mfrz. *dasticotter* 1. fluchen, 2. deutsch reden, *dastipoteur* Deutscher, aus der Drohrede 'dass dich Gott (verdamme)' (*Rev. des Etudes Rabelaisiennes* 6, 288; Sainéan *Arg. anc.* 193); s. auch Almosen. Der *k*-Anlaut vielleicht von *kartofla* (s. Kartoffel), das bei Welschen sich leicht der Vorstellung 'Deutscher' beigesellt, s. § 20.

teufeln — *tüfla* v. (F bes. Gruy.) = fluchen; schwd. *tüflə* (Stalder, 276).

Tiegel s. Tägeli.

Tierli — *tiərlé* m. (B Aj. Del.), *dei tierle* (N 17. Jh. Barr.) = Kornelkirsche. — ABLEIT. *tiərlotiə* m. Kornelkirschenbaum.

Els. *tiərlə* (*Els. Wb.* 2, 706), schwd. *tiərli* (Seiler; T. Tobler etc.). Das *D. Wb.* von Grimm (2, 1184) vermutet slavische Herkunft.

Tischmacher — *tišmakè* m. (B Aj. Roches), *-ka* (B ob. Prév.); *tišmokè* (Montbél.) || *à Werly, le tischmacher* (F 1475, Blav. 106, 107, 164), *pour avoir apprins son mestier de Menuseur ou Tischmacher a Delemont* (B 1608) = Schreiner, heute mehr scherzhaft oder spöttisch.

Aus allg. schwd. *tischmacher* 'Tischler, Schreiner' (*Id.* 4, 54; Friedli 1, 564 etc.). Zum Suffix *-a* vgl. *tœfa* (Täufer) in der gleichen Gegend. — Zur Sache vgl. schnäfeln; ferner *tišlar* im Untereng, (Pult 135).

tobig s. taub.

Topen s. Tapen.

Töpfli — *tœflè, tœpflè* m. (B ob. Prév. Plagne N G), *tufəlè* (F), *tüfəlé, tufele* (V üb. spor.), *teuflet* (volksfrz.). ÄLTERE ZEIT: *un töpfelet de métal* (B 1709), *un teffelin* (N 1715), *un teufelet de métal* (Chaux-de-Fonds 1744), *tœpflet* (N 1832) = irdenes oder metallenes Bratpfännchen, Tiegel (poêlon, cocote).

Aus schwd. *tœpfli, tepfli.* Bei den *u*-Formen hat vielleicht *topf,* vgl. mhd. *tupfen,* bei den *ü*-Formen wahrscheinlich *tüpfi* eingewirkt. Ob *teffelin* älteres *töpfelîn* wiedergibt oder nur das Suffix vertauscht wurde, ist nicht zu entscheiden, vgl. Fusterli. — Zu Wort und Sache vgl. Tüpfi. — Zu demselben Stamm gehört *toupin* (Vd V G) 'irdener' Topf, dessen *p* aber alem. Entlehnung ausschliesst (M.-L. *Et. Wb.* 8788; vgl. Ulrix.)

***Trag** — *trag(ə),* auch *trągo* m. (Vd V G N; Sav.), *trąga* m. (Vd Arzier G; Sav. Voc. mourmé), *trągå* m. (G) = **1.** Mörtelträger, Pflasterbube, Maurerhandlanger. **2.** Knecht niedrigster Ordnung (Illiez). **3.** *traga* f. Weibsperson ohne Brüste, Schimpfwort (Illiez).

Ein schwd. *trag* ist mir nicht bekannt geworden, darf aber als Fortsetzer des ahd. *trago* 'Träger' (Wilmanns, *Deutsche Grammatik*² 2, 197) ohne Bedenken supponiert werden; zur Verbalbildung vgl. Fürsprech, Anwalt, Steinmetz, Beck, P u t z etc. — Die ebenfalls stammbetonte Nebenform *traga* m. muss Verbalsubstantiv zu *traga* sein, vgl. *porta* m., *brasə* m., beide auch im Sinn von 'brasse-mortier'; *tsiga* 'Zeiger' s. z e i g e n. — Wortgeschichtlich beachtenswert ist das Vorkommen im savoyischen Maurerjargon der sog. 'Mourmé', die sich als Arbeiter im Südteil der frz. Schweiz zu verdingen pflegten. Vermutlich haben sie zur grossen Verbreitung des Wortes viel beigetragen. Vgl. t r a g e n.

Tragbahre — *tragbèr* m. (?) (B Saicourt) = Tragbahre für Heu; schwd. 'Heubäre' (*Id.* 4, 1479).

Trage — *tragə* m., *trąga* f. (Vd P. d'Enh.) = Tragbahre für Wäsche, schwd. 'Waschbahre'; auch Rückentragkorb.

Wahrscheinlich aus schwd. *tragə, trägə* f. 'Tragband', 'Tragholz' (Stalder 1, 294; T. Tobler 149). Mask. wegen *brancard, oiseau;* Fem. wegen *civière* oder *hotte.* Vielleicht aber ist die mask. Form identisch mit T r a g, indem häufig ein Nomen agentis zur Bezeichnung eines Gerätes dient, vgl. oben *porte-mortier:* 1. Mörtelträger, 2. Mörteltrog; dementsprechend *brasse-mortier.*

Tragele — *tragalla* f. (Morat, Bri.) = Art Fischnetz; vgl. Jud, *Bull. du Gl.* 11, 45¹.

tragen — *traga* v. (Vd üb. ausser West. V Bez. Sierre, N F Sugiez, Sav. Argot); *tragè* (B spor.; Montbél.); *trèga* (V Ann. Chalais); *traguer* (volksfrz. N G); vgl. *droga* (V Lens, Grimentz); *troga* (Giromagny Vauth.) = **1.** eine schwere Last widerwillig und mühsam tragen oder schleppen; bes. Mörtel, Steine, Holz, Heu (trimballer). **2.** etwas nachlässig bald da, bald dorthin tragen. **3.** sich planlos herumtreiben, *il ne fait que traguer* (Vd). **4.** widerwillig spazieren führen (seine Frau mit den Kindern) (G). **5.** *droga* mühsam und hart arbeiten (trimer).

ABLEIT. *tragala* v. (F, auch Vd Osten) = *traga* Bed. 1 u. 3; auch 'mit einem Wagen herumziehen' (Vd); *tragayé* v. (V Isér.) mit Mühe erklimmen (eine Mauer); *tregaλè* v. (V Mage); *traghuilla* v. (Vd Bri.) = *traga* Bed. 1. ‖ *tregaλə* f. (V) traînard; *trageta* f. (Vd, N) kleiner Wagen, auch Kinderwagen; ältester Beleg 1758 (N).

Vermutlich ist die Einwanderung dieser sehr lebenskräftigen Wortsippe durch das Maurerhandwerk veranlasst, wo das mühsame Tragen des Mörteltroges und das Herbeischleppen von Bausteinen eine so grosse Rolle spielt. Dafür spricht vornehmlich T r a g. Ob es sich dabei ursprünglich um Tyroler Maurer handelt, die in der deutschen Schweiz von ähnlicher Bedeutung waren, wie heute die italienischen Maurer, konnte ich nicht ermitteln, vgl. Teil I, 37[57]. — Das Schwd. sagt allgemein *trägə,* daher die Variante *trèga,* sonst mit Übergang in *a* nach § 29, 3; zum auffallenden *d* von *droga* § 32, 2; die Verdunklung zu *o* bleibt unklar. — So sehr die Bedeutung 'schleppen', 'herumführen' an ahd. *tragan* 'bringen', 'führen' erinnert, so wird doch wohl angesichts der später ausschliesslichen Bedeutung 'tragen' ein historischer Zusammenhang nicht anzunehmen sein. Die ursprüngliche Nebenbedeutung des 'Mühsamen' drängte sich, wie wir vermuten, durch die Verwendung des Wortes beim Maurerhandwerk aufs neue in den Vordergrund. Bed. 2—5 sind mehr okkasionelle Verschiebungen der Hauptbedeutung. Die begriffliche Distanz von 'tragen' bis 'erklimmen' (Ableit.) erinnert an die von 'fahren' bis 'laufen', vgl. § 53. — Auf Bed. 5 wird schwd. *tragunere* 'rauhe, ermüdende Arbeit verrichten' (*Id.* 6, 1706) kaum von Einfluss gewesen sein. — Zur Bildung und Bedeutung von *trageta* vgl. *poussette* 'Kinderwagen'; doch ist Ableit. von T r a g e nicht ausgeschlossen.

trampen — Ableit. *trā̃po, -a* adj. (F üb. Vd Osten, bes. P.d'Enh.) = hinkend; *trā̃peyi* v. (F), *trā̃pəna* v. (P. d'Enh.) hinkend (oder sonst schwerfällig) gehen.

Ohne Zweifel von schwd. *trampə* 'schwer auftretend gehen' (Stalder etc.). Das gemeinsame Moment ist der schwerfällige Gang. *trā̃po* ist Verbaladjektiv zum Simplex **trā̃pa* v., vgl. D a m p f, s t o p f e n. — Zu anderen Verwendungen desselben Stammes im Romanischen s. M.-L. *Et. Wb.* 8850.

T r ä n k e s. trinken.

T r a u f e l e s. Strübli.

trinken — [*trē̃ka, trī̃tyè* etc. v. (allg.) = **1.** anstossen, **2.** trinken (spor.), davon *trī̃ty* f., Trinker, -in; *trä̃kœr* m. (N Ruz) Trinker]. — Ableit. *trē̃ka* f. (Vd Centre) Nachwein, Tresterwein (piquette), auch schlechter Wein; *trī̃tyat* f. (B Aj. Vad. Doubs) id.; *trē̃kota* v. (Vd) buvoter.

Während das V e r b u m *trē̃ka* sich durch seine vorwiegende Verwendung im Sinn von 'choquer les verres' ('il ne faut pas boire sans trinquer' ist allg. Redensart) als franz. Eindringling erweist, muss das S u b s t. *trē̃ka* etc., dessen präzise, weintechnische Bed. zum frz. *trinquer* in keiner Beziehung steht, ohne Zweifel direkt mit 'trinken' in Zusammenhang gebracht werden, sei es durch die Annahme eines Verbalsubstantivs zu einem früheren **trē̃ka* 'trinken', sei es durch Herleitung alem. *trä̃ŋkχi* f. 'flüssiges Futter fürs Vieh', auch 'schlechtes Getränk', so bes. *säuträn̈ke* (*Els. Wb.* 2, 760 etc.). Die immer minderwertige 'piquette' wäre zum Spott 'Viehtrank' genannt worden. — Zur Personenbezeichnung *trī̃ty* f. vgl. *tregaλə* f. s. t r a g e n. — Zur Entnasalierung in N vgl. *vädü* vendu (Ruz). Zum Stamm im Rom. s. M.-L. *Et. Wb.* 8909. Vgl. *on trink de pialie* ein Glas Wein (Sav. Kaminfegerargot, *Rev. de phil. franç.* 26, 83).

Trinker — *trī̃tyè* m. (B) = Trinker, Trunkenbold.

Zur Endung *-è* § 36, 1*a*. Zu *ty* § 32, 5. Vgl. t r i n k e n.

Trinkgeld — *trē̃gelt* m. (Vd N F B Diesse, Pl. de Vauff.; Chât.), *trī̃gèlt* (B allg.), *trē̃dyèt,* auch *-dyè* m. (spor. Vd F), *triəgelt* (B Boncourt), *trēgeta* f. (Vd spor.), *tringuette* (G Humbert), *étrēgeta* (spor. Vd F) ‖ *tringuelte* m. (G Rousseau, Annales 3, 37), *traingelte* m. (N 1777, Mus. neuch. 24, 122), *tringuelt* (N 1832) = Trinkgeld.

Ohne Zweifel aus alem. *triŋkxgält* n. In Frankreich scheint das Wort wenig und nur durch Rousseau bekannt. Vgl. frz. *dringuelle,* flämischen Ursprungs (S.-V.). — Zu *dy* § 32, 5. Zur Verflüchtigung des *l* vgl. Melchtere. Zu *trēdyè* vgl. *mēngè* (Mangold). *étrēgeta* beruht eher auf Kreuzung mit *étrennes* als auf Agglutination, da der Begriff nicht Pluralcharakter trägt (vgl. Verf. *Die e-Prothese in den frz. Ma.*). Mask. Genus wegen *pourboire,* fem. wegen *bonne-main, étrennes.* — Eigentümlich ist *triəgelt,* das vielleicht auf ein alem. **drigält* 'was bei einer Zahlung obendrein gegeben wird' zurückgeht, vgl. *drufgelt* (*Els. Wb.* 1, 215).

Trinkwein — *trĩtyəvẽ* m. (B Aj. nur Guélat) = Tresterwein.

Aus els. *triŋkwi* m. in gleicher Bed. (*Els. Wb.* 2, 830). An Stelle von *wi* trat franz. *vin,* das auch das Genus bestimmt hat.

Trog — *tró* m. (F spor.) = alte Truhe (bahut, arche-banc).

Das Wort bezeichnet schon alem. die Truhe (B Sol. Holderbank). Zum Wegfall des *g* § 36, 1*α*. Mask. wegen obiger Synonyma. Vgl. Risstrog. — Dasselbe Wort drang schon früh in nord- und mittelital. sowie in norm. Ma. (M.-L. *Et. Wb.* 8932). — Über event. Stammverwandtschaft s. Kluge, *Et. Wb.*

trölen — Ableit. *trœ̀l* f.? (B Court) = natürliche Rinne, durch die man Baumstämme hinabgleiten lässt (chable).

Ohne Zweifel alem. *trœlə* wälzen, schieben (Stalder, Hunz., *Els. Wb.* 2, 755; vgl. *trölholz Id.* 2, 1263), wenn auch obige technische Bed. mir alem. nicht bekannt ist. Ob die Ableit. auf deutschem oder franz. Boden entstanden ist, vermag ich nicht zu sagen, Stalder gibt nur *tröhl* n. 'langwieriger Prozess'. — Zur Sache vgl. Risi.

[**trollen** — *trula* v. (Vd Alp. F spor.), *trolè* (B Aj.), *trôler* (N 1832) = **1.** intrans., refl. herumstreichen (rôder). **2.** trans. herumschleppen (Frau, Kinder; trimballer). **3.** pass. durch Verschleppung Schaden leiden (Heu, das zu lange dem Regen ausgesetzt war).

Alem. Entlehnung aus *trólə* (Stalder, Hunz. etc.) ist hier sehr zweifelhaft, da frz. *trôler* in Bed. 1 und 2 früh uud weitherum belegt ist (*Dict. gén.* 16. Jh. Littré 13. Jh.). Bed. 3 ist mir weder alem. noch frz. bekannt. Die Form lässt keine Entscheidung zu.]

Trotte — *tròt* f. (B Aj. Del.) = **1.** Kelter, bes. Obstpresse. **2.** Gemeindehaus, in dessen Kellerraum sich die Gemeindekelter befindet (Charm.).

Aus alem. *trott(ə)* f. (*Els. Wb.* 2, 768; Kluge). Der nördl. Teil des B Jura kennt kein anderes Wort für die Obstpresse. Die Weinpresse spielt dort keine wichtige Rolle. Das Fem wegen *presse* oder formal nach *hotte,* vgl. die Wortverbindung *de hotte en trotte* in einem jurass. Winzerlied (A. Rossat, *Schwz. Arch. f. Volkskunde* 4, 149).

trotten — *trotè* v. (B Aj. Dev.) = keltern; ebenso *Els. Wb.* 2, 768.

Truese s. Drusen.

Trumpf — *trõfo* m. (Vd F spor.) = höchste Karte im Kartenspiel.

Truthenne — *trutẽn* f. (B Epauvillers) = poule d'Inde.

Das Wort scheint alem. nicht gebräuchlich, es muss von weiter her nach dem abgelegenen Clos du Doubs verschleppt worden sein. — Zum Nasalvokal vor gelängtem *n* oder *m* vgl. Mämm.

Tscharggen — *šarka, šèrka, šarga* f. (Vd bes. Alp. V), *šorka* (F), *tšarka* (N), *sarka* (V Ill.); vgl. *šarpa* f. (Vd V F) = **1.** alter, plumper Schuh (savate). **2.** unordentliches Frauenzimmer (Vd). — Ableit. *šarka, šarga* v. (Vd N). 1. in solchen Schuhen herumgehen. 2. widerwärtige Arbeit verrichten. 3. vorzeitig abnützen (Schuhe, Kleider; savater), *šertyayiə* v. (B), wie Bed. 1 ‖ *šèrtyè* m. (B Aj. Fr.-M.) = 1. alter Schuh. 2. der darin herumgeht; *sarką* m. (V) der darin herumgeht, *šarkə* m. (Vd) plumper Mensch.

Ohne Zweifel aus schwd. *tšarggə* m. 'alter Schuh' (Friedli 2, 486, vgl. *tscharggen* v. Stalder 1, 318). Der *š*-Anlaut vermutlich aus schwd. **scharggen*, vgl. *tschägg* neben *schägg*. Das Syn. *socque* ist schuld am *o* in *šorka* und wohl auch am *s* in *sarka*, doch vgl. Scheibe. Zu *èr* für *ar* vgl. *tsèrbõ* charbon, *èrdzẽ* argent (Vd). Fem. wegen *socque* (schwz. f.), *savate*. — In *šarpa* scheint eine vielleicht schon alem. Kreuzform aus *tscharggen* + schlarpen (nur B) oder schlappen (Vd) vorzuliegen. Eine Sammlung solcher 'Schuhwörter' gibt Friedli (l. c.).

Tschopen — **a**) *tšyópa* f. (Vd P. d'Enh., F Gruy.; V Barman), *tšópa* (F N Travers), *džópa* (V Finhaut; nur Bed. 2) = **1.** weiter, unansehnlicher Arbeitskittel mit langen Ärmeln, für Männer oder Frauen (sarrau, surtout, veston, souquenille). **2.** Schimpfwort für ein nachlässiges, energie- und sittenloses Frauenzimmer. — **b**) *tšópo, tšyópo* m. (V Bez. Sierre üb., Vernamiège) = kurze, schmucklose, eng anschliessende Frauenjacke aus grobem, einheimischem Wollstoff, mit oben weiten, gegen unten enger werdenden Ärmeln, dient zum Warmhalten, oft auch zur Vervollständigung der teilweise ärmellosen Kleidung. Sache und Wort sind veraltet; an ihre Stelle traten *caraco* oder *paletot.*

Form, Bedeutung und vornehmlich die typische Verbreitung dieses Wortes weisen mit aller nur wünschbaren Deutlichkeit auf alem. Entlehnung aus *tšópə* m. hin, das schwd. ganz allgemein ein wärmeres Arbeitswams (*Id.* mitg.) und gerade im Oberwallis eine einfachere Frauenjacke (Schlutte) bezeichnet (so Binn, Salgesch). Wie man sieht, ist der 'Tschopen' sowohl im alem. wie im welschen Gebiet ein anspruchsloser, meist wärmerer Arbeitskittel, der weder zur Tracht noch zur Ausgangskleidung gehört. Er steht dem Brusttuch sowie dem Spenzer sehr nahe und hebt sich vom Walliser Schurz, mit dem er im übrigen die geographische Verbreitung sowie die Beschränkung auf die Frau teilt, dadurch stark ab, dass er nur eine Zutat zur Frauentracht darstellt. Bezeichnend scheint mir immerhin, dass im romanischen Oberwallis zwei wichtige ältere Kleidungsstücke der Frau ausgesprochen deutsche Namen tragen. Zum Alter der Entlehnung vgl. Gabel. — Zum unansehnlichen Charakter des 'Tschopen' passt vortrefflich die geringschätzige Übertragung in Bed. 2, die dem Alem. durchaus nicht fremd ist; allg. wird damit ein gutmütig-beschränkter Mensch bezeichnet, gelegentlich auch 'eine gleichgiltig gekleidete, geistig nicht ganz normale Weibsperson' (Aargau, Seetal, *Id.* mitg.). Spezifisch welsch scheint das stark betonte Moment der Unsittlichkeit zu sein. — So wenig wie bei Schurz vermögen hier die welschen Formen die ebenfalls noch kontroverse Etymologie des Wortes zu fördern (vgl. *Id.* 3, 55, Juppe; Kluge, Joppe, Schaub; und unter neuem Gesichtspunkt Jud, *Bull. de dial. rom.* 3, 18). — Zu *tšy-* § 34, 6. Das konsequente mask. Genus im Wallis war durch die deutsche Vorlage *tšópo* m. (Bohnenberger § 102, Wipf § 148) gegeben; das ebenso konsequente Fem. in Vd F dürfte durch die begrifflich nahe stehenden *byoda* 'blouse' oder *roulière* 'Fuhrmannskittel' (beide Vd), vgl. *camisole, casaque,* veranlasst worden sein. — Vgl. die folg.

Tschopi — *tšopì* m. (V Bez. Sierre spor.) = gewöhnlicher Männerrock, veraltet, heute *parto* (paletot).

Zur Häufigkeit solcher Deminutiva im deutschen Oberwallis s. Wipf § 247. Die Bed. zeigt, dass auch im Wallis der 'Tschopen' nicht ausschliesslich der Frau galt, vgl. Wipf § 148 'Rock der Männer'.

Tschöpli — *tšœplé, tšoplé* m. (B Del.), *džeplé, džœplé* (B Aj. Doubs) = **1.** Oberkleid für Kinder, direkt auf dem Hemd getragen (schwd. Schlutte, Gschtältli; brassière, tricot). **2.** Spenzer (spor.).

Aus alem. *tšœplì, tšeplì* n. in gleicher Bed. (*Els. Wb.* 2, 773; als Wintermieder bei Friedli 1, 161 ff.). Der ungewöhnliche *dž*-Anlaut vielleicht unter Einfluss von *jupe, jaquette,* doch vgl. Tschopen und Schaum.

Tschudi — *tšúdi* f. (B Prêles) = nachlässig gekleidetes Frauenzimmer; ebenso alem. (*Els. Wb.* 2, 771, bernd. vgl. Hunz., Stalder).

Tschupp — *tšup* f. (B Aj. Del. Fr.-M.), *tšupa* (Vd Bez. Aigle), *tšyœüpa* (V Nendaz) = **1.** Haarbüschel, Haarschopf (touffe, toupet, aigrette); Haube (Vogel, Huhn; huppe); Grasbüschel, den ein ungeschickter Mäher stehen lässt. **2.** zerzauste, wüste Haare, 'Heuel' (tignasse); auch allg. Knäuel. **3.** Person mit solchen Haaren (1—3 nur B). **4.** einfältige, auch liederliche Weibsperson, Schimpfwort (Vd V B). — Ableit. *tšupa* m., *-at* f. (B) wie 1—3; *tšupẽ, šupẽ* m., *-əna* f. (Vd Bez. Aigle) einfältige Person; Dirne.

Aus alem. *tšupp* m. in Bed. 1—4 (*Els. Wb.* 2, 773; Hunz. 63 etc.), verwandt mit 'Schopf'. Zur Bed. 'Grasbüschel', vgl. Verf. *Bull. du Gloss.* 8, 31. *tšupa* hatte vermutlich früher auch im Südteil die Grundbedeutung 1. (Ob *tšupa, tsupa* (V Ann.-Hérens) 'kleiner Hügel' hieher gehört, bleibt zu untersuchen). *tšyœüpa* dürfte durch Entsprechung aus *tšupa* (s. Tschupi) entstanden und aus dem *œü*-Gebiet nach Nendaz verschleppt worden sein (s. Tabelle bei Griebe). Zum Suffix in *tšupẽ* vgl. *tupẽ* (Vd F) 'Dummkopf' (Stamm Topf). Der *š*-Anlaut ist unklar.

tschuppen — *tšupè* v. (B Aj. Mett.) = **1.** züchtigen (Kind).

2. *meisr tšupè* f. Haubenmeise. — ABLEIT. *tšupnè, tšuplè* v. (B) wie 1; *étšupè, étšuplè* v. (B) zerzausen.

Aus *tšuppə, tšupplə* v. an den Haaren ziehen (*Els. Wb.* 2, 774, Seiler 89 etc.) mit naheliegender Bedeutungsverschiebung. Zum Präfix vgl. *écheveler, ébouriffer*.

Tschuppi — *tšupi* m. (B Séprais, V Salvan) = **1.** Haarbüschel (B). **2.** einfältiger Mensch (V).

Ohne Zweifel alem. Dem. von *tschupp*, zum Suffix vgl. Tschopi, Tüpfi. Zur Bed. 2 s. Tschupp.

tu jetzt — *tuyèts* m. (Vd spor.) = **1.** Deutscher, scherzhaft; *ça me rappelle la fârse qui s'avait faite à notre touyetz* (Gorgibus, *Frédéri* 90). **2.** Metzgerbursche (Vevey).

Wahrscheinlich substantiviert aus den alem. häufigen, imperativischen Wendungen: *tu jetz ä mal ufhöre briegge* (zu einem Kind), *tu jetz ämal recht lose*. Ähnliches bei Almosen, vgl. span. *didones* 'Franzose' aus *dis donc* (Jud mitg.). — Bed. 2, weil im Kleingewerbe sehr häufig Deutschschweizer als Lehrlinge tätig sind. — Vgl. jetzt.

Tubel — *tubl, tubr* m. (N spor.), *tubəlo* m. (Vd Penth.) = **1.** (schlecht) verschnittener Stier (N). **2.** barscher Mensch (N). **3.** Dummkopf (Vd). — ABLEIT. *tubyõ* m., *-una* f. (Vd) wie Bed. 3.

Aus alem. *tùbəl* m. in Bed. 1 allg., in Bed. 3 spor. (*Id.* mitg. *Els. Wb.* 2, 645). Bed. 2 gehört zu taub, 'toll, wild', vgl. *tubel* 'wildgewordener Stier' (Hunz. 63). — *tubr* geht vermutlich auf **tub* (s. taub) zurück mit *r*-Zusatz nach § 37, 3. Zum Suffix in *tubyõ* aus **tublõ* vgl. das häufige *dadõ* und *betyolõ* (Vd) in Bed. 3. — Vgl. Verf. *Haustiernamen* 91.

Tuch s. Brusttuch.

Tüpfi — *tüfè*, auch *tüfi* m. (Vd Ost. bes. Alp.), *tofèt* (V Isér.); *un tephé de métal* (N 1706), *un Töpfi de métal* (B 1764) = kleines (dreibeiniges) Bratpfännchen, aus Tonerde oder Eisen, mit Stiel; Tiegel, der direkt über das Feuer gestellt wird.

Aus allg. alem. *tüpfì*, bzw. *tìpfì* in gleicher Bed. (Seiler 91; Odermatt 66; *Els. Wb.* 2, 703, vgl. Kluge, Topf). In *tüfè* etc. für **tüfé* trat das frz. Suffix an Stelle des deutschen. Auf *tofèt* war vielleicht 'Topf' von Einfluss, vgl. Röckli u. a. Das altjur. *tœpfi* ist die zu erwartende Wiedergabe von *tüpfì* nach § 29, 8; doch ist natürlich ein schwd. **töpfi* von *topf* vgl. Tschopi etc. nicht ausgeschlossen. — Vgl. Töpfli.

Türlips — *türlips, turlips; bèturlip(s)* f. (B Vad. Aj.) = Runkelrübe.

Aus alem. *turlips, türlips* m. (*Els. Wb.* 1, 461; Seiler 93 etc.). Fem. wegen *betterave, abondance*. Die erste Silbe von *bèturlips* stammt ohne Zweifel aus *betterave*. Zum Schwund des *s* § 36, 1, ohne ganz analoges Beispiel. — Das Wort scheint wie frz. *turneps* aus engl. *turnep* 'Rübe' entlehnt zu sein. Vgl. voges. *tirlips* (Belmont).

tuten — *tüta* v. (Vd Ost. bes. Alp., F bes. Gruy.), *tuta* (Vd Orm. Leys. Vaug.) = **1.** das Alphorn blasen, auch brüllen. **2.** mit den

Hörnern stossen. — ABLEIT. *tüta* f. (Vd P.d'Enh.) Alphorn; *tütare* m. (Vd) Hornbläser.

Aus schwd. *tutə, tütə* v. in Bed. 1 (*Id.* mitg.). Die unerwartete Bed. 2 erklärt sich ohne Zweifel durch Identifizierung mit *corner*, das schwzfrz. beide Bedeutungen vereinigt: *tüta* hat den ganzen Vorstellungsinhalt von *corner* in sich aufgenommen, vgl. geraten, schicken. *tüta* f. kann franz. oder deutsches Verbalsubst. sein, vgl. schwd. *tuti* 'Blasinstrument' (*Id.* mitg.).

U

Umgeld s. Ohmgeld.

Unterseen — ABLEIT. *ondergère* f. (F Gruy. Glasson) = Kuh aus Unterseen.

Das alte Städtchen Unterseen (dial. *Underseewen*), heut vom angrenzenden Interlaken überflügelt, war früher der Hauptmarkt- und Viehort für die beiden Lütschinentäler (vgl. u. a. Friedli 2, 294, 530, 538). Zu *ž* für *s* § 33, 3. Das Suffix entspricht vermutlich frz. *-ière*, vgl. *tsaudär* chaudière (Montbovon). — Zur Benennung vgl. Erlenbach, Urner, Schwyz etc.

Unzüchter — *unzüchter* m. (B Del. 1530, Stouff 50) = Polizeirichter. — ABLEIT. *unzüchterie* f. Amt desselben.

Entspricht älterem Sprachgebrauch, vgl. mhd. *unzucht* 'leichteres Rechtsvergehen'. Das fem. Suffix ist eher deutsch *-erî* als frz. *erie*.

Urfehde — *item a G. Gruyere notaire pour 2 urfech; pour lurfech de M. Zwaler*, etc. (F 1476ff. Büchi 70, 71, 76); *incerer les procez criminels de tous malvivans et prisonniers, tant* [ceux] *qui seront executez par Justice que d'aultres qui feront urphechz* (die begnadigt werden); *fynalement luy sera presté l'urphech de ne venger sa prison* (es wird ihm der Eid abgenommen) (N 1578 Manuel du Conseil d'Et. fol. 119,121); *se mettre a deux genoux et crier mercy a Dieu ... et a toutes personnes qu'elle aura offensé et fera l'urfaict accoustumé* (Colombier 1611, Vieilles Arch. de N.); *Urpfecht de Jehannette* (B 1613, Procès de Sorc. 3, 27); *Le coupable ... ayant été extradé des Prisons et constitué par devant le Tribunal pour y entendre sa sentence laquelle lui a été lue et en conséquence de laquelle il a juré l'Urphed et a signé* (Neuveville 1786, Prot. du Conseil 468) = das durch Eid bekräftigte Gelübde, sich weder am Richter noch sonst an Jemand zu rächen, das im früheren Strafverfahren dem Verbrecher bei seiner Haftentlassung abgenommen wurde.

Aus altalem. *urfech, urfechd* f. n. in gleicher Bed., bes. auch in der Verbindung 'Urfech schwören' (*Id.* 1, 645), vgl. mhd. *urvêhe, urvêhede* f., eig. Fehdelosigkeit. — Bei F und B ist der Inhalt des Gelübdes aus dem Zusammenhang nicht ersichtlich.

Urner — *urno* m. (Vd Alp. bes. P.d'Enh.) = junger Ochse, Kastrat.

Aus schwd. *urner* 'als Kalb verschnittener Stier', vermutlich nach urnerischer Art (*Id.* 1, 464). Vgl. Verf. *Bull. du Gl.* 1, 27. — Solche 'Urner' werden auch nach Italien exportiert (F. Anderegg, *Illustr. Lehrb. f. schweiz. Alpwirtschaft* 440).

use — *uz, uzə, uzè!* (Vd F N B üb. spor.; Montbél.), *houss* (Geg. v. Belfort, Dijon) = fort! hinaus!, barsche Abweisung gegenüber Tieren (Hund, Schwein). — Ableit. *uzè* v. (B) fortjagen; vgl. *raousser* (Chât.) barsch abweisen.

Aus alem. *usə*. Das modernere *raousser* zeigt mehr norddeutschen Einfluss. Vgl. f o r t.

V

Vater — *fatr* m. (N F Cressier V Lens) = Vater, familiär unter Knaben; *fatrə-grã* Grossvater (Terratchu).

Vergissmeinnicht — *vergessminet* m., *-ette* f., *verguisse, guisse, fleurguisse* (N, die *-et* Form 1832), *vèrgismènit* m. (F spor.) = myosotis.

Aus urspr. nicht schwd. *fərgismeinixt* n., das um die unbetonten Silben gekürzt wurde, vgl. § 36, 3. Von bes. Interesse ist die volksetym. Umdeutung in *fleurguisse* aus *verguisse*. Vermutlich wird *v* nicht *f* gesprochen, vgl. V e t t e r l i, auch F r e v e l. *vergessminet* geht wohl auf *fərgìsmìnìt* mit frz. Suffix zurück, das jeweilen das Genus bestimmt hat. — Daneben wird das auch schriftfrz. *ne m'oubliez pas* (Vd V N) gebraucht.

[**verloren** — *frəlor, fərlor, -a* adj. (Vd spor. F Gruy. G B Petit-Val), *frəlùri* (G), *fəlorə* (V Lourtier) = verloren, dahin (Person, Geld, Tag), scherzhaft.

Vermutlich ist das Wort aus Frankreich eingedrungen, wo es sich seit altfranz. Zeit (Godefr.) bis heute, bes. in ostfranz. Ma., erhalten hat (Behrens 295; dazu Montbél., Grand'Combe). Daher seine Häufigkeit in G. Beliebt war in älterer Zeit bes. die alem. anmutende Wendung *tout est frelore, bigott* (Teil I, 57[8]); dieselbe Wendung bei Clément Janequin, *La Guerre* (bataille de Marignan) in *Maîtres Musiciens de la Renaissance Française*, 7. Lief. 1898; nach freundlicher Mitteilung von K. Nef; ebenso Pathelin 740. Zur humoristischen Wirkung fremder Wörter vgl. *štorb* (s. s t e r b e n), *perdu, foutu* im Deutschen, *faire capout* 'tot hinfallen' (Anjou Verrier et On.). — In *fəlorə* trat Dissimilation ein.]

[***verlosen** — *fərlózè, frəluzè* v. (B Aj. Doubs) = (sein Geld) verschwenden, verlumpen. — Ableit. *fərlózu* m. Verschwender; *frəluzriə* f. Verschwendung.

Evident ist der Zusammenhang mit wall. *forlozer* 'verschwenden' (Behrens 295). Form und Verbreitung weisen auf ein deutsches *verlosen*, das in ähnlicher Bed. nirgends aufzutreiben ist. Behrens und mit ihm Meyer-Lübke (*Et. Wb.* 9229) stellen es zu *verlieren*, vgl. ahd. *virliosan*, altsächs. *farliosan* etc., deren Stammvokal aber mhd. allg. zu *verliesen* abgeschwächt wurde.

Eine Ableitung aus der mhd. Imperfektform *ich verlôs* ist morphologisch zu bedenklich. — Befriedigender ist die trefflich gestützte Vermutung A. Bachmann's, der vom weitverbreiteten *lôs* 'Mutterschwein' ausgeht (mhd. *lôse; Id.* 3, 1425 f.; *Bair. Wb.* 2, 501; Grimm 6, 1186); dazu gibt es schwd. *losen* 'unsittlich leben', 'nachtschwärmen' (*Id.* l. c.), wovon **verlosen* abgeleitet wurde. Eine schöne Parallele dazu bietet schwd. *sauen* neben *versauen*, das im Sinn von 'vergeuden' reichlich belegt ist (*Id.* 7, 1513 Bed. 2).]

verrechnen — *sə fərkõta, -è* v. (N B Pl. de Vauff.), *śè forkõta* (F Gruy.) = sich irren.

Halbe Übersetzung von *sich verrechnen,* mit urspr. Bed. 'sich im Rechnen irren'. — Gegenüber den Fällen Bleiwiss, Wissblei, Gänsefuss (vgl. Fliesspapier) besteht hier der bemerkenswerte Unterschied, dass dem geläufigen 'sich verrechnen' weder im Patois noch in der Volkssprache ein adäquater Ausdruck gegenübersteht. Das frz. *se mécompter* ist in der franz. Schweiz ungebräuchlich. Ohne Zweifel ging diese hybride Bildung von doppelsprachigen Deutschen aus, deren deutsches Sprachbedürfnis sich über obige Verlegenheit hinwegsetzte. Einmal ausgesprochen, wurde sie, zuerst nur scherzweise, von Welschen nachgeahmt. Vgl. Wissblei. — *for-* beruht vermutlich auf formaler Anlehnung an *forfəla,* faufiler, *forfé* forfait; *forma* v. etc. Die Verbindung *fər* + Kons. scheint nicht vorzukommen.

Vetterli — *vetèrli, vetrəli* m. (allg.), *vìtarli* (V Lourtier) = das sog. Vetterli-Gewehr, das in der Schweiz 1868—1891 Ordonanzwaffe war.

Schwd. *fètərli* n. Zum *v,* das sich hier durch den offiziellen Charakter des Wortes hinreichend erklärt, vgl. Vergissmeinnicht, Frefel. *e* zu *a* vor gedecktem *r* ist häufig.

Viertel — *fiertelle* f. (Vd volksfrz.) = Flüssigkeitsmass (Wein, Bier).

Schwd. *fiərtəl* m. Fem. nach der Endung, § 44. — Über 'Viertel' in alt- und neufrz. Ma. s. M.-L. *Et. Wb.* 9323.

Vierteli — *tous les jours il luy en fallait donner ung fiertelet* (de vin cuit) (Neuveville 1595 Arch.).

vogelfrei — *Le gouvernement lui* (einem Mörder) *a fait grâce pour la vie; on l'a fustigé, marqué et banni pour 101 ans et déclaré fauguelfrey, s'il rentre sur ses terres* (N 1777 Musée Neuch. 24 [1887] 123).

Vogelrohr — *fogəlror, foglor; forglod* m. (B Aj. Vad. Mett.) = Blasrohr als Spielzeug (sarbacane).

'Vogelrohr' ist in obiger Bed. alem. nicht zu belegen. Wo es üblich ist, bezeichnet es eine Jagdflinte, ursprünglich für Vögel. Das Blasrohr heisst schwd. auch *spickrohr* oder *bürstlirohr* (*Id.* 6,1236 ff.). Als Geschosse dienen ausser Erbsen, Kügelchen aus Erde, Brot etc., auch kleine hölzerne Bolzen, vorne mit scharfer, eiserner Spitze, hinten mit Federn versehen, die den Raum zwischen Mund und Bolzen luftdicht abschliessen und so dem

Geschoss eine solche Flugkraft verleihen, dass sehr wohl kleinere Vögel davon tötlich getroffen werden können (A. Bachmann mitg.). — Die vom Deutschen abweichenden Formen vermeiden beide das doppelte *r*; *forglod* durchlief zudem vermutlich folg. Stadien: *foglror* - *foglrod* (vgl. it. *rado* RARU, *chiedere* QUAERERE u. a.), dann mit einfacher Metathese *forglod*. Mask. vielleicht wegen *tuyau*, *tube*.

Voressen — *fọrès*, *forèš*, *forätš* m. (F Stadt, Broye) = verschnittenes Fleisch an Brühe, Art Ragout, Hauptgericht am Kirchweihfest; im Lehrerseminar zu Hauterive bes. beliebt.

Schwd. *forässə* n. in gleicher Bed. (*Id.* 1, 526). Obige Angaben lassen den urspr. Charakter einer Festspeise noch durchschimmern, verschwunden jedoch scheint das Moment einer den Hauptgerichten vorausgehenden Speise. — Zu *š* § 33, 3. *tš* (nur in Hauterive) bleibt unklar.

Vorfänner — *J. Lardy, forfenney du sieur capitaine Jehan Clerc* (N 1595 Man. de Just. civile fol. 156), *Dardey avoit este esleu forfenner* (N 1611 Man. Cons. de ville 3, 412), *forfenner, était le remplaçant du banneret* (Neuveville, notes A. Gross) = Adjutant des Fahnenträgers.

Vgl. *Id.* 1, 832. — In *forfenney* scheint die modern allg. übliche Endung *-è* für *-ər* vorzuliegen, § 36, 1 *a*.

vorwärts — *alõ forvèrts!* (spor. Vd F) = Ausdruck der Aufforderung, familiär, vgl. jetzt.

W

Wacholder — *prendre des racines de Vecholte vertes et La* (sic) *porter sur vous* (B Aj. Schwz. Arch. f. Volksk. 18, 117) = Wacholder, als Mittel gegen Hämorrhoiden.

Der Beleg stammt aus einer älteren Rezeptensammlung. Ob deren Verfasser ein Arzt deutscher Herkunft war, wie A. Rossat (l. c.) annimmt, bleibt fraglich. — Formal stammt *vešolt* aus dem Elsass, wo es *waχholdər* lauten wird (fehlt *Els. Wb.*), vgl. *waχə* wachen; s. § 28 *β*. Zum *e* § 29, 2.

Wachtmeister — *un wachtmeister* etc. (N 1589, Beleg s. Rottmeister).

wagen — *vagè* v. (B Aj. Del. Doubs; Chât.), *vóga*, *-è* (B Prêles, Plagne, N Ruz) = **1.** riskieren (Geld, Karte); auf gut Glück unternehmen (s'aventurer). **2.** bei bittender Aufforderung, *vóg d mə bayi* gib mir dort bitte (Plagne). — ABLEIT. *vagè* s. m., adj. (B allg.; Montbél.) Waghals (casse-cou); verwegen; *vagu* m. (B) id.

Aus schwd. *wagə; wógə* nach § 28 *a*, ohne Bed. 2. Elsäss. Einfluss ist hier doppelt ausgeschlossen, indem normal-jur. *vagè* weder im Stammvokal noch im mittleren Kons. mit allg. els. *woyə* übereinstimmt. Zum urspr. Partizip *vagè* vgl. *ožè* 'osé' (Tobler, *Verm. Beitr.* 1^2, 146). Das lautlich befriedigende *wagər* kommt seiner Ungebräuchlichkeit wegen nicht in Betracht.

Ähnlichen Gefühlswert hat geraten. Zur Entlehnung vgl. riskieren, Risiko, reüssieren, Chance u. a. — Über 'wagen' in rät. und lad. Ma. s. Ulrix.

wahrlich — *verli yo* (B s. ja) = ja wahrlich, schwd. *wärli*.

Waldbruder — *valbruədr* m. (B Mett.) = Einsiedler, vgl. Bruder.

Walmen — *valamõ*, *wa-* m. (Vd Ost. bes. Alp. V Centre Plaine Evol.), *wèlamõ* (Vd Blon.), *volamõ* (V spor.), *vwamõ* (V Bagnes, Isér.). ‖ *valmõ* (B üb. ausser Prév.-Erg.; Montbél. Belf.), vgl. *volmõ* (Dampr. Bournois) = Heuhaufen im Freien, meist von grösserer Form (veillotte, moyette, barge, meulon). **a)** sog. 'Regenschochen' zum Schutz gegen drohenden Regen oder gegen Nachttau. **b)** sog. 'Ladschochen', zum Aufladen auf den Wagen. **c)** Schober (meule), meist kleiner (nur V bes. Evol.). — Ableit. *vwamonè* m. (V) kleiner Heuhaufen ;(ẽ) *walamona* v. (V Vd), *valmwẽnè* v. (B) solche Haufen machen, *déwèlamunå* (Vd Blon.) sie ausbreiten.

Aus allg. schwd. *walmə* m., oft häufiger *wälmli* n. grösserer Heuhaufen (*Id.* mitg.; Friedli 1, 247 etc.); vgl. Verf. *Bull. du Gl.* 8, 45 ff. Beim konsequenten *a*-Einschub (§ 37, 1) wird das *a* des Stammes von Einfluss gewesen sein, während *o* für *a* in V von der Endung herrühren wird. Der Schwund des *l* im *vwamõ* ist in jener Gegend normal (vgl. Gauchat *Régression*). *wèl-* in Blonay bleibt unklar. — Ob *-õ* auf eine altgerm. Flexionsendung zurückgeht (s. Magen, Wasen) oder rom. Deminutivbildung ist (s. Griebe u. a.), wird kaum zu entscheiden sein. Die heute vorwiegende Bedeutung spricht nicht für letztere Annahme. — Über das Alter der Entlehnung sagen die Formen nichts aus; denn auch jurass. *valmõ* statt **vâmõ*, wie bei alter Entlehnung zunächst zu erwarten wäre, braucht nicht modern zu sein, sobald wir auch in B einen (heute verschwundenen) Vokaleinschub, **valəmõ*, annehmen. Auf ältere Entlehnung deutet lediglich, wie mir scheint, das Auftreten des morphologisch durchaus übereinstimmenden, aber vom modern alem. *walmə* abweichenden Typus in zwei weit auseinander liegenden Dialektgruppen.

[**walzen** — *valtser* v. (B N 1832 volksfrz.) = den Walzer tanzen. — Ableit. *valts* f. (B) Walzer.

Frz. *valser, valse* wurden unter deutschem Einfluss mit *ts* gesprochen.]

Wamme — *wãba* f. (Vd bes. Alp. F spor. Bas-V, Lens) = **1.** Bauch des Schlachtviehs mit Gedärmen, Wanst; Bauchfell (péritoine), früher zu Laternenscheiben verwendet. **2.** Wamme (fanon). **3.** zähes, geringwertiges Fleisch; Fleischfetzen (F). **4.** altes Haustier. **5.** nachlässig gekleidetes Frauenzimmer.

Aus alem. *wampə* m. 1. Unterleib, 2. Wamme, 3. Fetzen (*Els. Wb.* 2, 826; Seiler etc.), vgl. mhd. *wambe* f. Bauch. Den gleichen Bed.-Umfang zeigt Lämpen. Die naheliegenden Verwendungen 4 u. 5 kenne ich alem. nicht. Fem. wegen *panse* (1), *bãboλə*, vgl. Lämpen, *chair* (3). — Dasselbe Wort als 'Wamme' in voges. Ma. (Haillant 611; *Z. f. rom. Phil.* 18, 230). — Mit demselben Stamm wurden in Verbindung gebracht afr. *gambais*

'Wams', afr. *hampe, wampe* 'Tierbrust', nprov. *gamo* f. *gamoun* m. 'goître, fanon' (Lit. bei Ulrix).

wandeln — *vădlè* v. (B Aj. Del.; Montbél. terr. de Belfort) = **1.** umziehen aus einer Wohnung in die andere (déménager, déloger), bes. von ärmeren Leuten. **2.** als Handwerker auf Kundschaft ausziehen; zwei *maîtres potiers d'étain* wurden veranlasst *à aller vendeller afin de se bien perfectionner dans leur mestier* (N 1680 Man. Cons. de ville); mit ironischer Übertragung vom hoffärtigen Treiben einer Dame (*Paniers* 591). **3.** sich auf den Weg machen; herumstreichen (rôder; Chât.). — ABLEIT. *vădlu* m. 1. der oft umzieht. 2. Vagabund; *vădlèdž* m. (B), *vădəlriə* f. (B Romont) vagabondage.

Schwd. Ma. brauchen *wandeln* m. W. selten und eher im Sinn von 'in einen andern Dienst treten' (Basel, Seiler; St. Gallen, Stalder), in keinem Fall in der obigen Hauptbed. *vădlè* stammt ohne Zweifel aus dem südl. Elsass, wo diese Verwendung durchaus üblich ist, vgl. *wandelwayə* 'Möbelwagen' (*Els. Wb.* 3, 834), *er isch üsgwandlet, igwandlet* (Sundgau). — Dasselbe Wort in voges. und wallon. Ma. (Belmont 429; Ulrix) und wohl auch im bourgogn. *gandrou* m. vagabond (nach Verrier et On. 1, 204 s. *choumacre*). — Zu Bed. 1 vgl. räumen und zügeln, zu Bed. 3 § 12, 4; vgl. *chetrolai* 'flâner' (Montbél.), vielleicht aus trollen + *strolchen,* vgl. *Stromer* und *Strohldieb* (*Els. Wb.*).

Wandergeselle — *vădrəksel, -sel, -tsel* m. (B Aj. Del. N Ruz) = Handwerksbursche, Hausierer, oft aus dem Elsass.

Els. *wandərksèl* (Sundgau; nicht *Els. Wb.*). Vgl. Handwerksgeselle.

Warbe — *vwarba, vwèrba, w-* f. (üb. Vd F; V üb. ausser Osten), *vèrba* (N Côte aux Fées) = **1.** Spanne Zeit von unbestimmter Dauer (instant), *ǫna buna, bala, pušĕta vwarba* lange Zeit, *sẽ durave tota na vwarba, dai vwarbè* es dauerte lange. **2.** Arbeitszeit, die man bei landwirtschaftlichen Verrichtungen innezuhalten hat (Vd F), *vwarba de tseri* Zeit, während der man pflügt ohne auszuspannen etc., Halbtagewerk (beim Säen, Umhacken etc.), *fére la vwarba dao matẽ, dao ne.* **3.** Mal, *lei-y-oudrẽ ǫna warba* wir werden eines Tages mal hingehen (Vd Blon.). **4.** Geburtswehen *avai dai vwarbe* (V Centre, Vd Joux). — ABLEIT. *vwarbeta* f. kurzer Augenblick; *wèrbai* m. (Vd Blon.) der nur intermittierend arbeitet.

Cornu und Gauchat schlagen (handschriftl.) lat. VERBERA n. pl. vor, das begrifflich die Entwicklung: Schläge — Schlag — Mal (vgl. *coup*) — Spanne Zeit, durchgemacht hätte; lautlich aber wäre **verbra, *varbra* zu erwarten, das in doppelter Hinsicht (*v* und *r*) nicht befriedigt. Der konstante *vw*-Anlaut unseres Wortes weist gebieterisch auf ein germ. Etymon, das sich im Stamm *werben* ungezwungen darbietet: neben mhd. *warp* m. 'Drehung' begegnet ahd. *warba,* mhd. *warbe, werbe* f. im dreifachen Sinn von 1. Umdrehung z. B. um eine Achse. 2. Mal *tusent warbe* 'tausend mal'. 3. Gewerbe, Geschäft (Lexer; vgl. Schmeller, *Bair. Wb.* 2, 981). Das Wort lebt noch im Bair. als *warb* 'Hohlmass für Holz', wahrsch. 'was in einem Mal getragen oder verbraucht wird' (Schmeller l. c.) und vielleicht im Lötschental als *warpfa* 'das am Zettelbaum geordnete Garn' (Friedli 2, 481). Dem *Id.* ist es unbekannt. Lautlich kann man sich keine passendere Grundlage denken, begrifflich berühren sich die beiden Komplexe an zwei Punkten: 1. in der Bed. 'Mal', 2. in den Bed. 'Gewerbe', 'Verrichtung' und 'Halbtagewerk'. Von hier ist vermutlich auszugehen. Die Entwicklung wäre dann etwa: Drehung — Betrieb, Geschäft (besogne) — Arbeitszeit (im Gegensatz zur Ruhezeit) — längere Spanne Zeit — Augenblick. Man beachte hier, dass in der Fügung *tota na vwarba,* verglichen mit dem sprachwidrigen *tout un instant,* noch der frühere Inhalt des Subst. 'hartes Halbtagewerk' nachklingt. Dieser Hauptentwicklung gegenüber scheint die welscherseits noch wenig ausgeprägte Bed. 'Mal' einen Seitenweg darzustellen, der eine interessante Parallele findet in ital. *volta* 1. Wendung *la strada fa molte volte,* 2. Mal. — Die Spezialbed. 4 endlich schliesst sich am natürlichsten an Bed. 2 an, indem die intermittierend verlaufenden Geburtswehen mit einer regelmässigen Folge von Perioden harter Arbeit verglichen werden (vgl. *wèrbai*). — Hier wurde der ursprüngl. Wortinhalt potenziert, in Bed. 1 und 3 erscheint er dem historischen Auge verblasst. Zum Zusammenhang zwischen 'mühseliger Arbeit' und 'Geburtswehen' vgl. frz. *elle est en travail d'enfant.*

*W a r m (Sensenstiel) s. Worb.

Waschhaus — *vèšuz* m. (B Diesse; f. Montbél.); *elle vit entrer Collon dans le Wäschhaus* (kurz vorher *maison à lessive*) (Neuveville 1781, Prot. du Cons. 602) = Waschhaus.

Aus *wèšhûs* (B Ligerz), wohl entrundete Form von schwd. *wœšhus.* Ebenso rät. (Jud mitg.). Genus unklar. — Zur Sache vgl. B a c k h a u s.

Wasen — *vwažõ*, *wažõ* m. (Vd Alp. F Gruy.), *vwèžõ* (F Gruy.), *važõ, važũ* (B Aj. Del. Mall. Pl. de Vauff.; Chât.), [*gažõ* (allg.)] = **1.** R a s e n, allg. und spez. a) zweiter Graswuchs einer Wiese, deren erster im Frühjahr geweidet wurde (Vd Alp.). b) was um die Sennhütte herumwächst (Gruy.). c) was am Strassenrand gemäht wird (B). **2.** Schlamm (B Guélat). — ABLEIT. *wažəna* v. (Vd); *ăvaznè, răvaznè; dévaznè* v. (B).

Die Beschränkung der *vwa*-Formen auf die Grenzgebiete (im Gegensatz zu allg. schwz. *vwari* guérir) deutet trotz afr. *gazon, wazon* (*Dict. gén.*) auf lokale a l e m. Entlehnung aus gemeinschwd. *wasə* m. 'Rasen' (Stalder 2, 436; Friedli 1, 97), häufig in Ortsnamen, vgl. W a s e n m e i s t e r. Vermutlich lebt die Bed. von ahd. *waso* 'feuchter Erdgrund' in Bed. 2 noch fort, vielleicht auch in Bed. 1b, da um die Sennhütte der Boden feucht und die Vegetation üppig zu sein pflegen. — Zu *ž* § 33, 3; zu *vwè-* vgl. *vwèϑă* gâter (F) hier ohne folg. *i* (Gauchat, *Bull. du Gl.* 14, 48). Wegen *-õ* s. M a g e n, vgl. W a l m e n. — Zur altgerm. Entlehnung, der frz. *gazon* (wovon wohl oberit. *gazon*) und vermutlich auch voges. *wèzò* (Belmont) und lothr. *waize* etc. angehören, vgl. Behrens, *Z. f. rom. Ph.* 13, 114 und die Lit. bei Ulrix. Ob *gažõ* m. (N allg.) 'Grabscheit' hieher gehört?

Wasenmeister — *Les couleurs de la ville sont estées accordées* *au Wasenmeister pour un manteau* (Neuveville 1680, Manuels du Conseil S. 102) = Abdecker; vgl. Schinder.

Wasserbirne — *vastrəpiər, vasrəpiər* f. (B Aj.), *vasərbé(l)* (B Del. spor.) = saftreiche Birnenart.

Schwd. *wassərbìrə* f. (Id. 4, 1499). Zum *t*-Einschub § 37, 2, vgl. Kessler. Zu *e* für *ì* § 29, 4; zum Schwund des *r* vgl. *œvéə* hiver (Del.); zum Übergang in *l* vgl. *šüəl* (Scheuer), § 38, 4. Fem. wegen *poire*.

wässern — *vèsrè* v. (B spor.) = bewässern; ebenso alem.

Wätschge s. Quätschge, vgl. Zwetsche.

Weck — *vek, wek* **m.** (Vd F N B Vauffl., N 1832); *vwéty, vwaty* **f.** (B Aj. Vad. Mett.), *vik, vwity* (B Prév.-Erg., Fr.-M. früher auch Aj. Vad.; Montbél. Dampr.), *vek* f. (B Prêles; f.? Grand'Combe), *veka* (F Sugiez); *vêque* (volksfrz.) = Milchbrötchen aus Mürbeteig, Semmel, els. 'Souweckle', von verschiedener, meist länglicher Form. — Ableit. *vwétyat, viquette* f. (B), *vikot* (Fr.-C.).

Aus alem. *wèggə* m. 'keilförmiges Backwerk aus Mürbeteig', vgl. *wèk* m. 'Mürbekuchen' (*Els. Wb.* 2, 808; etc.). Die schweiz. Herkunft der Milchbrötchen wird von Boillot ausdrücklich angegeben. — Zu *ty* § 32, 5; zum Wechsel von *e* und *a* § 29, 3; merkwürdig bleibt das früher wohl allg. jurass. *i*, das vielleicht mit dem Übergang von *k* in *ty* zusammenhängt. Das Genus trennt das Wort in zwei Typen: südl. *vek*, Mask. wegen *petit pain, croissant*; nördl. *vwéty*, Fem. wegen *galette, michette*, vielleicht auch *tresse, rīdy* (s. Ring), *brioche*, weil alle aus Mürbeteig hergestellt werden. — Vgl. Bauer 78 f.; Gessler (*Z. f. rom. Phil.* 37, 491[4]) sowie Butterweck, Weggli.

Weggli — *vekəlè* m. (Vd Vall.), *veklé* (N Land.) = Milchbrötchen.

Weibel — *vwéby, vwéb* m. (B Aj.); *Wernerus li webles* (B 1264, Trouillat 2, 147), *voible* (B um 1350, Tr. 3, 632), *le vœble a annoncez par trois fois devant justice* (St-Ursanne 1502, Stouff, P. J. 20[3]), *voible et banwert, vœble* (Del. 1530, Stouff 52; P. J. 20), *le maire de Saint-Ursanne et le groz voeble du dit lieu, la sœur a* (au) *vœble de Boncourt, le vieux vouheble* (B 1550, 1611 etc., Procès de sorcellerie, passim; auch später häufig). Weitere Belege bei Stouff, Gloss. 44. = Gemeindebeamter zur Zeit der Fürstbischöfe von Basel (§ 3); spez. Gerichtsdiener; Zehenteinnehmer; *gros voueble* Art Gemeindevorsteher (maire). — Ableit. *vouebleràsse* f. (B 1613 etc.) Frau des *voueble*.

Alem. *wèibəl, wœübəl*. Zur Monophthongierung § 30, 1; zu *-by* für *-bl* vgl. jur. *duby* double u. § 35, 2. *œ* vermutlich nur graphisch für *oe*. — Dasselbe Amt hiess *vebel, vebal* in rät., tess. und komask. Ma (s. bes. Pult, *Rom. Forsch.* 32, 465 ff.; Salv.[1] 95[2], Salv.[3] 733; Bruckner 32).

Weissgerber — *aller faire sa demeure à Bienne pour exercer son état de wyssgerber* (Neuveville 1619, Arch.). Vgl. Gerber.

Wendung s. ganze Wendung.

wer da — *en dévalant du bois il est de coutume de crier verdo* (Erguel 1674, Justizprot. Arch. B) = Obacht! Vgl. 28*a*.

Werk s. Schellenwerk.

wett — *vét* adj. (B Charm.) = durch Gegenleistung ausgeglichen, quitt.

Wickengerste — *vikigèršt* m. (B Mett.) = Gerste mit Wicken (vesce) untermischt.

Aus schwd. *wiggìgäršta* f. (Seiler 315; *Els.Wb.* 1, 233). Mask. wegen *orge*.

Widerfall — *Le widerfall étant une dette réciproque contractée par les parties, le survivant n'est point obligé d'en demander aucune mise en possession* (N 1696, Matile, Déclarations ou Points de Coutumes 121); *...la somme de 300 livres foibles pour le vedrefall* (N Ende 17. Jh. Ehekontrakt, Arch. d'Etat); *Le survivant ... ne retire sur les biens du défunt ... que ce qui peut lui avoir été donné par contrat de mariage à titre de widerfall* (N 1828, Matile l. c. 215) = Schenkung, die sich Eheleute im Heiratsvertrag gegenseitig zusichern für den Fall, dass der eine Teil durch den Tod des andern der Nutzniessung des vom Verstorbenen mit in die Ehe gebrachten Vermögens verlustig gehen sollte (nach Matile l. c. 312).

Dieses in neuerer Zeit aufgegebene Rechtsinstitut scheint in der Westschweiz (Vd N) sowie im Tessin mehr verbreitet gewesen zu sein als in alemannischem Gebiet. Es wurde genannt: frz. *augment, augmentement, accroit* (eig. Vermehrung der Mitgift), deutsch *Widerlage, Widerlegung, Widerfall, Gegengeld,* lat. *augmentum dotis, contrados* (weil es eine Gegenleistung des Gatten gegenüber der Mitgift bedeutete). Dass in Neuenburg der deutsche Ausdruck sich einbürgerte, bleibt auffällig. Zur Rechtsfrage vgl. Eugen Huber, *System u. Gesch. des schweiz. Privatrechtes* 4, 373 ff., bes. Anm. 12, sowie Merz, *Rechtsquellen des Kantons Argau* (sic) 1, 260[39], wo gesagt wird *wie ehelütt einanderen die widerfähl mehren und all ihr guet vergaben mögend.* — Das *e* von *vedrefall* nach der Aussprache *widərfal* (§ 29, 4). Mask. nach dem deutschen Vorbild.

wie geht's? — *vigeits, vigaitsə, vigets* (Vd bes. Alp. F V Lens) = **1.** s. f. Schmaus, Gelage, bes. *fer vigeits* faire bombance (Vd F). **2.** Begrüssungsformel im Freundeskreis (üb. spor.). **3.** adj. in fröhlicher Stimmung. — Ableit. *vigaitsi, frəgaitsi* v. (Vd F) banqueter, riboter.

Aus berndtsch. *wiə geits?* Zu *ai* und *e* § 30, 1. Zum selten in Erscheinung tretenden Fem. § 44. In *frəgaitsi* steckt wohl die erste Silbe von *frəkota* fricoter. — Zur Substantivierung vgl. schwd. *kelləretli* n. 'Uhr' aus *quelle heure est-il?* — Die Bed. 1 und 3 rühren von der welscherseits bes. bei festlichen Anlässen gemachten Beobachtung her, dass Deutsche sich mit *wie geht's* begrüssen. Dieselbe Formel diente mehrfach zu Personenbezeichnungen, in Nancy *un vigets* 'Deutscher' (Morf, *Arch. f. neu. Spr.* 123, 488) und im rumänischen Siebenbürgen *vigețul* 'Hausierer' (Philippide,

Un specialist romîn la Lipsca S. 160). — Vielleicht gehört das Argotwort *guetse* 'bon à manger' (Dict. valdôt.) hieher.

Wiedertäufer — *dict encores qu'il estoit vittertauf et pys que vittertauf et mecroyent* (Cortaillod 1568 Arch. N 23, 4).

Der Zusammenhang deutet auf geringschätzigen Gebrauch des Wortes; vgl. Täufer und § 3. — Zum *t* § 32, 2; zum Wegfall der Endung § 36, 2.

Wimmis — *vimis* f. (B Prêles) = Streichholz aus Wimmis (B Bez. Niedersimmental), vgl. Schwebeli.

Winde — *vwĕda, wăda* **f.** (F üb. Vd östl.); *wĕg(a), vwäga* (N B Diesse F Sug.); *vuinga* (N 17. Jh. Barr., 1770); *vwĕdo* **m.** (Vd spor.); vgl. *vwĕdr* m. (Montbél. Dampr.) = **1.** Vorrichtung mit Zahnrad und Kurbel zum Heben schwerer Lasten (Steine, Holzstämme, Räder etc.). **2.** knarrendes Geräusch, das auf die Dauer enervierend wirkt (N). **3.** Widerwärtigkeit (scie). — Ableit. *vwĕdè* m. (Vd spor.) wie Bed. 1.

Aus schwd. *wində* f. in Bed. 1 (Hunz.). Zum Wechsel von *ă* und *ĕ* s. Ganse. Die *g*-Formen erklären sich vermutlich durch Einfluss von *bringue* und *ringue*, die beide den mit Bed. 2 und 3 verwandten Gefühlswert von 'ewiges Einerlei, Litanei' haben (s. *Bull. du Gl.* 9, 50; Odin, *Gl. rĕga*). Zur Übertragung in Bed. 1 und 2 vgl. ferner schwfrz. *segneule* 'Kurbel', frz. *scie, manivelle* etc. (*Bull.* 9, 47 ff.). Fem. vermutlich in formaler Anlehnung an *bande, commande, romande* etc., vielleicht auch wegen *katala* 'poulie' (vgl. winden); Mask. wegen *cric, levier, treuil.* — Derselbe Stamm lebt im übrigen rom. Sprachgebiet, meist in der Bed. 'Schiffswinde' (so frz. *guindas* m. *guinderesse, guinde* f. etc.) oder 'Garnwinde' (so frz. *guindre* m., it. *guindolo* etc.) (Lit. bei *Körting* u. *Ulrix*). *guinder* gehört wohl ursprünglich ebenfalls zu diesen technischen Begriffssphären. — Vgl. *H. Schuchardt an A. Mussafia,* 7 ff., Graz 1905.

winden — *vwĕda, vwĕga* v. (F Vd N B Diesse) = **1.** mit der *vwĕga* arbeiten. **2.** baumeln; schwankend einhergehen; wackeln (Möbel) (N B). **3.** rasch irgendwo hingehen (faire une escapade) (B). — Ableit. *wĕgna* v. (B Diesse) wie Bed. 2.

Hier rührt die *g*-Form vermutlich noch von schwfrz. *ganguiller* 'baumeln' her; vgl. Winde. — Bed. 2 und 3 sind welsche 'Entgleisungen'; bei 2 ist vermutlich von einer aufzugähnlichen Winde (poulie) auszugehen, bei der die zu hebende Last in der Luft hin- und herbaumelt; zur Übertragung auf den Gang vgl. bummeln. 1. hin und her schwanken (vgl. *bammeln, baumeln* etc.), 2. schlendern (Paul). Bed. 3 scheint eine scherzhafte Verallgemeinerung von 'schwankend gehen' darzustellen. — Zur suffixalen Erweiterung in *wĕgna* § 49.

Wisch — *vwiš* f. (B Aj. Pl. de Pleigne) = **1.** schmutziges, auch unsittliches Frauenzimmer. **2.** Wischlappen (torchon). — Ableit. *vwišè, višiə* v. wie eine *vwiš* arbeiten, 'hudeln'.

Offenbar aus alem. *wiš* m. 'Lappen zum Abwischen' (*Els. Wb.* 2, 873), schwd. meist *wüsch.* Die heute vorwiegende Bed. 1 ist mir alem. nicht bekannt, vielleicht vollzog sich die Übertragung auf Grund der begrifflichen

Identität von 'Wisch' mit frz. *torchon,* das ebenfalls ein schmutziges Weib bezeichnet. Denselben Vorgang zeigt schwd. *hudel* 1. Lappen, 2. Lump (*Id.*). — Zum Schwanken zwischen *-è* und *-iə* vgl. fressen und § 41.

Wissblei — *višpyõ, vispλõ* m. (F üb.), *visplõ* (F Charmey), *višpli* (F Gruy.), *vispi* (F spor.) = Bleistift, bes. der grosse des Zimmermanns, altes Wort.

Aus schwd. weitverbreitetem *wispli* n. (*Id.* 5, 2; u. a. auch Jaun). *š* für *s* beruht auf Anpassung an die freib. Patois, *wišpli* ist schwd. unbekannt. Zu *-pi* für *-pli* vgl. volksfrz. *pü* plus, jurass. *püərè* pleurer u. a. — Mask. wegen *crayon,* das da und dort im Gegensatz zu *višpyõ* den Griffel des Schülers bezeichnet. Vermutlich wurden *Wissblei* und *Bleiwiss* von deutschen Zimmerleuten importiert.

Von besonderem sprachpsychologischem Interesse ist die Hauptform *višpyõ,* die Gauchat als halbe Übersetzung erklärt (*Bull. du Gl.* 7, 55). Ob wohl morphologisch einer Herleitung aus *višpli* + *õ* (Suffix wegen *crayon* wie *šnetsõ* Schnitz wegen *setsõ*) nichts im Wege steht, so ist doch wohl, angesichts des jurass. *pyõbis* (Bleiwiss), am Übersetzungsvorgang nicht zu zweifeln; auch *visplõ* (neben *pyõ* Blei in Charmey) weist auf Einfluss von frz. *plomb* hin. Aber merkwürdig scheint mir die Halbheit der Übersetzung. Hätte sich der Vorgang rein mechanisch abgespielt, wie besonders häufig im Rätischen (vgl. Teil I, 4[3]), so wäre voraussichtlich ein **blanc-plomb* entstanden. Die exklusive Übersetzung von 'Blei' in zwei ganz verschiedenen Gegenden (F und B) deutet, wie mir scheint, auf eine lebendige Vorstellung des übersetzten Komponenten im Gegensatz zum ganz unwesentlichen und darum wohl nicht übersetzten Komponenten. [Unser Fall ist verschieden von *gätispyóta,* bei dem auch der erste Bestandteil einem Patoiswort entspricht, s. Gänsefuss.] Diese lebendige Vorstellung kann unmöglich vom modernen Graphitbleistift herrühren, denn die einzigen Vergleichsmomente, die zwischen Graphit und Blei bestehen — die glänzende Farbe und die leichte Abfärbbarkeit — sind so rein wissenschaftlich-technischer Natur, dass sie allem Anschein nach auch bei der Bezeichnung des Graphits als *Reissblei* (anders frz. *plombagine, mine de plomb*) keinerlei Rolle gespielt haben. *Reissblei* heisst vielmehr der erst im 18. Jahrh. allgemein übliche Graphit, weil er die gleiche Funktion verrichtet wie früher das Blei, das von Zimmerleuten in Form von Stangen, kurzweg *Blei* genannt (*Id.* 5, 2 Bed. d; *Schwäb. Wb.* 1, 1189) zum 'Ritzen' auf Holz verwendet wurde (vgl. *Reissbrett*). Zur Beibehaltung des alten Ausdrucks trotz neuer Technik vgl. Schwebeli Bed. 2. Von dieser realen Bleivorstellung ist offenbar auch bei *Bleistift, Wissblei, Bleiwiss* etc. sowie bei *višpyõ* und *pyõbis* auszugehen. Zu dieser Auffassung passen recht gut die mehrfachen Angaben 'vieux mot' und 'terme de charpentier'. — Vgl. rät. *rispli* (Ulrix).

Worb — *varm* m. (B Del. üb., Perrefitte), *vóərm* (B Grandval); *vwarb* (B Courfaivre) = Sensenstiel. — ABLEIT. *worbé* (?) m. (B Court) id.; *ãvarmè* v. (B Del.), *ovwarba* v. (B Mall.) die Sense mit einem Stiel versehen.

In verschiedener Hinsicht ein eigenartiges Problem. Die ganze übrige franz. Schweiz sagt allg. *faucher* m. (aus FALCARIU); nur im Westteil des BJura (Del. und Prévôté) hat ein offenbar deutscher Stamm eine Bresche geschlagen. [Sonst umfassen die meisten allg.-jurass. Lehnwörter Aj. u. Del.] — Drei Formen weisen durch ihr *b* untrüglich auf allg. alem. *worb* m. Sensenstiel (*Id.* mitg.; *Els. Wb.* 2, 847 etc.), vgl. mhd. *worp* 'Handhabe am Sensenstiel'. *vóərm* stimmt lautlich vollkommen zu *wùrm* 'Sensenstiel' (leider nur für Embrach im Kt. Zürich belegt, *Id.* mitg.) Woher aber die Hauptform *warm*, die trotz vielem Fragen auf alem. Boden nicht aufzutreiben ist? Welschenrohr, Holderbank, Grindel (Soloth.) und Liesberg (B), alle in der Grenzzone, kennen nur *worb*. Vermutlich sind **warm* und *wurm* alem. Lautvarianten zu *worb*, vgl. *marmel* mit *marbel*, *murmeln* mit *murblen*, *germere* mit *gerbere* 'Niesswurz', *sirmende* mit *sirbenda* 'Art Molke', *schwalbe* mit *schwalme* (alle *Id.*). — Das zögernd geäusserte *worbé* wäre *worb* + ELLU, vgl. Räm. *ȧvarmè* etc. ist nach *ȧfatši* 'die Sense bestielen' gebildet; *ȧ* wird regelmässig zu *o* in Malleray-Court. — Sachlich von Interesse ist alem. *sägesse* in lomb. Ma. (M.-L. *Et. Wb.* 7787).

Würfeli — ABLEIT. *rvèrfle* m. (B Prêles) = Naht am Strumpf.

Ohne Zweifel aus alem. *wirfəli* n., entrundete Form zu *würfeli* in gleicher Bed. (Seiler 320; *Els. Wb.* 2, 850) mit Vorsilbe *re-* im Gedanken an die Wiederholung der einzelnen Viereckchen, aus denen die Naht besteht, und die abwechselnd durch zwei rechte und zwei linke Maschen gebildet werden.

Z

zäh — *tsèyo*, auch *tseyo*, *-ə* adj. (F allg., Vd P.d'Enh. Orm.), *tsayo*, *tsåyo* (F spor.), *tšayo* (F Gruy.) = zäh, hart (Fleisch, Käse, Leder, Holz) (coriace); von Personen widerstandsfähig, robust (tenace).

Wie schon C. Ayer (*Introduction* 26) 1878 erkannt hat, aus schwd. *tsäx*, berndeutsch *tsäy*, vgl. *èn tsäyə puršt, tsäis flèiš* (V Binn). Zu den *a*-Formen § 29, 3; zu *tš* § 34, 2. Ähnlich wie grob, drückt das Wort eine Eigenschaft aus, die der Affekt nie genug steigern kann. — Dasselbe Wort im Rät. (Brandst. 43). Zum Stamm im Rom. M.-L. *Et. Wb.* 8531.

zahlen — *por tsala vó rè dó to* (F Sug.) wenn's ans Zahlen geht, kann man nicht auf ihn rechnen, familiär.

Vgl. bezahlen. — Dorthin gehört noch wallon. *betsal*, *betal* f. Geld (*Projet de dictionnaire wallon* ... 32).

zeger — *tségro*, *-a* adj. (Vd Penth. Oron), *tsägru*, *-a* (Vd Joux) = mager, schmächtig (grêle), von Personen und Tieren.

Wahrscheinlich von schwd. *zeger*, *zäger* schlechter, geringer, von der Gesundheit (*Id.* Wallis, mitg.; Bohnenberger 207; Wipf § 209), Komparativ zu mhd. *zage* 'zaghaft'; vgl. *er iš widər tsegər* 'er ist wieder übler dran' (V Binn). Gleichfalls ohne komparative Bedeutung wird volksfrz. *moindre* mit Bezug auf die Gesundheit im Sinn von 'malingre', 'indisposé' gebraucht (Humbert, Plud'hun etc.).

Zeichner — *tseixnèr* m. (V Miège), *tsəiχ̥ər* (V Lens) = Zeiger an der Scheibe.

Ohne Zweifel aus *zeichner*, das z. B. in Visperterminen in obiger Bed. gebraucht wird. In den 'Schützenregeln' von 1857 lautet § 50 'Der

Zeichner soll allen, die ins Schwarze schiessen, den Hut abziehen' (Stebler, *Ob den Heidenreben* 101). Zur konsonantischen Reduktion in Lens vgl. § 36, 5, vielleicht aber aus **Zeicher*, von **zeichen* = nhd. *zeihen* (Kluge). — Zur Sache s. das folg.

zeigen — *tsiga* v. (F bes. Gruy. Vd Vev. Jorat, Broye, Vaug. V Illiez), *tsaiga, tseiga* (Vd östl. bes. Alp., V Vionnaz F spor.), *tsega* (Vd Plaine, Bex-Gryon, F Gruy. spor.), *tsēga* (F Broye Vd üb. spor.); *šega* (Vd Villeneuve), *tšiga* (F Gruy.), *tšega* (N Brév.), *dzéga* (V Vouvry); *tsiguer* (volksfrz.) = **1.** an der Schützenscheibe zeigen, ob und wie die Kugel getroffen hat (marquer les coups). **2.** den Dienst des Kegelbuben versehen (requiller; F). **3.** refl. sich heimlich irgend wohin begeben (se glisser), sich verstecken (F). **4.** einem heimlich etwas zuschieben (z. B. ein falsches Geldstück) (glisser; F). [**5.** ein Fuhrwerk lenken (Schlitten, kleiner Wagen, Holzfuhre) (Leysin, Vully; Agace 38, 4).]

Ableit. *tsigar, tsaigar* etc. wie oben (F Vd V); dazu *tsegar, tšegar, dze-* (V Centre), *dzēgar* (Vd Penth. Bière), *tšēgar* (N Ruz), *tšégè* (N Brév.), *tšēgèr* (B Plagne), *tšègar* (B Prêles), *tsugarè* (V Liddes), *tsēgyèr, tsēgyèrda* m. (Vd Joux; mit Einfluss von 'garder', vgl. Scheibenwart). Aus älterer Zeit *cheigar* (N 17. Jh. Barr.), *item pour une cibe et le couvert du chingar* (N 1669 Arch. Ville), *advertir le marqueur soit le chigare* (Vevey 1723), *gingard* (N 1832, 1845) = **1.** Zeiger (cibarre, marqueur). **2.** Kegelbube (F). ‖ *tsiga, tsąiga* etc. **f.** (F Vd); *dzēga* (Vd Bière, Vall.), *tsagä* (F Villargiroud). 1. Zeigerkelle (palette, baguette), Näheres *Id.* 3, 200. 2. Zeiger an der Uhr (F). 3. membrum virile (F); *tsiga, tsẹiga* etc. **m.** (F N). 1. Zeiger an der Scheibe. 2. Kegelbube (F).

A. Formales. Stammvokal. *tsaiga, tseiga, tsega* reflektieren ohne weiteres schwd. *tsaigə, tseigə; tségə* (F B Guggisberg, Simmental, Emmental). Zur Erklärung der Hauptform *tsiga* stehen zwei Wege offen, die beide Freiburg zum Ausgangspunkt nehmen, was auch sachlich gerechtfertigt erscheint (vgl. Scheibe und § 14):

1. Aus *tsīgə* (mit langem Vokal), wie die angrenz. Ma. sagen, vgl. *rīhe* reichen, *kīs* keines, *nī* nein (Sutermeister, Kanton Freiburg S. 4 ff.), *dehiimu* daheim, *miint* meint (Plaffeien, *Schwyzerländli* 93), *fliisch* Fleisch, *giist* Geist etc. (Simmental ib. 27), *iinist* einist, *iina* einen (Guggisberg ib. 29). Gegen diese Annahme sprechen: a) dass kurzes *ι* nur selten mit *i* wiedergegeben wurde; vornehmlich aber b) dass arbeiten, heimatlos und bernd. wie geit's weder in F noch anderswo eine *i*-Form aufweisen. Aus diesen Gründen gebe ich mit Fankhauser der folg. Erklärung den Vorzug.
2. F und P. d'Enhaut kennen bei Verben einen flexivischen Wechsel *e : i*, so *preϑa* prêter: *priϑe* il prête; *areϑa* arrêter: *ariϑe; resta* rester: *riste* etc. (vgl. Jaberg, *Assoziative Erscheinungen* 12). Legen wir nun für diese Gegend *tsega* zu Grunde, so erklärt sich *tsiga* durch Verallgemeinerung

der stammbetonten Formen, wobei vermutlich der beim Zeigerdienst häufige Imperativ *tsiga!* zeig! den Ausschlag gab. — Schwieriger ist die mehrfach bezeugte Nasalierung. Begrifflich am nächsten steht 'montrer', dessen Doppelformigkeit, *motra* und *mõtra*, auf *tsega* übertragen worden wäre. Nicht ausgeschlossen ist Einfluss von *dzēga* 'Sprünge machen' im Zusammenhang mit *giga* 'geigen' (vgl. Geige), das gemeinsame Moment wären die lebhaften Bewegungen sowohl des mit der Kelle hantierenden als des davoneilenden Zeigers (vgl. Bed. 3). — *tsagä* verdankt wohl sein *a* dem dial. Wechsel, vgl. *fra*[e] und *fra* (F). *u* in Liddes bleibt unklar. — Anlaut. Zu *tš*- und *š*- § 34, 2, 3; auch die Sippe Scheibe kann von Einfluss gewesen sein. Das mancherorts auftauchende stimmhafte *dz* steht unter den Lehnwörtern isoliert. Sollte auch hier *dzēga* eingewirkt haben? — Zu den Verbalsubstantiven *tsiga* f. und m. § 50, vgl. bezahlen und Trag.

B. Begriffliches. In dieser Beziehung hat unser Stamm, der in der schwd. Vorlage lediglich in Bed. 1 bekannt ist (*Id.* mitg.), in der welschen Psyche einen aussergewöhnlichen Reichtum entfaltet. Zur semasiologisch besonders lehrreichen Übertragung auf die Obliegenheiten des Kegelbuben s. § 53. Bei Bed. 3 ist vermutlich vom früher häufig sich darbietenden Bild der schleunigst davoneilenden Zeigermannschaft auszugehen. Die Nebenbed. 'sich verstecken' zeigt ein Umschlagen ins Gegenteil, ähnlich wie bei schenken. Bed. 4 zeigt die Umsetzung des reflex. Gebrauchs in den transitiven, vermutlich unter Einfluss von *glisser*. Die ebenfalls verschiedenenorts bezeugte Bed. 5 steht so weit ab, dass die Zusammen gehörigkeit mit 'zeigen' in Frage steht. Vielleicht aber wurde *tsiga* allgemein von einem verantwortungsvollen Dienst gebraucht, es hiess etwa 'funktionieren' und wurde so auch auf das Lenken eines Fuhrwerkes übertragen. Alem. wird 'zeigen' nie auf ein Fuhrwerk bezogen (dafür schwd. *wīsə*), so wenig wie 'montrer'. Ein roman. Stamm ist mir nicht bekannt. — Zur kulturhistorischen Bedeutung der Anleihe § 14.

Zieger — *tsigro* m. (Vd F), *šigr* (Vd Aub.), *tsədye* (Vd P.d'Enh.) = allg. Zieger; früher spez. Zieger mit Rahm zubereitet (P.d'Enh.).

Aus schwd. *tsigər* m. *šigr* zeigt Französisierung nach § 34, 3; daher ohne Zweifel frz. *schigre* (S.-V.). *tsədye* setzt ein *r*-loses **tsig* voraus (vgl. § 37, 4); zu *dy* für *g* § 32, 5; zum ungewöhnlichen *ə* für *i* vgl. rücken, Riegel u. a.; *-e* bleibt unklar. Mask. wegen *séré*. — Zur Sache vgl. Schabzieger. — Dasselbe Wort in rät. (Pult 135,[209]) und tess. Ma. (Salv.[1] 96; Bruckner 29[2]).

Zither — *tsitra* f. (F Gruy.), *tsitər* (V Lens; Quinche 313) = bekanntes Saiteninstrument. — Ableit. *tsitra* v. (F).

Fem. wegen *guitare, cithare*.

Zopf s. Zupfe.

Zöpfli — *tsefli* m. (V Trient), *tsuflè* (V Salvan) = Haarbüschel; Zipfel an der Kappe.

Aus der im Wallis zu erwartenden, entrundeten Form *tsepfli* n. 'Zopf', vielleicht auch **tsipfli* nach bernd. *züpfli* (Friedli 1, 615). *tsuflè* unter Einfluss von *tsufè* s. Zupfe, wo, wie hier, eine Bedeutungsverschiebung von 'geflochtenes Haar' zu 'lockeres Haar' anzunehmen ist.

Zuckerbirne — *tsukrbér* f.? (B Rom.) = schwd. *tsùkxərbìrə;* vgl. Birne.

Zuckererbse — *tzocraibce* pl. (B Paniers 695, Rossat Hs. B) = Zuckerwerk (dragée).

Zum *o* für *ù* § 29, 6; zum *r*-Wegfall § 36, 4.

Zug — *tsug* m. (Vd Oron, Sassel) = Beizügel (fausse-rêne), dient zur strafferen Führung eines jungen Wagenpferdes. — Ableit. *zouger* v. (Vd Montet 1851) Zug haben, vom Feuer.

Vermutlich aus *zugriemen* oder auch *zugstrang* (*Id.* 6, 912) verkürzt (§ 36, 3). Zur anzunehmenden technischen Verschiebung vgl. Mauerlatte, Raf u. a. — Der 'Beizügel' heisst auch 'Aufzug' oder 'Aufsatzzügel', nicht aber m. W. 'Zug' allein. — Zur Sache vgl. Leitseil.

zügeln — *tsœglè* v. (B Rom. Zim. 35) = ausziehen.

Schwd. allg. *tsùglə* v. in gleicher Bed. Zum *œ* § 29, 8. — Zur Sache vgl. räumen, wandeln.

Zundel — *sõdèl* f. (B Aj. Biétrix, Dev.), *tsõdèl* (B Mett.) = Zunder (amadou).

Aus alem. *tsùndəl* m. (*Els. Wb.* 2, 907; Seiler). Fem. wegen der betonten Endung, § 44, vielleicht hier unter Mitwirkung von *bokèl* f. 'Zunder'. Isoliert steht in B der doppelt bezeugte *s*-Anlaut, vgl. *suibac* (Montbél.); sonst erscheint *s* nur in *-nts*. Auch auf dem Wege der Entsprechung ist dem *s* nicht beizukommen.

Zündpulver — *tsẽpurlo, -prəlu, -pərlo* m. (Vd bes. Alp.), *tsaupourlo* (Vd Bri.), *tsẽporlo, tšẽprələ* (F Gruy.), *tsẽpœrλə* (N Boudry) = **1.** Zündpulver (amorce de poudre). **2.** kleine Pulverexplosion, bes. *faire tsẽpurlo* explodieren, Feuerteufel als Knabenbelustigung. **3.** vorübergehende Heftigkeit (moment de vivacité). **4.** Hitzkopf. — Ableit. *tsẽpərlè* m. (F) nur Bed. 3; *tsẽpurla* v. (Vd F) Pulver zum Explodieren bringen.

Wahrscheinlich, wie Gauchat vermutet, aus *zündpulver* n. 'Pulver, das auf die Zündpfanne des Gewehres geschüttet wurde' (*Id.* 4, 1207), mit freib. Entrundung *tsìmpùlfər*. Das ohnehin oft schwach artikulierte *f* drang nicht ans welsche Ohr. *pulro* wurde wohl unter Einfluss von *burla* 'brûler' zu *purlo* umgestellt. Zum Wechsel von *u* und *o* § 29, 6. In *tsaupourlo* hat offenbar *tso* chaud eingewirkt. Die übrigen Formen dürfen als lokale Abweichungen gelten. Das mask. Genus fällt auf. Die nicht-alem. Bed. 2—4 bieten keine Schwierigkeit; zu Bed. 4 vgl. schwd. *fürtüfəl* 'Hitzkopf'. — Dasselbe Wort mit technischer Verschiebung als *zimpolver* 'Zündloch der Feuerwaffen' in lomb. Ma. (Bruckner 32; Salv.² 609³; Bertoni 216). — 'Pulver' allein scheint vorzuliegen in *purlo* m., *purla* f., *purleta* f. 'Pulver zu Feuerwaffen' (alle nur Vd Bri. Dum.). — Zur freib. Entrundung s. brünzeln.

Zunft — *tšõfr, tšõf,* auch *tšõmf* (B Aj. Vad.); vgl. *chomffe, chomft, schompfe, schumpf;* litt. *chonffe* (Montbél. 16.-18. Jh., Nardin et Mauveaux 1, 15, 34; 2, 81 u. passim) = **1.** Korporation. a) heute: Gesellschaft der unverheirateten Burschen einer Ortschaft (B). b) früher: Handwerkergenossenschaft (Montbél.). **2.** Eintrittsgeld, auch Lösegeld bei der Verheiratung. — ABLEIT. *tšõfriə* m. wer der 'chonffe' (a) angehört oder sich um die Aufnahme bewirbt; *tšõfru* m. Präsident der Jungburschenschaft; *tšõfrè* v. 1. das 'Lösegeld' erheben, 2. es entrichten. 3. einen in den Brunnen werfen zur Strafe dafür, dass er nicht der 'chonffe' beitreten will.

Aus *tsùmpft* mit sukzessiver Anpassung in Laut und Schrift. Zum Nasal § 31, 4; zum Wegfall des *t* § 36, 1β; zum *r*-Zusatz § 37, 3. Schwierigkeiten macht der *tš*-Anlaut, der nur dann auf Entsprechung beruhen kann, wenn das Wort früher bis zur Kontaktzone von *tsā* und *tšā* gedrungen war, was sich vielleicht aus Archiven noch feststellen lässt (vgl. Zwick[1]). Aus *tšõf* wurde mit normaler franz. Entsprechung *chonffe* (§ 34, 2[2]). Da aber *ts* dem BJura überhaupt fremd ist, — keines unserer Lehnwörter mit deutschem *z* erscheint auf grösserem Gebiet mit *ts* — liegt vermutlich direkte Lautsubstitution (*ts* für deutsches *z*) vor, vgl. *Tscheiller* für 'Zeller' (Vauth.). — Zum deutschen Einfluss im Zunftwesen Montbéliards s. Teil I, 35. Zur Sitte des Lösegeldes s. Gauchat (*Bull. du Gl.* 10, 12 ff).

Zupfe — *tšufa* f. (V Evol.), *tšuf* (B Vad.), vgl. *tseuf* m. (Dict. valdôt. 295) = Büschel (Haare, Gras). — ABLEIT. *tsufè(t)* m. (V Sierre, Hérens, Centre), *tšufèt* (V Hér.), *tsəfè* (V Mart. Entr.); *tšufa* m. (B Del.) = **1.** Haarbüschel auf dem Kopf von Menschen oder Tieren (touffe, toupet) (V B), auch Zipfel an der Kappe (B). **2.** Seitenlocke (V). **3.** kleiner Büschel losgelöster Haare, Wolle etc. (pincée) (V).

Wahrscheinlich aus *tsùpfə* f. (Seiler) oder *tsupfə* m. 'Zopf' (*Els. Wb.* 2, 912), eher als aus *tsòpf* des Stammvokals wegen; vgl. *züpfe* f. (Hunz., Friedli 1, 497). Der *tš*-Anlaut in B erklärt sich einfach durch das dort eingedrungene synonyme Tschupp, in V vielleicht wegen it. u. piem. *ciuffo*, das auch die Bed. kann beeinflusst haben. Gegen Herleitung der ganzen Sippe aus dem wohl stammverwandten *ciuffo* sprechen der i. G. vorwiegende *ts*-Anlaut sowie auch die sicher alem. Entlehnung desselben Wortes im BJura. Zu *tsəfè* vgl. *təpè* toupet (V). — Fem. wohl wegen *kyeta*, *kətsə* 'mèche de cheveux' (V). — Merkwürdig bleibt bei Herleitung aus 'Zupfe' die Bedeutungsdifferenz: alem., soweit mir bekannt, immer 'geflochtenes Haar', welscherseits nur 'loses, ungeflochtenes Haar', doch vgl. frz. *touffe*, das sicher, und it. *ciuffo* 'Schopf', das wahrscheinlich zu 'Zopf' gehört (M.-L. *Et. Wb.* 8989).

zupfen — *tsupfè* v. (B Aj. Guélat) = (Haare) ausreissen, zerzausen.

zurück — *truk* interj. (üb. ausser V G, bes. Vd B), *tsıruk* (V Sierre u. Hér. spor.), *tsəruk* (B Mett.), *štrok* (F Sug.), *troucle* (Quinche 311) = rückwärts! Ruf der Fuhrleute an die Zugtiere, im Wallis auch an die Lasttiere. — ABLEIT. *truka* v. (Vd allg.), *troka, tsrouker* (N), *štroka* (F Sug.), *troucler* (Quinche 311); *rtroka* (N), *rtrukè* (B Terbi) rückwärts gehen (Pferd, Wagen). — ZUS.-SETZG.: *štrokvèrts* (F Sug.) rückwärts.

Aus schwd. *tsrùk(x)*, das in mehreren Grenzorten getreu mit *ts* wiedergegeben wird. Zum gelegentlichen *o* § 29, 6; zum Vokaleinschub § 37, 1;

zum *l*-Zusatz s. Feierabend, fertig, Reff, Scheibe, bei *troucler* wohl formaler Einfluss von *boucler*, *bâcler*. Das im Innern konsequent auftretende *t* für *ts* steht isoliert, die unfranz. Verbindung *tsr* musste gewaltsam überwunden werden. Einen andern lokalen Versuch zeigt *štrok*. Das Präfix *re-* in Anlehnung an *reculer*. — *štrokvèrts* geht auf *rùkxwürts* unter Einfluss von *štrok* zurück. — Dasselbe Wort brauchen die Vesuvführer in der Form *tsarrik*, um deutsche Fremde vor den Lavabomben zu warnen.

Zusatz — *ceulx qui estoent demore au zůsatz* (auch *zuosatz*) *devant Belletz* (Bellinzona); *...que nous allies avoent tramis le zůsatz, ordonne per messrs; ...notres compagnyons, lesquelx sont ou zůsatz a Irns* (Giornico), *ordonne per messrs* (Rat von Freiburg), *...premier zůsatz, ...second zůsatz devant Belletz* (F 1478-80, Büchi 87, 89, 92 u. passim) = vermutl. hier Truppenkontingent, den ein eidgenöss. Ort zu stellen hatte; sonst Hilfstruppen, Verstärkung (*Id.* 7, 1569).

Zwetschge — *tsweska* **f.** (V Bez. Sierre, auch Hér.), *twèska* (V Chalais, Nebenform); *tšèskə*, auch *tšəvèškə* **m.** (F allg.) = Zwetsche. — Ableit. *tsweski(r)* m. (V), *tšeska* m. (F) Zwetschenbaum.

Aus allg. schwd. *tswètškə* f. (so auch V) mit verhältnismässig geringer Erleichterung der alem. Konsonantenfülle. *tsweska* und *tšəvèškə* zeigen Ausgleich in den *s*-Lauten, während sie in *tšèskə* ihre Stelle vertauscht haben, umgekehrt in *suərtš* aus Schurz; *w* wurde hier meist ausgeschaltet, vielleicht unter Einfluss von *tšèrk*, *tsèrko* m. (F) 'zeste, trognon' (die Sachvorstellung variert), das gelegentlich (3 mal) auch die Zwetsche bezeichnet. Zum *t*-Anlaut in Chalais vgl. zurück. Fem. wegen des sonst allg. üblichen *prune*, das, wie im Franz., allg. die Gattung der Pflaumen, die Zwetschen inbegriffen, bezeichnet; Mask. wegen *prəmyó* (pruneau), das vornehmlich für die gedörrte Zwetsche gebraucht wird.

Besonders bemerkenswert ist bei diesem Begriff die sowohl formal als geographisch dreifache Entlehnung: 1. Zwetschge in V und F, 2. Quätschge und 3. Wätschge in B. Dabei hat offenbar das Bedürfnis mitgespielt, die grosse, oft als Dörrobst verwendete Zwetsche, nach welscher Auffassung eine Abart der *prunes*, durch einen besonderen Namen auszuzeichnen. Mehrfache Entlehnung erfuhren ebenfalls Benz, Dreck, Geiss[1], Gitzi, Rübe, Schnecke u. a. — Den Typus 'Zwetschge' kennt auch das Rät. (Ulrix).

Zwieback — *tsviba* m. (B Vermes); *suibac, choubac* (Belfort Vauth. 93) = Zwieback.

Wenn 'Zwieback' wirklich nur Bedeutungslehnwort aus *biscuit* ist (Kluge), so liegt hier (ganz moderne) Rückentlehnung vor. Mask. wegen *biscuit*.

Zwick[1] — *tsəvèko*, auch *tsəvéko, tsévéko* s. m., *-a* adj. (Vd üb. V Illiez Entr. F spor.), *tsèvèku, -o* (F allg.), *tšvèk* (N B spor.; Fr.-C., Grand'Combe), *švèk* (B üb.), *tsvek* (B Prêles); *chevèque* (allg. volksfrz., auch G, häufig im Patois); vgl. *švak* (Dampr.) = **1.** Zwitter (hermaphrodite), meist Ochse mit weiblichen Geschlechtsorganen; allg. infolge von Missbildung zur Reproduktion untauglich, von männlichen wie von weiblichen Haustieren; impotent, als Schimpfwort von kinderlosen Ehegatten. **2.** bubensüchtiges Mädchen (F). **3.** übernatürliches Wesen (spectre, lutin qui a la seconde vue) (Bri.).

Aus allg. süddeutschem *zwick,* schwd. *tswìkx,* in Bed. 1 (Stalder etc.). Zum Vokaleinschub § 37, 1. Die N-Form beruht auf dem dortigen Wechsel zwischen *ts*- und *tš*-Anlaut; *chevèque* ist ebenfalls normales Entsprechungsprodukt nach § 34, 2². Das allg. jurass. *švèk* ist entweder von Süden her, älteres *tswèk* verdrängend, als 'forme romande' eingedrungen, was sachlich wenig einleuchtet, oder aber es ist, mit früher wohl allgemeinerem *tšvèk,* durch direkte Lautsubstitution, *tš* für *ts,* in B selbst entstanden, vgl. Zunft, Zwick², zwinken. Das Wort verdankt ohne Zweifel seine starke Verbreitung dem Umstand, dass weder dem Patois noch der franz. Schriftsprache ein anderer Ausdruck als das gelehrte *hermaphrodite* zur Verfügung stand, das nur vereinzelt volkstümliche Umprägung erfahren hat (Teil I, 29⁴⁸). — Dasselbe Wort im Tessin (Salv.¹ 96). Vgl. *vidrevec* 'hermaphrodite' (Montbél. 421), wahrscheinlich aus 'widerwärtig' im Sinn von 'der Begattung abgeneigt'.

Zwick² — *tswik* m. (B Romont, Soyhières), *švek* (B Plagne) = Schmitze an der Peitsche.

Aus schwd. *tswìkx* m. in gleicher Bed. (Stalder; Friedli 3, 407 etc.). Zu *i* und *e* § 29,4; zum *š*-Anlaut vgl. Zwick¹.

zwinken — *šwĩkè d l'œy* v. (B Vicques) = blinzeln.

Aus älterem *zwinken* für 'zwinkern' (Paul), vgl. mhd. *zwinken.* Zum Nasal § 31,3; zum Anlaut vgl. Zwick¹.

Anhang.

Hier folgen einige Wörter meist unbekannter Herkunft, die mangels eines deutschen Stichwortes im 'Wörterbuch' nicht untergebracht werden konnten, die aber doch das Verhältnis zwischen Deutsch und Welsch irgendwie zu beleuchten geeignet sind.

alboche — m. (volksfrz., bes. G), *albotš* (spor. F N B) = Deutscher, spöttisch.

Das Wort stammt ohne Zweifel aus Frankreich, wo es seit 1889 belegt ist (Sainéan, *Argot anc.* 58; Vill. *Parisismen*; S.-V. *suppl.*). Es soll auch in Luxemburg und Elsass-Lothringen üblich sein (Hamm). In Genf war es schon um 1870 im Gebrauch (P. Seippel u. a.). Seine Herkunft ist ebenso umstritten wie die von *boche.* Das wirkliche chronologische Verhältnis der beiden Ausdrücke ist noch nicht aufgeklärt. Da es sich nicht um einen 'terme romand' handelt, begnüge ich mich hier mit einer kurzen Zusammenstellung der mir bekannt gewordenen Vermutungen: **1.** *alboche* fusst auf *boche,* das um die erste Silbe von *allemand* erweitert wurde (Sainéan, Tappolet). **2.** *alboche* fusst auf *allemand,* dessen zweite Silbe dem Einfluss von *rigolboche, fantaboche, bamboche* weichen musste (Nyrop, Etienne).

3. *alboche*, aus Genf stammend, ist aus *allobroge* 'Grobian' (Littré) entstellt (Schuchardt). 4. *alboche* ist verkürzt aus pik.-wall. *tête d'alboche* 'Streithammel', 'Querkopf', das schon 1865 von Sommerarbeitern in die Gegend von Soissons verschleppt worden wäre. Darin bezeichnet *alboche* (auch nur *boche*) ein dem Boccia-Spiel verwandtes spezifisch flandrisches Keulenwurfspiel (jeu des billons). *Tête d'alboche* war ursprünglich auf die verwelschten Flamen in der Gegend von Arras gemünzt und trug so den Keim eines Spottnamens für den Deutschen in sich; aber erst mit dem 70er Krieg hätte es entschieden antideutsche Bedeutung angenommen (Hamm). — Lit. bei boche.

allemand m. (allg.) = **1.** Deutscher. **2.** der sich durch geziertes Reden lächerlich macht (V Bagnes); vgl. *todèsko.*

allemandages m. pl. (G 1820, Humbert) = causeries, commérages; *elle fait des allemandages pour rien.*

allemander — *almãda, -è* v. (G N B); *olmãdè* (Montbél.) = **1.** deutsch reden, bes. von einem Welschen, der es gelernt hat. **2.** eine unverständliche Sprache sprechen, *je ne sais ce qu'il allemande là* (G).

almotš m. (N Savagnier) = Deutscher.

Vermutlich eine scherzhafte Kreuzung von *allemand* + *motš* (s. Mutsch). Doch begegnet das Wort als *almoche* auch in Frankreich (Hamm, *Neuere Sprachen* 24, 227). Vgl. Almosen und lothr. *almœs* 'Deutscher'.

bâlois — *balwè* m. (B Vad. Terbi); vgl. *le serement des ballouards des boys* (vermutl. Holzwart) (Delémont 1530, Stouff 55) = Bannwart für Feld oder Wald.

Die Bezeichnung stammt ohne Zweifel aus der Zeit, wo die Gemeindebeamten im B Jura von den Fürstbischöfen zu Basel eingesetzt wurden (§ 3). Das vermutlich hieher gehörige *ballouard* wurde in der Endung an *banward* (s. Bannwart) angeglichen. — *bâlois* lautet sonst *bèlwa*, doch bleibt in der Regel *a* vor *l* erhalten (*alè, salè, talõ* etc.). *wa* und *wè* varieren von Dorf zu Dorf (Zim. 1, Tab. III, IV).

bâloise f. (F spor.), *bâlwâzè* (Vd Blon.) = Frauennachthaube aus farbigem Stoff. Der Ausdruck ist veraltet.

Dass es sich bei dieser offenbar ganz anspruchslosen Haube um das zur Basler Tracht gehörige, bekannte *Basler Hübli* 'kleines, mit Gold und Silber verziertes Häubchen, das mit Pappe am Hinterhaupt befestigt wurde' (*Id.* 2, 953, vgl. *Pegine*, Seiler 25) handle, scheint ausgeschlossen. Da vermutlich weder die fertige Haube noch der Stoff dazu aus Basel bezogen wurden, rührt die Bezeichnung möglicherweise von einem aus Basel stammenden seidenen Bendel her, der vielleicht früher für die Haube irgendwie charakteristisch war.

bernois — **a)** *barnai* m. (V Bagnes, Praz-de-Fort, Trient), *bèrnè* (F), *bernai* (Vd Alp.) = **1.** Berner. **2.** Protestant (F V); Ketzer, Atheist. **3.** Spitzbube, gewissenloser Mensch (V). **4.** Bewohner des Pays d'Aigle im Munde der Walliser (Agace 39, 3).

[**b**) *barnei, bernei* m. (V Osten, Bagnes, Entr. F Gruy.), *barna* (V Lourtier), *bərni* (V Ann. Savièse) = Sense.]

Den Zusammenhang von Bed. 2 und 3 mit *bernois* haben Cornu und Gauchat erkannt (s. *Bull. du Gl.* 9, 60, wo weitere Lit.). Zur Bed. 2. vgl. *vaudois* und *sütš* 'Protestant' (s. Eidgenosse[2]). Von psychologischem Interesse ist die konfessionelle Verschärfung mit Entartung zum Schimpfwort (Bed. 3), die das Wort im bernfremden Wallis erfahren hat, während es bei den Freiburgern, welche die 'ketzerischen' *bernois* aus täglichem Verkehr kennen, einen viel harmloseren Klang zu haben scheint. — Bed. 4 geht auf die bernische Herrschaft in der Waadt zurück.

Bei b) ist die von Barman vermutete Herleitung aus *bernois* unsicher. Ausser der auffallend starken Verbreitung in Bagnes-Entremont erregt das Genus Bedenken: es wäre *bernoise* aus ursprüngl. *faux bernoise* zu erwarten. Das Wort gehört eher zu *bernar* 'Feuerschaufel' mit Suffixwechsel.

boche m. f.; auch adj. (allg.) = Deutscher; deutsch, meist Ausdruck mehr oder weniger starker Abneigung und Geringschätzung, oft auch ganz harmlos *un livre boche, un mot boche.* — ABLEIT. *bochesse, bocherie, bochonnerie, la Bochie; bochiser, s'embocher* etc. etc.

Das Wort, das erst der europäische Krieg von 1914 aus den lichtscheuen Sphären des Pariser Argot an die grosse Öffentlichkeit gebracht hat, stammt wie *alboche* aus Frankreich, und ist in der franz. Schweiz auch erst seit Kriegsausbruch bekannt und auf dem Wege der Zeitung sofort allgemein üblich geworden. Wenige Wörter haben so starkes und so allgemeines etymol. Interesse wachgerufen wie *boche.* Trotzdem bleibt der Ursprung umstritten. Jedenfalls war *boche* zunächst ein Schimpfwort; vgl. *tatsè.* Bezeugt ist es zuerst als 'mauvais sujet' 1866 (Delvau), als 'libertin' 1881 (Larchey), dann als 'Allemand' 1883 (Larchey, suppl.). Von ernst zu nehmenden etymol. Vermutungen seien folgende erwähnt: **1.** *boche* ist aus *cabochè* verkürzt, mit der Bedeutungsentwicklung: 1. Dickkopf, geistig schwerfälliger Mensch, 2. schwerfälliger, ausländischer Arbeiter, spez. deutscher Setzer, 3. Deutscher, im geringschätzigen Sinn (Sainéan, Tappolet). **2.** *boche* ist identisch mit it. *boccia* 'Holzkugel', südfrz. *bocho* (Mistral), frz. *boche* (nach Hamm), vgl. frz. *bochette* 'Art Kugelspiel' (um 1650). In Südostfrankreich wäre *tête de boche* 'Dickkopf' (nicht bei Mistral) aufgetaucht, Bedeutungsentwicklung wie oben.

LITERATUR (soweit sie mir gerade bekannt geworden): **1914:** Sainéan, *Temps* 22. Dez., erweitert in *L'argot des tranchées,* Paris 1915, S. 129 (alboche), 134 (boche), allg. 9—13. Vgl. Seippel, *Journal de Genève,* 28. Dez. **1915:** Verf. *Korrespondenzbl. der schweiz. Ges. f. Volkskunde,* 5, 17—19; Moritz Werner, *Frankfurter Zeitung,* 11. Juni; Etienne, *Neue Rundschau* 1150—52; Eug. Lerch, *Berliner Tagbl.,* Nr. 380, 484; Kr. Nyrop, *Politiken* (Kopenhagener Zeitung), 5. Dez., ibid. 6. Febr. 1916; R. Hamm, *Liller Kriegszeitung,* 24. Dez., ders. *Magdeburger Zeitung,* Nr. 783, und besonders *Neuere Sprachen* 24 (1916) 169—171, 226—228. Vgl. *Neue Zürcher Zeitung* Nr. 1682; *Matin,* 5. Okt. **1916:** H. Schuchardt, *Tagespost* (Graz) 9., 11., 12. Jan.; *Annales politiques et littéraires* S. 181 (13. Febr.); Kiessmann, *Münchner Neueste Nachrichten,* 19. Sept. Vieles von A. Barth mitg.

foromã, *formã* adv. (Vd spor.) = **1.** deutsch (reden). **2.** mit fremdem Akzent (reden).

Aus *faux* + *roman* 'Dialekt' im Gegensatz zur Schriftsprache. Zur Auffassung vgl. Teil I, 51.

šnark f. (B Prêles) = alter Schuh.

Wie bei den folg. Wörtern deutet jeweilen der Anlaut auf deutschen Ursprung, ohne dass sich alem. ein entsprechender Ausdruck finden liess.

štèk m. (B Prêles) = Birnensorte; Bem. wie oben.

štrabluər, *strablur, trabluər* f. (B Aj. Doubs) = schlechter, dünner Kaffee; Bem. wie oben.

štrik *de pã* f. (B Plagne) = grosses Stück Brot.

Möglicherweise aus schwd. *štrix* m. emphatisch 'grosses Stück Weges' (*Id.* mitg.) vgl. Landstrich.

tatsè m. (Vd spor.) = **1.** Dummkopf. **2.** Deutscher; vgl. *todèsko.*

toberbitš m. (N spor., Wissler 139) = Deutscher, scherzhaft.

todèsko, *tudèsk* m. (V Evol. Nendaz, F Cressier) = **1.** Deutscher. **2.** ungeschickter, einfältiger Mensch (V); aus ital. *tedesco,* vgl. *tatsè.*

tõgəlè — *avoir l'accent du tõgəlè* (Vd Leysin) = mit deutschem Akzent reden.

toto m. (Vd G, Wissler 139) = Deutscher, spöttisch; *bœügr də toto* 'bougre d'Allemand' (G).

Vielleicht aus *du du,* wie Hubschmid vermutet.

trəkotsi v. (Vd Orm. Leysin) = deutsch reden.

Vermutlich aus frz. *tricoter* 'durchprügeln'; *ts* in Anlehnung an *talmatsi* (dolmetschen). Zur Geräuschempfindung vgl. *faire du fwétr, brasser du mortier* (Teil I, 51).

Berichtigungen.

A. Zum ersten Band.

Andere Auffassung als in Teil I zeigen auf Grund erneuter Informationen die Artikel: Aarberg (nicht Albrecht), Büttenkraut (nicht Bitterkraut), Ganse (nicht Gans), Griesbach (Fabrikant, nicht Ort), luck (nicht locker), Schneeberger (Ort, nicht Fabrikant), Stich (nicht Stück), Stockpfeifer (nicht Stadtpfeifer).

Weggelassen wurden im Wörterbuch folg. 29 Wörter: 1. weil nicht alem. Herkunft: Gon (I 31), Kursaal (20), Nase (32), Schnapphahn (47), Stall (30), Steinbock (32), *tyrolienne* (34), *trükmaka* (39); 2. weil sicher oder vermutlich nur individuel gebraucht (meist aus B): anschmieren (39), anzeigen (44), chlepfen (39), festigen (40), Gaststube (41), gaumen (52), hausieren (38), holen (41), hudlen (47), huren (47), maulen (47), Nell (41), Pappe (23), plaudern (41), präuchen (23), süffig (42), Tatze (26), Teller (26), treiben (31), Wette (41), Zipfel (27).

B. Zum zweiten Band.

S. 42. Fliesspapier Zeile 7: *frizpèpiə* nicht *friəzpèpiə.*
S. 69. Gülle Zeile 1: *goʎə, goyə* nicht *goʎe, goye.*
S. 71. Artikel Gulden sollte vor Gülle stehen.
S. 92. Zeile 1: Krägli nicht Krägll.
S. 96. Küher Zeile 1: *kųèyèr* nicht *kyèyer.*

Zur Einrichtung des Wörterbuches.

Grundsätzliches und Technisches.

1. Abgrenzung des Stoffes. Was unter 'alem. Lehnwort' zu verstehen ist, wurde Teil I S. 3-4 auseinandergesetzt.[1]) Ausser den eigentlichen Patoiswörtern wurden nur gelegentlich volksfranz. Ausdrücke aufgenommen, die mir linguistisch (Viertel) oder kulturhistorisch (Bernerwägeli) von Interesse schienen, besonders wenn sie ältern Sprachperioden angehören, wie Urfehde, Hakenbüchse, Nachtfutter u. a. (vgl. Teil I S. 6).

Aufgenommen, aber in Klammer [] gesetzt wurden, weil als Träger alem. Einflusses nicht oder kaum in Betracht kommend:

1. Wörter, bei denen alem. Entlehnung möglich, aber nicht gerade wahrscheinlich ist (Fideli, Kern, krank, Kuchen, Mus², Ruf, schlagen, Schnaps, Schuhmacher u. a.)

2. Franz. Wörter deutschen Ursprungs, die unter alem. Einfluss modifiziert erscheinen (Branntwein, brechen, Habersack, heulen u. a.).

3. Wörter unsichern Ursprungs, die im franz. und deutschen Gebiet verbreitet sind (Brente, Butsch, Schnick).

4. Wörter, bei denen mit Unrecht alem. Einfluss angenommen wurde (blotzen, Knödel, Hutte, Krapfen, Nabe) oder leicht angenommen werden könnte (Kartoffel, Krebs², Harke, Herdebuch).

5. Einzelne Formen oder Bedeutungen, die sicher oder wahrscheinlich auf franz. Einfluss zurückgehen (vgl. Spenzer; Patron) oder deren Zugehörigkeit zur betr. Wortsippe zweifelhaft ist (vgl. gautschen; Katze²).

2. Inhalt der Artikel. Jeder Artikel des Wörterbuches zerfällt in der Regel in zwei Abteilungen, von denen die erste den Tat-

---

[1]) Nicht aufgenommen wurden die meisten der von Zimmerli (1, 34-35) für Romont notierten deutschen Wörter, die sich bei einer persönlichen Nachprüfung an Ort und Stelle zum mindesten als nicht allgemein üblich herausstellten.

b e s t a n d, die andere (in Petitschrift) den wortgeschichtlichen K o m m e n t a r enthält. Der 'Tatbestand' umfasst:

1. alle mir bekannt gewordenen P a t o i s f o r m e n aus der welschen Schweiz und aus den franz. und ital. Grenzgebieten, soweit anscheinend die Verbreitung in ausserschweizerischem Gebiet auf die Vermittlung der Westschweiz zurückgeht.

2. alle mir bekannt gewordenen B e d e u t u n g e n, aber in der Regel ohne Beispiele, die zwar den Stoff erheblich belebt, aber kaum die Beurteilung des Tatbestandes beeinflusst hätten.[1])

3. alle wichtigeren A b l e i t u n g e n und Zusammensetzungen mit vollständiger Angabe der Bedeutung. Beschränkung schien mir geboten bei Angabe der Lautform, die nur dann vollständig gegeben wird, wenn sie mit derjenigen der Grundform nicht übereinstimmt.

Der 'Kommentar' stellt sich bei jedem dazu geeigneten Artikel systematisch zur Aufgabe:

1. die Erörterung der Etymologie in formaler, begrifflicher und geographischer Hinsicht.

2. die Erklärung a l l e r Lautformen und a l l e r Bedeutungen an Hand der im ersten Band (§ 27-53) und in der Einleitung zum zweiten Band niedergelegten methodischen Grundsätze. — Ausserschweizerische Formen konnten nur gelegentlich erörtert werden.

3. die Begründung der Genusform an Hand der §§ 42-47 erörterten Theorie.[2])

4. die Behandlung der Frage nach der mutmasslichen (histor.-politischen, technisch-wirtschaftlichen oder psychologisch-affektischen) Veranlassung zur Aufnahme des fremden Wortes in Anlehnung an die §§ 24-26 geäusserten Erwägungen. Ausserdem wurde häufig auf begriffsverwandte Lehnwörter verwiesen. Vollständiger sind die begrifflichen Gruppen ersichtlich in Teil I, 18-52 und Teil II, 208-210.

Am Schluss wurde die anderweitige Verbreitung des deutschen Stammes auf rom. Gebiet, bes. in rät. und lomb., sowie in voges., lothr. und wall. Mundarten angedeutet, doch ohne irgend welchen Anspruch weder auf Vollständigkeit noch auf kritische Sichtung des Materials (vgl. Teil I, 10[14]).

---

[1]) Ich durfte umso eher darauf verzichten, als das in Aussicht stehende *Glossaire* der Beispiele eine reiche Fülle geben wird.

[2]) Das Genus wurde nur bei der ersten Form einer Reihe angegeben. Wo also das Genus fehlt, suche man es jeweilen in rückwärts gehender Richtung.

Der so beschaffene Artikel, als Ganzes gefasst, bedurfte im alphabetischen Rahmen eines leicht auffindbaren Stichwortes.

3. Stichwort. Als Stichwort wurde die bekannteste deutsche Form des in Frage stehenden Wortes gewählt, eine schriftsprachliche (bzw. süddeutsche) Form, sobald eine solche vorhanden,[1]) eine womöglich gemeinalem. Form, wo die Schriftsprache versagte. Die Stichwortform, als Etikette zu den Artikeln aufgefasst, wurde durch einen Gedankenstrich — von diesen getrennt. Man suche also z. B.

giga unter Geige *graoba* unter Griebe
yutsi unter jauchzen *grotè* unter geraten
tütš unter Deutsch *efləmü* unter Apfelmus, aber

klòkr unter Chlucker, weil ohne schriftsprachliche Entsprechung, *kunələ* unter Chuneli, weil morphologisch zu verschieden von 'Kaninchen'.

In zweifelhaften Fällen helfen zahlreiche Verweise aus der Verlegenheit. Vgl. auch den Formenindex S. 211.

Begründung. Obigem System liegt die Auffassung zu Grunde, dass ein Stichwort in erster Linie Auffindewort sein soll und erst in zweiter Linie zur Mitteilung eines Tatbestandes verwendet werden darf. Je bekannter es ist, desto besser erfüllt es seine eigentliche Aufgabe.[2])

Jedermann kennt die Form *Feierabend*, nicht jedermann ist *firobig* geläufig. Dass *firobo* auf *firobig* zurückgeht, wird im 'Kommentar' gesagt, dazu soll nicht das Stichwort missbraucht werden. Zudem hilft die schriftsprachliche Einheit gar oft über die mundartliche Vielheit hinweg.

Die Patoisform als Stichwort zu wählen schien mir umso weniger angezeigt, als bei unsern Wörtern das *Glossaire* diese An-

---

[1]) Massgebend waren mir dabei die Wörterbücher von F. Kluge u. H. Paul.

[2]) Es ist hier nicht der Ort, diesen Grundsatz in seiner ganzen Tragweite zu erörtern. Bemerkt sei nur, dass er m. E. auf alle künftigen Dialektwörterbücher angewandt werden sollte. Wo dem Dialektwort eine schriftsprachliche Form entspricht, sollte diese als Stichwort figurieren. Das Bekannte voran, das Unbekannte nachher. Dialektwörterbücher dienen in der Regel ganz andern Zwecken, als der Präparation eines fremdsprachlichen Textes, auf die hin unsere üblichen Wörterbücher (Georges, Sachs-Villatte etc.) mit Recht eingerichtet sind. Der total verschiedenen Bestimmung sollte die Wahl des Stichwortes Rechnung tragen. Diese Einsicht wird das *Glossaire* in die Tat umsetzen.

ordnung bringen wird. Wer über eine ihm schon bekannte Patoisform Bescheid haben will, den wird der Formenindex rasch zum Ziele führen.

4. Verbreitung. Vgl. dazu die Abkürzungen S. XV. Auf die geogr. Verbreitung der Wortformen, als den wichtigsten Faktor zur Einschätzung der Vitalität, wurde besonderes Gewicht gelegt. Soweit die Belege ein Urteil erlaubten, wurden bei mehr als rein lokaler Verbreitung vier Vitalitätsstufen unterschieden; es bedeuten also z. B.

B überall = starke Belegtheit in allen Teilgebieten (Aj. Del. etc.) des Berner Jura.

Vd allgemein = ziemlich starke Belegtheit in den beim heutigen Stand der Patois massgebenden Teilen der Waadt.

V = mittelstarke Belegtheit im Wallis.

F sporadisch = nur gelegentliches, aber mehr als einmal bezeugtes Vorkommen.

Der Angabe der regionalen oder lokalen Verbreitung wurde jeweilen das Sigel des betr. Kantons vorangestellt. Dabei bedeutet z. B. *B Aj.*, dass die Form mehr als einmal aus der Ajoie bezeugt ist, gelegentlich auch, dass sie trotz nur einmaligem Aj.-Beleg mutmasslich in der Ajoie weiter verbreitet ist, weil sie im benachbarten Gebiet ebenfalls vorkommt.

Bei rein örtlichem Vorkommen stehen die Dorfnamen[1]).

Bei Ableitungen, die im gleichen Gebiet vorkommen, wie das Simplex, wurde die geogr. Angabe weggelassen oder auf den Kanton beschränkt.

Die Reihenfolge der Formen sowohl als die der geogr. Bezeichnungen richtet sich nach der Häufigkeit der Belege. Bei ungefähr gleichmässiger Verteilung auf verschiedene Kantone gilt die vom *Glossaire* in Aussicht genommene normale Reihenfolge: *Vd V G F N B*, jede Abweichung von dieser Norm bedeutet eine ungleichmässige Verteilung: *F Vd* z. B. gibt an, dass das Wort in F vitaler ist als in Vd.

5. Die Bedeutung eines Wortes wird, soweit tunlich, nach demselben Grundsatz der Vitalität in moderner Zeit, jedenfalls

---

[1]) Der weniger eingeweihte Leser möge sich also durch eine Reihe von Dorfnamen über die wirkliche Vitalität des Wortes nicht täuschen lassen: Käfer (Vermes, Cressier, Mettemberg, Courrendlin, Romont) ist z. B. weit weniger eingebürgert als Backhaus (Aj. Del.). Oft steht die Vitalität im umgekehrten Verhältnis zur Länge der geogr. Angaben.

ohne Rücksicht auf das historische Verhältnis eingeordnet, zuerst die häufigste, zuletzt die seltenste. Also:

bei Schnecke	1. Schlitten	2. Schnecke
bei Riemen	1. Peitsche	2. Riemen
bei Warbe	1. Spanne Zeit	2. Halbtagewerk
bei Badestube	1. Schröpfkopf	2. Schwitzstube [1])

wo überall vom historischen Standpunkt die Bedeutungen umgestellt werden müssten.

Diese 'dynamische' Reihenfolge schien mir die einzig konsequent durchführbare. Die allg. beliebte histor.-logische Reihenfolge, wie sie das *Idiotikon* mit viel Scharfsinn durchführt, setzt viele historische Belege voraus, die dem *Glossaire* leider nicht im wünschenswerten Mass zu Gebote stehen. Sache des Kommentars ist es, die historische Entwicklung aufzuzeigen. — Man halte sich ferner gegenwärtig, dass bei dynamischer Anordnung die blosse Reihenfolge in der Regel einen (unter Umständen sehr wichtigen) Tatbestand über die begriffliche Vitalität zur Mitteilung bringt, der bei der üblichen Anordnung oft gar nicht zum Ausdruck kommt.

Teils zur Erläuterung, teils aus Rücksicht auf franz. Leser, wurden, wo es angezeigt schien, die von den Korrespondenten des *Glossaire* gebrauchten franz. oder volksfrz. Ausdrücke in Klammern wiedergegeben z. B. stibitzen (chiper), anschnauzen (rabrouer), wollenes Wams (molleton).

6. Die Quellen wurden nur bei wichtigeren Wörtern, die ausschliesslich für die ältere Zeit belegt sind, vollständig angegeben, (Abzug, Widerfall), sonst schien für unsern Zweck die Angabe des Ortes und der Zeit genügend. Nähere Auskunft wird das *Glossaire* bringen, dessen Quellen in der *Bibliographie linguistique de la Suisse romande* verzeichnet sind.

[1]) Weil hier Bed. 1 allein noch lebendig, Bed. 2 nur aus älterer Zeit bezeugt ist.

Literaturangaben.

Man vergleiche jeweilen die Literaturangaben in Teil I, 100—101. Von den Werken über frankoprov. und franz. Dialekte werden hier nur die häufiger zitierten angeführt. Für die übrigen sei verwiesen auf:

L. Gauchat et J. Jeanjaquet, *Bibliographie linguistique de la Suisse romande*, Band I, Neuchâtel 1912; Band II (im Druck) enthält ein besonderes Kapitel *Emprunts à l'allemand* (No. 1584—1597) mit Ergänzungen zu Teil I, 5. — Die auf die Abkürz. folg. Ziffer gibt die Nummer an. Abgek. BIBL. LING.

D. Behrens, *Bibliographie des patois gallo-romans*, Berlin 1893² (*Franz. Studien* N. F. 1), mit Ergänzung für 1892—1902 in 'Zeitschr. für franz. Sprache u. Literatur' 25, 196—266.

Bauer, K., *Gebäckbezeichnungen im Gallo-Romanischen*, Diss. Giessen 1913.

Bertoni, G., *L'elemento germanico nella lingua italiana*, Genua 1914.

Blavignac, J.-D., *Comptes de dépenses de la construction du clocher de St-Nicolas à Fribourg de 1470 à 1490*, Paris 1858; vgl. Bibl. ling. 1192. Abgek. BLAV.

Bohnenberger, K., *Die Mundart der deutschen Walliser*, 1913, als Band 6 der 'Beitr. zur schwd. Grammatik', hgg. v. A. Bachmann.

Boillot, F., *Le patois de La Grand'Combe* (dép. Doubs, liegt dem schweiz. Dorf La Brévine [N] gegenüber), Paris 1910. — Abgek. GRAND'COMBE

Büchi, A., *Freiburger Akten zur Geschichte der Burgunderkriege* (1474—1481) mit kleinem Glossar, in 'Freiburger Geschichtsblätter', 16, 1—141. Hauptquelle für die älteren F-Belege. — Ders. Verf. über Schiesswesen im 15. Jahrh. s. Teil I, 43[67]. Abgek. BÜCHI

de Chambrier, M. S., *Description topographique et économique de la Mairie de Neuchâtel*, Neuchâtel 1840. Abgek. MAIRIE

Constantin, A. et Désormaux, J., *Dictionnaire Savoyard*, Paris 1902. Abgek. CONST.-DÉS.

Dumur, L., *Vocabulaire patois* (Waadt) s. Bibl. ling. 1294. Abgek. DUM.

Fankhauser, Fr., *Das Patois von Val d'Illiez*, Diss. Bern, 1911, auch in 'Revue de dialect. romane' 2 und 3. Abgek. FANKH.

Fischer, H., *Schwäbisches Wörterbuch*, erscheint seit 1904, jetzt 4 Bde. Abgek. SCHWÄB. WB.

Grammont, M., *Le patois de la Franche-Montagne et en particulier de Damprichard* (dép. Doubs, liegt dem schweiz. Dorf Noirmont [B] direkt gegenüber), Paris 1901, auch in 'Mém. de la soc. de linguistique de Paris' 7, 8, 10, 11. Abgek. DAMPR.

Grangier, L., *Glossaire Fribourgeois*, Fribourg 1864, mit Supplement.

Guélat, Fr. J., *Patois de l'Ajoie*, Hs. Anfang 19. Jh. (Bibl. ling. 1354).
Horning, A., *Glossar der Mundart von Belmont* (elsäss. Dorf unweit Schirmeck) in 'Zeitschr. für rom. Phil.' 33—35. Abgek. BELMONT
Humbert, J., *Nouveau glossaire genevois*, Genève 1852, 2 Bde.
Hunziker, J., *Aargauer Wörterbuch* (Leerauer Ma.), Aarau 1877. Abgek. HUNZ.
— *Das Schweizerhaus*, 1900—1914, 8 Bde. (Bibl. ling. 1483).
Idiotikon, Schweizerisches, erscheint seit 1881; benützt wurden Bd. 1—8 Sp. 856, Artikel *schon*. Abgek. ID.
Paniers s. Raspieler.
Pult, G., *Le parler de Sent* (Untereng.), Diss. Laus. 1897; 236 deutsche Wörter S. 126—136.
Raspieler, F., *Poème des Paniers* 1. Ausg. von Kohler und Feusier, Porrentruy, 1849. 2. Ausg. von A. Rossat, 1904—1906, in 'Schweiz. Arch. für Volksk.' 8—10. — Wo nicht AUSG. ROSSAT steht, ist die Ausg. von 1849 gemeint. Abgek. PANIERS
Rose, Rich., *Die germanischen Lehnwörter im Franz.* Beil. zum Jahresber. des Gymnasiums zu Zwickau, 1914.
Salvioni, C., *Ancora i nomi leventinesi in -engo*, in 'Bollett. storico della Svizzera italiana' 25 (1903) 93-100, deutsche Wörter 95-96. Abgek. SALV.[1]
— *Il dialetto di Poschiavo* in 'Renticonti del R. Istituto Lomb. di sc. e lett., Serie II, vol. 39 (1906), deutsche Wörter 609—611. Abgek. SALV.[2]
— *Lingua e dialetti della Svizzera italiana* ib. vol. 40 (1907), deutsche Wörter S. 733. Abgek. SALV.[3]
Schmeller, J. A., *Bayerisches Wörterbuch*, 1827—1837, 4 Teile. Abgék. BAIR. WB.
Seiler, G. A., *Die Basler Mundart*, Basel 1879.
Stalder, Fr. J., *Versuch eines schweizer. Idiotikons*, Aarau 1812, 2 Bde.
Stucki, K., *Der Vokalismus der Mundart von Jaun im Kanton Freiburg*, Diss. Zürich 1916, als Bd. 10 der 'Beitr. zur schwd. Gram.', hgg. von A. Bachmann.
Tappolet, E., *Die Ursachen des Wortreichtums bei den Haustiernamen der franz. Schweiz*, in 'Arch. für das Stud. der neueren Sprachen' 131, 81—124.
Tobler, T., *Appenzellischer Sprachschatz*, Zürich 1837.
Vautherin, Aug., *Glossaire du patois de Châtenois* (territoire de Belfort), Belfort 1896. Deutsche Wörter S. 10—12. Abgek. VAUTH. oder BELFORT
Wipf, Elisa, *Die Mundart von Visperterminen im Wallis*. Diss. Zürich 1908.

Wo keine Abkürzung angegeben ist, gilt der blosse Name des Verfassers für sein hier angeführtes Werk.

Sachindex.

Dieser Index dient zur Ergänzung der kulturhistorischen Darstellung im ersten Band (S. 18—52) sowie des dortigen Sachindexes (S. 102—103). Sprachliche Erscheinungen beiseite lassend, gruppiert er die Lehnwörter 1. nach kulturellen, 2. nach rein begrifflichen Komplexen (Arbeit, Neugier, Gehen etc.).

Soweit tunlich, wurden die Wörter innerhalb der Gruppen (durch ; und || markiert) nach ihrer Wichtigkeit geordnet. — Eine Ziffer nach dem Stichwort bezieht sich auf die Seite in Teil I, eine Ziffer nach dem Lehnwort auf die Bedeutung. Das Stichwort einer neuen Gruppe (Branntwein, Eigenschaften, Gebräuche) ist durch Sperrdruck hervorgehoben. — Das Pluszeichen (+) sagt aus, dass zu den in Teil I angeführten Wörtern noch die folgenden hinzukommen. — *Kursiv* gedruckte Wörter stehen im Anhang.

Formenindex.

Dieser Index gibt links die franz. Form (Patois volksfrz., afrz.), rechts das Stichwort im Wörterbuch. Er dient zur leichteren Auffindung eines Artikels bei Formen, deren hochdeutsche Entsprechung nicht ohne weiteres in die Augen springt. Fälle wie *grabo* Graben, *pètlè* betteln, sind also nicht aufgenommen, wohl aber *riba* reiben, *štrüba* Strube, weil sie alem. Kenntnisse voraussetzen. — Ebenfalls eklektisch verfahren wurde bei rein lokalen Nebenformen, bei Ableitungen und bei ausserschweiz. Sprachgut. — Die im Anhang S. 197 behandelten Wörter sind hier nicht wiederholt.

Die alphabetische Anordnung befolgt das System der *Table de l'Atlas ling. de la France;* also *ariš* vor *ãgal*, *briya* vor *brĩdyè*, *bloyi* vor *bλosi*. *é*, *è*, *ə* werden wie einfaches *e*, *ü* wie *u* behandelt.

étrēgeta Trinkgeld
ètšupè, -plè tschuppen
ēbrəkuə Ingwerkuchen
ēbwe Heimbürge
ēgənó Eidgenosse[2]
ēgrobala Griebe
ēkro Anken
ēmwežala Mus[1]
ērofa Ruf
ēstā Stand
fèfr Pfeffer
fèrb Farbe
fərkōta verrechnen
fərlózè verlosen
festerling Fusterli
fidé Fideli
fiflé Pfifli
fika figgen
firə feiern
firóbo Feierabend
fleurguisse Vergissmein-
flüm Flaum [nicht
flut Pflutte
forès Voressen
forglod Vogelrohr
fravail, -aille Frevel
fréchinga Frisching
fresangue Frisching
frèš Frosch
freveria Frevelî
frišare Freischaren
frišti Frühstück
frizpèpiə Fliesspapier
fwétr Futter
gaitsə Geiss
gapī Gappi
gatr Gatter
gazon Wasen
gātspyota Gänsefuss
gātsvēdō ganze Wen-
gègèl Gagel [dung
gélè gelben
gèlriəb gelbe Rübe
gənèfl Knöpfli
gənipa Gnippe
getso Gepse
gètš Gitz
gezœl Geissel
giga Geige
gingard zeigen
girtlè Gichtli
gištr Gicht
gitsi Gitzi
glasriə(m) Grasriemen
glatiža Glätteisen
gleiz Geissel
glēglē klein-klein
gluglu(f) Gugelhopf
gob Gabe
gœrné Kern
goille Gülle
goλə Gülle
gotrœ Gutter
gouille Gülle
gōtši gautschen
grablè bräglen
grabons Griebe
graoba Griebe
graobō Griebe
grèblè bräglen
grèbœs Krebs[2]
greube Griebe
greubons Griebe
grē Grans
grièsbak Griesbach
griets Gries
grifè greifen
griplè Grippli
gripsè gripsen
gritimóz Girizenmoos
grižlibé Chruselbeere
grīs grinsen
groba Griebe
grobi Griebe
grœbo Grube
grotè geraten
guckeiss Guggeisis
guda Goden
güga gucken
guisse Vergissmeinnicht
gükès Guggeisis
guna Gone
gutša gautschen
gyètso Gatze
ha-, he- etc. s. *a-, e-*
herbaux Herbst
hèrk Harke
hocquelleur höcklen
hók Haken
huguenot Eidgenosse[2]
iguenot Eidgenosse[2]
imatloz heimatlos
inguenot Eidgenosse[2]
inkra Anken
išlag Einschlag
īfar Einfahrt
kaba Keib[1]
kaib Keib[1]
kakèl Kachel
kalb gelb
kanpir Kannenbirne
kanü kann nichts
kaquelmouss Kachelmus
kartèfl Teufel
katso Katze[2] [dung
kātsəvēdō ganze Wen-
kātšəbina gänsebeinig
kèb Keib[1]
keipè Keib[2]
kél Kohl
kérok Kehrhaken
keru kehren
kətsə Chuz
kibr Chiber
klaimipiər Chleimisbirne
klœš Kolsch
klòkr Chlucker
knèflè Knöpfli
knœ Knödel
kokela Kachel
kokišpèr Guggisberg
koklē chöchelen
koklō Kachel
kokšib Guckscheibe
koli Choli
kotənob guten Abend
kotsō Chuz
krapé Krapfen
krato Kratten
krāko krank
krāpè Grämper
krēšə Chrös
krèto Kratten
krēplè grämpeln
krid Kreide
kriəzla Chrüsliger
kritsə Chräze
kritsi chräzen
krœšō Grüsch
króm Kram
krómè kramen
krüts Kreuzer
kuka gucken
küka Kuchen
kukli Kucheli
kuk(ō) Kuchen
kunələ Chuneli
kunšt Kunst
kurtsə etc. Grüsch
kuruks Kurhaus
kus gus
kutsē Chuz
kvètš Quätschge
kweka quaken
labrbuš Leberwurst
lanchebroter Land-
las[i] Lass [sprache
led leid
legiz Legeisen
legr Lägerfass
legrəfas Lägerfass
lēp Lämpen
lir leer
lirlè leiern
lišt Leiste
lod Laden
loərboən Lorbohne

šleifrie(m) Schleifriemen
šlèrp(è) Schlarpe
šlèrtya Schlarggen
šlẽk Schlenggen
šlẽpè Schlempen
šlif Schliffi
šlotr Schlutte
šlõp Schlump
šlurp Schlurpe
šmak Schmack
šnautsè schnausen
šnèflè schnäflen
šnelok Schneeflocke
šnidr(debok) Schneider(bock)
šnifi Schnifi
šnik Schnick
šnœkè schnöüggen
šnuf(è) Schnauf, schnaufen
šnufè schnupfen
šnupè schnuppen
šób(y) Schaub
šorgrab, šol- Schorgraben
špèkr Speck
špèr Sperrscheit
šrèpfè schröpfen
šriba schreiben
štaklè stackeln
štek 1. Stecken 2. Stock
štèl Gestelle
štempf Stampfnagel
štèñ Stern
štèplè steppen
štik Stich
štits Stutz
štoklè Stock; Stöckli
štorb sterben
štrifle, -flat Strübli
štrofè strafen
štrok zurück
štros Strasse
štrũba Strube
šüba Scheibe
šuəkè schuggen
šüər, šüəl Scheuer
šum Schaum
šupakə Schüppach
šutso Schurz
švẽsè schwanzen
švĩgè schwingen
švób Schwabe
šwèbəl Schwefel
šwèblé Schwebeli
šwĩkè zwinken
tagəwœ̃ Tägeli
tagnago Dachnagel
tagnüt Taugenichts
takmal Dachmahl
talmatši dolmetschen
talpè Talpi
tap Tapen
tarteiffle Teufel
tãfa Dampf
teffelin Töpfli
tèts̆ Tasche
teuflet Töpfli
tẽgotag guten Tag
tigəlè Tägeli
tirabo Feierabend
tiš Teich
tišmakè Tischmacher
tœfè Täufer
top Tapen
tõdrè donnern
tõdrpots Donner
tragalla Tragele
trag(o) Trag
traguer tragen
trãpo trampen
trèga tragen
trẽdyè Trinkgeld
triəgelt Trinkgeld
triflat Strübli
trĩtyəvẽ Trinkwein
tro Trog
trœl trölen
troga tragen
trokè drucken
trôler trollen
trot Trotte
troucle zurück
truəz Drusen
truk zurück
tsəbrota Landsprache
tsədye Zieger
tsefli Zöpfli
tsega(r), tsẽga(r) zeigen
tségro zeger
tsəvèko Zwick[1]
tsèyo zäh
tsẽpurlo Zündpulver
tsiga(r) zeigen
tsœglè zügeln
tsuflè Zöpfli
tsug Zug
tswik Zwick
tšako Scheck
tšarœtr Scharröti
tšèskə Zwetsche
tšœmle Schemeli
tšópo Tschopen
tšõf(r) Zunft
tšudi Tschudi
tšufa Schopf
tšuf(a), -èt Zupfe
tšup(a) Tschupp
tšupè tschuppen
tšyãpa Schlampe
tšyopa, -o Tschopen
tuba Tabak
tubl, -br Tubel
tüfè Tüpfi
tüfu Teufel
tüta tuten
tüts̆ Deutsch
tuyèts tu jetzt
tyèv Käfer
üla heulen
urfech, -phech Urfehde
urno Urner
ustã Stand
ušta hüst
uz Haus; use
val(a)mõ Walmen
varm Worb
vastrəpiər Wasserbirne
vãdlè wandeln
vecholte Wacholder
vedrefall Widerfall
vendeller wandeln
vêque Weck
verdo wer da
verli wahrlich
vèšuz Waschhaus
vèts̆ Quätschge
vigeits(i) wie geht's
vik, vity Weck
vimis Wimmis
višpyõ, -pli, -pi Wissblei
voga wagen
voible, vœble Weibel
vwarb Worb
vwarba Warbe
vwazõ Wasen
vwéb(y) Weibel
vwiš(iə) Wisch
wãba Wamme
wãda Winde
wẽga Winde, winden
yaista jasten
yaya ja ja
yek link
yer leer
yèts jetzt
yo ja
yok Jogg
yómrè jammern
yonei ja nein
yoštok Stock
yuka Juck
yüštənè hüsteren
yutsi jauchzen
yũfr Jungfrau

Inhalt des zweiten Bandes.

Inhalt des früher erschienenen ersten Bandes.

Kolibri 360 GmbH
Ferdinand-Jühlke-Straße 7
99095 Erfurt, Deutschland
produktsicherheit@kolibri360.de